AF302818

Ole Thomsen

Tabellenbuch

MZ-Motorräder

Daten – Fakten – Zahlen

Impressum

Autor: Ole Thomsen
Abbildungen Ole Thomsen

"Tabellenbuch MZ-Motorräder - Daten-Fakten-Zahlen" - 1. Fassung, Norderstedt (2015)

Herstellung und Verlag:
BoD-Books on Demand, Norderstedt
ISBN 978-3-7386-3408-2

Rechtlicher Hinweis:
Alle hier aufgeführten Technischen Daten und Hinweise wurden nach bestem Gewissen recherchiert
und überprüft.
Dennoch können Fehler nicht ausgeschlossen werden. Der Autor übernimmt keine Garantie für die Korrektheit
der Daten und weiterhin keine Haftung für daraus entstehende mögliche Schäden an den Fahrzeugen oder
den Fahrzeugführern

Inhaltsverzeichnis

Seite

Vorwort

Eigentlich hatte ich es nicht beabsichtigt, dass dies Buch entsteht, als ich irgendwann in einem langen Winter in meiner Werkstatt stand und das Werkstattdaten-Poster eines ehemaligen Motorradherstellers betrachtete. Meine Idee bestand anfangs nur darin, dass ich mir ein MZ-Werkstattdaten-Poster zusammenstellen wollte, damit ich nicht mehr ständig in den entsprechenden Handbüchern nach den jeweiligen Werten suchen müsste, denn die Originale werden dadurch auch nicht besser.

Schon nach kurzer Zeit stellte ich dann fest, dass die Werte von Quelle zu Quelle variierten. Das wiederum weckte meine Neugier und sorgte dann dafür, dass das hier vorliegende Buch entstand.

Wer also Fehler entdeckt, besseres Wissen hat, über Angaben verfügt, die Lücken in den Tabellen füllen oder ein Buch besitzt, das ich noch nicht in Händen hatte, sei hier gerne eingeladen, seinen Beitrag zur Verbesserung des Inhaltes an folgende E-Mailadresse zu senden: mz-tabellenbuch@versanet.de

Dieses Tabellenbuch wendet sich an Leute, die bereits das ein oder andere Motorrad zerlegt und überholt haben. Es ist KEINE Reparaturanleitung, sondern nur eine Sammlung verschiedener Daten aus verschiedenen Quellen. Bei den Werten, die mit einer Spannbreite oder Toleranz versehen sind, sollte man schon wissen, welchen Einfluss sie auf das Gesamtsystem Motorrad haben können.

Die Angaben in diesem Buch habe ich nach bestem Wissen und Gewissen recherchiert und zusammengetragen. Doch leider kann der Druckfehlerteufel sowohl hier als auch in der Quelle schon gewütet haben. Von daher ergeht mein wohlgemeinter Warnhinweis an alle Leser:

Alle Angaben in diesem Buch sind ohne Gewähr und ohne Garantie auf Richtigkeit. Jeder ist für seinen produzierten Schrott selbst verantwortlich.

1. Modell-Übersicht
1.1 Solo-Motorräder

Modell		RT 125	RT 125/1		MZ 125/2		MZ 125/3
Bauzeit		1950 - 1954	1954 - 1956		1956 - 1958	1958 -1959	1959 - 1962
Stückzahl		30200	33148		55424		143035
Rahmennummer	von	750001	1000001	11018501	5000001	5002389	7500001
	bis	780200	1031600	11021450	5002388	5055424	7643035
Ersatzrahmennummer	von	1800001	1800001		1810001	1810001	7650001
	bis	1810000	1810000		1850000	1850000	7700001
Motortyp		RT 125	RT 125/1		MZ 125/2	MZ 125/2	MM125
Vergasertyp		BVF RT 16	BVF NB 20		BVF NB 20-2	BVF NB 20-2	BVF 22 KNB1-2
		BVF RT 17	BVF NB 20-1				BVF NB221-2
		BVF KNB 17-2					
		BVF KNB 17-2/5					
		BVF KNB 17-3/6					
		BVF KNB 17-7					
Leergewicht (kg)		78	85...90		90	110	109
zul. Gesamtgewicht (kg)		228	230...235		230	250	250
Höchstgeschwindigkeit (km/h) [3]		75	80		80	80	85
Verbrauch (Liter/100 km)		2,25	2,3		2,3	2,3	2,3...4,0
Beschleunigung 0 - 80 km/h [3]							
Beschleunigung 0 - 100 km/h [3]							
Bremsverzögerung							7,1 m/s^2
Länge (mm)		1950	1980		1980	1980	1980
Breite (mm) [6]		650	650		650	650	710
Höhe (mm) [6]		900	920		920	920	920
Radstand (mm)		1220	1260		1250	1250	1310
Bodenfreiheit (mm)		120	130		120	120	150
Lenkkopfwinkel (Grad)		61					63
Nachlauf (mm)	solo	77					75
Wendekreis (mm)		3500...4000	3800		3800	3800	3800
Anhängelast (kg)							88
Fundort Fahrgestellnummer		Rahmenkopf re.	Rahmenkopf re.	Rahmenkopf re.	Rahmenkopf re.	Rahmenkopf re.	Rahmenkopf re.
Fundort Typschild		Rahmenkopf	Rahmenkopf	Rahmenkopf	Rahmenkopf	Rahmenkopf	Rahmenkopf
Fundort Motornummer		Motor vo. li.	Motor vo. li.	Motor vo. li.	Motor vo. li.	Motor vo. li.	Motor vo. li.
Kraftstofftankinhalt (ltr.)		8,0	11,0	11,0	11,0	11,0	11,0
davon Reserve (ltr.)		2,0	2,0	2,0	1,5...2,0	1,5...2,0	1,5...2,0
Motoröltankinhalt (ltr.) [1]							

(1) nur bei Getrenntschmierung   (3) abhängig von den äußeren Faktoren   (6) mit Spiegeln bzw. Fahrtrichtungsanzeigern, sofern schon ab Werk damit ausgerüstet

Modell		ES 125	ES 125/1	ETS 125	TS 125		ETZ 125
Bauzeit		1962 - 1969	1969 - 1978	Jul.1970 - Mai 1973	Jun.1973 - Aug.1985		1985 - 1991
Stückzahl		63526	336474	4860	200000		34381
Rahmennummer	von	5100001	5163527	9250001	7700001	8800001	
	bis	5163526	5500000	9254860	7800000	8900000	
Ersatzrahmennummer	von	9000001		9275001	9350001		
	bis	9100000		9285000	9400000		
Motortyp		MM125/1	MM125/2	MM125/2	MM125/2		EM125
			MM125/3		MM125/3		
Vergasertyp		BVF 22N1-1	BVF 22N1-3	BVF 22N1-3	BVF 22N1-3		BVF 22N2-1
		BVF 22 KNB1-3			BVF 22N2-1		BVF 22N2-2
							Bing 53/24/202
Leergewicht (kg)		112...115	112...115	112...117	100...115		118...123
zul. Gesamtgewicht (kg)		270	270	270	270		290
Höchstgeschwindigkeit (km/h) [3]		90	100	100	100...105		100
Verbrauch (Liter/100 km)		3,0	3,2	3,2	2,3...3,6		2,3...3,5
Beschleunigung 0 - 80 km/h [3]			12,7 s	12,7 s	12,7s	12,7s	12,5 s
Beschleunigung 0 - 100 km/h [3]							
Bremsverzögerung		7,1...8,0 m/s^2	7,1...8,0 m/s^2	7,1 m/s^2	7,1...7,3 m/s^2		
Länge (mm)		1990	1990	2025	2045...2050		1970...2005
Breite (mm) [6]		750	750		730...865 [5]		900...915
Höhe (mm) [6]		1150	1150	1250	1115...1175 [5]		1250...1300
Radstand (mm)		1270	1270	1305	1305		1290...1295
Bodenfreiheit (mm)		100	100	100	140		125...145
Lenkkopfwinkel (Grad)		61	60...61	60	60...61	60	62...63
Nachlauf (mm)	solo	95	90...95	90	90...95	90	95...105
	SW						
Wendekreis (mm)							
Anhängelast (kg)							
Fundort Fahrgestellnummer		MotAufh. vo. li	MotAufh. vo. li	MotAufh. vo. li	MotAufh. vo. li	MotAufh. vo. li	Rahmenkopf re.
Fundort Typschild		Satteltr. hi. li.	Satteltr. hi. li.	Satteltr. hi. li.	Satteltr. hi. li.	li. unt. Soziussitz	Rahmenkopf
Fundort Motornummer		Motor vo. li.	Motor vo. li.	Motor vo. li.	Motor vo. li.	Motor oben re.	Motor vo. li.
Tankinhalt (ltr.)		9,0...12,0	9,0...12,0	9,0	12,5	12,5	13,0
davon Reserve (ltr.)		1,5	1,5	1,5	1,5	1,5	1,5
Motoröltankinhalt (ltr.) [1]							1,3

(1) nur bei Getrenntschmierung   (3) abhängig von den äußeren Faktoren   (5) abhängig vom Lenker

(6) mit Spiegeln bzw. Fahrtrichtungsanzeigern, sofern schon ab Werk damit ausgerüstet

Modell		ES 150	ES 150/1	ETS 150	TS 150	ETZ 150	ES 175
Bauzeit		1962 - 1969	1969 - 1978	Jul.1970 - Mai 1973	Jun.1973 - Aug.1985	1985 - 1991	1956 - 1962
Stückzahl		190585	309415	14043	200000	198016+	43222
Rahmennummer	von	5500001	5690586	9263002	7800001		3000001
	bis	5690585	6000000	9277044	8000000		3043222
Ersatzrahmennummer	von	9000001		9275001	9350001		
	bis	9100000		9285000	9400000		
Motortyp		MM150	MM150/2	MM150/2	MM150/2	EM150.2	MM175
			MM150/3		MM150/3	EM150.1	
						EM150.2 (BRD)	
Vergasertyp		BVF 24N1-1	BVF 24N1-1	BVF 24N1-1	BVF 24N1-1	BVF 24N2-1	BVF N261-7
		BVF 24KN1-2			BVF 24N2-1	BVF 24N2-2	BVF 25,5KN1-1
						Bing 53/24/201	
Leergewicht (kg)		112...115	112...115	112...117	103...115	118...123	141...159
zul. Gesamtgewicht (kg)		270	270	270	270	290	320...340
Höchstgeschwindigkeit (km/h) [3]		95...96	105	105	105...115	100...110 [2]	95...96
Verbrauch (Liter/100 km)		3,3	3,3	3,3	2,4...3,8	2,4...4,0 [2]	3,6
Beschleunigung 0 - 80 km/h [3]			11,5 s	11,5 s	11,5 s	11,0...11,3 s [2]	
Beschleunigung 0 - 100 km/h [3]							
Bremsverzögerung		7,1...8,0 m/s^2	7,1 m/s^2	7,1 m/s^2	7,1...7,3 m/s^2		6,6...7,2 m/s^2
Länge (mm)		1990	1990	2025	2045...2050	1970...2005	2000
Breite (mm) [6]		750	750		730...865 [5]	900...915	680...790
Höhe (mm) [6]		1150	1150	1250	1115...1175 [5]	1250...1300	1000...1185
Radstand (mm)		1270	1270	1305	1305	1290...1295	1325
Bodenfreiheit (mm)		100	100	100	140	125...145	150...175
Lenkkopfwinkel (Grad)		61	60...61	60	60...61	62...63	63
Nachlauf (mm)	solo	95	90...95	90	90...95	95...105	105
	SW						
Wendekreis (mm)							4400
Anhängelast (kg)							
Fundort Fahrgestellnummer		MotAufh. vo. li	MotAufh. vo. li	MotAufh. vo. li	MotAufh. vo. li	Rahmenkopf re.	MotAufh. vo. li
Fundort Typschild		Satteltr. hi. li.	Satteltr. hi. li.	Satteltr. hi. li.	li. unt. Soziussitz	Rahmenkopf	
Fundort Motornummer		Motor vo. li.	Motor vo. li.	Motor vo. li.	Motor vo. li.	Motorblock re.	Motorblock re.
Tankinhalt (ltr.)		9,0...12,5	9,0...12,0	9,0	12,5	12,5...13,0	15,0...16,0
davon Reserve (ltr.)		1,5	1,5	1,5	1,5	1,5	1,5...2,0
Motoröltankinhalt (ltr.) [1]						1,3	

(1) nur bei Getrenntschmierung

(2) abhängig vom verwendeten Motortyp

(3) abhängig von den äußeren Faktoren

(5) abhängig vom Lenker

(6) mit Spiegeln bzw. Fahrtrichtungsanzeigern, sofern schon ab Werk damit ausgerüstet

Modell		ES 175/1	ES 175/2	ES 250		ES 250/1
Bauzeit		1962 - 1967	1967 - 1972	1956 - 1957	1958 - 1962	1962 - 1967
Stückzahl		46088	40500	150326		49973
Rahmennummer	von	3043223	3100001	1100001	1171300	1171300
	bis	3092260	3140500	1171299	1250327	1250327
Ersatzrahmennummer	von	9100001				9100001
	bis	9200000				9200000
Motortyp		MM175/1	MM175/1	MM250 (2 Port)	MM250 (1 Port)	MM250/1
			MM175/2			
Vergasertyp		BVF 25,5KN1-2	BVF 26N1-1	BVF N 271/0		BVF 28,5 KN1-1
			BVF 26N1-2		BVF 27KN1-1	
			BVF 26N1-3			
Leergewicht (kg)		149	149...155	150...162	150...162	153...162
zul. Gesamtgewicht (kg)		320	320	320...330	320...330	320
Höchstgeschwindigkeit (km/h) [3]		100	105...115 [2]	105...114	105...116	115
Verbrauch (Liter/100 km)		3,5	3,8	3,8...4,0	3,8	4,0
Beschleunigung 0 - 80 km/h [3]			11,0 s			
Beschleunigung 0 - 100 km/h [3]			19,6 s			
Bremsverzögerung		$7{,}2\ m/s^2$	$7{,}1...7{,}2\ m/s^2$	$6{,}6...7{,}2\ m/s^2$		$7{,}2\ m/s^2$
Länge (mm)		2035	2090	2000		2035
Breite (mm) [6]		880	862	680...790		880
Höhe (mm) [6]		1185	1060	1000...1185		1185
Radstand (mm)		1325	1325	1325		1325
Bodenfreiheit (mm)		140	170	150...175		140
Lenkkopfwinkel (Grad)		63	63	63		63
Nachlauf (mm)	solo	105	85...106	105		105
	SW			60...65	60...65	65
Wendekreis (mm)				4400		
Anhängelast (kg)			110...115			
Fundort Fahrgestellnummer		MotAufh. vo. li	Rahmen hi. re.	MotAufh. vo. li	MotAufh. vo. li	MotAufh. vo. li
Fundort Typschild						
Fundort Motornummer		Motorblock re.	Motorblock re.	Motorblock re.	Motorblock re.	Motorblock re.
Tankinhalt (ltr.)		15,0...16,0	16,0	15...16,0	15,0...16,0	15,0...16,0
davon Reserve (ltr.)		2,0	1,5	2,0	1,5...2,0	1,5
Motoröltankinhalt (ltr.) [1]						

(1) nur bei Getrenntschmierung
(2) abhängig vom verwendeten Motortyp
(3) abhängig von den äußeren Faktoren
(6) mit Spiegeln bzw. Fahrtrichtungsanzeigern, sofern schon ab Werk damit ausgerüstet

1. Modell-Übersicht

Modell	ES 250/2		ETS 250	TS 250	TS 250/1	ETZ 250
Bauzeit	1967 - 1969	1969 - 1973	Jul. 1969 - März 1973	Jun. 1973 - 1976	1976 - Aug. 1981	1981 - 1989
Stückzahl	128989		16267	110900	140000	239417+
Rahmennummer von	1300001	1430874	3500001	3530001	3660001	2000001
Rahmennummer bis	1430873	1500000	3516267	3640900	3800000	
Ersatzrahmennummer von			8700000	8705001		500001
Ersatzrahmennummer bis			8705000	8800000		600000
Motortyp	MM250/1	MM250/2	MM250/2	MM250/3	MM250/4	EM250
		MM250/2 (BRD)	MM250/2 (BRD)	MM250/3 (BRD)	MM250/4 (BRD)	EM250 (BRD)
Vergasertyp	BVF 28N1-1	BVF 28N1-3	BVF 28N1-3	BVF 30N2-3	BVF 30N2-4	BVF 30N2-5
				BVF 26N1-3	BVF 26N1-3	BVF 30N3-1
					BVF 30N3-2	
Leergewicht (kg)	155...156	151...156	151	130...144	144...145	145...155
zul. Gesamtgewicht (kg)	320	320	320	320	320	330
Höchstgeschwindigkeit (km/h) [3]	115...120	115...130 [2]	115...130 [2]	115...130 [2]	115...130 [2]	115...135 [2]
Verbrauch (Liter/100 km)	4,3	4,3	4,4	3,5...5,5	3,5...5,5	3,5...5,5
Beschleunigung 0 - 80 km/h [3]		8,4 s	8,4 s	7,8 s	7,1 s	6,6...7,8 s [2]
Beschleunigung 0 - 100 km/h [3]		13,6 s	13,6 s	13,0 s	12,5 s	10,9...12,0 s [2]
Bremsverzögerung	$7,1...7,2 \text{ m/s}^2$	$7,1...7,2 \text{ m/s}^2$	$7,1...7,2 \text{ m/s}^2$	$7,1...9,3 \text{ m/s}^2$	$7,2 \text{ m/s}^2$	
Länge (mm)	2090	2090	2200	2050	2075...2090	2160
Breite (mm) [6]	862	862	750	730...865	730...865	900
Höhe (mm) [6]	1060	1060	1060	1120...1180	1190...1195	1310
Radstand (mm)	1325	1325	1380	1330...1355	1330...1355	1371...1380
Bodenfreiheit (mm)	170	170	160	135...140	135	130
Lenkkopfwinkel (Grad)	63	63	61...63	63	62...63	63
Nachlauf (mm) solo	105...106	105...106	85...87	66	55...84	95
Nachlauf (mm) SW	65	65				
Wendekreis (mm)						
Anhängelast (kg)	115	115	110	110	110	110 [4]
Fundort Fahrgestellnummer	Rahmen hi. re.	Rahmen hi. re.	Rahmen hi. re.	Rahmen hi. re.	Rahmen hi. re.	Rahmenkopf re.
Fundort Typschild				Rahmenkopf	Rahmenkopf	Rahmenkopf
Fundort Motornummer	Motorblock re.	Motorblock re.	Motorblock re.	Motorblock re.	Motorblock re.	Motorblock re.
Tankinhalt (ltr.)	16,0	16,0	22,0	12,5 bzw. 16,0...17,5	17,5	17,0...17,5
davon Reserve (ltr.)	1,5	1,5	1,5	1,5	1,5	1,5
Motoröltankinhalt (ltr.) [1]						1,3

(1) nur bei Getrenntschmierung
(2) abhängig vom verwendeten Motortyp
(3) abhängig von den äußeren Faktoren
(4) bis Baujahr 1986
(6) mit Spiegeln bzw. Fahrtrichtungsanzeigern, sofern schon ab Werk damit ausgerüstet

Modell		ETZ 251	ES 300	ETZ 301	BK 350		MZ 500 R
Bauzeit		1988 - 1991	1962 - 1965	1989 - 1991	Okt. 1952 - 1956	1956 - März 1959	1990 - 1992
Stückzahl		68259+	7876	2223	42983		1036
Rahmennummer	von		1500000		850001		
	bis		1507876		892983		
Ersatzrahmennummer	von		9100001		898500		
	bis		9200000		900000		
Motortyp		EM251	MM300	EM301	15 PS	17PS	Rotax 504E
		EM251 (BRD)					
Vergasertyp		BVF 30N3-1	BVF 30KN1-1	BVF 30N3-2	BVF NB22	BVF NB22-1	Dell'orto PHF34GS
		Bing 84/30/110A		Bing 84/30/110A	BVF NB22-7	BVF NB22-2	Bing 64/33/302
		Bing 84/30/110K		Bing 84/30/110K		BVF NB22-7	Bing 64/33/303
		Bing 84/30/114				BVF 22 KNB1-1	Bing 64/33/304 (CH)
Leergewicht (kg)		141...147	153...158	141...145	142...154	142...154	152...165
zul. Gesamtgewicht (kg)		330	320	330	330	330	330
Höchstgeschwindigkeit (km/h) [3]		115...135 [2]	120	130...135	110...120	115...120	135...150
Verbrauch (Liter/100 km)		3,5...5,0	4,2	3,5...5,5	3,0...6,0	3,8...6,0	3,5...5,6
Beschleunigung 0 - 80 km/h [3]		6,6...7,8 s [2]					
Beschleunigung 0 - 100 km/h [3]		10,9...12,0 s [2]		10,0...10,6 s			7,9...8,1
Bremsverzögerung			7,2 m/s^2				
Länge (mm)		2005...2160	2035	2005	2150	2150	2030
Breite (mm) [6]		915	880	915	760	760	950
Höhe (mm) [6]		1300...1310	1185	1300	1000	1000	1270
Radstand (mm)		1322	1325	1322	1400	1400	1355...1370
Bodenfreiheit (mm)		120...125	140	125	140	140	125
Lenkkopfwinkel (Grad)		63	63	63	63	63	63
Nachlauf (mm)	solo	105...112	105	105...112	75	75	90
	SW		65				
Wendekreis (mm)					4400	4400	
Anhängelast (kg)							
Fundort Fahrgestellnummer		Rahmenkopf re.	MotAufh. vo. li	Rahmenkopf re.	Rahmenkopf	Rahmenkopf	
Fundort Typschild		Rahmenkopf		Rahmenkopf	Rahmenkopf	Rahmenkopf	
Fundort Motornummer		Motorblock re.	Motorblock re.	Motorblock re.			
Tankinhalt (ltr.)		17,0...17,5	15,0...16,0	17,0...17,5	18,0	17,0...18,0	17,0...19,0
davon Reserve (ltr.)		1,5	1,5...2,0	1,5	2,0	2,0	1,5
Motoröltankinhalt (ltr.) [1]		1,3		1,3			

(1) nur bei Getrenntschmierung

(2) abhängig vom verwendeten Motortyp

(3) abhängig von den äußeren Faktoren

(6) mit Spiegeln bzw. Fahrtrichtungsanzeigern, sofern schon ab Werk damit ausgerüstet

1.2 Behörden-Motorräder

Modell	ES 250/A	ES 250/1/A	ES 250/2/A	Eskort	TS 250/A
Bauzeit			1967 - 1973	1969 - 1973	1973 - 1976
Stückzahl			20000	60	
Einführung	1959	1961	1968		1974
Motortyp	MM 250	MM 250/1	MM 250/2	MM 250/2	MM 250/3
max. Leistung (kW)	11,0	12,0	12,9 bzw. 14,0	14,0	14,0
bei Drehzahl (min^{-1})			5350	5350	5200...5350
max. Drehmoment (Nm)	22,0	23,0	25,0	25.6	25,5...25,6
bei Drehzahl (min^{-1})	3600	4600	4900...5000	4900	4900...5000
Vergaser			BVF 28N1-1 BVF 28N1-3	BVF 28N1-3	BVF 30N2-3
Länge (mm)	2000	2035	2090		2070
Breite (mm)	710	880	862		860
Höhe (mm)	950	1185	1185		1120
Radstand (mm)	1325	1325	1325		1355
Leergewicht (kg)	162	153	155...156	160	155...168
zul. Gesamtgewicht (kg)	320	320	320		345
Steigfähigkeit (%)	38	38	38		65
Watfähigkeit (mm)	140	140	140		350
Kletterfähigkeit (mm)	125	125	125		250
Höchstgeschwindigkeit (km/h)	110	100	105	120	109
Dauerhöchstgeschwindigkeit (km/h)	90	85	90...120		90...115
Felge v/h					
Reifen v/h	3,50-16	3,50-16	3,50-16	3,00-18/ 3,50-16	3,50-16
Bodenfreiheit (mm)					135
Wendekreis (mm)					4460
Verbrauch (Liter/100 km)	5,0	5,0	5,0		5,0
Rahmen			geschl. Einrohrrahmen	geschl. Einrohrrahmen	Parallelbrückenrohrrahmen
Federung vorn			Schwinge	Telegabel ø32 mm	Telegabel ø32 mm
Federung hinten			Schwinge	Schwinge	Schwinge
Bremse vorn			Trommel ø160 mm	Trommel ø160 mm	Trommel ø160 mm
Bremse hinten			Trommel ø160 mm	Trommel ø160 mm	Trommel ø160 mm
Gangzahl			4	5	4
Tankinhalt (ltr.)			16,0	22	17,5
Sekundärantrieb					
Getrieberitzel solo					
Getrieberitzel SW					
Luftdruck vorn solo					
hinten solo					
vorn zGG					
hinten zGG					

1. Modell-Übersicht

Modell	TS 250/VP	TS 250/1/A	ETZ 250/VP	ETZ 250/A
Bauzeit	1973 - 1976	1976 - 1981	1981 - 1989	1981 - 1989
Stückzahl				
Einführung		1977		1983
Motortyp	MM 250/3	MM 250/4		EM 250
max. Leistung (kW)	14,0	14,0	12,5	12,5 bzw. 15,4
bei Drehzahl (min^{-1})	5200...5350	5200...5350	5000	5000 bzw. 5500
max. Drehmoment (Nm)	25,5...25,6	25,0...25,6	24,5...24,6	24,5...27,6
bei Drehzahl (min^{-1})	4900...5000	2600...4900	4500	2600...5400
Vergaser	BVF 30N2-3	BVF 30N2-4	BVF 30N2-5	BVF 30N2-5
Länge (mm)		2075		2160
Breite (mm)		865		900
Höhe (mm)		1220		1310
Radstand (mm)		1320		1380
Leergewicht (kg)	160	168	160	160...175
zul. Gesamtgewicht (kg)		345		375
Steigfähigkeit (%)		65		65
Watfähigkeit (mm)		350		400
Kletterfähigkeit (mm)		250		250
Höchstgeschwindigkeit (km/h)		90...120	115	100...125
Dauerhöchstgeschwindigkeit (km/h)	115	80	100	80
Felge v/h				2,15Bx18
Reifen v/h	3,00-16/ 3,50-16	3,50-16	2,75-18/ 3,50-18	3,50-18R
Bodenfreiheit (mm)		135		150
Wendekreis (mm)		4500		4500
Verbrauch (Liter/100 km)		5,0		5,0
Rahmen	Parallelbrückenrohrrahmen	Parallelbrückenrohrrahmen	Kastenrohrrahmen	Kastenrohrrahmen
Federung vorn	Telegabel ø32 mm	Telegabel ø35 mm	Telegabel ø35 mm	Telegabel ø35 mm
Federung hinten	Schwinge	Schwinge	Schwinge	Schwinge
Bremse vorn	Trommel ø160 mm	Trommel ø160 mm	Scheibe ø280 mm	Scheibe ø280 mm
Bremse hinten	Trommel ø160 mm	Trommel ø160 mm	Trommel ø160 mm	Trommel ø160 mm
Gangzahl	5	5	5	5
Tankinhalt (ltr.)	17,5	17,5	17,5	17,5
Sekundärantrieb			Rollenkette	Rollenkette
			0,8 B-1-128	0,8 B-1-128
Getrieberitzel solo			16Z	16Z
Getrieberitzel SW				15Z
Luftdruck vorn solo			1,7 bar	1,6 bar
hinten solo			1,9 bar	2,2 bar
vorn zGG				1,9 bar
hinten zGG				2,8 bar

1.3 Seitenwagen

1.3.1 Seitenwagen für Gespanne mit Vollschwingenfahrwerk

		SuperElastic-Seitenwagen für MZ ES 250		SuperElastic-Seitenwagen für MZ ES 300		SuperElastic-Seitenwagen für MZ ES 250/1		SuperElastic-Seitenwagen für MZ ES 250/2	
Rahmen		Blechprofil		Blechprofil		Blechprofil		Blechprofil	
		geschweißt		geschweißt		geschweißt		geschweißt	
Verbindung		3 Schnellanschlüsse		3 Schnellanschlüsse		3 Schnellanschlüsse		3 Schnellanschlüsse	
Federung		Federbein		Federbein		Federbein		Federbein	
		hydraulisch gedämpft		hydraulisch gedämpft		hydraulisch gedämpft		hydraulisch gedämpft	
		Langschwinge		Langschwinge		Langschwinge		Langschwinge	
		Torsionsstabilisator		Torsionsstabilisator		Torsionsstabilisator		Torsionsstabilisator	
Federweg		100 mm		100 mm		100 mm		100 mm	
Aufbau		Personen		Personen		Personen		Personen	
Radart		Drahtspeiche		Drahtspeiche		Drahtspeiche		Drahtspeiche	
Felge		2,15Bx16		2,15Bx16		2,15Bx16		2,15Bx16	
Reifen		3,50-16		3,50-16		3,50-16		3,50-16	
Bremse		Trommel ø160x30 mm		Trommel ø160x30 mm		Trommel ø160x30 mm		Trommel ø160x30 mm	
		hydraulisch		hydraulisch		hydraulisch		hydraulisch	
Verzögerung (a_{Brems})		7 m/s² bei zGG		7 m/s² bei zGG		7 m/s² bei zGG		7 m/s² bei zGG	
Luftdruck solo	vorn	1,4 bar		1,4 bar		1,4 bar		1,4 bar	
Gespann	hinten	1,8...2,1 bar		2,1 bar		2,1 bar		2,1 bar	
	SW	1,4 bar		1,4 bar		1,4 bar		1,4 bar	
Luftdruck zGG	vorn	1,4...1,5 bar		1,4 bar		1,4 bar		1,4 bar	
Gespann	hinten	2,6...3,0 bar		2,6 bar		2,6 bar		2,6 bar	
	SW	1,4 bar		1,4 bar		1,4 bar		1,4 bar	
Begrenzungsleuchte		6 V 5W Ba15s		6 V 5W Ba15s		6 V 5W Ba15s		6 V 5W Ba15s	
Rücklicht		6 V 5W Ba15s		6 V 5W Ba15s		6 V 5W Ba15s		6 V 5W Ba15s	
Bremslicht		ohne	6 V 21W Ba15s	ohne	6 V 21W Ba15s	ohne	6 V 21W Ba15s	ohne	6 V 21W Ba15s
Fahrtrichtungsanzeiger		6 V 21W Ba15s		6 V 21W Ba15s		6 V 21W Ba15s		6 V 21W Ba15s	
Steckverbindung		3-polig	5-polig	3-polig	5-polig	3-polig	5-polig	3-polig	5-polig
Rück-/ Begrenzungsleuchte		gr 0,75 mm²	gr 0,5 mm²	gr 0,75 mm²	gr 0,5 mm²	gr 0,75 mm²	gr 0,5 mm²	gr 0,75 mm²	gr 0,5 mm²
Masse		br 0,75 mm²	br 0,75 mm²	br 0,75 mm²	br 0,75 mm²	br 0,75 mm²	br 0,75 mm²	br 0,75 mm²	br 0,75 mm²
Fahrtrichtungsanzeiger [1]		sw-gn 1,5 mm²	sw-gn 0,75 mm²	sw-gn 1,5 mm²	sw-gn 0,75 mm²	sw-gn 1,5 mm²	sw-gn 0,75 mm²	sw-gn 1,5 mm²	sw-gn 0,75 mm²
Plus Bremslicht			sw-rt 0,75 mm²		sw-rt 0,75 mm²		sw-rt 0,75 mm²		sw-rt 0,75 mm²
Masse Bremslicht			br-bl 0,75 mm²		br-bl 0,75 mm²		br-bl 0,75 mm²		br-bl 0,75 mm²
Länge Gespann		2100 mm		2100 mm		2100 mm		2100 mm	
Breite Gespann mit Spiegel		1650 mm		1650 mm		1650 mm		1650 mm	
Höhe Gespann mit Spiegel		1185 mm		1185 mm		1185 mm		1185 mm	

[1] bis Baujahr 1969 serienmäßig ohne Fahrtrichtungsanzeiger (Nachrüstungspflicht beachten!)

br ... braun   gr ... grau   sw-gn ... schwarz-grün   sw-rt ... schwarz-rot   br-bl ... braun-blau

1. Modell-Übersicht

	SuperElastic-Seitenwagen für MZ ES 250	SuperElastic-Seitenwagen für MZ ES 300	SuperElastic-Seitenwagen für MZ ES 250/1	SuperElastic-Seitenwagen für MZ ES 250/2
Leergewicht Gespann				156 kg
zGG Gespann				320 kg
Leergewicht SW	85 kg	85 kg	85 kg	85 kg
zGG SW	200 kg	200 kg	200 kg	200 kg
v_{max} 1 Pers. ohne Scheibe	90...95 km/h	95...100 km/h	90...95 km/h	95 km/h
v_{max} bei zGG				
a_{max} 1 Pers. ohne Scheibe				
a_{max} bei zGG				
Wendekreis links				
Wendekreis rechts				
Vorspur am Vorderrad				
Vorrüstung am Krad	Vorderradschwinge mit Nachlauf 65 mm	Vorderradschwinge mit Nachlauf 65 mm	Vorderradschwinge mit Nachlauf 65 mm	Vorderradschwinge mit Nachlauf 65 mm
	Lenkungsdämpfer	Lenkungsdämpfer	Lenkungsdämpfer	Lenkungsdämpfer
	Federbein hinten mit SW-Feder	Federbein hinten mit SW-Feder	Federbein hinten mit SW-Feder	Federbein hinten mit SW-Feder
	Federbein vorn mit Hinterradfeder	Federbein vorn mit Hinterradfeder	Federbein vorn mit Hinterradfeder	Federbein vorn mit Hinterradfeder
	Tachoantrieb	Tachoantrieb	Tachoantrieb	Tachoantrieb
	Kettenritzel	Kettenritzel	Kettenritzel	Kettenritzel
	Schwinge mit Aufnahme für Torsionsstabilisator	Schwinge mit Aufnahme für Torsionsstabilisator	Schwinge mit Aufnahme für Torsionsstabilisator	Schwinge mit Aufnahme für Torsionsstabilisator
	Schwingenlagerbolzen mit Kugelkopf für Anschluss Mitte unten	Schwingenlagerbolzen mit Kugelkopf für Anschluss Mitte unten	Schwingenlagerbolzen mit Kugelkopf für Anschluss Mitte unten	Schwingenlagerbolzen mit Kugelkopf für Anschluss Mitte unten
	Bolzen mit Kugelkopf für Anschluss Mitte oben	Bolzen mit Kugelkopf für Anschluss Mitte oben	Bolzen mit Kugelkopf für Anschluss Mitte oben	Bolzen mit Kugelkopf für Anschluss Mitte oben
	Klemme mit Kugelkopf für Anschluss Vorne oben	Klemme mit Kugelkopf für Anschluss Vorne oben	Klemme mit Kugelkopf für Anschluss Vorne oben	Klemme mit Kugelkopf für Anschluss Vorne oben

zGG ... zulässiges Gesamtgewicht
SW ... Seitenwagen

v_{max} ... Höchstgeschwindigkeit
a_{max} ... Beschleunigung 0 auf 80 km/h

1.3.2 Seitenwagen für Gespanne mit Telegabelfahrwerk

		SuperElastic-Seitenwagen für MZ TS 250	SuperElastic-Seitenwagen für MZ TS 250/1	SuperElastic-Seitenwagen für MZ ETZ 250	SuperElastic-Seitenwagen für MZ ETZ 251
Rahmen		Blechprofil geschweißt	Blechprofil geschweißt	Blechprofil geschweißt	Blechprofil geschweißt
Verbindung		3 Schnellanschlüsse	3 Schnellanschlüsse	3 Schnellanschlüsse	3 Schnellanschlüsse
Federung		Federbein hydraulisch gedämpft Langschwinge Torsionsstabilisator	Federbein hydraulisch gedämpft Langschwinge Torsionsstabilisator	Federbein hydraulisch gedämpft Langschwinge Torsionsstabilisator	Federbein hydraulisch gedämpft Langschwinge Torsionsstabilisator
Federweg		100 mm	100 mm	100 mm	100 mm
Aufbau		Personen oder Lasten	Personen oder Lasten	Personen oder Lasten	Personen oder Lasten
Radart		Drahtspeiche	Drahtspeiche	Drahtspeiche	Drahtspeiche
Felge		2,15Bx16	2,15Bx16	2,15Bx16	2,15Bx16
Reifen		3,50-16R / 3,25-16	3,50-16R / 3,25-16	3,50-16R / 3,25-16	3,50-16R / 3,25-16
Bremse		Trommel ø160x30 mm hydraulisch	Trommel ø160x30 mm hydraulisch	Trommel ø160x30 mm hydraulisch	Trommel ø160x30 mm hydraulisch
Verzögerung (a_{Brems})		> 7 m/s² bei zGG	> 7 m/s² bei zGG	> 7 m/s² bei zGG	> 7 m/s² bei zGG
Luftdruck solo Gespann	vorn	2,0 bar	2,0 bar	2,0 bar	2,0 bar
	hinten	2,0 bar	2,0 bar	2,0 bar	2,0 bar
	SW	1,5 bar	1,5 bar	1,5 bar	1,5 bar
Luftdruck zGG Gespann	vorn	2,5 bar	2,5 bar	2,5 bar	2,5 bar
	hinten	2,8 bar	2,8 bar	2,8 bar	2,8 bar
	SW	1,75 bar	1,75 bar	1,75 bar	1,75 bar
Begrenzungsleuchte		6 V 5W Ba15s	6 V 5W Ba15s	12 V 5W Ba15s	12 V 5W Ba15s
Rücklicht		6 V 5W Ba15s	6 V 5W Ba15s	12 V 5W Ba15s	12 V 21/5W Ba15s [1]
Bremslicht		ohne / 6 V 21W Ba15s	ohne / 6 V 21W Ba15s	ohne / 12 V 21W Ba15s	siehe oben
Fahrtrichtungsanzeiger		6 V 21W Ba15s	6 V 21W Ba15s	12 V 21W Ba15s	12 V 21W Ba15s
Steckverbindung		3-polig / 5-polig	3-polig / 5-polig	3-polig / 5-polig	4-polig
Rück-/ Begrenzungsleuchte		gr 0,75 mm² / gr 0,5 mm²	gr 0,75 mm² / gr 0,5 mm²	gr 0,75 mm² / gr 0,5 mm²	gr 0,5 mm²
Masse		br 0,75 mm² / br 0,75 mm²	br 0,75 mm² / br 0,75 mm²	br 0,75 mm² / br 0,75 mm²	br 0,75 mm²
Bremslicht					sw-rt 0,75 mm²
Fahrtrichtungsanzeiger		sw-gn 1,5 mm² / sw-gn 0,75 mm²	sw-gn 1,5 mm² / sw-gn 0,75 mm²	sw-gn 1,5 mm² / sw-gn 0,75 mm²	sw-gn 0,75 mm²
Plus Bremslicht		sw-rt 0,75 mm²	sw-rt 0,75 mm²	sw-rt 0,75 mm²	
Masse Bremslicht		br-sw 0,75 mm²	br-sw 0,75 mm²	br-sw 0,75 mm²	
Länge Gespann		2160 mm	2160 mm	2160 mm	2160 mm
Breite mit Spiegel		1625 mm	1625 mm	1625 mm	1625 mm
Höhe mit Spiegel		1310 mm	1310 mm	1310 mm	1310 mm

(1) Im Januar 1989 wurde eine neue Brems-Schluss-Kennzeichenleuchte (BSKL) in Serie gebracht, die mit einer Zweifaden-Glühlampe ausgerüstet war.

Bauart	MZ TS 250 mit SuperElastic-Seitenwagen		MZ TS 250/1 mit SuperElastic-Seitenwagen		MZ ETZ 250 mit SuperElastic-Seitenwagen		MZ ETZ 251 mit SuperElastic-Seitenwagen	
	Personen-SW	Lasten-SW	Personen-SW	Lasten-SW	Personen-SW	Lasten-SW	Personen-SW	Lasten-SW
Leergewicht Gespann	240 kg	230 kg	240 kg	230 kg	240 kg	230 kg	240 kg	230 kg
zGG Gespann	515 kg	515 kg	515 kg	515 kg	515 kg	515 kg	515 kg	515 kg
Leergewicht SW	85 kg	75 kg	85 kg	75 kg	85 kg	75 kg	85 kg	75 kg
zGG SW	200 kg	200 kg	200 kg	200 kg	200 kg	200 kg	200 kg	200 kg
v_{max} 1 Pers. ohne Scheibe	100 km/h		100 km/h		100...105 km/h		100 km/h	
v_{max} bei zGG	88 km/h		88 km/h		88 km/h		88 km/h	
a_{max} 1 Pers. ohne Scheibe	11,2 s		11,2 s		11,2 s		11,2 s	
a_{max} bei zGG	18,2 s		18,2 s		18,2 s		18,2 s	
Wendekreis links	6000 mm		6000 mm		6000 mm		6250 mm	
rechts	4500 mm		4500 mm		4500 mm		4750 mm	
Vorspur am Vorderrad	30...50 mm		30...50 mm		30...50 mm		30...50 mm	
Vorrüstung am Krad	oberer und unterer Klemmkopf		oberer und unterer Klemmkopf		Gespannrahmen		Gespannrahmen	
	Verstärkte Telegabelfedern		Verstärkte Telegabelfedern		Lenkungsdämpfer		Lenkungsdämpfer	
	Kettenrad am Getriebe		Kettenrad am Getriebe		Schwingenbolzen mit Kugelkopf		Schwingenbolzen mit Kugelkopf	
	Schwingenbolzen mit Kugelkopf		Schwingenbolzen mit Kugelkopf		Federbeine mit Schutzhülsen und verstärkten Federn		Federbeine mit Schutzhülsen und verstärkten Federn	
	Federbeine mit Schutzhülsen und verstärkten Federn		Federbeine mit Schutzhülsen und verstärkten Federn		3- bzw. 5-Pol-Stecker		3- bzw. 5-Pol-Stecker	
	Lenkungsdämpfer		Lenkungsdämpfer		Schwinge mit Aufnahme für Torsionsstabilisator		Schwinge mit Aufnahme für Torsionsstabilisator	
	Anschlussbolzen mitte oben		Anschlussbolzen mitte oben		Verstärkte Telegabelfedern		Verstärkte Telegabelfedern	
	Anschlussbolzen vorn		Anschlussbolzen vorn		Sekundärübersetzung 3,200:1 = 48Z/15Z Kette 0,8 B-1-128		Sekundärübersetzung 2,824:1 = 48Z/17Z Kette 0,8 B-1-126	
	2 Muttern für Vorderachse M14x1,5		2 Muttern für Vorderachse M14x1,5		Verdrehsicherung in Gabelbrücke		Verdrehsicherung in Gabelbrücke	
					Anschlussbolzen vorn		Anschlussbolzen vorn	
					Anschlussbolzen mitte oben		Anschlussbolzen mitte oben	
Besonderheiten	Seitenwagen muss nach 1973 gebaut worden sein		Seitenwagen muss nach 1973 gebaut worden sein				Bei Anbau dieses Seitenwagens an ETZ 250 muss Bremslicht über ein Relais geschaltet werden	
	Vordere Strebe 60 mm länger		Vordere Strebe 60 mm länger					
	Nur Fahrzeuge ab FIN 3590802							

zGG ... zulässiges Gesamtgewicht
SW ... Seitenwagen

v_{max} ... Höchstgeschwindigkeit
a_{max} ... Beschleunigung 0 auf 80 km/h

gr ... grau
br ... braun

sw-gn ... schwarz-grün
sw-rt ... schwarz-rot

br-bl ... braun-blau

1.3.3 Seitenwagengespanne - Übersicht

Modell	Bauzeit	Sekundärübersetzung	Spurweite	v_{max}	a_{Brems}	Nachlauf	Bemerkung
IFA BK 350 mit Stoye-Seitenwagen	1953 - 1956	5,400:1 = 27Z/5Z (Kardan)		95...100 km/h			
MZ BK 350 mit Stoye "Elastic"-Seitenwagen	1956 - 1959	5,400:1 = 27Z/5Z (Kardan)		100 km/h			
MZ ES 250 mit Stoye "Elastic"-Seitenwagen	1956 - 1961	2,667:1 = 48Z/18Z	100 cm	90...95 km/h	5,4 m/s²	60...65 mm	
MZ ES 300 mit Stoye "Elastic"-Seitenwagen	1963 - 1965	2,500:1 = 45Z/18Z	102 cm	95...100 km/h	5,4 m/s²	65 mm	
MZ ES 250/1 mit Stoye "SuperElastic-Seitenwagen"	1964 - 1967	2,647:1 = 45Z/17Z	102 cm	90...95 km/h	7,0 m/s²	65 mm	
MZ ES 250/2 mit Stoye "SuperElastic-Seitenwagen	1967 - 1973	2,647:1 = 45Z/17Z	102 cm	95 km/h	7,0...9,0 m/s²	65 mm	ab 1969: 100 km/h
MZ TS 250 mit "SuperElastic-Seitenwagen	1976 - 1976	2,813:1 = 45Z/16Z	105 cm	100 km/h	> 7,0 m/s²		ab FIN 3580902 (1975)
MZ TS 250/1 mit "SuperElastic-Seitenwagen	1976 - 1981	2,938:1 = 47Z/16Z	105 cm	100 km/h	> 7,0 m/s²		
MZ ETZ 250 mit "SuperElastic-Seitenwagen	1981 - 1989	3,200:1 = 48Z/15Z	105 cm	100...105 km/h	> 7,0 m/s²		
MZ ETZ 251 mit "SuperElastic-Seitenwagen	1989 - 1991	2,824:1 = 48Z/17Z	105 cm	105 km/h	> 7,0 m/s²		
MZ ETZ 301 mit "SuperElastic-Seitenwagen	1990 - 1991		105 cm	105 km/h	> 7,0 m/s²		

v_{max} … Höchstgeschwindigkeit a_{Brems} … maximale Verzögerung

2. Motoren

2.1 Zwei-Takt-Motoren

Motortyp	RT 125	RT 125/1	MZ 125/2	MM125	MM125/1	MM125/2
Arbeitsverfahren	Otto-2-Takt	Otto-2-Takt	Otto-2-Takt	Otto-2-Takt	Otto-2-Takt	Otto-2-Takt
Zylinderanzahl	1	1	1	1	1	1
Kühlung	Fahrtwind	Fahrtwind	Fahrtwind	Fahrtwind	Fahrtwind	Fahrtwind
Hub (mm)	58	58	58	58	58	58
Bohrung (mm)	52	52	52	52	52	52
Hubraum (cm^3)	123	123	123	123	123	123
Verdichtungsverhältnis	6:1	6,5:1	7,25:1	8:1	9:1	9…10:1
Leistung (PS/kW)	4,75/ 3,5	5,5/ 4,0	6,0/ 4,4	6,5/ 4,8	8,5…10,0/ 6,3…7,4	10,0/ 7,4
bei Drehzahl (min^{-1})	4800…5200	5200	5200	5200	5500…6300	6000…6300
Drehmoment (Nm)	6,9…7,0	7,9…8,0	8,6…8,7	6,4…9,5	10,8…12,3	12,3
bei Drehzahl (min^{-1})	3300	3500	4000	3600…4000	4000…5500	5000…5500
Literleistung (kW/ltr.)	28,4	32,5	35,7	39,0	51,1	60,1
mittlere Kolbengeschwindigkeit (m/s)	9,3…10,1	10,1	10,1	10,1	10,6…12,2	11,6…12,2
Ansaugwinkel mit Spitze (°KW)					142	
Ansaugwinkel ohne Spitze (°KW)	130				126	150
Überströmwinkel (°KW)	119				110	115
Auspuffwinkel (°KW)	138				152	165
KFL [4] ($kW/(m^2{*}kg)$)					18540,6…21777,8	21777,8
Kolbenmasse					$160^{\pm5}$ g	$160^{\pm5}$ g
Mindestoktanzahl					ROZ 79	ROZ 88
Gemischschmierung	25:1	25:1	25:1	25:1	33:1	33:1
Getrenntschmierung						
Kolbenbolzenlagerung	Buchse	Buchse	Buchse	Buchse	Buchse	Buchse
Pleuellager	Rollenlager	Doppelrollenlager	Doppelrollenlager	Doppelrollenlager [7]	Nadellager	Nadellager
Kurbelwellenlagerschmierung[6]	1x Getriebeöl	1x Getriebeöl	1x Getriebeöl	1x Getriebeöl	3x Getriebeöl	3x Getriebeöl
	2x Motoröl	2x Motoröl	2x Motoröl	2x Motoröl		
Motoraufhängung	starr	starr	starr	starr	starr	starr
bis Mot.-Nr.						7372908
ab Mot.-Nr.						
Einsatz	RT 125	RT 125/1	MZ 125/2	MZ 125/3	ES 125	ES 125/1
						ETS 125
						TS 125

(4) KFL … Kolbenflächenleistung KFL=Zylinderleistung/(Kolbenfläche * Kolbenmasse)

(6) Anzahl der Lager mit dem jeweiligen Schmierstoff

(7) Nadellager ab 1961

Motortyp	MM125/3	EM125	MM150	MM150/2	MM150/3	EM150.2
Arbeitsverfahren	Otto-2-Takt	Otto-2-Takt	Otto-2-Takt	Otto-2-Takt	Otto-2-Takt	Otto-2-Takt
Zylinderanzahl	1	1	1	1	1	1
Kühlung	Fahrtwind	Fahrtwind	Fahrtwind	Fahrtwind	Fahrtwind	Fahrtwind
Hub (mm)	58	58	58	58	58	58
Bohrung (mm)	52	52	56	56	56	56
Hubraum (cm^3)	123	123	143	143	143	143
Verdichtungsverhältnis	10:1	10...10,5:1	9:1	10:1	10:1	10...10,5:1
Leistung (PS/kW)	10,0/ 7,4	10,2/ 7,5	10,0...11,5/ 7,4...8,5	11,5/ 8,5	11,5/ 8,5	12,2/ 9,0
bei Drehzahl (min^{-1})	6000...6300	5800...6000	5500...6300	6000...6300	6000...6300	5800...6000
Drehmoment (Nm)	12,3	12,3...12,8	13,3...15,0	13,7...15,0	15,0	15,0...15,8
bei Drehzahl (min^{-1})	5000...5500	5000...5500	4000...5500	5000...5500	5000...5500	5000...5500
Literleistung (kW/ltr.)	60,1	60,9	59,5	59,5	59,5	63,0
mittlere Kolbengeschwindigkeit (m/s)	11,6...12,2	11,2...11,6	10,6...12,2	11,6...12,2	11,6...12,2	11,2...11,6
Ansaugwinkel mit Spitze (°KW)			142,5			
Ansaugwinkel ohne Spitze (°KW)	150	151...151,5	126	150	150	151
Überströmwinkel (°KW)	115	114	110	115	115	114
Auspuffwinkel (°KW)	165	165,5...168	150	165	165	169,5
KFL [4] ($kW/(m^2{*}kg)$)	21777,8	22072,1	17255,3	17255,3	17255,3	18270,3
Kolbenmasse	$160^{\pm5}$ g	$160^{\pm5}$ g	$200^{\pm5}$ g	$200^{\pm5}$ g	$200^{\pm5}$ g	$200^{\pm5}$ g
Mindestoktanzahl	ROZ 88	ROZ 88	ROZ 79	ROZ 88	ROZ 88	ROZ 88
Gemischschmierung	50:1	50:1	33:1	33:1	50:1	50:1
Getrenntschmierung		optional				optional
Kolbenbolzenlagerung	Nadellager	Nadellager	Buchse	Buchse	Nadellager	Nadellager
Pleuellager	Nadellager	Nadellager	Nadellager	Nadellager	Nadellager	Nadellager
Kurbelwellenlagerschmierung	Motoröl	Motoröl	Getriebeöl	Getriebeöl	Motoröl	Motoröl
Motoraufhängung	starr	elastisch	starr	starr	starr	elastisch
bis Mot.-Nr.						
ab Mot.-Nr.	7372909					
Einsatz	ES 125/1	ETZ 125	ES 150	ES 150/1	ES 150/1	ETZ 150
	TS 125			ETS 150	TS 150	
				TS 150		

(4) KFL ... Kolbenflächenleistung KFL=Zylinderleistung/(Kolbenfläche * Kolbenmasse)

Motortyp	EM150.1	EM150.2 (BRD) [2]	MM175	MM175/1	MM175/2	MM250 (2 Port)
Arbeitsverfahren	Otto-2-Takt	Otto-2-Takt	Otto-2-Takt	Otto-2-Takt	Otto-2-Takt	Otto-2-Takt
Zylinderanzahl	1	1	1	1	1	1
Kühlung	Fahrtwind	Fahrtwind	Fahrtwind	Fahrtwind	Fahrtwind	Fahrtwind
Hub (mm)	58	58	65	65	65	65
Bohrung (mm)	56	56	58	58	58	70
Hubraum (cm^3)	143	143	172	172	172	250
Verdichtungsverhältnis	10...10,5:1	10:1	7,5...8,0:1	9:1	9,5...10:1	7...8:1
Leistung (PS/kW)	14,3/ 10,5	10,2...10,5/ 7,5...7,7	10,0...11,0/ 7,4...8,1	12,0...12,5/ 8,8...9,2	14,0...14,5/ 10,3...10,7	12,5...14,5/ 9,2...10,7
bei Drehzahl (min^{-1})	6200...6500	5800...6000	5000	5200...5250	5000...5400	5000...5100
Drehmoment (Nm)	15,0...15,8	13,0...15,8	15,6	16,7	19,6...20,0	20,2
bei Drehzahl (min^{-1})	5600...6300	5000...5800	3600	4000	4700...5000	3600
Literleistung (kW/ltr.)	73,0	52,5...53,9	43,1...47,2	51,2...53,6	60,0...62,3	36,8...42,8
mittlere Kolbengeschwindigkeit (m/s)	12,0...12,6	11,2...11,6	10,8	11,3...11,4	10,8...11,7	10,8
Ansaugwinkel mit Spitze (°KW)			138			138
Ansaugwinkel ohne Spitze (°KW)	155	151	120	139	150	120
Überströmwinkel (°KW)	120	114	110	110	116	110
Auspuffwinkel (°KW)	179	169,5	145	146	170	150
KFL [4] (kW/(m^2*kg))	21315,3	15225,2...15631,3	11670,1...12774,0	13877,9...14508,7	16243,5...16874,3	6640,5...7723,1
Kolbenmasse	200$^{\pm5}$ g	200$^{\pm5}$ g	240$^{\pm5}$ g	240$^{\pm5}$ g	240$^{\pm5}$ g	360$^{\pm5}$ g
Mindestoktanzahl	ROZ 88	ROZ 88	ROZ 72...74	ROZ 78	ROZ 88	ROZ 72...74
Gemischschmierung	50:1	50:1	25:1	33:1 (25:1)	33:1 (50:1)	25:1
Getrenntschmierung	optional	optional				
Kolbenbolzenlagerung	Nadellager	Nadellager	Buchse	Buchse	Nadellager	Buchse
Pleuellager	Nadellager	Nadellager	Doppelrollenlager [7]	Nadellager	Nadellager	Doppelrollenlager
Kurbelwellenlagerschmierung	Motoröl	Motoröl	Getriebeöl	Getriebeöl	Getriebeöl	Getriebeöl
Motoraufhängung	elastisch	elastisch	starr	starr	elastisch	starr
bis Mot.-Nr.						
ab Mot.-Nr.						2108259
Einsatz	ETZ 150	ETZ 150	ES 175	ES 175/1	ES 175/2	ES 250
				ES 175/2		

(2) Leistungsreduzierung durch Kunststoffisolierstück mit einem Ansaugquerschnitt ø16 mm zwischen Ansaugstutzen und Zylinder

(4) KFL ... Kolbenflächenleistung KFL=Zylinderleistung/(Kolbenfläche * Kolbenmasse)

(7) Nadellager ab 1961

2. Motoren

Motortyp	MM250 (1 Port)	MM250/1	MM250/2	MM250/2 (BRD)	MM250/3	MM250/3 (BRD)[1]
Arbeitsverfahren	Otto-2-Takt	Otto-2-Takt	Otto-2-Takt	Otto-2-Takt	Otto-2-Takt	Otto-2-Takt
Zylinderanzahl	1	1	1	1	1	1
Kühlung	Fahrtwind	Fahrtwind	Fahrtwind	Fahrtwind	Fahrtwind	Fahrtwind
Hub (mm)	65	65	65	65	65	65
Bohrung (mm)	70	70	69	69	69	69
Hubraum (cm^3)	250	250	243	243	243	243
Verdichtungsverhältnis	7…8:1	8,5:1	9,5…10:1	9,5…10:1	9,5…10:1	8,5:1
Leistung (PS/kW)	14,25…14,5/ 10,5…10,7	16,0…16,5/ 11,8…12,1	19,0/ 14,0	17,0/ 12,5	19,0/ 14,0	17,0/ 12,5
bei Drehzahl (min^{-1})	5000…5100	5200	5000…5500	5400	5100…6300	5400
Drehmoment (Nm)	21,0	22,7	25,6…27,0	25,6	25,5…25,6	25,6
bei Drehzahl (min^{-1})	3700	4000	4700…5000	4900	4600…5600	4900
Literleistung (kW/ltr.)	42,0…42,8	47,2…48,4	57,6	51,4	57,6	51,4
mittlere Kolbengeschwindigkeit (m/s)	10,8…11,1	11,3	10,8…11,9	11,7	11,1…13,7	11,7
Ansaugwinkel mit Spitze (ºKW)	128					
Ansaugwinkel ohne Spitze (ºKW)	120	140	155	155	155	155
Überströmwinkel (ºKW)	110	113	113	113	118	118
Auspuffwinkel (ºKW)	140	150	170	170	170	170
KFL [4] (kW/(m^2*kg))	7578,8…7723,1	8517,1…8733,7	10400,1	9285,8	10400,1	9285,8
Kolbenmasse	360$^{\pm5}$ g	360$^{\pm5}$ g	360$^{\pm5}$ g	360$^{\pm5}$ g	360$^{\pm5}$ g	360$^{\pm5}$ g
Mindestoktanzahl	ROZ 72…74	ROZ 79	ROZ 88	ROZ 88	ROZ 88	ROZ 88
Gemischschmierung	25:1	33:1 (25:1)	33:1 (50:1)	33:1 (50:1)	50:1	50:1
Getrenntschmierung						
Kolbenbolzenlagerung	Buchse	Buchse	Nadellager	Nadellager	Nadellager	Nadellager
Pleuellager	Doppelrollenlager [7]	Nadellager	Nadellager	Nadellager	Nadellager	Nadellager
Kurbelwellenlagerschmierung	Getriebeöl	Getriebeöl	Getriebeöl	Getriebeöl	Getriebeöl	Getriebeöl
Motoraufhängung	starr	starr	elastisch	elastisch	elastisch	elastisch
bis Mot.-Nr.						
ab Mot.-Nr.	2108260					
Einsatz	ES 250	ES 250/1	ES 250/2	ES 250/2	TS 250	TS 250
		ES 250/2	ETS 250	ETS 250		

(1) Leistungsreduzierung durch geänderten Zylinderkopf in Verbindung mit kleinerem Ansaugstutzen und Vergaser BVF 26N1-3

(4) KFL … Kolbenflächenleistung KFL=Zylinderleistung/(Kolbenfläche * Kolbenmasse)

(7) Nadellager ab 1961

Motortyp	MM250/4	MM250/4 (BRD)[1]	EM250	EM250 (BRD)	EM251	EM251
Arbeitsverfahren	Otto-2-Takt	Otto-2-Takt	Otto-2-Takt	Otto-2-Takt	Otto-2-Takt	Otto-2-Takt
Zylinderanzahl	1	1	1	1	1	1
Kühlung	Fahrtwind	Fahrtwind	Fahrtwind	Fahrtwind	Fahrtwind	Fahrtwind
Hub (mm)	65	65	65	65	65	65
Bohrung (mm)	69	69	69	69	69	69
Hubraum (cm^3)	243	243	243	243	243	243
Verdichtungsverhältnis	9,5...10:1	8,5:1	9,5...10,5:1	9,5...10,5:1	9,5...10,5:1	9,5...10,5:1
Leistung (PS/kW)	19,0/ 14,0	17,0/ 12,5	20,9...21,0/ 15,4...15,5	17,0/ 12,5	20,9...21,0/ 15,4...15,5	20,9...21,0/ 15,4...15,5
bei Drehzahl (min^{-1})	5100...5600	5400	5500...5700	5000	5500...5700	5500...5700
Drehmoment (Nm)	25,5...26,0	25,6	27,4...27,6	24,5...24,6	27,4...27,6	27,4...27,6
bei Drehzahl (min^{-1})	4600...5600	4900	5200...5400	4500	5200...5400	5200...5400
Literleistung (kW/ltr.)	57,6	51,4	63,4...63,8	51,4	63,4	63,4
mittlere Kolbengeschwindigkeit (m/s)	11,1...12,1	11,7	11,9...12,4	10,8	11,9...12,4	11,9...12,4
Ansaugwinkel mit Spitze (°KW)						
Ansaugwinkel ohne Spitze (°KW)	155	155	155	155	161	158 (ab 1991)
Überströmwinkel (°KW)	118	118	123...124	123...124	115	119 (ab 1991)
Auspuffwinkel (°KW)	170	170	180...181	180...181	175	178 (ab 1991
KFL [4] ($kW/(m^2{*}kg)$)	10400,1	9285,8	11440,1...11514,4	9285,8	11440,1...11514,4	11440,1...11514,4
Kolbenmasse	$360^{\pm5}$ g	$360^{\pm5}$ g	$360^{\pm5}$ g	$360^{\pm5}$ g	$360^{\pm5}$ g	$360^{\pm5}$ g
Mindestoktanzahl	ROZ 88	ROZ 88	ROZ 88	ROZ 88	ROZ 88	ROZ 88
Gemischschmierung	50:1	50:1	50:1	50:1	50:1	50:1
Getrenntschmierung			optional	optional	optional	optional
Kolbenbolzenlagerung	Nadellager	Nadellager	Nadellager	Nadellager	Nadellager	Nadellager
Pleuellager	Nadellager	Nadellager	Nadellager	Nadellager	Nadellager	Nadellager
Kurbelwellenlagerschmierung	Motoröl	Motoröl	Motoröl	Motoröl	Motoröl	Motoröl
Motoraufhängung	elastisch	elastisch	elastisch	elastisch	elastisch	elastisch
bis Mot.-Nr.						
ab Mot.-Nr.						
Einsatz	TS 250/1	TS 250/1	ETZ 250	ETZ 250	ETZ 251	ETZ 251

(1) Leistungsreduzierung durch geänderten Zylinderkopf in Verbindung mit kleinerem Ansaugstutzen und Vergaser BVF 26N1-3

(4) KFL ... Kolbenflächenleistung KFL=Zylinderleistung/(Kolbenfläche * Kolbenmasse)

Motortyp	EM251 (BRD)	EM251 (BRD)	MM300	EM301	Boxer 15 PS	Boxer 17PS
Arbeitsverfahren	Otto-2-Takt	Otto-2-Takt	Otto-2-Takt	Otto-2-Takt	Otto-2-Takt	Otto-2-Takt
Zylinderanzahl	1	1	1	1	2 (Boxer)	2 (Boxer)
Kühlung	Fahrtwind	Fahrtwind	Fahrtwind	Fahrtwind	Fahrtwind	Fahrtwind
Hub (mm)	65	65	72	65	65	65
Bohrung (mm)	69	69	72	75,5	58	58
Hubraum (cm^3)	243	243	293	291	343	343
Verdichtungsverhältnis	9,5...10,5:1	9,5...10,5:1	8,8:1	10:1	6,0...6,5:1 [5]	7,0...7,1:1
Leistung (PS/kW)	17,0/ 12,5	17,0/ 12,5	18,5/ 13,6	23,0/ 17,0	15,0/ 11,0	17,0/ 12,5
bei Drehzahl (min^{-1})	5000	5000	5200	5500	5000	5000...5100
Drehmoment (Nm)	24,5	24,5	26,6	29,6...30,6	26,6	26,6...28,6
bei Drehzahl (min^{-1})	4500	4500	4000	5200	3000...3500	3000...3500
Literleistung (kW/ltr.)	51,4	51,4	46,4	58,4	32,0	36,4
mittlere Kolbengeschwindigkeit (m/s)	10,8	10,8	12,5	11,9	10,8	10,8...11,1
Ansaugwinkel mit Spitze (ºKW)					120	120
Ansaugwinkel ohne Spitze (ºKW)	161	158 (ab 1991)	140	158	104	104
Überströmwinkel (ºKW)	115	119 (ab 1991)	113	119	116	116
Auspuffwinkel (ºKW)	175	178 (ab 1991	150	178	136	136
KFL [4] (kW/(m^2*kg))	9285,8	9285,8	8350,7	9493,0	9659,0	10976,2
Kolbenmasse	360$^{\pm5}$ g	360$^{\pm5}$ g	400$^{\pm5}$ g	400$^{\pm5}$ g	250$^{\pm5}$ g	250$^{\pm5}$ g
Mindestoktanzahl	ROZ 88	ROZ 88	ROZ 78	ROZ 88	ROZ 72	ROZ 72
Gemischschmierung	50:1	50:1	33:1 (25:1)	50:1	25:1	25:1
Getrenntschmierung	optional	optional		optional		
Kolbenbolzenlagerung	Nadellager	Nadellager	Buchse	Nadellager	Buchse	Buchse
Pleuellager	Nadellager	Nadellager	Doppelrollenlager	Nadellager	Doppelrollenlager	Doppelrollenlager
Kurbelwellenlagerschmierung	Motoröl	Motoröl	Getriebeöl	Motoröl	Motoröl	Motoröl
Motoraufhängung	elastisch	elastisch	starr	elastisch	starr	starr
bis Mot.-Nr.					1616945	
ab Mot.-Nr.						1616946
Einsatz	ETZ 251	ETZ 251	ES 300	ETZ 301	BK 350	BK 350

(4) KFL ... Kolbenflächenleistung KFL=Zylinderleistung/(Kolbenfläche * Kolbenmasse)

(5) Verdichtungsverhältnis 6,0:1 wegen schlechter Kraftstoffqualität; realisiert durch 2 Deckeldichtungen á 0,8 mm in Verbindung mit einer Zwischenlage Aluminium von ebenfalls 0,8 mm

2.2 Vier-Takt-Motoren

Motortyp	Rotax 504E[3]	Rotax 504E
Arbeitsverfahren	Otto-4-Takt	Otto-4-Takt
Zylinderanzahl	1	1
Kühlung	Fahrtwind/ Öl	Fahrtwind/ Öl
Hub (mm)	79,4	79,4
Bohrung (mm)	89	89
Hubraum (cm^3)	494	494
Verdichtungsverhältnis	9,2:1	9,2:1
Leistung (PS/kW)	27,0/ 19,9	34,0/ 25,0
bei Drehzahl (min^{-1})	6500...7600	7200
Drehmoment (Nm)	32,0...32,5	35,0
bei Drehzahl (min^{-1})	4500...6500	4000
Literleistung (kW/ltr.)	40,3	50,5
mittlere Kolbengeschwindigkeit (m/s)	17,2...20,1	19,1
Einlassventil öffnet	3,5º vor OT	3,5º vor OT
Einlassventil schließt	48,5º nach UT	48,5º nach UT
Auslassventil öffnet	36,5º vor UT	36,5º vor UT
Auslassventil schließt	8,5º nach OT	8,5º nach OT
KFL [4] ($kW/(m^2{*}kg)$)		
Kolbenmasse		
Mindestoktanzahl	ROZ 95	ROZ 95
Gemischschmierung	Trockensumpf	Trockensumpf
Getrenntschmierung		
Kolbenbolzenlagerung	Gleitlager	Gleitlager
Pleuellager	Gleitlager	Gleitlager
Kurbelwellenlagerschmierung	Motoröl	Motoröl
Motoraufhängung	elastisch	elastisch
bis Mot.-Nr.		
ab Mot.-Nr.		
Einsatz	MZ 500 R	MZ 500 R

(3) Änderung der Motorleistung durch Krümmerwechsel: 20kW -> Kennz.: MZ 500A; 25kW -> Kennz.: MZ 500A1 bzw. MZ 500A2

(4) KFL ... Kolbenflächenleistung KFL=Zylinderleistung/(Kolbenfläche * Kolbenmasse)

3. Getriebe und Übersetzungen

3.1 Getriebe und Übersetzungen - Kleine Typenreihe

Modell		RT 125	RT 125/1	MZ 125/2	MZ 125/3
Motortyp		RT 125	RT 125/1	MZ 125/2	MM125
Primär-Übersetzung	Motor/ Getriebe	2,750:1 = 33Z/12Z	2,750:1 = 33Z/12Z	2,750:1 = 33Z/12Z	2,750:1 = 33Z/12Z
	Primärtrieb [3]	Hülsenkette	Hülsenkette	Hülsenkette	Hülsenkette
		3/8"x7,7mm - 44 Gl.	3/8"x7,7mm - 44 Gl.	3/8"x7,7mm - 48 Gl.	3/8"x7,7mm - 44 Gl.
		3/8"x7,7mm - 48 Gl.			DIN 73232-A-9,5x7,5-48Gl.
Kupplung		Mehrscheiben	Mehrscheiben	Mehrscheiben	Mehrscheiben
		Ölbad	Ölbad	Ölbad	Ölbad
Gangzahl		3	3	3	4
Getriebe	1. Gang	2,907:1 = (36Z/14Z) x (26Z/23Z)	2,955:1 = (30Z/12Z) x (26Z/22Z)	2,955:1 = (30Z/12Z) x (26Z/22Z)	3,041:1 = (28Z/13Z) x (24Z/17Z)
	2. Gang	1,439:1 = (28Z/22Z) x (26Z/23Z)	1,493:1 = (24Z/19Z) x (26Z/22Z)	1,493:1 = (24Z/19Z) x (26Z/22Z)	1,804:1 = (23Z/18Z) x (24Z/17Z)
	3. Gang	1:1 (direkt)	1:1 (direkt)	1:1 (direkt)	1,283:1 = (20Z/22Z) x (24Z/17Z)
	4. Gang				1:1 (direkt)
	5. Gang				
Sekundär-Übersetzung	Getriebe/ Rad solo	2,857:1 = 40Z/14Z	2,857:1 = 40Z/14Z	2,857:1 = 40Z/14Z	2,667:1 = 40Z/15Z
	Sekundärtrieb solo	Rollenkette	Rollenkette	Rollenkette	Rollenkette
		1/2"x5,2mm - 108…116 Gl.	12,7x6,4x8,51-116Gl.	12,7x6,4x8,51-116Gl.	DIN 8180-12,7x6,4x8,51
			1/2"x1/4"x8,51-116Gl.	1/2"x1/4"x8,51-116Gl.	
lieferbare Kettenritzel [1]		13Z, 14Z	13Z…15Z	13Z…15Z	15Z, 16Z
Gesamtübersetzung	1. Gang	22,840:1	23,217:1	23,217:1	22,303:1
	2. Gang	11,306:1	11,730:1	11,730:1	13,231:1
	3. Gang	7,857:1	7,857:1	7,857:1	9,410:1
	4. Gang				7,334:1
	5. Gang				
Tachoübersetzung	Ritzel solo		12Z (ET-Nr. 01-825.234-0)	12Z (ET-Nr. 01-825.234-0)[5]	
	Schraubenrad solo		23Z (ET-Nr. 01-825.232-0)	23Z (ET-Nr. 01-825.232-0)	
			1,917:1 = 23Z/12Z	1,917:1 = 23Z/12Z	
Bemerkung					

(1) Lieferbar bedeutet, dass das Kettenritzel im Ersatzteilkatalog aufgeführt ist. Damit ist eine Verwendung im öffentlichen Straßenverkehr noch nicht zulässig, denn hier gelten

die Einschränkungen der Typgenehmigung (KTA-Betriebserlaubnis, KBA-Betriebserlaubnis, Einzelbetriebserlaubnis oder EG-Typgenehmigung) in Verb. m. § 19.2 StVZO "Erlöschen

der Betriebserlaubnis durch Änderung des Geräusch- oder Emissionsverhaltens" und § 5 FZV und dem Datum der Erstzulassung.

(3) Bei Motoren 125 cm³ und 150 cm³ bis Baujahr 1975 müssen bei dem Wechsel der Primärkette, wegen unterschiedlicher Teilungen, auch beide Kettenräder gewechselt werden.

(5) ab FIN 5002389: Ritzel ET-Nr. 01-825.362-0

ET-Nr… Ersatzteil-Nummer

3. Getriebe und Übersetzungen

Modell		ES 125	ES 125/1		ETS 125
Motortyp		MM125/1	MM125/2	MM125/3	MM125/2
Primär-Übersetzung	Motor/ Getriebe	2,313:1 = 37Z/16Z	2,313:1 = 37Z/16Z	2,313:1 = 37Z/16Z	2,313:1 = 37Z/16Z
	Primärtrieb [3]	Hülsenkette	Hülsenkette [2]	Duplex-Kette [2]	Hülsenkette
		DIN 73232-A-9,5x7,5-48Gl.	A9,5x9,5-48Gl.	3/8"x3/16"-48Gl.	A9,5x9,5-48Gl.
		062 C-48 TGL 39-764	3/8"x3/16"-48Gl.	2x9,525x4,77-48Gl.	3/8"x3/8"-48Gl.
Kupplung		Mehrscheiben	Mehrscheiben	Mehrscheiben	Mehrscheiben
		Ölbad	Ölbad	Ölbad	Ölbad
Gangzahl		4	4	4	4
Getriebe	1. Gang	3,041:1 = (28Z/13Z) x (24Z/17Z)	3,041:1 = (28Z/13Z) x (24Z/17Z)	3,041:1 = (28Z/13Z) x (24Z/17Z)	3,041:1 = (28Z/13Z) x (24Z/17Z)
	2. Gang	1,804:1 = (23Z/18Z) x (24Z/17Z)	1,804:1 = (23Z/18Z) x (24Z/17Z)	1,804:1 = (23Z/18Z) x (24Z/17Z)	1,804:1 = (23Z/18Z) x (24Z/17Z)
	3. Gang	1,283:1 = (20Z/22Z) x (24Z/17Z)	1,283:1 = (20Z/22Z) x (24Z/17Z)	1,283:1 = (20Z/22Z) x (24Z/17Z)	1,283:1 = (20Z/22Z) x (24Z/17Z)
	4. Gang	1:1 (direkt)	1:1 (direkt)	1:1 (direkt)	1:1 (direkt)
	5. Gang				
Sekundär-Übersetzung	Getriebe/ Rad solo	3,200:1 = 48Z/15Z	3,200:1 = 48Z/15Z	3,200:1 = 48Z/15Z	3,200:1 = 48Z/15Z
	Sekundärtrieb solo	Rollenkette	Rollenkette	Rollenkette	Rollenkette
		12,7x6,4x8,51-120Gl.	1/2"x1/4"-120Gl.	1/2"x1/4"-120Gl.	1/2"x1/4"-120Gl.
			12,7x6,4x120Gl.	12,7x6,4x8,51-120Gl.	12,7x6,4x120
lieferbare Kettenritzel [1]		15Z, 16Z	15Z, 16Z	15Z, 16Z	15Z, 16Z
Gesamtübersetzung	1. Gang	22,508:1	22,508:1	22,508:1	22,508:1
	2. Gang	13,352:1	13,352:1	13,352:1	13,352:1
	3. Gang	9,496:1	9,496:1	9,496:1	9,496:1
	4. Gang	7,402:1	7,402:1	7,402:1	7,402:1
	5. Gang				
Tachoübersetzung	Ritzel solo				
	Schraubenrad solo				
Drehzahlmesserübersetzung	Ritzel				
	Schraubenrad				
Bemerkung					

(1) Lieferbar bedeutet, dass das Kettenritzel im Ersatzteilkatalog aufgeführt ist. Damit ist eine Verwendung im öffentlichen Straßenverkehr noch nicht zulässig, denn hier gelten
die Einschränkungen der Typgenehmigung (KTA-Betriebserlaubnis, KBA-Betriebserlaubnis, Einzelbetriebserlaubnis oder EG-Typgenehmigung) in Verb. m. § 19.2 StVZO "Erlöschen
der Betriebserlaubnis durch Änderung des Geräusch- oder Emissionsverhaltens" und § 5 FZV und dem Datum der Erstzulassung.

(2) Die einfache Hülsenkette wurde serienmäßig bei den 125 cm³-Motoren bis MotNr. 7324449, bei den 150 cm³-Motoren bis MotNr. 6444236 verwendet. Der jeweils darauf folgende Motor wurde
mit der Duplex-Kette ausgeruestet. Viele Motoren, die ursprünglich mit der Einfachkette ausgeliefert wurden, wurden im Zuge von Überholungen mit der Duplex-Kette versehen, um
die Betriebsfestigkeit zu erhöhen. Die Änderung erfolgte IV/1973.

(3) Bei Motoren 125 cm³ und 150 cm³ bis Baujahr 1975 müssen bei dem Wechsel der Primärkette, wegen unterschiedlicher Teilungen, auch beide Kettenräder gewechselt werden.

27

Modell		TS 125		ETZ 125	ES 150
Motortyp		MM125/2	MM125/3	EM125	MM150
Primär-Übersetzung	Motor/ Getriebe	2,313:1 = 37Z/16Z	2,313:1 = 37Z/16Z	2,056:1 = 37Z/18Z	2,313:1 = 37Z/16Z
	Primärtrieb [3]	Hülsenkette [2]	Duplex-Kette [2]	Duplex-Kette	Hülsenkette
		A9,5x9,5-48Gl.	3/8"x3/16"-48Gl.	3/8"x3/16"-50Gl.	A9,5x7,5-48Gl.
		3/8"x3/8"-48Gl.	2x9,525x4,77-48Gl.	06 C-2-50	
Kupplung		Mehrscheiben	Mehrscheiben	Mehrscheiben	Mehrscheiben
		Ölbad	Ölbad	Ölbad	Ölbad
Gangzahl		4	4	5	4
Getriebe	1. Gang	3,041:1 = (28Z/13Z) x (24Z/17Z)	3,041:1 = (28Z/13Z) x (24Z/17Z)	3,833:1 = (34Z/12Z) x (23Z/17Z)	3,041:1 = (28Z/13Z) x (24Z/17Z)
	2. Gang	1,804:1 = (23Z/18Z) x (24Z/17Z)	1,804:1 = (23Z/18Z) x (24Z/17Z)	2,345:1 = (26Z/15Z) x (23Z/17Z)	1,804:1 = (23Z/18Z) x (24Z/17Z)
	3. Gang	1,283:1 = (20Z/22Z) x (24Z/17Z)	1,283:1 = (20Z/22Z) x (24Z/17Z)	1,567:1 = (22Z/19Z) x (23Z/17Z)	1,283:1 = (20Z/22Z) x (24Z/17Z)
	4. Gang	1:1 (direkt)	1:1 (direkt)	1,191:1 = (25Z/22Z) x (23Z/17Z)	1:1 (direkt)
	5. Gang			1:1 (direkt)	
Sekundär-Übersetzung	Getriebe/ Rad solo	3,200:1 = 48Z/15Z	3,200:1 = 48Z/15Z	3,200:1 = 48Z/15Z	3,000:1 = 48Z/16Z
	Sekundärtrieb solo	Rollenkette	Rollenkette	Rollenkette	Rollenkette
		1/2"x1/4"-120Gl.	1/2"x1/4"-120Gl.	1/2"x3/8"-126Gl.	12,7x6,4x8,5-120Gl.
		12,7x6,4x8,51mm-120Gl.	12,7x6,4x120	12,7x7,75x126Gl.	1/2"x1/4-120Gl.
				0,8B-1-126 TGL 11796	
				1/2"x5/16"-Typ 428-126 Gl.	
lieferbare Kettenritzel [1]		15Z, 16Z	15Z, 16Z	15Z, 16Z	15Z, 16Z
Gesamtübersetzung	1. Gang	22,508:1	22,508:1	25,218:1	21,101:1
	2. Gang	13,352:1	13,352:1	15,428:1	12,518:1
	3. Gang	9,496:1	9,496:1	10,310:1	8,903:1
	4. Gang	7,402:1	7,402:1	7,836:1	6,939:1
	5. Gang			6,579:1	
Tachoübersetzung	Ritzel solo	12Z	12Z	12Z [4]	
	Schraubenrad solo	23Z	23Z	21Z	
		1,917:1 = 23Z/12Z	1,917:1 = 23Z/12Z	1,313:1 = 21Z/16Z	
Drehzahlmesserübersetzung	Ritzel			16Z	
	Schraubenrad			4Z	
				4,000:1 = 16Z/4Z	
Bemerkung					

(1) Lieferbar bedeutet, dass das Kettenritzel im Ersatzteilkatalog aufgeführt ist. Damit ist eine Verwendung im öffentlichen Straßenverkehr noch nicht zulässig, denn hier gelten die Einschränkungen der Typgenehmigung (KTA-Betriebserlaubnis, KBA-Betriebserlaubnis, Einzelbetriebserlaubnis oder EG-Typgenehmigung) in Verb. m. § 19.2 StVZO "Erlöschen der Betriebserlaubnis durch Änderung des Geräusch- oder Emissionsverhaltens" und § 5 FZV und dem Datum der Erstzulassung.

(2) Die einfache Hülsenkette wurde serienmäßig bei den 125 cm³-Motoren bis MotNr. 7324449, bei den 150 cm³-Motoren bis MotNr. 6444236 verwendet. Der jeweils darauf folgende Motor wurde mit der Duplex-Kette ausgeruestet. Viele Motoren, die ursprünglich mit der Einfachkette ausgeliefert wurden, wurden im Zuge von Überholungen mit der Duplex-Kette versehen, um die Betriebsfestigkeit zu erhöhen. Die Änderung erfolgte IV/1973.

(3) Bei Motoren 125 cm³ und 150 cm³ bis Baujahr 1975 müssen bei dem Wechsel der Primärkette, wegen unterschiedlicher Teilungen, auch beide Kettenräder gewechselt werden.

3. Getriebe und Übersetzungen

Modell		ES 150/1		ETS 150	TS 150
Motortyp		MM150/2	MM150/3	MM150/2	MM150/2
Primär-Übersetzung	Motor/ Getriebe	2,313:1 = 37Z/16Z	2,313:1 = 37Z/16Z	2,313:1 = 37Z/16Z	2,313:1 = 37Z/16Z
	Primärtrieb [3]	Hülsenkette [2]	Duplex-Kette [2]	Hülsenkette	Hülsenkette [2]
		A9,5x9,5-48Gl.	3/8"x3/16"-48Gl.	A9,5x9,5-48Gl.	3/8"x3/8"-48Gl.
		3/8"x3/8"-48Gl.	2x9,525x4,77-48Gl.	3/8"x3/8"-48Gl.	A9,5x9,5-48Gl.
Kupplung		Mehrscheiben	Mehrscheiben	Mehrscheiben	Mehrscheiben
		Ölbad	Ölbad	Ölbad	Ölbad
Gangzahl		4	4	4	4
Getriebe	1. Gang	3,041:1 = (28Z/13Z) x (24Z/17Z)	3,041:1 = (28Z/13Z) x (24Z/17Z)	3,041:1 = (28Z/13Z) x (24Z/17Z)	3,041:1 = (28Z/13Z) x (24Z/17Z)
	2. Gang	1,804:1 = (23Z/18Z) x (24Z/17Z)	1,804:1 = (23Z/18Z) x (24Z/17Z)	1,804:1 = (23Z/18Z) x (24Z/17Z)	1,804:1 = (23Z/18Z) x (24Z/17Z)
	3. Gang	1,283:1 = (20Z/22Z) x (24Z/17Z)	1,283:1 = (20Z/22Z) x (24Z/17Z)	1,283:1 = (20Z/22Z) x (24Z/17Z)	1,283:1 = (20Z/22Z) x (24Z/17Z)
	4. Gang	1:1 (direkt)	1:1 (direkt)	1:1 (direkt)	1:1 (direkt)
	5. Gang				
Sekundär-Übersetzung	Getriebe/ Rad solo	3,000:1 = 48Z/16Z	3,000:1 = 48Z/16Z	3,000:1 = 48Z/16Z	3,000:1 = 48Z/16Z
	Sekundärtrieb solo	Rollenkette	Rollenkette	Rollenkette	Rollenkette
		1/2"x1/4-120Gl.	1/2"x1/4-120Gl.	1/2"x1/4-120Gl.	1/2"x1/4-120Gl.
		12,7x6,4x120	12,7x6,4x8,51-120Gl.	12,7x6,4x120	12,7x6,4x8,51mm-120Gl.
lieferbare Kettenritzel [1]		15Z, 16Z	15Z, 16Z	15Z, 16Z	15Z, 16Z
Gesamtübersetzung	1. Gang	21,101:1	21,101:1	21,101:1	21,101:1
	2. Gang	12,518:1	12,518:1	12,518:1	12,518:1
	3. Gang	8,903:1	8,903:1	8,903:1	8,903:1
	4. Gang	6,939:1	6,939:1	6,939:1	6,939:1
	5. Gang				
Tachoübersetzung	Ritzel solo				12Z
	Schraubenrad solo				23Z
					1,917:1 = 23Z/12Z
Drehzahlmesserübersetzung	Ritzel				
	Schraubenrad				
Bemerkung					

(1) Lieferbar bedeutet, dass das Kettenritzel im Ersatzteilkatalog aufgeführt ist. Damit ist eine Verwendung im öffentlichen Straßenverkehr noch nicht zulässig, denn hier gelten
die Einschränkungen der Typgenehmigung (KTA-Betriebserlaubnis, KBA-Betriebserlaubnis, Einzelbetriebserlaubnis oder EG-Typgenehmigung) in Verb. m. § 19.2 StVZO "Erlöschen
der Betriebserlaubnis durch Änderung des Geräusch- oder Emissionsverhaltens" und § 5 FZV und dem Datum der Erstzulassung.

(2) Die einfache Hülsenkette wurde serienmäßig bei den 125 cm³-Motoren bis MotNr. 7324449, bei den 150 cm³-Motoren bis MotNr. 6444236 verwendet. Der jeweils darauf folgende Motor wurde
mit der Duplex-Kette ausgeruestet. Viele Motoren, die ursprünglich mit der Einfachkette ausgeliefert wurden, wurden im Zuge von Überholungen mit der Duplex-Kette versehen, um
die Betriebsfestigkeit zu erhöhen. Die Änderung erfolgte IV/1973.

(3) Bei Motoren 125 cm³ und 150 cm³ bis Baujahr 1975 müssen bei dem Wechsel der Primärkette, wegen unterschiedlicher Teilungen, auch beide Kettenräder gewechselt werden.

Modell		TS 150	ETZ 150		
Motortyp		MM150/3	EM150.2	EM150.1	EM150.2 (BRD)
Primär-Übersetzung	Motor/ Getriebe	2,313:1 = 37Z/16Z	2,056:1 = 37Z/18Z	2,056:1 = 37Z/18Z	2,056:1 = 37Z/18Z
	Primärtrieb [3]	Duplex-Kette [2]	Duplex-Kette	Duplex-Kette	Duplex-Kette
		3/8"x3/16"-48Gl.	3/8"x3/16"-50Gl.	3/8"x3/16"-50Gl.	3/8"x3/16"-50Gl.
		2x9,525x4,77-48Gl.	06 C-2-50	06 C-2-50	06 C-2-50
Kupplung		Mehrscheiben	Mehrscheiben	Mehrscheiben	Mehrscheiben
		Ölbad	Ölbad	Ölbad	Ölbad
Gangzahl		4	5	5	5
Getriebe	1. Gang	3,041:1 = (28Z/13Z) x (24Z/17Z)	3,833:1 = (34Z/12Z) x (23Z/17Z)	3,833:1 = (34Z/12Z) x (23Z/17Z)	3,833:1 = (34Z/12Z) x (23Z/17Z)
	2. Gang	1,804:1 = (23Z/18Z) x (24Z/17Z)	2,345:1 = (26Z/15Z) x (23Z/17Z)	2,345:1 = (26Z/15Z) x (23Z/17Z)	2,345:1 = (26Z/15Z) x (23Z/17Z)
	3. Gang	1,283:1 = (20Z/22Z) x (24Z/17Z)	1,567:1 = (22Z/19Z) x (23Z/17Z)	1,567:1 = (22Z/19Z) x (23Z/17Z)	1,567:1 = (22Z/19Z) x (23Z/17Z)
	4. Gang	1:1 (direkt)	1,191:1 = (25Z/22Z) x (23Z/17Z)	1,191:1 = (25Z/22Z) x (23Z/17Z)	1,191:1 = (25Z/22Z) x (23Z/17Z)
	5. Gang		1:1 (direkt)	1:1 (direkt)	1:1 (direkt)
Sekundär-Übersetzung	Getriebe/ Rad solo	3,000:1 = 48Z/16Z	3,000:1 = 48Z/16Z	3,200:1 = 48Z/15Z	3,000:1 = 48Z/16Z
		3,200:1 = 48Z:15Z			
	Sekundärtrieb solo	Rollenkette	Rollenkette	Rollenkette	Rollenkette
		1/2"x1/4-120Gl.	0,8-B-1-126 TGL 11796	0,8-B-1-126 TGL 11796	0,8-B-1-126 TGL 11796
		12,7x6,4x120	1/2"x3/8"-126Gl.	1/2"x3/8"-126Gl.	
			0,8B-1-126 TGL 11796	0,8B-1-126 TGL 11796	
			1/2"x5/16"-Typ 428-126 Gl.	1/2"x5/16"-Typ 428-126 Gl.	1/2"x5/16"-Typ 428-126 Gl.
lieferbare Kettenritzel [1]		15Z, 16Z	15Z, 16Z	15Z, 16Z	15Z, 16Z
Gesamtübersetzung	1. Gang	21,101:1	23,642:1	25,218:1	23,642:1
	2. Gang	12,518:1	14,464:1	15,428:1	14,464:1
	3. Gang	8,903:1	9,665:1	10,310:1	9,665:1
	4. Gang	6,939:1	7,346:1	7,836:1	7,346:1
	5. Gang		6,168:1	6,579:1	6,168:1
Tachoübersetzung	Ritzel solo	12Z	12Z [4]	12Z [4]	12Z [4]
	Schraubenrad solo	23Z	21Z	21Z	21Z
		1,917:1 = 23Z/12Z	1,750:1 = 21Z/12Z	1,750:1 = 21Z/12Z	1,750:1 = 21Z/12Z
Drehzahlmesserübersetzung	Ritzel		16Z	16Z	16Z
	Schraubenrad		4Z	4Z	4Z
			4,000:1 = 16Z/4Z	4,000:1 = 16Z/4Z	4,000:1 = 16Z/4Z
Bemerkung					

(1) Lieferbar bedeutet, dass das Kettenritzel im Ersatzteilkatalog aufgeführt ist. Damit ist eine Verwendung im öffentlichen Straßenverkehr noch nicht zulässig, denn hier gelten die Einschränkungen der Typgenehmigung (KTA-Betriebserlaubnis, KBA-Betriebserlaubnis, Einzelbetriebserlaubnis oder EG-Typgenehmigung) in Verb. m. § 19.2 StVZO "Erlöschen der Betriebserlaubnis durch Änderung des Geräusch- oder Emissionsverhaltens" und § 5 FZV und dem Datum der Erstzulassung.

(2) Die einfache Hülsenkette wurde serienmäßig bei den 125 cm³-Motoren bis MotNr. 7324449, bei den 150 cm³-Motoren bis MotNr. 6444236 verwendet. Der jeweils darauf folgende Motor wurde mit der Duplex-Kette ausgeruestet. Viele Motoren, die ursprünglich mit der Einfachkette ausgeliefert wurden, wurden im Zuge von Überholungen mit der Duplex-Kette versehen, um die Betriebsfestigkeit zu erhöhen. Die Änderung erfolgte IV/1973.

(3) Bei Motoren 125 cm³ und 150 cm³ bis Baujahr 1975 müssen bei dem Wechsel der Primärkette, wegen unterschiedlicher Teilungen, auch beide Kettenräder gewechselt werden.

(4) Ritzelkörper durch 0,6 mm Nut am Außendurchmesser gekennzeichnet

3.2 Getriebe und Übersetzungen - Grosse Typenreihe

Modell		ES 175	ES 175/1	ES 175/2	
Motortyp		MM175	MM175/1	MM175/1	MM175/2
Primär-Übersetzung	Motor/ Getriebe	2,429:1 = 68Z/28Z	2,429:1 = 68Z/28Z	2,429:1 = 68Z/28Z	2,429:1 = 68Z/28Z
	Primärtrieb	Zahnräder	Zahnräder	Zahnräder	Zahnräder
		schräg verzahnt	schräg verzahnt	schräg verzahnt	schräg verzahnt
Kupplung		Mehrscheiben	Mehrscheiben	Mehrscheiben	Mehrscheiben
		Ölbad	Ölbad	Ölbad	Ölbad
Gangzahl		4	4	4	4
Getriebe	1. Gang	2,769:1 = 36Z/13Z	2,769:1 = 36Z/13Z	2,769:1 = 36Z/13Z	2,769:1 = 36Z/13Z
	2. Gang	1,632:1 = 31Z/19Z	1,632:1 = 31Z/19Z	1,632:1 = 31Z/19Z	1,800:1 = 27Z/15Z
	3. Gang	1,227:1 = 27Z/22Z	1,227:1 = 27Z/22Z	1,227:1 = 27Z/22Z	1,227:1 = 27Z/22Z
	4. Gang	0,920:1 = 23Z/25Z	0,920:1 = 23Z/25Z	0,920:1 = 23Z/25Z	0,920:1 = 23Z/25Z
	5. Gang				
Sekundär-Übersetzung	Getriebe/ Rad solo	2,667:1 = 48Z/18Z	2,647:1 = 45Z/17Z	2,647:1 = 45Z/17Z	2,647:1 = 45Z/17Z
	Sekundärtrieb solo	Rollenkette	Rollenkette	Rollenkette	Rollenkette
		1/2"x7,7x8,5-118Gl.	1/2"x5/16"-118 Gl.	1/2"x5/16"-116Gl.	1/2"x5/16"-116Gl.
			12,7x7,75x8,51mm	1/2"x5/16"-118 Gl.	12,7x7,75x116
					1/2"x5/16"-118 Gl.
lieferbare Kettenritzel [1]		17Z...21Z	17Z...21Z	17Z, 21Z	17Z, 21Z
Gesamtübersetzung	1. Gang	17,938:1	17.803:1	17.803:1	17,803:1
	2. Gang	10,572:1	10.493:1	10.493:1	11,573:1
	3. Gang	7,949:1	7.889:1	7.889:1	7,889:1
	4. Gang	5,960:1	5.915:1	5.915:1	5,915:1
	5. Gang				
Tachoübersetzung	Ritzel solo	15Z	15Z		
	Schraubenrad solo	10Z	10Z		
		1,500:1 = 15Z/10Z	1,500:1 = 15Z/10Z		
Bemerkung					ab MotNr 4512291 2. Gang: 1,800:1

(1) Lieferbar bedeutet, dass das Kettenritzel im Ersatzteilkatalog aufgeführt ist. Damit ist eine Verwendung im öffentlichen Straßenverkehr noch nicht zulässig, denn hier gelten
die Einschränkungen der Typgenehmigung (KTA-Betriebserlaubnis, KBA-Betriebserlaubnis, Einzelbetriebserlaubnis oder EG-Typgenehmigung) in Verb. m. § 19.2 StVZO "Erlöschen
der Betriebserlaubnis durch Änderung des Geräusch- oder Emissionsverhaltens" und § 5 FZV und dem Datum der Erstzulassung.

MotNr… Motornummer

3. Getriebe und Übersetzungen

Modell		ES 250		ES 250/1	ES 250/2
Motortyp		MM250 (2 Port)	MM250 (1 Port)	MM250/1	MM250/1
Primär-Übersetzung	Motor/ Getriebe	2,429:1 = 68Z/28Z	2,429:1 = 68Z/28Z	2,429:1 = 68Z/28Z	2,429:1 = 68Z/28Z
	Primärtrieb	Zahnräder	Zahnräder	Zahnräder	Zahnräder
		schräg verzahnt	schräg verzahnt	schräg verzahnt	schräg verzahnt
Kupplung		Mehrscheiben	Mehrscheiben	Mehrscheiben	Mehrscheiben
		Ölbad	Ölbad	Ölbad	Ölbad
Gangzahl		4	4	4	4
Getriebe	1. Gang	2,769:1 = 36Z/13Z	2,769:1 = 36Z/13Z	2,769:1 = 36Z/13Z	2,769:1 = 36Z/13Z
	2. Gang	1,632:1 = 31Z/19Z	1,632:1 = 31Z/19Z	1,632:1 = 31Z/19Z	1,632:1 = 31Z/19Z
	3. Gang	1,227:1 = 27Z/22Z	1,227:1 = 27Z/22Z	1,227:1 = 27Z/22Z	1,227:1 = 27Z/22Z
	4. Gang	0,920:1 = 23Z/25Z	0,920:1 = 23Z/25Z	0,920:1 = 23Z/25Z	0,920:1 = 23Z/25Z
	5. Gang				
Sekundär-Übersetzung	Getriebe/ Rad solo	2,250:1 = 45Z/20Z	2,250:1 = 45Z/20Z	2,250:1 = 45Z/20Z	2,143:1 = 45Z/21Z
	Sekundärtrieb solo	Rollenkette	Rollenkette	Rollenkette	Rollenkette
		1/2"x7,75x8,51-118Gl.	1/2"x7,75x8,51	1/2"x5/16"-118 Gl.	1/2"x5/16"-118Gl.
		1/2"x5/16"-118 Gl.	1/2"x5/16"-118 Gl.	12,7x7,75x8,51mm	
	Getriebe/ Rad SW	2,647:1 = 45Z/17Z	2,647:1 = 45Z/17Z	2,647:1 = 45Z/17Z	2,647:1 = 45Z/17Z
	Sekundärtrieb SW	Rollenkette	Rollenkette	Rollenkette	Rollenkette
		1/2"x5/16"-116Gl.	1/2"x7,7x8,5-118Gl.	1/2"x5/16"-116Gl.	1/2"x5/16"-116Gl.
			1/2"x5/16"-116Gl.		
lieferbare Kettenritzel [1]		17Z...21Z	17Z...21Z	17Z...21Z	17Z, 21Z
Gesamtübersetzung	1. Gang	15,133:1	15,133:1	15,133:1	14,414:1
	2. Gang	8,919:1	8,919:1	8,919:1	8,495:1
	3. Gang	6,706:1	6,706:1	6,706:1	6,387:1
	4. Gang	5,028:1	5,028:1	5,028:1	4,789:1
	5. Gang				
Tachoübersetzung	Ritzel solo	14Z	14Z	14Z	
	Schraubenrad solo	11Z	11Z	11Z	
		0,786:1 = 11Z/ 14Z	0,786:1 = 11Z/ 14Z	0,786:1 = 11Z/ 14Z	
	Ritzel SW	15Z	15Z	15Z	
	Schraubenrad SW	10Z	10Z	10Z	
		0,667:1 = 10Z/15Z	0,667:1 = 10Z/15Z	0,667:1 = 10Z/15Z	
Bemerkung					

(1) Lieferbar bedeutet, dass das Kettenritzel im Ersatzteilkatalog aufgeführt ist. Damit ist eine Verwendung im öffentlichen Straßenverkehr noch nicht zulässig, denn hier gelten
die Einschränkungen der Typgenehmigung (KTA-Betriebserlaubnis, KBA-Betriebserlaubnis, Einzelbetriebserlaubnis oder EG-Typgenehmigung) in Verb. m. § 19.2 StVZO "Erlöschen
der Betriebserlaubnis durch Änderung des Geräusch- oder Emissionsverhaltens" und § 5 FZV und dem Datum der Erstzulassung.

Modell		ES 250/2	ETS 250	TS 250	
Motortyp		MM250/2	MM250/2	MM250/3	MM250/3 (BRD)
Primär-Übersetzung	Motor/ Getriebe	2,429:1 = 68Z/28Z	2,429:1 = 68Z/28Z	2,429:1 = 68Z/28Z	2,429:1 = 68Z/28Z
	Primärtrieb	Zahnräder	Zahnräder	Zahnräder	Zahnräder
		schräg verzahnt	schräg verzahnt	schräg verzahnt	schräg verzahnt
Kupplung		Mehrscheiben	Mehrscheiben	Mehrscheiben	Mehrscheiben
		Ölbad	Ölbad	Ölbad	Ölbad
Gangzahl		4	4	4	4
Getriebe	1. Gang	2,769:1 = 36Z/13Z	2,769:1 = 36Z/13Z	2,769:1 = 36Z/13Z	2,769:1 = 36Z/13Z
	2. Gang	1,800:1 = 27Z/15Z	1,800:1 = 27Z/15Z	1,800:1 = 27Z/15Z	1,800:1 = 27Z/15Z
	3. Gang	1,227:1 = 27Z/22Z	1,227:1 = 27Z/22Z	1,227:1 = 27Z/22Z	1,227:1 = 27Z/22Z
	4. Gang	0,920:1 = 23Z/25Z	0,920:1 = 23Z/25Z	0,920:1 = 23Z/25Z	0,920:1 = 23Z/25Z
	5. Gang				
Sekundär-Übersetzung	Getriebe/ Rad solo	2,143:1 = 45Z/21Z	2,143:1 = 45Z/21Z	2,238:1 = 47Z/21Z	2,238:1 = 47Z/21Z
	Sekundärtrieb solo	Rollenkette	Rollenkette	Rollenkette	Rollenkette
		1/2"x5/16"-118Gl.	1/2"x5/16"-118 Gl.	1/2"x5/16"-126 Gl.	1/2"x5/16"-126 Gl.
		12,7x7,75x118	12,7x7,75x118	12,7x7,75x8,81mm-126Gl.	12,7x7,75x8,81mm-126Gl.
	Getriebe/ Rad SW	2,647:1 = 45Z/17Z		2,764:1 = 47Z/17Z	2,764:1 = 47Z/17Z
	Sekundärtrieb SW	Rollenkette		Rollenkette	Rollenkette
		1/2"x5/16"-116Gl.		1/2"x5/16"-124 Gl.	1/2"x5/16"-124 Gl.
				12,7x7,75x8,51-124 Gl.	
lieferbare Kettenritzel [1]		17Z, 21Z	21Z	17Z, 21Z, 22Z	17Z...22Z
Gesamtübersetzung	1. Gang	14,414:1	14,414:1	15,053:1	15,053:1
	2. Gang	8,495:1	8,495:1	9,785:1	9,785:1
	3. Gang	6,387:1	6,387:1	6,670:1	6,670:1
	4. Gang	4,789:1	4,789:1	5,001:1	5,001:1
	5. Gang				
Tachoübersetzung	Ritzel solo			15Z	15Z
	Schraubenrad solo			27Z	27Z
				1,800:1 = 27Z/15Z	1,800:1 = 27Z/15Z
	Ritzel SW			15Z	15Z
	Schraubenrad SW			27Z	27Z
				1,800:1 = 27Z/15Z	1,800:1 = 27Z/15Z
Bemerkung		ab MotNr 4623112 2. Gang: 1,800:1	ab MotNr 4623112 2. Gang: 1,800:1		

(1) Lieferbar bedeutet, dass das Kettenritzel im Ersatzteilkatalog aufgeführt ist. Damit ist eine Verwendung im öffentlichen Straßenverkehr noch nicht zulässig, denn hier gelten die Einschränkungen der Typgenehmigung (KTA-Betriebserlaubnis, KBA-Betriebserlaubnis, Einzelbetriebserlaubnis oder EG-Typgenehmigung) in Verb. m. § 19.2 StVZO "Erlöschen der Betriebserlaubnis durch Änderung des Geräusch- oder Emissionsverhaltens" und § 5 FZV und dem Datum der Erstzulassung.

MotNr... Motornummer

3. Getriebe und Übersetzungen

Modell		TS 250/1		ETZ 250	
Motortyp		MM250/4	MM250/4 (BRD)	EM250	EM250 (BRD)
Primär-Übersetzung	Motor/ Getriebe	2,429:1 = 68Z/28Z	2,429:1 = 68Z/28Z	2,429:1 = 68Z/28Z	2,429:1 = 68Z/28Z
	Primärtrieb	Zahnräder	Zahnräder	Zahnräder	Zahnräder
		schräg verzahnt	schräg verzahnt	schräg verzahnt	schräg verzahnt
Kupplung		Mehrscheiben	Mehrscheiben	Mehrscheiben	Mehrscheiben
		Ölbad	Ölbad	Ölbad	Ölbad
Gangzahl		5	5	5	5
Getriebe	1. Gang	3,000:1 = 36Z/12Z	3,000:1 = 36Z/12Z	3,000:1 = 36Z/12Z	3,000:1 = 36Z/12Z
	2. Gang	1,865:1 = 28Z/15Z	1,865:1 = 28Z/15Z	1,865:1 = 28Z/15Z	1,865:1 = 28Z/15Z
	3. Gang	1,333:1 = 24Z/18Z	1,333:1 = 24Z/18Z	1,333:1 = 24Z/18Z	1,333:1 = 24Z/18Z
	4. Gang	1,048:1 = 22Z/21Z	1,048:1 = 22Z/21Z	1,048:1 = 22Z/21Z	1,048:1 = 22Z/21Z
	5. Gang	0,870:1 = 20Z/23Z	0,870:1 = 20Z/23Z	0,870:1 = 20Z/23Z	0,870:1 = 20Z/23Z
Sekundär-Übersetzung	Getriebe/ Rad solo	2,350:1 = 47Z/20Z	2,350:1 = 47Z/20Z	2,526:1 = 48Z/19Z	2,667:1 = 48Z/18Z
	Sekundärtrieb solo	Rollenkette	Rollenkette	Rollenkette	Rollenkette
		1/2"x5/16"-126 Gl.	1/2"x5/16"-126 Gl.	12,7x7,75x8,51-130 Gl.	12,7x7,75x8,51-130 Gl.
		12,7x7,75x126	12,7x7,75x126	0,8-B-1-130 TGL 11796	0,8-B-1-130 TGL 11796
					1/2"x5/16"-Typ 428-130 Gl.
	Getriebe/ Rad SW	2,938:1 = 47Z/16Z	2,938:1 = 47Z/16Z	3,200:1 = 48Z/15Z	3,200:1 = 48Z/15Z
	Sekundärtrieb SW	Rollenkette	Rollenkette	Rollenkette	Rollenkette
					1/2"x5/16"-Typ 428-128 Gl.
		1/2"x5/16"-124 Gl.	1/2"x5/16"-124 Gl.	12,7x7,75x8,51-128 Gl.	12,7x7,75x8,51-128 Gl.
				0,8-B-1-128 TGL 11796	0,8-B-1-128 TGL 11796
lieferbare Kettenritzel [1]		16Z...21Z	16Z...21Z	15Z...21Z	15Z...21Z
Gesamtübersetzung	1. Gang	17,124:1	17,124:1	18,407:1	19,434:1
	2. Gang	10,646:1	10,646:1	11,443:1	12,082:1
	3. Gang	7,609:1	7,609:1	8,179:1	8,635:1
	4. Gang	5,982:1	5,982:1	6,430:1	6,789:1
	5. Gang	4,966:1	4,966:1	5,338:1	5,636:1
Tachoübersetzung	Ritzel solo	15Z	15Z	12Z	12Z
	Schraubenrad solo	27Z	27Z	24Z	24Z
				2,000:1 = 24Z/12Z	2,000:1 = 24Z/12Z
	Ritzel SW	15Z	15Z	12Z	12Z
	Schraubenrad SW	27Z	27Z	24Z	24Z
				2,000:1 = 24Z/12Z	2,000:1 = 24Z/12Z
Drehzahlmesserübersetzung	Ritzel			16Z	16Z
	Schraubenrad			4Z	4Z
				4,000:1 = 16Z/4Z	4,000:1 = 16Z/4Z
Bemerkung					

(1) Lieferbar bedeutet, dass das Kettenritzel im Ersatzteilkatalog aufgeführt ist. Damit ist eine Verwendung im öffentlichen Straßenverkehr noch nicht zulässig, denn hier gelten
die Einschränkungen der Typgenehmigung (KTA-Betriebserlaubnis, KBA-Betriebserlaubnis, Einzelbetriebserlaubnis oder EG-Typgenehmigung) in Verb. m. § 19.2 StVZO "Erlöschen
der Betriebserlaubnis durch Änderung des Geräusch- oder Emissionsverhaltens" und § 5 FZV und dem Datum der Erstzulassung.

Modell		ETZ 251			ES 300
Motortyp		EM251	EM251 (BRD)	EM251	MM300
Primär-Übersetzung	Motor/ Getriebe	2,429:1 = 68Z/28Z	2,429:1 = 68Z/28Z	2,429:1 = 68Z/28Z	2,429:1 = 68Z/28Z
	Primärtrieb	Zahnräder	Zahnräder	Zahnräder	Zahnräder
		schräg verzahnt	schräg verzahnt	schräg verzahnt	schräg verzahnt
Kupplung		Mehrscheiben	Mehrscheiben	Mehrscheiben	Mehrscheiben
		Ölbad	Ölbad	Ölbad	Ölbad
Gangzahl		5	5	5	5
Getriebe	1. Gang	3,000:1 = 36Z/12Z	3,000:1 = 36Z/12Z	3,000:1 = 36Z/12Z	2,769:1 = 36Z/13Z
	2. Gang	1,865:1 = 28Z/15Z	1,865:1 = 28Z/15Z	1,865:1 = 28Z/15Z	1,632:1 = 31Z/19Z
	3. Gang	1,333:1 = 24Z/18Z	1,333:1 = 24Z/18Z	1,333:1 = 24Z/18Z	1,227:1 = 27Z/22Z
	4. Gang	1,048:1 = 22Z/21Z	1,048:1 = 22Z/21Z	1,048:1 = 22Z/21Z	0,920:1 = 23Z/25Z
	5. Gang	0,870:1 = 20Z/23Z	0,870:1 = 20Z/23Z	0,909:1 = 20Z/22Z	
Sekundär-Übersetzung	Getriebe/ Rad solo	2,286:1 = 48Z/21Z	2,286:1 = 48Z/21Z	2,286:1 = 48Z/21Z	2,143:1 = 45Z/21Z
	Sekundärtrieb solo	Rollenkette	Rollenkette	Rollenkette	Rollenkette
		12,7x7,75x8,51-128 Gl.	12,7x7,75x8,51-128 Gl.	12,7x7,75x8,51-128 Gl.	1/2"x5/16"
		0,8-B-1-128 TGL 11796	0,8-B-1-128 TGL 11796	0,8-B-1-128 TGL 11796	
		1/2"x5/16"-Typ 428-128 Gl.	1/2"x5/16"-Typ 428-128 Gl.	1/2"x5/16"-Typ 428-128 Gl.	
	Getriebe/ Rad SW	2,824:1 = 48Z/17Z			2,500:1 = 45Z/18Z
	Sekundärtrieb SW	Rollenkette	Rollenkette	Rollenkette	Rollenkette
		1/2"x5/16"-Typ 428-126 Gl.	1/2"x5/16"-Typ 428-126 Gl.	1/2"x5/16"-Typ 428-126 Gl.	1/2"x5/16"
		12,7x7,75x8,51-126 Gl.			
lieferbare Kettenritzel [1]		15Z...22Z	15Z...22Z	15Z...22Z	17Z...21Z
Gesamtübersetzung	1. Gang	16,658:1	16,658:1	16,658:1	14,414:1
	2. Gang	10,356:1	10,356:1	10,356:1	8,495:1
	3. Gang	7,402:1	7,402:1	7,402:1	6,387:1
	4. Gang	5,819:1	5,819:1	5,819:1	4,789:1
	5. Gang	4,831:1	4,831:1	4,831:1	
Tachoübersetzung	Ritzel solo	12Z [4]	12Z [4]		17Z
	Schraubenrad solo	21Z [6]	21Z [6]		14Z
		1,750:1 = 21Z/12Z	1,750:1 = 21Z/12Z		
	Ritzel SW	12Z [4]	12Z [4]		17Z
	Schraubenrad SW	21Z	21Z		12Z
		1,750:1 = 21Z/12Z	1,750:1 = 21Z/12Z		
Drehzahlmesserübersetzung	Ritzel	16Z	16Z		
	Schraubenrad	4Z	4Z		
		4,000:1 = 16Z/4Z	4,000:1 = 16Z/4Z		
Bemerkung				ab 1991 5. Gang: 0,909:1	

[1] Lieferbar bedeutet, dass das Kettenritzel im Ersatzteilkatalog aufgeführt ist. Damit ist eine Verwendung im öffentlichen Straßenverkehr noch nicht zulässig, denn hier gelten die Einschränkungen der Typgenehmigung (KTA-Betriebserlaubnis, KBA-Betriebserlaubnis, Einzelbetriebserlaubnis oder EG-Typgenehmigung) in Verb. m. § 19.2 StVZO "Erlöschen der Betriebserlaubnis durch Änderung des Geräusch- oder Emissionsverhaltens" und § 5 FZV und dem Datum der Erstzulassung.

[4] Ritzelkörper durch 0,6 mm Nut am Außendurchmesser gekennzeichnet

[6] ab 1991 Schraubenrad 30Z

Modell		ETZ 301	BK 350		MZ 500 R
Motortyp		EM301	15 PS	17PS	Rotax 504E
Primär-Übersetzung	Motor/ Getriebe	2,429:1 = 68Z/28Z	1:1 (direkt)	1:1 (direkt)	2,375:1 = 76Z/32Z
	Primärtrieb	Zahnräder			Zahnräder
		schräg verzahnt			
Kupplung		Mehrscheiben	Einscheiben	Einscheiben	Mehrscheiben
		Ölbad	trocken	trocken	Ölbad
Gangzahl		5	4	4	5
Getriebe	1. Gang	3,000:1 = 36Z/12Z	3,27:1	3,84:1	2,909:1 = 32Z/11Z
	2. Gang	1,865:1 = 28Z/15Z	2,10:1	2,10:1	2,000;1 = 24Z/12Z
	3. Gang	1,333:1 = 24Z/18Z	1,38:1	1,38:1	1,400:1 = 21Z/15Z
	4. Gang	1,048:1 = 22Z/21Z	1,07:1	1,07:1	1,118:1 = 19Z/17Z
	5. Gang	0,909:1 = 20Z/22Z			0,913:1 = 21Z/23Z
Sekundär-Übersetzung	Getriebe/ Rad solo	2,182:1 = 48Z/22Z	4,667:1 = 28Z/6Z	4,667:1 = 28Z/6Z	2,111:1 = 38Z/18Z
	Sekundärtrieb solo	Rollenkette	HA-Getriebe	HA-Getriebe	O-Ring-Kette
		0,8-B-1-130 TGL 11796	Kardanwelle	Kardanwelle	5/8"x1/4"-Typ 520-100...102 Gl.
		12,7x7,75x8,51-130 Gl.			
		1/2"x5/16"-Typ 428-130 Gl.			
	Getriebe/ Rad SW	2,824:1 = 48Z/17Z	5,400:1 = 27Z/5Z	5,400:1 = 27Z/5Z	
	Sekundärtrieb SW	Rollenkette	HA-Getriebe	HA-Getriebe	
		1/2"x5/16"-Typ 428-126 Gl.			
		12,7x7,75x8,51-126 Gl.	Kardanwelle	Kardanwelle	
lieferbare Kettenritzel [1]		15Z...22Z			13Z...20Z
Gesamtübersetzung	1. Gang	15.900	15.261	17.921	14.585
	2. Gang	9.885	9.801	9.801	10.027
	3. Gang	7.065	6.440	6.440	7.019
	4. Gang	5.554	4.994	4.994	5.605
	5. Gang	4.818			4.577
Tachoübersetzung	Ritzel solo	12Z [4]	14Z	14Z	
	Schraubenrad solo	21Z [6]	6Z	6Z	
		1,750:1 = 21Z/12Z	2,333:1 = 14Z/6Z	2,333:1 = 14Z/6Z	
	Ritzel SW	12Z [4]	16Z	16Z	
	Schraubenrad SW	21Z	6Z	6Z	
		1,750:1 = 21Z/12Z	2,667:1 = 16Z/6Z	2,667:1 = 16Z/6Z	
Drehzahlmesserübersetzung	Ritzel	16Z			
	Schraubenrad	4Z			
		4,000:1 = 16Z/4Z			
Bemerkung		ab 1991 5. Gang: 0,909:1	bis MotNr. 1601000 1. Gang: 3,27:1	ab MotNr. 1601001 1. Gang: 3,84:1	

(1) Lieferbar bedeutet, dass das Kettenritzel im Ersatzteilkatalog aufgeführt ist. Damit ist eine Verwendung im öffentlichen Straßenverkehr noch nicht zulässig, denn hier gelten
die Einschränkungen der Typgenehmigung (KTA-Betriebserlaubnis, KBA-Betriebserlaubnis, Einzelbetriebserlaubnis oder EG-Typgenehmigung) in Verb. m. § 19.2 StVZO "Erlöschen
der Betriebserlaubnis durch Änderung des Geräusch- oder Emissionsverhaltens" und § 5 FZV und dem Datum der Erstzulassung.

(4) Ritzelkörper durch 0,6 mm Nut am Außendurchmesser gekennzeichnet   (6) ab 1991 Schraubenrad 30Z   MotNr... Motornummer

4. Vergaser

4.1 BVF-Vergaser

Vergasertyp		BVF RT 16	BVF RT 17	BVF KNB 17-2	BVF KNB 17-2/5	BVF KNB 17-3/6	BVF KNB 17-7
Durchlass	(mm)	16	17	17			17
Hauptdüse[1]	(x0,01mm)	65 (70)	75 (80)	80	80	90	80
Nadeldüse [3]	(x0,01mm + 2mm)						
Düsennadel [5]				0			0
Nadelposition[1]	(Kerbe v. oben)	III	III				
Startdüse	(x0,01mm)						
Leerlaufdüse	(x0,01mm)					45	
Leerlaufluftschraube	(Umdreh. offen)						
Gemischregulierschraube	(Umdreh. offen)						
Umluftschraube	(Umdreh. offen)						
Leerlaufluftdüse	(x0,01mm)						
Gasschieber							
Schieberausschnitt							
Kraftstoffniveau							
Schwimmernadelventil							
Übergangsbohrung	(mm)						
Leerlaufbohrung	(mm)						
Leerlaufkorrekturdüse	(x0,01mm)						
Leerlaufgemischschraube	(Umdreh. offen)						
Hohlschieber							
Kolbenschieber							
Zerstäuber							
Schwimmerabstand zu	(mm)						
Schwimmerabstand [7] offen	(mm)						
Steigrohrlänge	(mm)						
Schwimmernadel							
Kerbe für Schwimmer							
Luftfilter		Nassluftfilter	Nassluftfilter	Nassluftfilter	Nassluftfilter	Nassluftfilter	Nassluftfilter
Einsatz	ab Mot.-Nr.		1500501				
	bis Mot.-Nr.	1500500					
	ab FIN						
	bis FIN						
	Modell	RT 125	RT 125	RT 125	RT 125	RT 125	RT 125

(1) Werte in Klammern beziehen sich auf die Einfahrzeit
(3) mit Querbohrungen (Anzahl der Bohrungen x Durchmesser der Bohrung multipliziert mit 0,01 mm)
(5) Seit IV/1984 änderte sich die Bezeichnung der Düsennadeln:
(7) Die Schwimmer für die Vergasertypen 22N2 und 24N2 haben einen eingeprägten Buckel in der Anschlagslasche

FIN … Fahrzeug-Identifikations-Nummer
Mot.-Nr. … Motor-Nummer

Vergasertyp		BVF NB 20	BVF NB 20-1	BVF NB 20-2	BVF NB221-2	BVF 22 KNB1-2	BVF 22 KNB1-3
Durchlass	(mm)	20	20	20	22	22	22
Hauptdüse[1]	(x0,01mm)	80 (85)	80 (85)	85	80	80 (85)	110
Nadeldüse [3]	(x0,01mm + 2mm)	67	67	67	67	67	70
Düsennadel [5]			1				1 m.5 Kerben
Nadelposition[1]	(Kerbe v. oben)	III...IV		III	3	3	2...4 (4)
Startdüse	(x0,01mm)						
Leerlaufdüse	(x0,01mm)	35	35	35	35	35	35
Leerlaufluftschraube	(Umdreh. offen)	2,5		2,5	2,5	2,5	1,5...2,5
Gemischregulierschraube	(Umdreh. offen)						
Umluftschraube	(Umdreh. offen)						
Leerlaufluftdüse	(x0,01mm)						
Gasschieber			15				
Schieberausschnitt							
Kraftstoffniveau							20...22
Schwimmernadelventil							
Übergangsbohrung	(mm)						
Leerlaufbohrung	(mm)						
Leerlaufkorrekturdüse	(x0,01mm)						
Leerlaufgemischschraube	(Umdreh. offen)						
Hohlschieber							35
Kolbenschieber							35
Zerstäuber							
Schwimmerabstand zu	(mm)						
Schwimmerabstand [7] offen	(mm)						
Steigrohrlänge	(mm)						
Schwimmernadel							
Kerbe für Schwimmer							
Luftfilter		Nassluftfilter	Nassluftfilter	Nassluftfilter	Nassluftfilter	Nassluftfilter	Trockenluftfilter
Einsatz	ab Mot.-Nr.					7034640	
	bis Mot.-Nr.				7034639		7241419
	ab FIN						
	bis FIN						
	Modell	RT 125/1	RT 125/1 MZ 125/2	MZ 125/2	MZ 125/3	MZ 125/3	ES125 ('62 - '65)

(1) Werte in Klammern beziehen sich auf die Einfahrzeit
(3) mit Querbohrungen (Anzahl der Bohrungen x Durchmesser der Bohrung multipliziert mit 0,01 mm)
(5) Seit IV/1984 änderte sich die Bezeichnung der Düsennadeln:
(7) Die Schwimmer für die Vergasertypen 22N2 und 24N2 haben einen eingeprägten Buckel in der Anschlagslasche

FIN ... Fahrzeug-Identifikations-Nummer
Mot.-Nr. ... Motor-Nummer

Vergasertyp		BVF 22N1-1	BVF 22N1-3	BVF 22N2-1	BVF 22N2-2	BVF 24KN1-2	BVF 24N1-1
Durchlass	(mm)	22	22	22	22	24	24
Hauptdüse[1]	(x0,01mm)	87...90	87...90	100...105	100...115	115	90...95
Nadeldüse [3]	(x0,01mm + 2mm)	65...67	65	65...72 m.Q. (2x60)	70 m.Q (2x60)...72	70	65...67
Düsennadel [5]		C1/ C3	C3	2,5A513	2,5A513	3 m.7 Kerben	C3
			2,5A511	C8	C8	3...6 (6)	2,5A511
Nadelposition[1]	(Kerbe v. oben)	2...3 (3...4)	2...3 (3)	3	2...5 (5)		2...4 (4)
Startdüse	(x0,01mm)	70	70	75	70...75		75
Leerlaufdüse	(x0,01mm)	35	35	40	35...40	45	40
Leerlaufluftschraube	(Umdreh. offen)	1...3	1...3	1...2	1,5...2,5	1,5...2,5	1...3
Gemischregulierschraube	(Umdreh. offen)						
Umluftschraube	(Umdreh. offen)						
Leerlaufluftdüse	(x0,01mm)						
Gasschieber		40	30				30
Schieberausschnitt				30	30...40		
Kraftstoffniveau		11	$14^{\pm1}$ mm	$11^{\pm1}...12^{\pm1}$ mm	$12^{\pm1}$ mm	27...29	$14^{\pm1}$ mm
Schwimmernadelventil		15	15	15	15		15
Übergangsbohrung	(mm)						
Leerlaufbohrung	(mm)						
Leerlaufkorrekturdüse	(x0,01mm)						
Leerlaufgemischschraube	(Umdreh. offen)						
Hohlschieber						40	
Kolbenschieber				30		40	
Zerstäuber							
Schwimmerabstand zu	(mm)	27^{+1} mm [2]	27^{+1} mm [2]	29^{+1} mm [6]	26^{+1} mm [2]		27^{+1} mm [2]
Schwimmerabstand [7] offen	(mm)	34^{+1} mm	34^{+1} mm	32...34 mm	32...34 mm		34^{+1} mm
Steigrohrlänge	(mm)			21	25,5		
Schwimmernadel							
Kerbe für Schwimmer							
Luftfilter		Trockenluftfilter	Trockenluftfilter	Trockenluftfilter	Trockenluftfilter	Trockenluftfilter	Trockenluftfilter
Einsatz	ab Mot.-Nr.	7241420					6180636
	bis Mot.-Nr.					6180635	
	ab FIN						
	bis FIN						
	Modell	ES125 ('65 - '69)	ES 125/1	ETZ 125	ETZ 125	ES 150 ('62 - '65)	ES 150 (ab '65)
			ETS 125	TS 125 ab '84			ES 150/1
			TS 125 bis '83	und für ET			ETS 150
							TS 150 bis '83

(1) Werte in Klammern beziehen sich auf die Einfahrzeit
(2) Federstift in der Schwimmernadel eingedrückt
(3) mit Querbohrungen (Anzahl der Bohrungen x Durchmesser der Bohrung multipliziert mit 0,01 mm)
(5) Seit IV/1984 änderte sich die Bezeichnung der Düsennadeln:
(6) Federstift in der Schwimmernadel nicht eingedrückt
(7) Die Schwimmer für die Vergasertypen 22N2 und 24N2 haben einen eingeprägten Buckel in der Anschlagslasche

FIN ... Fahrzeug-Identifikations-Nummer   Mot.-Nr. ... Motor-Nummer   m.Q. ... mit Querbohrung

Vergasertyp		BVF 24N2-1	BVF 24N2-2	BVF N261-7	BVF 25,5KN1-1	BVF 25,5KN1-2	BVF 26N1-1
Durchlass	(mm)	24	24	25,2...25,5	25,5	25,5	26
Hauptdüse[1]	(x0,01mm)	115...120	115...120	95 (100)	95 (100)	100	100
Nadeldüse [3]	(x0,01mm + 2mm)	70...72/ 72 m.Q (2x60)	67...70 m.Q (2x60)/72	67	67...70	67...70	65
Düsennadel [5]		2,5A513	2,5A513			3 m. 7 Kerben	K2 m. 5...6 Kerben
		C8	C9				
Nadelposition[1]	(Kerbe v. oben)	4	2...5 (5)	4	4...5	5	3...5 (4...5)
Startdüse	(x0,01mm)	70...75	70...75				90
Leerlaufdüse	(x0,01mm)	35...55	35...40	45	45	45	35...40
Leerlaufluftschraube	(Umdreh. offen)	1,5...2	1,5...2	2,5	2,5...3	2,5	1,5...3
Gemischregulierschraube	(Umdreh. offen)						
Umluftschraube	(Umdreh. offen)						
Leerlaufluftdüse	(x0,01mm)			80			
Gasschieber				35		40	
Schieberausschnitt		30	30...40		40		30
Kraftstoffniveau		$11^{\pm1}...12^{\pm1}$ mm	$12^{\pm1}$ mm			27...29	27...29
Schwimmernadelventil		15	15				18
Übergangsbohrung	(mm)						1,5
Leerlaufbohrung	(mm)						0,8
Leerlaufkorrekturdüse	(x0,01mm)						
Leerlaufgemischschraube	(Umdreh. offen)						
Hohlschieber							
Kolbenschieber							
Zerstäuber							
Schwimmerabstand zu	(mm)	29^{+1} mm [6]	26^{+1} mm [2]				
Schwimmerabstand [7] offen	(mm)	32...34 mm	32...34 mm				
Steigrohrlänge	(mm)	21	25,5				
Schwimmernadel							
Kerbe für Schwimmer							
Luftfilter		Trockenluftfilter	Trockenluftfilter	Nassluftfilter	Nassluftfilter	Nassluftfilter	Trockenluftfilter
Einsatz	ab Mot.-Nr.				4018307		
	bis Mot.-Nr.			4018306			
	ab FIN						
	bis FIN						
	Modell	ETZ 150 (9kW)	ETZ 150 (9kW)	ES 175	ES 175	ES 175/1	ES 175/2 (bis '70)
		ETZ 150 (10,5kW)	ETZ 150 (10,5kW)				
		TS 150 ab '84	ETZ 150 (7,5 kW)				
		und für ET					

(1) Werte in Klammern beziehen sich auf die Einfahrzeit
(2) Federstift in der Schwimmernadel eingedrückt
(3) mit Querbohrungen (Anzahl der Bohrungen x Durchmesser der Bohrung multipliziert mit 0,01 mm)
(5) Seit IV/1984 änderte sich die Bezeichnung der Düsennadeln:
(6) Federstift in der Schwimmernadel nicht eingedrückt
(7) Die Schwimmer für die Vergasertypen 22N2 und 24N2 haben einen eingeprägten Buckel in der Anschlagslasche

FIN ... Fahrzeug-Identifikations-Nummer   Mot.-Nr. ... Motor-Nummer   m.Q. ... mit Querbohrung

4. Vergaser

Vergasertyp		BVF 26N1-2	BVF 26N1-3	BVF N271-0	BVF 27KN1-1	BVF 28,5 KN1-1	BVF 28N1-1
Durchlass	(mm)	26	26	27	27	28,5	28
Hauptdüse[1]	(x0,01mm)	105	110	100...105 (105...110)	100 (105)	120	107
Nadeldüse [3]	(x0,01mm + 2mm)	67	67	67	67	77	67
Düsennadel [5]		D1 m. 7 Kerben	C5	3		11 m. 7 Kerben	K3 m. 5 Kerben
							K1 m. 6 Kerben
Nadelposition[1]	(Kerbe v. oben)	4...5 (5)		4	4	4 (5)	3...5 (4...5)
Startdüse	(x0,01mm)	90	110				100
Leerlaufdüse	(x0,01mm)	35...40	35...40	45	45	45	40
Leerlaufluftschraube	(Umdreh. offen)	1,5...3	1,5...2	2,5	2,5...3	2,5	2...3
Gemischregulierschraube	(Umdreh. offen)						
Umluftschraube	(Umdreh. offen)						
Leerlaufluftdüse	(x0,01mm)			80			
Gasschieber			30	35			
Schieberausschnitt		30			40	40	30
Kraftstoffniveau		$14^{\pm1}$ mm				27...29	27...29
Schwimmernadelventil		18...20	20				18
Übergangsbohrung	(mm)	1,5					1,5
Leerlaufbohrung	(mm)	0,8					0,8
Leerlaufkorrekturdüse	(x0,01mm)						
Leerlaufgemischschraube	(Umdreh. offen)						
Hohlschieber							
Kolbenschieber							
Zerstäuber							
Schwimmerabstand zu	(mm)	27^{+1} mm [2]					
Schwimmerabstand [7] offen	(mm)	34^{+1} mm					
Steigrohrlänge	(mm)						
Schwimmernadel							
Kerbe für Schwimmer							
Luftfilter		Trockenluftfilter	Trockenluftfilter	Nassluftfilter	Nassluftfilter	Nassluftfilter	Trockenluftfilter
Einsatz	ab Mot.-Nr.				2127648		
	bis Mot.-Nr.			2127647			
	ab FIN						
	bis FIN						
	Modell	ES 175/2 (ab '70)	TS 250 (12,5 kW)	ES 250 DP	ES 250 SP	ES 250/1	ES 250/2 (bis '69)
			TS 250/1 (12,5 kW)	ES 250 SP			

(1) Werte in Klammern beziehen sich auf die Einfahrzeit
(2) Federstift in der Schwimmernadel eingedrückt
(3) mit Querbohrungen (Anzahl der Bohrungen x Durchmesser der Bohrung multipliziert mit 0,01 mm)

(5) Seit IV/1984 änderte sich die Bezeichnung der Düsennadeln:
(7) Die Schwimmer für die Vergasertypen 22N2 und 24N2 haben einen eingeprägten Buckel in der Anschlagslasche

FIN ... Fahrzeug-Identifikations-Nummer
Mot.-Nr. ... Motor-Nummer

Vergasertyp		BVF 28N1-3	BVF 30N2-3	BVF 30N2-4	BVF 30N2-5	BVF 30N3-1	BVF 30KN1-1
Durchlass	(mm)	28	30	30	30	30	30
Hauptdüse[1]	(x0,01mm)	115...120	130...140	135...145 (145)	125...140	120...130	120
Nadeldüse [3]	(x0,01mm + 2mm)	67	70...70 m.Q (2x60)...72	70/ 70m.Q (2x60)...72	70...70m.Q (2x60)	70...72	77
Düsennadel [5]		C5 m. 5 Kerben	C6 m. 5 Kerben	C6 m. 5 Kerben	C6	2,5B511	11 m. 7 Kerben
		D1 m. 7 Kerben		2,5A512	2,5A512		
Nadelposition[1]	(Kerbe v. oben)	3...4 (4)	4...5 (5)	4...5 (5)	3...5 (5)	3...5 (5)	5 (6)
Startdüse	(x0,01mm)	100	100...110	110	90...110	95	
Leerlaufdüse	(x0,01mm)	40	35...40	35...50	35...60	50	45
Leerlaufluftschraube	(Umdreh. offen)	2...3	1...3	1...1,5	1...2,5		
Gemischregulierschraube	(Umdreh. offen)					2,5	2,5
Umluftschraube	(Umdreh. offen)					2,5...4	
Leerlaufluftdüse	(x0,01mm)						
Gasschieber			50	50			
Schieberausschnitt		30			50...60	30	40
Kraftstoffniveau		$14^{\pm 1}$ mm	$14^{\pm 1}$ mm	$14^{\pm 1}$ mm	$14^{\pm 1}$ mm	$14^{\pm 1}$ mm	27...29
Schwimmernadelventil		18...20	20	20	20	20	
Übergangsbohrung	(mm)	1,5					
Leerlaufbohrung	(mm)	0,8					
Leerlaufkorrekturdüse	(x0,01mm)						
Leerlaufgemischschraube	(Umdreh. offen)						
Hohlschieber							
Kolbenschieber							
Zerstäuber							
Schwimmerabstand zu	(mm)	27^{+1} mm [2]	27...30 [4]	27...30 [4]	27...30 [4]	27...30 [4]	
Schwimmerabstand [7] offen	(mm)	34^{+1} mm	33^{+1}...34^{+1} mm	33^{+1} mm	33^{+1} mm	34...35	
Steigrohrlänge	(mm)						
Schwimmernadel							
Kerbe für Schwimmer							
Luftfilter		Trockenluftfilter	Trockenluftfilter	Trockenluftfilter	Trockenluftfilter	Trockenluftfilter	Nassluftfilter
Einsatz	ab Mot.-Nr.						
	bis Mot.-Nr.						
	ab FIN					2195744	
	bis FIN				2195743		
	Modell	ES 250/2 (ab '69)	TS 250	TS 250/1	ETZ 250 bis '86	ETZ 251	ES 300
		ETS 250			ETZ 250 A bis '86	ETZ 250 ab '87 und für ET	

(1) Werte in Klammern beziehen sich auf die Einfahrzeit
(2) Federstift in der Schwimmernadel eingedrückt
(3) mit Querbohrungen (Anzahl der Bohrungen x Durchmesser der Bohrung multipliziert mit 0,01 mm)
(4) Die Position des Federstiftes in der Schwimmernadel beachten. Unterer Wert bei eingedrücktem Stift, oberer Wert für nicht eingedrückten Stift
(5) Seit IV/1984 änderte sich die Bezeichnung der Düsennadeln:

(7) Die Schwimmer für die Vergasertypen 22N2 und 24N2 haben einen eingeprägten Buckel in der Anschlagslasche

FIN ... Fahrzeug-Identifikations-Nummer
Mot.-Nr. ... Motor-Nummer
m.Q. ... mit Querbohrung

Vergasertyp		BVF 30N3-2	BVF NB22		BVF NB22-7	
Durchlass	(mm)	30	22		22	
Hauptdüse[1]	(x0,01mm)	135	li: 95 (100)	re: 90 (95)	li: 95 (100)	re: 90 (95)
Nadeldüse [3]	(x0,01mm + 2mm)	70	67		67	
Düsennadel [5]		2,5B511	1		1	
Nadelposition[1]	(Kerbe v. oben)	4	3		3	
Startdüse	(x0,01mm)	95				
Leerlaufdüse	(x0,01mm)	50	li: 40	re: blind	li: 30	re: blind
Leerlaufluftschraube	(Umdreh. offen)		li: 2,5	re: zu	li: 2...2,5	re: zu
Gemischregulierschraube	(Umdreh. offen)	2,5				
Umluftschraube	(Umdreh. offen)	4				
Leerlaufluftdüse	(x0,01mm)					
Gasschieber						
Schieberausschnitt		30	14		14	
Kraftstoffniveau		$14^{\pm1}$ mm			21,5	
Schwimmernadelventil		20				
Übergangsbohrung	(mm)					
Leerlaufbohrung	(mm)					
Leerlaufkorrekturdüse	(x0,01mm)					
Leerlaufgemischschraube	(Umdreh. offen)					
Hohlschieber						
Kolbenschieber						
Zerstäuber						
Schwimmerabstand zu	(mm)	27...30 [4]				
Schwimmerabstand [7] offen	(mm)	34...35				
Steigrohrlänge	(mm)					
Schwimmernadel			61,5 mm		61,5 mm	
Kerbe für Schwimmer			9,5 mm		9,5 mm	
Luftfilter		Trockenluftfilter	Nassluftfilter		Nassluftfilter	
Einsatz	ab Mot.-Nr.					
	bis Mot.-Nr.					
	ab FIN					
	bis FIN					
	Modell	ETZ 301	BK 350 (15 PS)		BK 350 (15 PS)	
		TS 250/1 für ET				

(1) Werte in Klammern beziehen sich auf die Einfahrzeit
(3) mit Querbohrungen (Anzahl der Bohrungen x Durchmesser der Bohrung multipliziert mit 0,01 mm)
(4) Die Position des Federstiftes in der Schwimmernadel beachten. Unterer Wert bei eingedrücktem Stift, oberer Wert für nicht eingedrückten Stift
(5) Seit IV/1984 änderte sich die Bezeichnung der Düsennadeln:
(7) Die Schwimmer für die Vergasertypen 22N2 und 24N2 haben einen eingeprägten Buckel in der Anschlagslasche

FIN ... Fahrzeug-Identifikations-Nummer
Mot.-Nr. ... Motor-Nummer

Vergasertyp		BVF NB22-1		BVF NB22-2		BVF 22 KNB1-1	
Durchlass	(mm)	22		22		22	
Hauptdüse[1]	(x0,01mm)	li: 95 (100)	re: 90 (95)	li: 95 (100)	re: 90 (95)	li: 95 (100)	re: 90 (95)
Nadeldüse [3]	(x0,01mm + 2mm)	67		67		67	
Düsennadel [5]		1		3		3	
Nadelposition[1]	(Kerbe v. oben)	3		3		3	
Startdüse	(x0,01mm)						
Leerlaufdüse	(x0,01mm)	li: 30	re: blind	li: 30	re: blind	li: 40	re: blind
Leerlaufluftschraube	(Umdreh. offen)	li: 2...2,5	re: zu	li: 2,5	re: zu	li: 2,5	re: zu
Gemischregulierschraube	(Umdreh. offen)						
Umluftschraube	(Umdreh. offen)						
Leerlaufluftdüse	(x0,01mm)						
Gasschieber							
Schieberausschnitt		14					
Kraftstoffniveau		21,5					
Schwimmernadelventil							
Übergangsbohrung	(mm)						
Leerlaufbohrung	(mm)						
Leerlaufkorrekturdüse	(x0,01mm)						
Leerlaufgemischschraube	(Umdreh. offen)						
Hohlschieber							
Kolbenschieber							
Zerstäuber							
Schwimmerabstand zu	(mm)						
Schwimmerabstand [7] **offen**	(mm)						
Steigrohrlänge	(mm)						
Schwimmernadel		61,5 mm		61,5 mm		61,5 mm	
Kerbe für Schwimmer		9,5 mm		8,5 mm		8,5 mm	
Luftfilter		Nassluftfilter		Nassluftfilter		Nassluftfilter	
Einsatz	ab Mot.-Nr.						
	bis Mot.-Nr.						
	ab FIN						
	bis FIN						
	Modell	BK 350 (17 PS)		BK 350 (17 PS)		BK 350 (17 PS)	

(1) Werte in Klammern beziehen sich auf die Einfahrzeit

(3) mit Querbohrungen (Anzahl der Bohrungen x Durchmesser der Bohrung multipliziert mit 0,01 mm)

(5) Seit IV/1984 änderte sich die Bezeichnung der Düsennadeln:

(7) Die Schwimmer für die Vergasertypen 22N2 und 24N2 haben einen eingeprägten Buckel in der Anschlagslasche

FIN ... Fahrzeug-Identifikations-Nummer

Mot.-Nr. ... Motor-Nummer

4.2 Bing-Vergaser

Vergasertyp		Bing 53/24/202	Bing 53/24/201	Bing 84/30/110A	Bing 84/30/114	Bing 84/30/110K	Bing 64/33/302
Durchlass		24 mm	24 mm	30 mm	30 mm	30 mm	32 mm
Vergasergehäuse		12-314-24-522	12-314-24-522	12-354-30-193	12-353-30-561	12-353-30-561	13-306-33-029
Motoranschluss		29	29				
Filteranschluss		40	40				
Deckelplatte		20-105-101	20-105-101	20-640-101	20-640-101	20-936-101	
Deckelverschraubung		21-542	21-542				
Gasschieber		22-935/22-575-9-101	22-935/22-575-9-102	22-935/22-635-197	22-935/22-635-197	22-935/22-635-197	22-907-131
Schwimmerkammergehäuse		30-602	30-564/70	30-564/95	30-564/95	30-564/95	30-558
Schwimmer		35-300	35-300	35-300	35-300	35-300	35-300
Gasschieberstellschraube		150-072	150-072	150-072	150-072	150-072	
Klemmschraube		140-626	140-626				
Hauptdüse		44-051/105	44-051/105	44-051/118	44-051/114	44-051/118	44-051/125
Leerlaufdüse		44-353/45	44-353/45	44-353/45	44-353/45	44-353/45	44-353/45
Startdüse		44-005/0,75	44-005/0,75				44-031/66
Nadeldüse		45-191/2,66	45-191/2,66	45-196/2,72	45-196/2,72	45-196/2,68	45-196/2,66
Mischrohr		145-434	145-434	145-434	145-434		45-425/101
Düsennadel		46-184	46-184	46-290/4E1	46-290/4E1	46-290/4E1	46-251
Nadelstellung	(Kerbe v. oben)	3	2	2		2	3
Schwimmernadel		47-968	47-968	47-968	47-968	47-968	47-968
Luftregulierschraube		150-023	150-023	50-039-101	50-039-101	50-039-101	50-119-101
	(Umdreh. offen)	1	1	1...1,25	0,75...2	1	0,75...4
Nadelventil		51-536-25	51-536-25		51-536-25		51-536-25
Zerstäuber		51-590-16	51-590-16	51-590-7	51-590-7	51-590-7	51-590-1
Isolierbuchse		166-346	166-346		166-346	166-346	
Kraftstoffniveau		22,5 mm	22,5 mm	22,5 mm		22,5 mm	
Leerlaufdrehzahl	(min^{-1})	1200$^{\pm100}$...1500	1200$^{\pm100}$...1500	1200$^{\pm100}$	1200$^{\pm100}$	1200$^{\pm100}$	1100
CO-Gehalt im Leerlauf		3,8...4,5 Vol.-%	3,8...4,5 Vol.-%	3,8...4,5 Vol.-%	3,8...4,5 Vol.-%	3,8...4,5 Vol.-%	2,0...3,0 Vol.-%
Luftfilter		Trockenluftfilter	Trockenluftfilter	Trockenluftfilter	Trockenluftfilter	Trockenluftfilter	Trockenluftfilter
Besonderheit				Steckanschl.		Klemmanschl.	
Einsatz		ETZ 125	ETZ 150	ETZ 251	ETZ 251 (12,5 kW)	ETZ 251	MZ 500
				ETZ 301		ETZ 301	

4.3 Dell'orto-Vergaser

Vergasertyp	Bing 64/33/303	Bing 64/33/304
Durchlass	33 mm	33 mm
Vergasergehäuse		
Motoranschluss		
Filteranschluss		
Deckelplatte		
Deckelverschraubung		
Gasschieber		
Schwimmerkammergehäuse		
Schwimmer	35-300	35-300
Gasschieberstellschraube		
Klemmschraube		
Hauptdüse	125	125
Leerlaufdüse	45	40...45
Startdüse	66	55...66
Nadeldüse	45-196/2,66	45-196/2,66
Mischrohr	45-425/101	45-425/101
Düsennadel	46-251	46-251
Nadelstellung (Kerbe v. oben)	3	3
Schwimmernadel		
Luftregulierschraube (Umdreh. offen)	4	0,25...0,75
Nadelventil		
Zerstäuber		
Isolierbuchse		
Kraftstoffniveau		
Leerlaufdrehzahl (min^{-1})	900...1100	1100
CO-Gehalt im Leerlauf	2,5...4,0 Vol.-%	0,3 Vol.-%
Luftfilter	Trockenluftfilter	Trockenluftfilter
Besonderheit		
Einsatz	MZ 500	MZ 500 (CH)

Vergasertyp	Dell'orto	PHF34GS
Durchlass		34 mm
Schwimmer		
Hauptdüse		120
Leerlaufdüse		35...50
Startdüse		60
Nadeldüse		AB 265
Mischrohr		
Düsennadel		K28
Nadelstellung	(Kerbe v. oben)	2...3
Luftregulierschraube	(Umdreh. offen)	1,25...2,25
Leerlaufkorrekturdüse		100
Leerlaufdrehzahl	(min^{-1})	900...1100
CO-Gehalt im Leerlauf		2,5...4,0 Vol.-%
Luftfilter		Trockenluftfilter
Nadelventil		250
Beschleunigerdüse		35
Einsatz		MZ 500

Nachrüstung von Bing-Vergasern an ältere ETZ 250/251/301		
Benötigte Teile:	• Ansaugstutzen	ET-Nr.: 29-42.035
	• Chokezug	ET-Nr.: 93-71.808
	• Gaszug	ET-Nr.: 93-71.912

4.4 Abstimmungsteile für Bing-Vergaser

Aufbau von Bing-Teilenummern

Vergaser:	Typ/	Durchlass/	Kennzahl
	84/	30/	114
Teilenummer:	Teilegruppe-	Kennzahl/	Größe
	44-	051/	45
	Teilegruppe-	Kennzahl-	Sonderausführung
	46-	290	4E1

Ersatz- und Austauschteile für Bing-Vergaser Typ 84

Düsennadeln:

46-290-	4E1		6G1		8E1
	4K1	oder	6L1	oder	8H1
	4O1		6O1		8M1

Nadelauswahl: von **4E1** nach **8E1**; das Gemisch wird fetter oberhalb von Halbgas

von **6G1** nach **6O1**; das Gemisch wird fetter unterhalb von Halbgas

Abstimmung unterhalb von 1/3 Vollgas durch Änderung der Nadeldüse:

Nadeldüsen:

45-196/	2,60	2,62	2,64
	2,66	2,68	2,70
	2,72	2,74	2,76
	2,78	2,80	

Hauptdüsen:

44-051/	110	112	114
	116	118	120
	122	124	126
	128	130	132
	134	136	138
	140	142	144
	146	148	150
	152	154	156
	158	160	162
	164	166	168
	170	172	174
	176	178	180

Leerlaufdüsen:

44-543/	30	35	40
	45	50	55
	60	65	70
	75	80	usw.

Gasschieberfedern:

60-369	d= 1,0 mm	F_{LL}= 0,9 kp	F_{VG}= 1,5 kp
60-370	d= 1,1 mm	F_{LL}= 0,95 kp	F_{VG}= 1,9 kp
60-372	d= 0,9 mm	F_{LL}= 0,4 kp	F_{VG}= 0,85 kp

d … Drahtstärke

F_{LL} … Kraftaufwand bei Leerlaufstellung

F_{VG} … Kraftaufwand bei Vollgasstellung

Zerstäuber:

51-590		h	a	d
	-1	5 mm	0 mm	4x ø 2,5 mm
	-2	12,5 mm	8 mm	4x ø 2,5 mm
	-5	6,5 mm	5 mm	4x ø 2,5 mm
	-6	5,5 mm	4 mm	ø 1,2 mm
	-7	8 mm	4 mm	4x ø 2,5 mm
	-8	8 mm	4 mm	ø 1,2 mm
	-9	11 mm	8 mm	ø 1,2 mm
	-10	6,5 mm	0 mm	4x ø 2,5 mm

Nadelabmessungen:

46-290		L	d
	-0B1	19 mm	1,8 mm
	-3S1	33 mm	1,5 mm
	-4E1	23 mm	1,4 mm
	-4K1	26 mm	1,4 mm
	-4O1	30,5 mm	1,4 mm
	-6G1	24 mm	1,2 mm
	-6L1	27 mm	1,2 mm
	-6O1	31 mm	1,2 mm
	-8E1	23 mm	1,0 mm
	-8H1	25 mm	1,0 mm

Gesamtlänge: 58 mm

5. Fahrwerk

5.1 Fahrgestell

Modell		RT 125	RT 125/1	MZ 125/2	MZ 125/2	MZ 125/3
Rahmenbauart		geschl. Einrohrrahmen	geschl. Einrohrrahmen	geschl. Einrohrrahmen	geschl. Einrohrrahmen	geschl. Einrohrrahmen
Fertigungsverfahren		geschweißt	gelötet	gelötet	geschweißt/ gelötet	geschweißt/ gelötet
Radaufhängung	vorn	Teleskop-Gabel	Teleskop-Gabel	Teleskop-Gabel	Teleskop-Gabel	Teleskop-Gabel
	hinten	Geradweg	Geradweg	Geradweg	Geradweg	Geradweg
Federung	vorn	Teleskop-Gabel	Teleskop-Gabel	Teleskop-Gabel	Teleskop-Gabel	Teleskop-Gabel
	hinten	Geradweg	Geradweg	Geradweg	Geradweg	Geradweg
Dämpfung	vorn					
	hinten					
Federweg	vorn	70...85 mm	148...150 mm	140 mm	140 mm	140 mm
	hinten	50 mm	50 mm	50 mm	50 mm	50 mm
Radbauart		Drahtspeiche	Drahtspeiche	Drahtspeiche	Drahtspeiche	Drahtspeiche
Felgengröße	vorn	2x19	2Lx19	2,25x19	2,25x19	1,60x19
		2,25x19	2,5x19	2,5x19	2,5x19	
	hinten	2x19	2Lx19	2,25x19	2,25x19	1,85x19
		2,25x19	2,5x19	2,5x19	2,5x19	
Reifengröße	vorn	2,50-19	2,75-19	2,75-19	2,75-19	2,75-19
	hinten	2,50-19	2,75-19	2,75-19	2,75-19	3,00-19
Luftdruck	vorn solo	1,75 bar	1,25 bar	1,2 bar	1,2 bar	1,4 bar
	hinten solo	2,0bar	1,5 bar	1,6 bar	1,6 bar	1,6 bar
	vorn zGG	1,75 bar	1,5 bar	1,2 bar	1,2 bar	1,4 bar
	hinten zGG	2,2 bar	2,0bar	1,9 bar	1,9 bar	1,9 bar
Bremse	vorn	Trommel ø125x20 mm	Trommel ø125x20 mm	Trommel ø125x20 mm	Trommel ø150x30 mm	Trommel ø150x30 mm
	hinten	Trommel ø125x20 mm	Trommel ø125x20 mm	Trommel ø125x20 mm	Trommel ø150x30 mm	Trommel ø150x30 mm
Bremsbetätigung	vorn	Bowdenzug	Bowdenzug	Bowdenzug	Bowdenzug	Bowdenzug
	hinten	Gestänge	Gestänge	Bowdenzug	Bowdenzug	Bowdenzug
			bis FIN 5002388	ab FIN 5002389		
Lenkungsdämpfer		nein	nein	nein	nein	nein

zGG ... zulässiges Gesamt-Gewicht

Modell		ES 125	ES 125/1	ETS 125	TS 125	TS 125
Rahmenbauart		geschl. Pressstahlrahmen	geschl. Pressstahlrahmen	geschl. Pressstahlrahmen	geschl. Pressstahlrahmen	geschl. Pressstahlrahmen
Fertigungsverfahren		gefalzt	gefalzt	gefalzt	gefalzt	gefalzt
Radaufhängung	vorn	Langschwinge	Langschwinge	Teleskop-Gabel ø32mm	Teleskop-Gabel ø32mm	Teleskop-Gabel ø35mm
	hinten	Langschwinge	Langschwinge	Langschwinge	Langschwinge	Langschwinge
Federung	vorn	Federbein	Federbein	Teleskop-Gabel ø32mm	Teleskop-Gabel ø32mm	Teleskop-Gabel ø35mm
	hinten	Federbein	Federbein	Federbein	Federbein	Federbein
Dämpfung	vorn	hydraulisch	hydraulisch	hydraulisch	hydraulisch	hydraulisch
	hinten	hydraulisch	hydraulisch	hydraulisch	hydraulisch	hydraulisch
Federweg	vorn	150 mm	145...150 mm	145 mm	185 mm	185 mm
	hinten	100 mm	100...105 mm	100...105 mm	100...106 mm	101...106 mm
Radbauart		Drahtspeiche	Drahtspeiche	Drahtspeiche	Drahtspeiche	Drahtspeiche
Felgengröße	vorn	1,85Bx18 1,60x18	1,60x18	1,60x18	1,60x18	1,60x18
	hinten	1,85Bx18	1,85Bx18	1,85Bx18	1,85Bx18	1,85Bx18
Reifengröße	vorn	3,00-18 2,75-18	2,75-18	2,75-18	2,75-18	2,75-18 3,00-18 Enduro [2]
	hinten	3,00-18	3,00-18	3,00-18	3,00-18	3,00-18 3,00-18 Enduro [3]
Luftdruck	vorn solo	1,4...1.5 bar	1,4...1,5 bar	1,5 bar	1,5...1,7 bar	1,5...1,7 bar
	hinten solo	1,8...19 bar	1,8 bar	1,8...1.9 bar	1,8...1,9 bar	1,8...1,9 bar
	vorn zGG	1,4...1.5 bar	1,4...1,5 bar	1,5 bar	1,5...1,7 bar	1,5...1,7 bar
	hinten zGG	2,0...2,7 bar	2,0 bar	2,0...2,7 bar	2,0...2,7 bar	2,0...2,7 bar
Bremse	vorn	Trommel ø150x30 mm	Trommel ø150x30 mm	Trommel ø150x30 mm	Trommel ø150x30 mm	Trommel ø150x30 mm
	hinten	Trommel ø150x30 mm	Trommel ø150x30 mm	Trommel ø150x30 mm	Trommel ø150x30 mm	Trommel ø150x30 mm
Bremsbetätigung	vorn	Bowdenzug	Bowdenzug	Bowdenzug	Bowdenzug	Bowdenzug
	hinten	Bowdenzug	Bowdenzug	Bowdenzug	Bowdenzug	Bowdenzug
Lenkungsdämpfer		nein	nein	nein	nein	nein

(2) in Verbindung mit ETZ-Kotflügel

(3) dann müssen die Kabel von der Innenseite des Kotflügels nach außen verlegt werden

zGG ... zulässiges Gesamt-Gewicht

5. Fahrwerk

Modell		ETZ 125	ES 150	ES 150/1	ETS 150	TS 150
Rahmenbauart		Kastenrohrrahmen	geschl. Pressstahlrahmen	geschl. Pressstahlrahmen	geschl. Pressstahlrahmen	Pressstahlrahmen
Fertigungsverfahren		geschweißt	gefalzt	gefalzt	gefalzt	gefalzt
Radaufhängung	vorn	Teleskop-Gabel ø35mm	Langschwinge	Langschwinge	Teleskop-Gabel ø32mm	Teleskop-Gabel ø32mm
	hinten	Langschwinge	Langschwinge	Langschwinge	Langschwinge	Langschwinge
Federung	vorn	Teleskop-Gabel ø35mm	Federbein	Federbein	Teleskop-Gabel ø32mm	Teleskop-Gabel ø32mm
	hinten	Federbein [6]	Federbein	Federbein	Federbein	Federbein
Dämpfung	vorn	hydraulisch	hydraulisch	hydraulisch	hydraulisch	hydraulisch
	hinten	hydraulisch	hydraulisch	hydraulisch	hydraulisch	hydraulisch
Federweg	vorn	185 mm	150 mm	145...150 mm	145 mm	185 mm
	hinten	100...106 bzw. 135 mm [1]	100 mm	100...105 mm	100...105 mm	100...106 mm
Radbauart		Drahtspeiche Gussrad	Drahtspeiche	Drahtspeiche	Drahtspeiche	Drahtspeiche
Felgengröße	vorn	1,60x18 1,85Bx18 (ab 1991)	1,85Bx18 1,60x18	1,60x18	1,60x18	1,60x18
	hinten	1,85Bx16 2,15x16 2,50x16 [10]	1,85Bx18	1,85Bx18	1,85Bx18	1,85Bx18
Reifengröße	vorn	2,75-18R 3,00-18 Enduro	3,00-18 2,75-18	2,75-18	2,75-18	2,75-18
	hinten	3,25-16R 3,50-16 3,25-16 Enduro	3,00-18	3,00-18	3,00-18	3,00-18
Luftdruck	vorn solo	1,5...1,7 bar	1,4...1.5 bar	1,4...1.5 bar	1,5 bar	1,5...1,7 bar
	hinten solo	1,9 bar	1,8...1,9 bar	1,8 bar	1,8...1,9 bar	1,8...1,9 bar
	vorn zGG	1,5...1,9 bar	1,4...1.5 bar	1,4...1.5 bar	1,5 bar	1,5 bar
	hinten zGG	2,5...2,8 bar	2,0...2,7 bar	2,0 bar	2,0...2,7 bar	2,0...2,7 bar
Bremse	vorn	Trommel ø150x30 mm ww.Scheibe ø280 mm	Trommel ø150x30 mm	Trommel ø150x30 mm	Trommel ø150x30 mm	Trommel ø150x30 mm
	hinten	Trommel ø150x30 mm	Trommel ø150x30 mm	Trommel ø150x30 mm	Trommel ø150x30 mm	Trommel ø150x30 mm
Bremsbetätigung	vorn	Bowdenzug ww. Hydraulik	Bowdenzug	Bowdenzug	Bowdenzug	Bowdenzug
	hinten	Gestänge	Bowdenzug	Bowdenzug	Bowdenzug	Bowdenzug
Lenkungsdämpfer		nein	nein	nein	nein	nein

(1) 1991 wurde ein neues Federbein mit längerem Federweg in Serie gebracht

(6) härteres bzw. weicheres Ansprechverhalten der Federung durch Montage am hinteren bzw. vorderen Anlenkpunkt an der Schwinge

(10) nur Gussrad

zGG ... zulässiges Gesamt-Gewicht

Modell		TS 150	ETZ 150	ES 175	ES 175/1	ES 175/2
Rahmenbauart		Pressstahlrahmen	Kastenrohrrahmen	geschl. Einrohrrahmen	geschl. Einrohrrahmen	geschl. Einrohrrahmen
Fertigungsverfahren		gefalzt	geschweißt	geschweißt	geschweißt	geschweißt
Radaufhängung	vorn	Teleskop-Gabel ø35mm	Teleskop-Gabel ø35mm	Langschwinge	Langschwinge	Langschwinge
	hinten	Langschwinge	Langschwinge	Langschwinge	Langschwinge	Langschwinge
Federung	vorn	Teleskop-Gabel ø35mm	Teleskop-Gabel ø35mm	Federbein	Federbein	Federbein
	hinten	Federbein	Federbein [6]	Federbein	Federbein	Federbein
Dämpfung	vorn	hydraulisch	hydraulisch	hydraulisch	hydraulisch	hydraulisch
	hinten	hydraulisch	hydraulisch	hydraulisch	hydraulisch	hydraulisch
Federweg	vorn	185 mm	185 mm	142 mm	142 mm	142 mm
	hinten	101...106 mm	100...106 bzw. 135 mm [1]	115 mm	115 mm	101...115 mm
Radbauart		Drahtspeiche	Drahtspeiche	Drahtspeiche	Drahtspeiche	Drahtspeiche
			Gussrad			
Felgengröße	vorn	1,60x18	1,60x18	1,85Bx16	1,85Bx16	1,85Bx16
			1,85Bx18 (ab 1991)	2,15Bx16	2,15Bx16	
	hinten	1,85Bx18	1,85Bx16	1,85x16	2,15Bx16	2,15Bx16
			2,15x16	2,15Bx16		
			2,50x16 [10]			
Reifengröße	vorn	2,75-18	2,75-18R	3,25-16	3,25-16	3,25-16
		3,00-18 Enduro [2]	3,00-18 Enduro			3,00-16
	hinten	3,00-18	3,25-16R	3,25-16	3,50-16	3,50-16
		3,00-18 Enduro [3]	3,50-16	3,50-16	3,25-16	3,25-16 Enduro
			3,25-16 Enduro		3,25-16 Enduro	
Luftdruck	vorn solo	1,5...1,7 bar	1,5...1,7 bar	1,4 bar	1,4 bar	1,4...1,6 bar
	hinten solo	1,8...1,9 bar	1,9 bar	1,6...1,9 bar	1,6...1,9 bar	1,9 bar
	vorn zGG	1,5 bar	1,5...1,9 bar	1,4 bar	1,4 bar	1,4...1,6 bar
	hinten zGG	2,0...2,7 bar	2,5...2,8 bar	2,0...2,5 bar	2,0...2,1 bar	2,1...2,5 bar
Bremse	vorn	Trommel ø150x30 mm	Trommel ø150x30 mm	Trommel ø160x30 mm	Trommel ø160x30 mm	Trommel ø160x30 mm
			ww.Scheibe ø280 mm			
	hinten	Trommel ø150x30 mm	Trommel ø150x30 mm	Trommel ø160x30 mm	Trommel ø160x30 mm	Trommel ø160x30 mm
Bremsbetätigung	vorn	Bowdenzug	Bowdenzug	Bowdenzug	Bowdenzug	Bowdenzug
			ww. Hydraulik			
	hinten	Bowdenzug	Gestänge	Gestänge	Gestänge	Gestänge
Lenkungsdämpfer		nein	nein	Serienausstattung[9]	nein	nein

(1) 1991 wurde ein neues Federbein mit längerem Federweg in Serie gebracht

(2) in Verbindung mit ETZ-Kotflügel

(3) dann müssen die Kabel von der Innenseite des Kotflügels nach außen verlegt werden

(6) härteres bzw. weicheres Ansprechverhalten der Federung durch Montage am hinteren bzw. vorderen Anlenkpunkt an der Schwinge

(9) bis FIN 3012542, danach Entfall

(10) nur Gussrad

zGG ... zulässiges Gesamt-Gewicht

5. Fahrwerk

Modell		ES 250	ES 250/1	ES 250/2
Rahmenbauart		geschl. Einrohrrahmen	geschl. Einrohrrahmen	geschl. Einrohrrahmen
Fertigungsverfahren		geschweißt	geschweißt	geschweißt
Radaufhängung	vorn	Langschwinge	Langschwinge	Langschwinge
	hinten	Langschwinge	Langschwinge	Langschwinge
Federung	vorn	Federbein	Federbein	Federbein
	hinten	Federbein	Federbein	Federbein
Dämpfung	vorn	hydraulisch	hydraulisch	hydraulisch
	hinten	hydraulisch	hydraulisch	hydraulisch
Federweg	vorn	142 mm	142 mm	142 mm
	hinten	115 mm	115 mm	101...105...115 mm
Radbauart		Drahtspeiche	Drahtspeiche	Drahtspeiche
Felgengröße	vorn	1,85x16	1,85Bx16	1,85Bx16
		2,15Bx16	2,15Bx16	
	hinten	1,85x16	2,15Bx16	2,15Bx16
		2,15Bx16		
Reifengröße	vorn	3,25-16	3,25-16	3,25-16
				3,00-16
	hinten	3,25-16	3,50-16	3,50-16
		3,50-16	3,25-16	3,25-16
			110/80-16S [4]	110/80-16S [4]
			3,25-16 Enduro	3,25-16 Enduro
Luftdruck	vorn solo	1,2...1,4 bar	1,4 bar	1,4...1,6 bar
	hinten solo	1,6...2,1 bar	1,6...2,1 bar	1,9...2,1 bar
	vorn zGG	1,2...1,4 bar	1,4 bar	1,4...1,6 bar
	hinten zGG	2,0...3,0 bar	2,0...2,6 bar	2,1...2,6 bar
Bremse	vorn	Trommel ø160x30 mm	Trommel ø160x30 mm	Trommel ø160x30 mm
	hinten	Trommel ø160x30 mm	Trommel ø160x30 mm	Trommel ø160x30 mm
Bremsbetätigung	vorn	Bowdenzug	Bowdenzug	Bowdenzug
	hinten	Gestänge	Gestänge	Gestänge
Lenkungsdämpfer		Serienausstattung [11]	Serienausstattung [11]	nur SW

(4) als Ersatz für 3,50-16 (außer ETZ 125 und ETZ 150)

(11) bis FIN 1110626, danach nur für Seitenwagenausführung

zGG ... zulässiges Gesamt-Gewicht

SW ... Seitenwagenausführung

Modell		ETS 250	TS 250	TS 250/1	ETZ 250	ETZ 251
Rahmenbauart		geschl. Einrohrrahmen	Parallelbrückenrohrrahmen	Parallelbrückenrohrrahmen	Kastenrohrrahmen	Kastenrohrrahmen
Fertigungsverfahren		geschweißt	geschweißt	geschweißt	geschweißt	geschweißt
Radaufhängung	vorn	Teleskop-Gabel ø32mm	Teleskop-Gabel ø32mm	Teleskop-Gabel ø35mm	Teleskop-Gabel ø35mm	Teleskop-Gabel ø35mm
	hinten	Langschwinge	Langschwinge	Langschwinge	Langschwinge	Langschwinge
Federung	vorn	Teleskop-Gabel ø32mm	Teleskop-Gabel ø32mm	Teleskop-Gabel ø35mm	Teleskop-Gabel ø35mm	Teleskop-Gabel ø35mm
	hinten	Federbein	Federbein	Federbein	Federbein	Federbein
Dämpfung	vorn	hydraulisch	hydraulisch	hydraulisch	hydraulisch	hydraulisch
	hinten	hydraulisch	hydraulisch	hydraulisch	hydraulisch	hydraulisch
Federweg	vorn	145 mm	185 mm	185 mm	185 mm	185 mm
	hinten	101...105 mm	100...105 mm	101...105 mm	101...105 mm	100...105 bzw. 135 mm [1]
Radbauart		Drahtspeiche	Drahtspeiche	Drahtspeiche	Drahtspeiche	Drahtspeiche
						Gussrad
Felgengröße	vorn	1,60Bx18	1,85Bx16	1,60x18	1,60x18	1,60x18
						1,85Bx18 (ab 1991)
	hinten	2,15Bx16	2,15Bx16	2,15Bx16	2,15Bx18	2,15Bx16
						2,15x16
						2,50x16 [10]
Reifengröße	vorn	2,75-18	3,00-16	2,75-18	2,75-18	2,75-18R
		90/90-18S [5]	3,25-16	3,00-18 [8]	3,00-18 [8]	90/90-18S
				3,00-18 Enduro [2]	3,00-18 Enduro	3,00-18 Enduro
				90/90-18S [5]	90/90-18S [5]	
	hinten	3,50-16	3,50-16	3,50-16	3,50-18	3,25-16R
		3,25-16	3,25-16	3,25-16	3,50-18 Enduro	110/80-16S
		110/80-16S [4]	110/80-16S [4]	110/80-16S [4]	110/80-18S	3,25-16 Enduro
		3,25-16 Enduro	3,25-16 Enduro	110/90-16	3,25-18	
				3,25-16 Enduro		
Luftdruck	vorn solo	1,5...1,6 bar	1,5...1,6 bar	1,5...1,6 bar	1,5...1,7bar	1,7bar
	hinten solo	1,9 bar	1,9 bar	1,9 bar	1,9 bar	1,9...2,0 bar
	vorn zGG	1,5...1,6 bar	1,5...1,6 bar	1,5...1,7 bar	1,5...1,9 bar	1,7...1,9 bar
	hinten zGG	2,1...2,5 bar	2,1...2,5 bar	2,5 bar	2,5 bar	2,5...2,8 bar [7]
Bremse	vorn	Trommel ø160x30 mm	Trommel ø160x30 mm	Trommel ø160x30 mm	Trommel ø160x30 mm	Trommel ø160x30 mm
					ww.Scheibe ø280 mm	ww.Scheibe ø280 mm
	hinten	Trommel ø160x30 mm	Trommel ø160x30 mm	Trommel ø160x30 mm	Trommel ø160x30 mm	Trommel ø160x30 mm
Bremsbetätigung	vorn	Bowdenzug	Bowdenzug	Bowdenzug	Bowdenzug	Bowdenzug
					ww. Hydraulik	ww. Hydraulik
	hinten	Gestänge	Gestänge	Gestänge	Gestänge	Gestänge
Lenkungsdämpfer		nein	nur SW	nur SW	nur SW	nur SW

(1) 1991 wurde ein neues Federbein mit längerem Federweg in Serie gebracht

(2) in Verbindung mit ETZ-Kotflügel

(4) als Ersatz für 3,50-16 (außer ETZ 125 und ETZ 150)

(5) als Ersatz für 2,75-18, nur in Verbindung mit Hinterreifen 110/80-18S bzw. 110/80-16S

(7) für Reifen 110/80-16S gilt 2,5 bar

(8) Für Gespanne

(10) nur Gussrad

zGG ... zulässiges Gesamt-Gewicht

SW ... Seitenwagenausführung

Modell		ES 300	ETZ 301	BK 350 (15 PS)	BK 350 (17 PS)	MZ 500 R
Rahmenbauart		geschl. Einrohrrahmen	Kastenrohrrahmen	geschl.Doppelrohrrahmen	geschl.Doppelrohrrahmen	Kastenrohrrahmen mit Unterzug
Fertigungsverfahren		geschweißt	geschweißt	geschweißt	geschweißt	geschweißt
Radaufhängung	vorn	Langschwinge	Teleskop-Gabel ø35mm	Teleskopgabel	Teleskopgabel	Teleskop-Gabel ø35mm
	hinten	Langschwinge	Langschwinge	Geradweg	Geradweg	Langschwinge
Federung	vorn	Federbein	Teleskop-Gabel ø35mm	Teleskopgabel	Teleskopgabel	Teleskop-Gabel ø35mm
	hinten	Federbein	Federbein	Geradweg	Geradweg	Federbein
Dämpfung	vorn	hydraulisch	hydraulisch			hydraulisch
	hinten	hydraulisch	hydraulisch			hydraulisch
Federweg	vorn	142 mm	185 mm	136...150 mm	130...150 mm	185 mm
	hinten	115 mm	105 bzw. 135 mm [1]	50 mm	50 mm	135 mm
Radbauart		Drahtspeiche	Drahtspeiche	Drahtspeiche	Drahtspeiche	Drahtspeiche ww. Gussrad
Felgengröße	vorn	1,85Bx16	1,60x18	2,5x19	2,5x19	1,85x18
		2,15Bx16	1,85Bx18 (ab 1991)	1,85Bx19	1,85Bx19	
	hinten	2,15Bx16	2,15Bx16	2,5x19	2,5x19	2,15x16
			2,15x16	1,85Bx19	1,85Bx19	2,50x16 [10]
			2,50x16 [10]			
Reifengröße	vorn	3,25-16	2,75-18R	3,25-19	3,25-19	90/90-18 51S TT
			90/90-18S			
			3,00-18 Enduro			
	hinten	3,50-16	3,25-16R	3,25-19	3,25-19	110/80-16 55S TT
		3,25-16	110/80-16S			
		110/80-16S [4]	3,25-16 Enduro			
		3,25-16 Enduro				
Luftdruck	vorn solo	1,4 bar	1,5...1,7 bar	1,8 bar	1,2...1,8 bar	1,7bar
	hinten solo	1,6...2,1 bar	1,9...2,0 bar	2,0 bar	1,6...2,0 bar	1,9 bar
	vorn zGG	1,4 bar	1,5...1,7 bar	1,8...1,9 bar	1,4...1,9 bar	1,7 bar
	hinten zGG	2,0...2,6 bar	2,5...2,8 bar [7]	2,2 bar	1,9...2,2 bar	2,5 bar
Bremse	vorn	Trommel ø160x30 mm	Trommel ø160x30 mm	Trommel ø200x25 mm	Trommel ø200x25 mm	Scheibe ø280 mm
			ww.Scheibe ø280 mm			
	hinten	Trommel ø160x30 mm	Trommel ø160x30 mm	Trommel ø200x25 mm	Trommel ø200x25 mm	Trommel ø160x30 mm
Bremsbetätigung	vorn	Bowdenzug	Bowdenzug	Bowdenzug	Bowdenzug	Hydraulik
			ww. Hydraulik			
	hinten	Gestänge	Gestänge	Gestänge	Gestänge	Gestänge
Lenkungsdämpfer		nur SW	nur SW	Serienausstattung	Serienausstattung	

(1) 1991 wurde ein neues Federbein mit längerem Federweg in Serie gebracht

(4) als Ersatz für 3,50-16 (außer ETZ 125 und ETZ 150)

(7) für Reifen 110/80-16S gilt 2,5 bar

(10) nur Gussrad

zGG ... zulässiges Gesamt-Gewicht

SW ... Seitenwagenausführung

5.2 Telegabelfedern

Telegabelfedern für Solomotorräder

Modell	Aussen-Ø	Draht-Ø	Länge, entsp.	Windungszahl	Federkonstante	ET-Nummer	Bemerkung
ETS 125	43,5 mm	5,0 mm	270 mm	22,5		13-22.099	Telegabel-Ø 32mm, Feder außen liegend
TS 125	22,0 mm	4,0 mm	709 mm	119,5		13-22.160	Telegabel-Ø 32mm mit Gleitbuchsen bis FIN 7729940/ Serienende TS 250 (1976)
	26,0 mm	4,0 mm	527 mm	78,5		13-22.169	Telegabel-Ø 35mm mit Alu-Gleitrohr ab FIN 7729941/ Serienbeginn TS 250/1 (1976)
ETZ 125	26,0 mm	4,0 mm	527 mm	78,5		13-22.169	Telegabel-Ø 35mm mit Alu-Gleitrohr ab Serienbeginn
	25,6 mm	3,6 mm	527±4 mm	52,5	3,12 N/mm	32-22.004	Telegabel-Ø 35mm mit Alu-Gleitrohr, Nachfolge- und Ersatzfeder
ETS 150	43,5 mm	5,0 mm	270 mm	22,5		13-22.099	Telegabel-Ø 32mm, Feder außen liegend
TS 150	22,0 mm	4,0 mm	709 mm	119,5		13-22.160	Telegabel-Ø 32mm mit Gleitbuchsen bis FIN 7899210/ Serienende TS 250 (1976)
	26,0 mm	4,0 mm	527 mm	78,5		13-22.169	Telegabel-Ø 35mm mit Alu-Gleitrohr ab FIN 7899211/ Serienbeginn TS 250/1 (1976)
ETZ 150	26,0 mm	4,0 mm	527 mm	78,5		13-22.169	Telegabel-Ø 35mm mit Alu-Gleitrohr ab Serienbeginn
	25,6 mm	3,6 mm	527±4 mm	52,5	3,12 N/mm	32-22.004	Telegabel-Ø 35mm mit Alu-Gleitrohr, Nachfolge- und Ersatzfeder
ETS 250	43,5 mm	5,0 mm	271 mm	22,5		19-22.061	Telegabel-Ø 32mm, Feder außen liegend
TS 250	22,0 mm	4,0 mm	709 mm	106,5		22-22.120	Telegabel-Ø 32mm mit Gleitbuchsen ab Serienbeginn bis Serienende
TS 250/1	26,0 mm	4,0 mm	527 mm	62,5	4,06 N/mm	22-22.293	Telegabel-Ø 35mm mit Alu-Gleitrohr ab Serienbeginn
ETZ 250	26,0 mm	4,0 mm	527 mm	62,5	4,06 N/mm	22-22.293	Telegabel-Ø 35mm mit Alu-Gleitrohr ab Serienbeginn
ETZ 250 A	26,0 mm	4,5 mm	527 mm	73,5	5,9 N/mm	22-39.105	Telegabel-Ø 35mm mit Alu-Gleitrohr ab Serienbeginn
ETZ 251	26,0 mm	4,0 mm	527 mm	62,5	4,06 N/mm	22-22.293	Telegabel-Ø 35mm mit Alu-Gleitrohr ab Serienbeginn
ETZ 301	26,0 mm	4,0 mm	527 mm	62,5	4,06 N/mm	22-22.293	Telegabel-Ø 35mm mit Alu-Gleitrohr ab Serienbeginn
MZ 500R	26,0 mm	4,5 mm	527 mm	73,5	5,9 N/mm	22-39.105	Telegabel-Ø 35mm mit Alu-Gleitrohr ab Serienbeginn

Telegabelfedern für Gespannmotorräder

Modell	Aussen-Ø	Draht-Ø	Länge, entsp.	Windungszahl	Federkonstante	ET-Nummer	Bemerkung
TS 250 SW	22,0 mm	4,0 mm	387 mm	66,5		22-39.053	Telegabel-Ø 32mm mit Gleitbuchsen bis Serienende TS 250 (1976)
	22,0 mm	4,5 mm	320 mm	49,5		22-39.054	Federn werden mit Zwischenring ET-Nr. 22-39.007 verbunden
TS 250/1 SW	26,0 mm	4,5 mm	527 mm	73,5	5,9 N/mm	22-39.105	Telegabel-Ø 35mm mit Alu-Gleitrohr ab Serienbeginn
ETZ 250 SW	26,0 mm	4,5 mm	527 mm	73,5	5,9 N/mm	22-39.105	Telegabel-Ø 35mm mit Alu-Gleitrohr ab Serienbeginn
ETZ 251 SW	26,0 mm	4,5 mm	527 mm	73,5	5,9 N/mm	22-39.105	Telegabel-Ø 35mm mit Alu-Gleitrohr ab Serienbeginn
ETZ 301 SW	26,0 mm	4,5 mm	527 mm	73,5	5,9 N/mm	22-39.105	Telegabel-Ø 35mm mit Alu-Gleitrohr ab Serienbeginn

ET-Nummer … Ersatzteilnummer

5.3 Federbeinfedern

Modell	Länge, entsp.	Aussen-Ø	Draht-Ø	Windungszahl	Federkonstante	ET-Nummer	Bemerkung	
ES 125	270^{+5} mm	$54{,}3_{-0{,}8}$ mm	6,3 mm	20,5	7,75 N/mm		vorn	
	260^{+8} mm	$55{,}0_{-0{,}8}$ mm	7,0 mm	18,5	13,39 N/mm		hinten	
ES 125/1	270^{+5} mm	$54{,}3_{-0{,}8}$ mm	6,3 mm	20,5	7,75 N/mm		vorn	
	260^{+8} mm	$55{,}0_{-0{,}8}$ mm	7,0 mm	18,5	13,39 N/mm	16-23.028 [1]	hinten	
ETS 125	260^{+8} mm	$55{,}0_{-0{,}8}$ mm	7,0 mm	18,5	13,39 N/mm	16-23.028 [1]		
TS 125	260^{+8} mm	$55{,}0_{-0{,}8}$ mm	7,0 mm	18,5	13,39 N/mm	16-23.028 [1]	ab Serienbeginn	bis Serienende
	265^{+10} mm	$54{,}3_{-0{,}8}$ mm	6,3 mm	13,5	12,56 N/mm		Ersatz ab 1983	
ETZ 125	272^{+10} mm	$54{,}3_{-0{,}8}$ mm	6,3 mm	14,5	11,6 N/mm	32-26.003	ab Serienbeginn	bis 12/ 1988
	265^{+10} mm	$54{,}3_{-0{,}8}$ mm	6,3 mm	13,5	12,56 N/mm		ab 01/ 1989	bis 1990
	270^{+8} mm	$55{,}0_{-0{,}8}$ mm	7,0 mm	17,5	14,2 N/mm	30-26.711 [4] [3]	ab 1991	
	270^{+8} mm	$55{,}0_{-0{,}8}$ mm	7,0 mm	17,5	14,2 N/mm	30-26.712 [5] [3]	ab 1991	

Modell	Länge, entsp.	Aussen-Ø	Draht-Ø	Windungszahl	Federkonstante	ET-Nummer	Bemerkung	
ES 150	270^{+5} mm	$54{,}3_{-0{,}8}$ mm	6,3 mm	20,5	7,75 N/mm		vorn	
	260^{+8} mm	$55{,}0_{-0{,}8}$ mm	7,0 mm	18,5	13,39 N/mm		hinten	
ES 150/1	270^{+5} mm	$54{,}3_{-0{,}8}$ mm	6,3 mm	20,5	7,75 N/mm		vorn	
	260^{+8} mm	$55{,}0_{-0{,}8}$ mm	7,0 mm	18,5	13,39 N/mm	16-23.028 [1]	hinten	
ETS 150	260^{+8} mm	$55{,}0_{-0{,}8}$ mm	7,0 mm	18,5	13,39 N/mm	16-23.028 [1]		
TS 150	260^{+8} mm	$55{,}0_{-0{,}8}$ mm	7,0 mm	18,5	13,39 N/mm	16-23.028 [1]	ab Serienbeginn	bis Serienende
	265^{+10} mm	$54{,}3_{-0{,}8}$ mm	6,3 mm	13,5	12,56 N/mm		Ersatz ab 1983	
ETZ 150	272^{+10} mm	$54{,}3_{-0{,}8}$ mm	6,3 mm	14,5	11,6 N/mm	32-26.004	ab Serienbeginn	bis 12/ 1988
	265^{+10} mm	$54{,}3_{-0{,}8}$ mm	6,3 mm	13,5	12,56 N/mm		ab 01/ 1989	bis 1991
	270^{+8} mm	$55{,}0_{-0{,}8}$ mm	7,0 mm	17,5	14,2 N/mm	30-26.711 [4] [3]	ab 1991	
	270^{+8} mm	$55{,}0_{-0{,}8}$ mm	7,0 mm	17,5	14,2 N/mm	30-26.712 [5] [3]	ab 1991	

Modell	Länge, entsp.	Aussen-Ø	Draht-Ø	Windungszahl	Federkonstante	ET-Nummer	Bemerkung
ES 175	$260^{\pm4}$ mm	$54{,}3_{-0{,}8}$ mm	6,3 mm	15,5	10,75 N/mm	05-22.083	vorn
	260^{+8} mm	$55{,}0_{-0{,}8}$ mm	7,0 mm	18,5	13,39 N/mm	05-23.081	hinten
ES 175/1	$260^{\pm4}$ mm	$54{,}3_{-0{,}8}$ mm	6,3 mm	15,5	10,75 N/mm	05-22.083	vorn
	260^{+8} mm	$55{,}0_{-0{,}8}$ mm	7,0 mm	18,5	13,39 N/mm	05-23.081	hinten
ES 175/2	$260^{\pm4}$ mm	$54{,}3_{-0{,}8}$ mm	6,3 mm	15,5	10,75 N/mm	05-22.083	vorn
	260^{+8} mm	$55{,}0_{-0{,}8}$ mm	7,0 mm	18,5	13,39 N/mm	05-23.081 [1]	hinten

ET-Nummer … Ersatzteilnummer

(1) ET-Feder mit gelber Farbe an der Stirnseite gekennzeichnet   (2) ET-Feder mit weißer Farbe an der mittleren Windung gekennzeichnet   (3) in Verbindung mit Dämpfer A22-115-88/8M
(4) verchromte Feder   (5) farbig lackierte Feder   (6) unteres Federbeinauge verschraubt an der hinteren Befestigung der Schwinge

Modell	Länge, entsp.	Aussen-Ø	Draht-Ø	Windungszahl	Federkonstante	ET-Nummer		Bemerkung	
ES 250	$260^{\pm4}$ mm	$54,3_{-0,8}$ mm	6,3 mm	15,5	10,75 N/mm	05-22.083	vorn		
	260^{+8} mm	$55,0_{-0,8}$ mm	7,0 mm	18,5	13,39 N/mm	05-23.081	hinten	bei SW-Betrieb vordere Feder	
ES 250/1	$260^{\pm4}$ mm	$54,3_{-0,8}$ mm	6,3 mm	15,5	10,75 N/mm	05-22.083	vorn		
	260^{+8} mm	$55,0_{-0,8}$ mm	7,0 mm	18,5	13,39 N/mm	05-23.081	hinten	bei SW-Betrieb vordere Feder	
ES 250/2	$260^{\pm4}$ mm	$54,3_{-0,8}$ mm	6,3 mm	15,5	10,75 N/mm	05-22.083	vorn		
	260^{+8} mm	$55,0_{-0,8}$ mm	7,0 mm	18,5	13,39 N/mm	05-23.081 [1]	hinten	bei SW-Betrieb vordere Feder	
ETS 250	260^{+8} mm	$55,0_{-0,8}$ mm	7,0 mm	18,5	13,39 N/mm	16-23.028	hinten	ab Serienbeginn	bis Serienende
	260^{+8} mm	$55,0_{-0,8}$ mm	7,0 mm	16,5	15,23 N/mm		hinten	Ersatz ab 1983	
TS 250	260^{+8} mm	$55,0_{-0,8}$ mm	7,0 mm	18,5	13,39 N/mm	16-23.028	hinten	ab Serienbeginn	bis Serienende
	260^{+8} mm	$55,0_{-0,8}$ mm	7,0 mm	16,5	15,23 N/mm		hinten	Ersatz ab 1983	
TS 250/1	260^{+8} mm	$55,0_{-0,8}$ mm	7,0 mm	18,5	13,39 N/mm	16-23.028	hinten	ab Serienbeginn	bis Serienende
	260^{+8} mm	$55,0_{-0,8}$ mm	7,0 mm	16,5	15,23 N/mm		hinten	Ersatz ab 1983	
ETZ 250	260^{+8} mm	$55,0_{-0,8}$ mm	7,0 mm	16,5	15,23 N/mm	30-26.011	hinten	ab Serienbeginn	bis Serienende
ETZ 250 A	260^{+8} mm	$52,0^{+0,8}$ mm	7,0 mm	17,5	17,304 N/mm	05-23.092	hinten	ab Serienbeginn	bis Serienende
ETZ 251	265^{+10} mm	$54,3_{-0,8}$ mm	6,3 mm	13,5	12,56 N/mm		hinten	ab Serienbeginn	bis 1990
	270^{+8} mm	$55,0_{-0,8}$ mm	7,0 mm	17,5	14,2 N/mm	30-26.711 [4] [3]	hinten	ab 1991	
	270^{+8} mm	$55,0_{-0,8}$ mm	7,0 mm	17,5	14,2 N/mm	30-26.712 [5] [3]	hinten	ab 1991	
ES 300	$260^{\pm4}$ mm	$54,3_{-0,8}$ mm	6,3 mm	15,5	10,75 N/mm	05-22.083	vorn		
	260^{+8} mm	$55,0_{-0,8}$ mm	7,0 mm	18,5	13,39 N/mm	05-23.081	hinten	bei SW-Betrieb vordere Feder	
ETZ 301	270^{+8} mm	$55,0_{-0,8}$ mm	7,0 mm	17,5	14,2 N/mm	30-26.711 [4]	hinten	ab Serienbeginn	bis Serienende
	270^{+8} mm	$55,0_{-0,8}$ mm	7,0 mm	17,5	14,2 N/mm	30-26.712 [5]	hinten	ab Serienbeginn	bis Serienende
MZ 500 R	270^{+8} mm	$55,0_{-0,8}$ mm	7,0 mm	17,5	14,2 N/mm	30-26.711 [4]	hinten	ab Serienbeginn	bis Serienende
	270^{+8} mm	$55,0_{-0,8}$ mm	7,0 mm	17,5	14,2 N/mm	30-26.712 [5]	hinten	ab Serienbeginn	bis Serienende

Modell	Länge, entsp.	Aussen-Ø	Draht-Ø	Windungszahl	Federkonstante	ET-Nummer	Bemerkung
ES 250 SW	260^{+8} mm	$52,0^{+0,8}$ mm	7,0 mm	17,5	17,304 N/mm	05-23.092 [2]	hinten
ES 250/1 SW	260^{+8} mm	$52,0^{+0,8}$ mm	7,0 mm	17,5	17,304 N/mm	05-23.092 [2]	hinten
ES 250/2 SW	260^{+8} mm	$52,0^{+0,8}$ mm	7,0 mm	17,5	17,304 N/mm	05-23.092 [2]	hinten
TS 250 SW	260^{+8} mm	$55,0_{-0,8}$ mm	7,0 mm	18,5	13,39 N/mm	05-23.081	hinten
	260^{+8} mm	$52,0^{+0,8}$ mm	7,0 mm	17,5	17,304 N/mm	05-23.092 [2]	hinten
TS 250/1 SW	260^{+8} mm	$55,0_{-0,8}$ mm	7,0 mm	18,5	13,39 N/mm	05-23.081	hinten
ETZ 250 SW	260^{+8} mm	$52,0^{+0,8}$ mm	7,0 mm	17,5	17,304 N/mm	05-23.092 [2]	hinten
ETZ 251 SW	260^{+8} mm	$52,0^{+0,8}$ mm	7,0 mm	17,5	17,304 N/mm	05-23.092 [2]	hinten
	270^{+8} mm	$55,0_{-0,8}$ mm	7,0 mm	17,5	14,2 N/mm	30-26.710 [6]	hinten
ES 300 SW	260^{+8} mm	$52,0^{+0,8}$ mm	7,0 mm	17,5	17,304 N/mm	05-23.092 [2]	hinten
ETZ 301 SW	270^{+8} mm	$55,0_{-0,8}$ mm	7,0 mm	17,5	14,2 N/mm	30-26.710 [6]	hinten

(1) ET-Feder mit gelber Farbe an der Stirnseite gekennzeichnet

(2) ET-Feder mit weißer Farbe an der mittleren Windung gekennzeichnet

(3) in Verbindung mit Dämpfer A22-115-88/8M

(4) verchromte Feder

(5) farbig lackierte Feder

(6) unteres Federbeinauge verschraubt an der hinteren Befestigung der Schwinge

ET-Nummer … Ersatzteilnummer

5.4 Dämpfertypen

Modell	Serie vorn	Ersatz vorne	Serie hinten	Ersatz hinten	Bemerkung	
ES 125	A22-120		A22-100		ab Serienbeginn	bis Serienende
ES 125/1	A22-120-56/8 OV	A22-120-56/8	A22-100-76/8 MV	A22-100-88/8 M	ab Serienbeginn	bis 04/ 1970
	A22-120-56/8 OV	A22-120-56/8	A22-100-94/8 MV	A22-100-88/8 M	ab 05/ 1970	bis 05/ 1973
	A22-120-56/8 OV	A22-120-56/8	A22-100-88/8 MV	A22-100-88/8 M	ab 06/ 1973	bis Serienende
ETS 125			A22-100-76/8 MV	A22-100-88/8 M	ab Serienbeginn	bis 04/ 1970
			A22-100-94/8 MV	A22-100-88/8 M	ab 05/ 1970	bis Serienende
TS 125			A22-100-88/8 MV	A22-100-88/8 M	ab Serienbeginn	bis 05/1978
			A22-100-88/8 M	A22-100-88/8 M	ab 06/1978	bis Serienende
ETZ 125			A22-100-88/8 M	A22-115-88/8 M	ab Serienbeginn	bis 1990
			A22-115-88/8 M	A22-115-88/8 M	ab 1991	bis Serienende
ES 150	A22-120		A22-100		ab Serienbeginn	bis Serienende
ES 150/1	A22-120-56/8 OV	A22-120-56/8	A22-100-76/8 MV	A22-100-88/8 M	ab Serienbeginn	bis 04/ 1970
	A22-120-56/8 OV	A22-120-56/8	A22-100-94/8 MV	A22-100-88/8 M	ab 05/ 1970	bis 05/ 1973
	A22-120-56/8 OV	A22-120-56/8	A22-100-88/8 MV	A22-100-88/8 M	ab 06/ 1973	bis Serienende
ETS 150			A22-100-76/8 MV	A22-100-88/8 M	ab Serienbeginn	bis 04/ 1970
			A22-100-94/8 MV	A22-100-88/8 M	ab 05/ 1970	bis Serienende
TS 150			A22-100-88/8 MV	A22-100-88/8 M	ab Serienbeginn	bis 05/1978
			A22-100-88/8 M	A22-100-88/8 M	ab 06/1978	bis Serienende
ETZ 150			A22-100-88/8 M	A22-115-88/8 M	ab Serienbeginn	bis 1990
			A22-115-88/8 M	A22-115-88/8 M	ab 1991	bis Serienende
ES 175	B22-120-64/8 OV		B22-115-76/8 MV			
ES 175/1	B22-120-64/8 OV		B22-115-76/8 MV			
ES 175/2	A22-120-64/8 OV	A22-120-56/8	A22-100-76/8 MV	A22-100-88/8 M	ab Serienbeginn	bis 04/ 1970
	A22-120-56/8 OV	A22-120-56/8	A22-100-94/8 MV	A22-100-88/8 M	ab 05/ 1970	bis Serienende
ES 250	B22-120-64/8 OV		B22-115-76/8 MV			
ES 250/1	B22-120-64/8 OV		B22-115-76/8 MV			
ES 250/2	A22-120-64/8 OV	A22-120-56/8	A22-100-76/8 MV	A22-100-88/8 M	ab Serienbeginn	bis 04/ 1970
	A22-120-56/8 OV	A22-120-56/8	A22-100-94/8 MV	A22-100-88/8 M	ab 05/ 1970	bis Serienende
ETS 250			A22-100-76/8 MV	A22-100-88/8 M	ab Serienbeginn	bis 04/ 1970
			A22-100-94/8 MV	A22-100-88/8 M	ab 05/ 1970	bis Serienende
TS 250			A22-100-94/8 MV	A22-100-88/8 M	ab Serienbeginn	bis 03/ 1973
			A22-100-88/8 MV	A22-100-88/8 M	ab 04/ 1973	bis Serienende
TS 250/1			A22-100-88/8 MV	A22-100-88/8 M	ab Serienbeginn	bis 05...07/1978
			A22-100-88/8 M	A22-100-88/8 M	ab 06...08/1978	bis Serienende
ETZ 250			A22-100-88/8 M	A22-115-88/8 M	ab Serienbeginn	bis Serienende
ETZ 250 A			A22-100-88/8 M	A22-115-88/8 M	ab Serienbeginn	bis Serienende
ETZ 251			A22-100-88/8 M	A22-115-88/8 M	ab Serienbeginn	bis 1990
			A22-115-88/8 M	A22-115-88/8 M	ab 1991	bis Serienende
ES 300	B22-120-64/8 OV		B22-115-76/8 MV			
ETZ 301			A22-115-88/8 M	A22-115-88/8 M	ab Serienbeginn	bis Serienende
MZ 500R			A22-115-88/8 M	A22-115-88/8 M	ab Serienbeginn	bis Serienende

Toleranzgruppenkennzeichnung	bis 1970	1970 - 1977	ab 1978
positive Abweichung	"-"	gelber Punkt	entfällt
negative Abweichung	"+"	grüner Punkt	grüner Punkt

Einführung Federbeine mit verchromten Federn und ohne Schutzhülsen Juli 1971. Die Ausführung mit Schutzhülse war den Gespannen vorbehalten

Defekte Dämpfer sollten immer paarweise getauscht werden.

5.5 Radlager-Abstandshülsen

Radtyp	Abmessung	ET-Nr.	RT 125	RT 125/1	MZ 125/2 [1]	MZ 125/3	ES 125	ES 125/1	ETS 125	TS 125	ETZ 125	ES 150	ES 150/1	ETS 150	TS 150	ETZ 150	ES 175	ES 175/1	ES 175/2	ES 250	ES 250/1	ES 250/2	ETS 250	TS 250	TS 250/1	ETZ 250	ETZ 251	ES 300	ETZ 301	BK 350	MZ 500R	Bemerkung
VR Scheibe	17...18x22x60,8...61,5	30-24.019									X					X										X	X		X		X	Speiche
VR Scheibe	16x22x61,5	80-50.701																									X		X		X	Guss
VR Trommel	18x22x41,2	13-24.017									X					X																Speiche
VR Trommel	18x22x37,2	05-24.031								X					X											X	X		X			Speiche
VR Trommel	18x22x37,2	05-825.05-0																X		X												Speiche
VR Trommel	18x22x37,2	05-24.005							X					X			X	X	X	X	X	X	X	X	X			X				Speiche
VR Trommel	18x22x37,2	01-24.306			X	X	X	X				X	X																			Speiche
VR Trommel		01-824.06-0	X	X	X																											Speiche
HR Trommel		01-825.06-0	X	X	X																											Speiche
HR Trommel	18x22x41,2	01-24.306			X	X	X							X																		Speiche
HR Trommel	18x22x41,2	22-25.006							X	X				X	X																	Speiche
HR Trommel	18x22x41,2	01-24.017								X					X																	Speiche
HR Trommel	18x22x52,3	05-25.116																								X					X	Speiche
HR Trommel	16x22x52,3	80-50.702																													X	Guss
HR Trommel	18x22x41,2	13-24.017														X										X			X			Speiche
HR Trommel	18x22x52,3	05-25.008															X	X	X	X	X	X	X	X	X				X			Speiche

VR ... Vorderrad
HR ... Hinterrad
Abmessung ... Innen-ø x Außen-ø x Länge in mm

Scheibe ... Scheibenbremse
Trommel ... Trommelbremse

(1) Wechsel von Halb- auf Vollnabenbremsen

Speichenlängen

Trommelbremse 16"	121 mm
Trommelbremse 18"	148 mm
Scheibenbremse MZ	163 mm
Scheibenbremse Grimeca	185 mm

Reifen-Abrollumfänge

125SR15	1800 mm	3,50-18	1957...2039 mm
2,75-16	1695...1698 mm	90/90-18	1869 mm
3,00-16	1737 mm	110/80-18	1912 mm
3,25-16	1773...1776 mm	110/90-18	1978 mm
3,50-16	1804...1806 mm	2,50-19	
110/80-16	1830 mm	2,75-19	
110/90-16	1824...1898 mm	3,00-19	1972 mm
2,75-18	1849...1926 mm	3,25-19	2008 mm
3,00-18	1891...1970 mm	3,50-19	2038 mm
3,25-18	1927...2007 mm		

5.6 Zuordnungsliste für Bowdenzüge

Modell		Kupplung	Handbremse	Gasgriff	Choke	Fußbremse	Öldosierung
RT 125	Abmessung						
	ET-Nummer	01-829.07-0	01-829.08-0	01-829.06-0			
RT 125/1	Abmessung						
	ET-Nummer	01-829.215-0	01-829.212-0	01-829.218-0			
			bis FIN 5002388				
MZ 125/2	Abmessung						
	ET-Nummer	01-829.215-0	01-829.313-0	01-829.218-0		01-829.321-0	
			ab FIN 5002389			ab FIN 5002389	
MZ 123/3	Abmessung						
	ET-Nummer	01-829.215-0	01-829.313-0	01-829.325-0		01-829.321-0	
		bis FIN 7512603	bis FIN 7512603	bis FIN 7512603			
	Abmessung						
	ET-Nummer	01-829.327-0	01-829.326-0	01-829.218-0			
		01-29-327	01-29-326	01-29-218			
		ab FIN 7512604	ab FIN 7512604	ab FIN 7512604			
ES 125	Abmessung	A1167 x 1022 x 127,5	A1105 x 937 x 150,5	D 980 x 900 x 68	E/D 913 x 855 x 45	B 802 x 570 x 197,5	
	ET-Nummer	13-29.003	13-29.016	80-40.001	80-40.002	13-29.022	
	Abmessung			D 996 x 920 x 64	E/D 931 x 871 x 47		
	ET-Nummer				13-29.005		
				für BVF 22KNB1-3	für BVF 22KNB1-3		
ES 125/1	Abmessung	A1167 x 1022 x 127,5	A1105 x 937 x 150,5	D 980 x 900 x 68	E/D 913 x 855 x 45	B 802 x 570 x 197,5	
	ET-Nummer	13-29.003	13-29.016	80-40.001	80-40.002	13-29.022	
				für BVF 22N1-3	für BVF 22N1-3		
ETS 125 (Hochlenker)	Abmessung	A1267 x 1122 x 127,5	A1235 x 1067 x 150,5	D1002 x 888 x 101	E/D 974 x 900 x 60	B 802 x 570 x 197,5	
	ET-Nummer	13-29.027	30-23.015		93-71.857	13-29.022	
ETS 125 (Flachlenker)	Abmessung	A1167 x 1022 x 127,5	A1105 x 937 x 150,5	D 952 x 838 x 101	E/D 884 x 810 x 60	B 802 x 570 x 197,5	
	ET-Nummer	13-29.003	13-29.016		80-40.026	13-29.022	
TS 125 (Flachlenker)	Abmessung	A1167 x 1022 x 127,5	A1105 x 937 x 150,5	D 946 x 841 x 95	E/D 884 x 810 x 60	B 802 x 570 x 197,5	
	ET-Nummer	13-29.003	93-71.920	93-71.816	93-71.752	13-29.022	
		13-29.033		mit BVF 22N1-3			
TS 125 (Hochlenker)	Abmessung	A1267 x 1122 x 127,5	A1235 x 1067 x 150,5	D 946 x 831 x 105	E/D 974 x 900 x 60	B 802 x 570 x 197,5	
	ET-Nummer	13-29.027	93-72.255	93-71.840	93-71.857	13-29.022	
			30-23.015	mit BVF 22N2-1			
	Abmessung			D 996 x 891 x 95			
	ET-Nummer			80-40.039			

ET-Nummer … Ersatzteil-Nummer   Legende für Abmessungen siehe Seite 67

Modell		Kupplung	Handbremse	Gasgriff	Choke	Fußbremse	Öldosierung
ETZ 125	Abmessung	A1167 x 1022 x 127,5	A1235 x 1067 x 150,5	D 946 x 831 x 105	E/D 974 x 900 x 60		D 1000 x 870 x 120
bis 1989	ET-Nummer	32-23.016	30-23.015	93-71.840	93-71.857		93-71.912
		32-23.015					
		32-30.016					
ETZ 125	Abmessung	A1137 x 992 x 127,5	A1235 x 1067 x 150,5	D 946 x 831 x 105	E/D 884 x 810 x 60		D 998 x 870 x 118
ab 1989	ET-Nummer		93-72.255	93-71.840	93-71.752		32-23.014
			30-23.015				
ES 150	Abmessung	A1167 x 1022 x 127,5	A1105 x 937 x 150,5	D 980 x 900 x 68	E/D 913 x 855 x 45	B 802 x 570 x 197,5	
	ET-Nummer	13-29.003	13-29.016	80-40.001	80-40.002	13-29.022	
	Abmessung			D 996 x 920 x 64	E/D 931 x 871 x 47		
	ET-Nummer				13-29.005		
				mit BVF 24KN1-2	mit BVF 24KN1-2		
ES 150/1	Abmessung	A1167 x 1022 x 127,5	A1105 x 937 x 150,5	D 980 x 900 x 68	E/D 913 x 855 x 45	B 802 x 570 x 197,5	
	ET-Nummer	13-29.003	13-29.016	80-40.001	80-40.002	13-29.022	
				mit BVF 24N1-1	mit BVF 24N1-1		
	Abmessung			D 996 x 891 x 95			
	ET-Nummer			80-40.039			
ETS 150	Abmessung	A1267 x 1122 x 127,5	A1235 x 1067 x 150,5	D1002 x 888 x 101	E/D 974 x 900 x 60	B 802 x 570 x 197,5	
(Hochlenker)	ET-Nummer	13-29.027	30-23.015		93-71.857	13-29.022	
	Abmessung			D 996 x 891 x 95			
	ET-Nummer			80-40.039			
	Abmessung			D 946 x 841 x 95			
	ET-Nummer			93-71.816			
ETS 150	Abmessung	A1167 x 1022 x 127,5	A1105 x 937 x 150,5	D 952 x 838 x 101	E/D 884 x 810 x 60	B 802 x 570 x 197,5	
(Flachlenker)	ET-Nummer	13-29.003	93-71.920		80-40.026	13-29.022	
	Abmessung			D 946 x 841 x 95			
	ET-Nummer			93-71.816			
TS 150	Abmessung	A1167 x 1022 x 127,5	A1105 x 937 x 150,5	D 946 x 841 x 95	E/D 884 x 810 x 60	B 802 x 570 x 197,5	
(Flachlenker)	ET-Nummer	13-29.003	93-71.920	93-71.816	93-71.752	13-29.022	
		13-29.033					
				mit BVF 24N1-1			

ET-Nummer … Ersatzteil-Nummer   Legende für Abmessungen siehe Seite 67

Modell		Kupplung	Handbremse	Gasgriff	Choke	Fußbremse	Öldosierung
TS 150 (Hochlenker)	Abmessung	A1267 x 1122 x 127,5	A1235 x 1067 x 150,5	D 946 x 831 x 105	E/D 974 x 900 x 60	B 802 x 570 x 197,5	
	ET-Nummer	13-29.027	93-72.255	93-71.840	93-71.857	13-29.022	
			30-23.015				
				mit BVF 24N2-1			
	Abmessung			D 996 x 891 x 95			
	ET-Nummer			80-40.039			
ETZ 150 bis 1989	Abmessung	A1167 x 1022 x 127,5	A1235 x 1067 x 150,5	D 946 x 831 x 105	E/D 974 x 900 x 60		D 1000 x 870 x 120
	ET-Nummer	32-23.016	30-23.015	93-71.840	93-71.857		93-71.912
		32-23.015					
		32-30.016					
ETZ 150 ab 1989	Abmessung	A1137 x 992 x 127,5	A1235 x 1067 x 150,5	D 946 x 831 x 105	E/D 884 x 810 x 60		D 998 x 870 x 118
	ET-Nummer		93-72.255	93-71.840	93-71.752		32-23.014
			30-23.015				
ES 175	Abmessung		A1150 x 970 x 162,5	D 980 x 908 x 60			
	ET-Nummer	05-44.134	05-29.018	05-29.025	05-29.030		
			05-829.18-0	05-829.25-0			
	Abmessung			D 980 x 880 x 88			
	ET-Nummer			05-29.059			
ES 175/1	Abmessung	A900 x 800 x 82	A1150 x 970 x 162,5	D 980 x 880 x 88			
	ET-Nummer	05-44.137	05-29.018	05-29.059	05-29.030		
ES 175/2 9,9 kW	Abmessung	A860 x 760 x 82	A1150 x 978 x 154,5	D 1016 x 928 x 76	E/D 933 x 875 x 45		
	ET-Nummer	05-44.111		80-40.008	80-40.007		
ES 175/2 10,7 kW	Abmessung	A860 x 760 x 82	A1150 x 978 x 154,5	D 1016 x 928 x 76	E/D 933 x 875 x 45		
	ET-Nummer	05-44.111		80-40.008	80-40.007		
	Abmessung	A900 x 800 x 82	A1105 x 937 x 150,5		E/D 913 x 855 x 45		
	ET-Nummer	05-44.137					
ES 175/2 Hochlenker	Abmessung		A1063 x 963 x 82	D 1228 x 1140 x 76			
	ET-Nummer		05-44.114	80-40.017			

ET-Nummer … Ersatzteil-Nummer   Legende für Abmessungen siehe Seite 67

Modell		Kupplung	Handbremse	Gasgriff	Choke	Fußbremse	Öldosierung
ES 250	Abmessung		A1150 x 970 x 162,5	D 980 x 908 x 60			
	ET-Nummer	05-844.30-0	05-829.18-0	05-829.25-0	05-829.30-0		
	Abmessung			D 980 x 880 x 88	E/D 985 x 852 x 120		
	ET-Nummer			05-29.059	05-29.052		
ES 250/1	Abmessung	A900 x 800 x 82	A1150 x 970 x 162,5	D 980 x 880 x 88	E/D 985 x 852 x 120		
	ET-Nummer	05-44.137	05-29.018	05-29.059	05-29.052		
					05-829.52-0		
ES 250/2 12,9 kW	Abmessung	A860 x 760 x 82	A1150 x 978 x 154,5	D 1016 x 928 x 76	E/D 933 x 875 x 45		
	ET-Nummer	05-44.111		80-40.008	80-40.007		
ES 250/2 14 kW	Abmessung	A860 x 760 x 82	A1150 x 978 x 154,5	D 1016 x 928 x 76	E/D 933 x 875 x 45		
	ET-Nummer	05-44.111		80-40.008	80-40.007		
	Abmessung	A900 x 800 x 82	A 1105 x 937 x 150,5		E/D 913 x 855 x 45		
	ET-Nummer	05-44.137					
ES 250/2 Hochlenker	Abmessung		A1063 x 963 x 82	D 1228 x 1140 x 76			
	ET-Nummer		05-44.114	80-40.017			
ETS 250 (Flachlenker)	Abmessung	A900 x 800 x 82	A1105 x 937 x 150,5	D 946 x 841 x 95	E/D 974 x 900 x 60		
	ET-Nummer	05-44.137		80-40.040			
				93-71.816			
	Abmessung		A1150 x 978 x 154,5	E 938 x 838 x 87	E/D 950 x 876 x 60		
	ET-Nummer				80-40.020		
ETS 250 (Hochlenker)	Abmessung	A1010 x 910 x 82	A1235 x 1067 x 150,5	D 1094 x 980 x 101	E/D 1094 x 1020 x 60		
	ET-Nummer	05-44.146 (29-44.001)	93-72.255				
TS 250 (Flachlenker)	Abmessung	A860 x 760 x 82	A1105 x 937 x 150,5	D 910 x 780 x 120	E/D 950 x 876 x 60		
	ET-Nummer	05-44.111	80-40.003	80-40.038	80-40.020		
			93-71.920	93-71.832			
	Abmessung	A900 x 800 x 82		D 946 x 835 x 101 [1]	E/D 974 x 900 x 60		
	ET-Nummer	05-44.137		93-71.824 [1]	93-71.857		

(1) für 17PS-Version in Verbindung mit Vergaser BVF 26N1-3

ET-Nummer … Ersatzteil-Nummer

Legende für Abmessungen siehe Seite 67

Modell		Kupplung	Handbremse	Gasgriff	Choke	Fußbremse	Öldosierung
TS 250 (Hochlenker)	Abmessung	A1063 x 963 x 82	A1235 x 1067 x 150,5	D 1000 x 870 x 120	E/D 1004 x 930 x 63		
	ET-Nummer	05-44.114	80-40.022	80-40.032	80-40.034		
			30-23.015	93-71.912			
			93-71.255	16-29.017			
	Abmessung	A1010 x 910 x 82		D 996 x 885 x 101 [1]	E/D 974 x 900 x 60		
	ET-Nummer	05-44.146		93-71.865 [1]	93-71.857		
TS 250/1 (Flachlenker)	Abmessung	A860 x 760 x 82	A1105 x 937 x 150,5	D 910 x 780 x 120	E/D 950 x 876 x 60		
	ET-Nummer	05-44.111	80-40.003	80-40.038	80-40.020		
			93-71.920	93-71.832			
	Abmessung	A900 x 800 x 82		D 946 x 835 x 101 [1]	E/D 974 x 900 x 60		
	ET-Nummer	05-44.137		93-71.824 [1]	93-71.857		
TS 250/1 (Hochlenker)	Abmessung	A1063 x 963 x 82	A1235 x 1067 x 150,5	D 1000 x 870 x 120	E/D 1004 x 930 x 63		
	ET-Nummer	05-44.114	80-40.022	80-40.032	80-40.034		
			30-23.015	93-71.912			
			93-71.255	16-29.017			
	Abmessung	A1010 x 910 x 82		D 996 x 885 x 101 [1]	E/D 974 x 900 x 60		
	ET-Nummer	05-44.146		93-71.865 [1]	93-71.857		
ETZ 250	Abmessung	A1010 x 910 x 82	A1235 x 1067 x 150,5	D 1000 x 870 x 120	E/D 884 x 810 x 60		D 1245 x 1070 x 174
	ET-Nummer	05-44.146	93-72.255	93-71.912	93-71.752		30-23.016
		29-44.001	30-23.019				93-72.134
	Abmessung				E/D 974 x 900 x 60		D 1195 x 1000 x 185
	ET-Nummer	29-44.000	30-23.015		93-71.857		93-72.134
ETZ 251	Abmessung	A890 x 790 x 82	A1235 x 1067 x 150,5	D 1000 x 870 x 120	E/D 884 x 810 x 60		D 1245 x 1070 x 174
	ET-Nummer	29-41.081	93-72.255	93-71.912	93-71.752		30-23.016
	Abmessung	A1010 x 910 x 82	30-23.019		E/D 974 x 900 x 60		D 1195 x 1000 x 185
	ET-Nummer	29-44.001	30-23.015		93-71.857		93-72.134
ES 300	Abmessung		A1150 x 970 x 162,5	D 980 x 880 x 88	E/D 985 x 852 x 120		
	ET-Nummer	05-44.137	05-29.018	05-29.059	05-29.052		
					05-829.52-0		

(1) für 17PS-Version in Verbindung mit Vergaser BVF 26N1-3

ET-Nummer … Ersatzteil-Nummer

Legende für Abmessungen siehe Seite 67

Modell		Kupplung	Handbremse	Gasgriff	Choke	Fußbremse	Öldosierung
ETZ 301	Abmessung	A890 x 790 x 82	A1235 x 1067 x 150,5	D 1000 x 870 x 120	E/D 884 x 810 x 60		D 1245 x 1070 x 174
	ET-Nummer	29-41.081	93-72.255	93-71.912	93-71.752		30-23.016
			30-23.019				
			30-23.015				
	Abmessung	A1010 x 910 x 82			E/D 974 x 900 x 60		D 1195 x 1000 x 185
	ET-Nummer	29-44.001			93-71.857		93-72.134
BK 350	Abmessung						
	ET-Nummer	02-829.23-0	02-829.20-0	02-829.24-0			
		02-29.023	02-29.020	02-29.024			
MZ 500 R	Abmessung						
	ET-Nummer	30-23.750		30-23.751			

ET-Nummer ... Ersatzteil-Nummer   Legende für Abmessungen siehe Seite 67

5.7 Bowdenzüge - Übersicht

Kupplungszug

Abmessung	ET-Nummer				
A860 x 760 x 82	05-44.111				
A890 x 790 x 82	29-41.081				
A900 x 800 x 82	05-44.137				
A1010 x 910 x 82	29-41.081	29-44.000	29-44.001	05-44.146	
A1063 x 963 x 82	05-44.114				
A1137 x 992 x 127,5					
A1167 x 1022 x 127,5	13-29.003	32-23.015	32-23.016	32-30.016	18-829.07-0
A1267 x 1122 x 127,5	13-29.027				
		01-829.07-0			
		01-829.215-0			
	01-29-327	01-829.327-0			
	05-44.134				
		05-844.30-0			
	02-29.023	02-829.23-0			

Handbremszug

Abmessung	ET-Nummer				
A1063 x 963 x 82	05-44.114				
A1105 x 937 x 150,5	13-29.016	93-71.920	80-40.003	13-829.16-0	
A1150 x 970 x 162,5	05-29.018	05-829.18-0			
A1150 x 978 x 154,5					
A1235 x 1067 x 150,5	93-72.255	30-23.015	30-23.019	93-71.255	80-40.022
	01-829.08-0				
	01-829.212-0				
	01-829.313-0				
	01-29-326	01-829.326-0			
	02-29.020	02-829.20-0			

Chokezug

Abmessung	ET-Nummer	
E/D 884 x 810 x 60	80-40.026	93-71.752
E/D 913 x 855 x 45	80-40.002	
E/D 931 x 871 x 47	13-29.005	13-829.05-0
E/D 933 x 875 x 45	80-40.007	
E/D 950 x 876 x 60	80-40.020	
E/D 974 x 900 x 60	93-71.857	
E/D 985 x 852 x 120	05-29.052	05-829.52-0
E/D 1004 x 930 x 63	80-40.034	
E/D 1094 x 1020 x 60		
	05-29.030	05-829.30-0

Gaszug

Abmessung	ET-Nummer		
D 910 x 780 x 120	80-40.038	93-71.832	
E 938 x 838 x 87			
D 945x870x120	93-71.912		
D 946 x 831 x 105	93-71.840		
D 946 x 835 x 101 [1]	93-71.824 [1]		
D 946 x 841 x 95	93-71.816	80-40.040	
D 952 x 838 x 101			
D 980 x 880 x 88	05-29.059		
D 980 x 900 x 68	80-40.001		
D 980 x 908 x 60	05-829.25-0	05-29.025	
D 996 x 885 x 101 [1]	93-71.865 [1]		
D 996 x 891 x 95	80-40.039		
D 996 x 920 x 64			
D 1000 x 870 x 120	80-40.032	93-71.912	16-29.017
D1002 x 888 x 101			
D 1016 x 928 x 76	80-40.008		
D 1094 x 980 x 101			
D 1228 x 1140 x 76	80-40.017		
	01-829.06-0		
	01-829.218-0	01-29-218	
	01-829.325-0		
	02-829.24-0	02-29.024	

Seilzug Fußbremse

Abmessung	ET-Nummer		
B 802 x 570 x 197,5	13-29.022	13-29.001	13-829.01-0
	01-829.321-0		

Öldosierung

Abmessung	ET-Nummer	
D 998 x 870 x 118	32-23.014	
D 1000 x 870 x 120	93-71.912	
D 1016 x 928 x 76	80-40.008	
D 1195 x 1000 x 185	93-72.134	
D 1245x1070x165	30-23.016	
D 1245 x 1070 x 174	30-23.016	93-72.134

Format der Abmessungen: A x B x C

A ... Länge über Alles

B ... Länge der Seilhülle

C... Freie Seillänge

(1) für 17PS-Version in Verbindung mit Vergaser BVF 26N1-3

ET-Nummer ... Ersatzteil-Nummer

6.1 Elektrische Anlage

Modell		RT 125	RT 125/1	MZ 125/2	MZ 125/3
Zündungsart		Batterie	Batterie	Batterie	Batterie
Auslösung		Unterbrecherkontakt	Unterbrecherkontakt	Unterbrecherkontakt	Unterbrecherkontakt
Zündzeitpunkt[18]	normal	4,0mm v. OT	4,0mm v. OT	4,0mm v. OT	4,5mm v. OT
	Breitrippenzylinder				
	Bemerkung	keine Fliehkraftverstellung	keine Fliehkraftverstellung	keine Fliehkraftverstellung	keine Fliehkraftverstellung
Kontaktabstand		$0,4^{+0,1}$mm	$0,4^{+0,1}$mm	$0,4^{+0,1}$mm	0,4mm
Schließwinkel	bei Leerlauf (Kontaktzuend.)				
	bei Leerlauf (Elektronik)				
Zündkerze		Isolator MC8-14/225	Isolator MC8-14/225	Isolator M14/240	Isolator M14/240
			Isolator M14/240	Isolator M14/225	
Elektrodenabstand		0,55...0,7mm	0,55...0,7mm	0,6mm	0,6mm
Lichtmaschine		GM 30/6 IKA-Presto	GM 30/6 IKA	GM 30/6 30W (kurzz. 45W)	LMZR 6/60 (kurzz. 90W)
Stromart		Gleichstrom	Gleichstrom	Gleichstrom	Gleichstrom
Regler			RSC 30/6	RSC 30/6	
Batterie		6V 8Ah	6V 8Ah	6V 8Ah	6V 8Ah
Zündspule		6V	6V	6V	6V
Scheinwerfer		6V 25/25W Bilux	6V 25/25W Bilux	6V 25/25W BA20d	6V 35/35W Bilux
Standlicht		6V 1,5...3W	6V 1,5...2W	6V 2W BA9s	6V 2W
Bremslicht [11]				6V 15W BA15s	6V 15W
Rücklicht		6V 1,5...5W	6V 3...5W	6V 5W S8	6V 5W S8
Fahrtrichtungsanzeiger					
Ladekontrolle		im Spulenkasten 6V 1,2...2W	6V 1,5...2W	6V 2W BA9s	6V 2W
Leerlaufkontrolle			6V 1,5...2W	6V 2W BA9s	6V 2W
Instrumentenbeleuchtung			6V 2W	6V 2W BA9s	6V 2W
Fernlichtkontrolle					
Kontrollleuchte FRA [14]					
Sicherungen	Hauptsicherung	1x 40A	1x 25A	1x 25A	1x 25A

(11) ein vorderer Bremslichtschalter wurde nicht bei allen Modellen verbaut!
(14) FRA ... Fahrtrichtungsanzeiger
(18) Fliehkraftverstellung entfällt ab 1969

Modell		ES 125	ES 125/1	ETS 125	TS 125
Zündungsart		Batterie	Batterie	Batterie	Batterie
Auslösung		Unterbrecherkontakt	Unterbrecherkontakt	Unterbrecherkontakt	Unterbrecherkontakt
Zündzeitpunkt[18]	normal	4,5mm v. OT	$3,0_{-0,5}$mm v. OT	$3,0_{-0,5}$mm v. OT	$3,0_{-0,5}$mm v. OT
	Breitrippenzylinder	3,0mm v. OT			
	Bemerkung	keine Fliehkraftverstellung	keine Fliehkraftverstellung	keine Fliehkraftverstellung	keine Fliehkraftverstellung
Kontaktabstand		0,4mm	$0,3^{+0,1}$mm	$0,3^{+0,1}$mm	$0,3^{+0,1}$mm
Schließwinkel	bei Leerlauf (Kontaktzuend.)				
	bei Leerlauf (Elektronik)				
Zündkerze		Isolator M14/260	Isolator M14/260	Isolator M14/260	Isolator M14/260
		Isolator M14/240	Isolator M14/240	Isolator M14/240	Isolator M14/240
		Isolator RM14/250S			Isolator ZM14/260
Elektrodenabstand		0,6mm	0,6mm	0,6mm	0,6mm
Lichtmaschine		LMZR 6/60 (kurzz. 90W)	LMZR 6/60 (kurzz. 90W)	LMZR 6/60 (kurzz. 90W)	LMZR 6/60 (kurzz. 90W)
Stromart		Gleichstrom	Gleichstrom	Gleichstrom	Gleichstrom
Regler		RSC 60/6	RSC 60/6	RSC 60/6	RSC 60/6
Batterie		6V 12Ah	6V 12Ah	6V 12Ah	6V 12Ah
Zündspule		6V	6V	6V	6V
Scheinwerfer		6V 45/40W Bilux assym.	6V 45/40W Bilux assym.	6V 45/40W Bilux assym.	6V 45/40W Bilux assym.
Standlicht		6V 2W BA9s	6V 4W BA9s	6V 2...4W BA9s	6V 4W BA9s
Bremslicht [11]		6V 18W S8,5	6V 18W S8,5	6V 18W S8,5	6V 21W BA15s
Rücklicht		6V 5W S8	6V 5W S8	6V 5W S8	6V 5W BA15s
Fahrtrichtungsanzeiger		6V 18W S8,5	6V 18W S8,5	6V 18W S8,5	6V 21W BA15s
Ladekontrolle		6V 1,2W	6V 1,2W	6V 1,2W	6V 1,2W BA7s [12]
Leerlaufkontrolle		6V 1,2W	6V 1,2W	6V 1,2W	6V 1,2W BA7s [13]
Instrumentenbeleuchtung		6V 1,2W	6V 1,2W	6V 1,2W	6V 1,2W BA7s [8]
Fernlichtkontrolle					
Kontrollleuchte FRA [14]					
Sicherungen	Hauptsicherung	2x 15A	2x 15A	2x 15A	2x 16A
	Sicherung FRA	1x 4A (ab 07/1965)	1x 4A	1x 4A	1x 4A

(8) je Instrument 2 Leuchtmittel
(11) ein vorderer Bremslichtschalter wurde nicht bei allen Modellen verbaut!
(12) rote Ladekontrollleuchte dient gleichzeitig als Kontrollleuchte für den Fahrtrichtungsanzeiger
(13) grüne Leergang-Kontrollleuchte
(14) FRA … Fahrtrichtungsanzeiger
(18) Fliehkraftverstellung entfällt ab 1969

Modell		ETZ 125	ES 150	ES 150/1	ETS 150
Zündungsart		Batterie	Batterie	Batterie	Batterie
Auslösung		Unterbrecherkontakt	Unterbrecherkontakt	Unterbrecherkontakt	Unterbrecherkontakt
		ww. Elektronische Zündung [3]			
Zündzeitpunkt[18]	normal	$2{,}5^{+0,5}$mm v. OT	4,0mm v. OT	$3{,}0_{-0,5}$mm v. OT	$3{,}0_{-0,5}$mm v. OT
		$22º45'^{+1º}$ v. OT			
	Breitrippenzylinder		3,0mm v. OT		
	Bemerkung	keine Fliehkraftverstellung	keine Fliehkraftverstellung	keine Fliehkraftverstellung	keine Fliehkraftverstellung
Kontaktabstand		$0{,}3^{+0,1}$mm	0,4mm	$0{,}3^{+0,1}$mm	$0{,}3^{+0,1}$mm
		ww. Elektronischer Geber			
Schließwinkel	bei Leerlauf (Kontaktzuend.)	$132º^{+5º}$			
	bei Leerlauf (Elektronik)				
Zündkerze		Isolator ZM14/260	Isolator M14/260	Isolator M14/260	Isolator M14/260
		Isolator M14/240	Isolator M14/240	Isolator M14/240	Isolator M14/240
		NGK B8HS	Isolator RM14/250S		
Elektrodenabstand		0,6mm	0,6mm	0,6mm	0,6mm
Lichtmaschine		14V 15 A (180W/ kurzz. 210W)	LMZR 6/60 (kurzz. 90W)	LMZR 6/60 (kurzz. 90W)	LMZR 6/60 (kurzz. 90W)
Stromart		Drehstrom	Gleichstrom	Gleichstrom	Gleichstrom
Regler			RSC 60/6	RSC 60/6	RSC 60/6
Batterie		12V 5...5,5Ah	6V 12Ah	6V 12Ah	6V 12Ah
Zündspule		12V	6V	6V	6V
Scheinwerfer		12V 45/40W Bilux assym.	6V 45/40W Bilux assym.	6V 45/40W Bilux assym.	6V 45/40W Bilux assym.
		H4 12V 60/55W			
Standlicht		12V 5W BA9s	6V 2W Ba9s	6V 4W Ba9s	6V 2...4W Ba9s
		12V 4W BA9s			
Bremslicht [11]		12V 21W BA15s	6V 15...18W S8,5	6V 18W S8,5	6V 18W S8,5
		12V 21/5W BA15d [5]			
Rücklicht		12V 5W BA15s	6V 5W S8	6V 5W S8	6V 5W S8
Fahrtrichtungsanzeiger		12V 21W BA15s	6V 18W S8,5	6V 18W S8,5	6V 18W S8,5
Ladekontrolle		12V 2W BA7s [6]	6V 1,2W	6V 1,2W	6V 1,2W
Leerlaufkontrolle		12V 2W BA7s [7]	6V 1,2W	6V 1,2W	6V 1,2W
Instrumentenbeleuchtung		12V 2W BA7s [8]	6V 1,2W	6V 1,2W	6V 1,2W
Fernlichtkontrolle		12V 2W BA7s [9]			
Kontrollleuchte FRA [14]		12V 2W BA7s [10]			
Sicherungen	Hauptsicherung	2x 16A	2x 15A	2x 15A	2x 15A
	Sicherung FRA	1x 4A	1x 4A (ab 07/1965)	1x 4A	1x 4A
	Sicherung LiMa-Erregung	1x 2A			

(3) Elektronische Zündung war ab Oktober 1986 erhältlich
(5) Im Januar 1989 wurde eine neue BSKL in Serie gebracht, die mit einer Zweifaden-Glühlampe ausgerüstet war.
(6) rote Ladekontrolllampe bei Fahrzeugen mit DZM, bei Fahrzeugen ohne DZM wird diese Funktion von der grünen Kontrollleuchte für den Fahrtrichtungsanzeiger übernommen.

(7) gelbe Leerganganzeige bei Fahrzeugen mit DZM
(8) je Instrument 2 Leuchtmittel
(9) blaue Fernlichtkontrollleuchte
(10) grüne Kontrollleuchte für den Fahrtrichtungsanzeiger ("Blinker") bei Fahrzeugen mit DZM, bei Fahrzeugen ohne DZM auch gleichzeitige Verwendung als Ladekontrollleuchte

(11) ein vorderer Bremslichtschalter wurde nicht bei allen Modellen verbaut!
(14) FRA ... Fahrtrichtungsanzeiger
(18) Fliehkraftverstellung entfällt ab 1969

Modell		TS 150	ETZ 150	ES 175	ES 175/1
Zündungsart		Batterie	Batterie	Batterie	Batterie
Auslösung		Unterbrecherkontakt	Unterbrecherkontakt	Unterbrecherkontakt	Unterbrecherkontakt
			ww. Elektronische Zündung [3]		
Zündzeitpunkt[18]	normal	$3,0_{-0,5}$mm v. OT	$2,5^{+0,5}$mm v. OT	4,0mm v. OT	4,0mm v. OT
			$22°45'^{+1°}$ v. OT		
	Breitrippenzylinder				
	Bemerkung	keine Fliehkraftverstellung	keine Fliehkraftverstellung	Fliehgewichte ausgerückt	Fliehgewichte ausgerückt
Kontaktabstand		$0,3^{+0,1}$mm	$0,3^{+0,1}$mm	0,4mm	0,3...0,4mm
			ww. Elektronischer Geber		
Schließwinkel	bei Leerlauf (Kontaktzuend.)		$132°^{+5°}$		
	bei Leerlauf (Elektronik)				
Zündkerze		Isolator M14/260	Isolator ZM14/260	Isolator M14/225	Isolator M14/260
		Isolator M14/240	Isolator M14/260	Isolator M14/240	Isolator M14/240
		Isolator ZM14/260	NGK B8HS	Isolator M14/260	Isolator RM14/250S
Elektrodenabstand		0,6mm	0,6mm	0,6mm	0,6mm
Lichtmaschine		LMZR 6/60 (kurzz. 90W)	14V 15 A (180W/ kurzz. 210W)	GM 45/60 IKA (kurzz. 60W)	6V 60W (kurzz. 90W)
Stromart		Gleichstrom	Drehstrom	Gleichstrom	Gleichstrom
Regler		RSC 60/6		RSC 45/6	RSC 60/6
Batterie		6V 12Ah	12V 5...5,5Ah	6V 8Ah	6V 12Ah
Zündspule		6V	12V	6V	6V
Scheinwerfer		6V 45/40W Bilux assym.	12V 45/40W Bilux assym.	6V 35/35W Bilux	6V 35/35W Bilux
			H4 12V 60/55W		
Standlicht		6V 4W Ba9s	12V 5W Ba9s	6V 2W	6V 2W BA9s
			12V 4W Ba9s		
Bremslicht [11]		6V 21W Ba15s	12V 21W Ba15s	6V 15W	6V 18W S8,5
			12V 21/5W Ba15s [5]		
Rücklicht		6V 5W Ba15s	12V 5W Ba15s	6V 3...5W	6V 5W S8
Fahrtrichtungsanzeiger		6V 21W Ba15s	12V 21W Ba15s		6V 18W S8,5
Ladekontrolle		6V 1,2W	12V 2W Ba7s [6]	6V 1,2W [17]	6V 1,2W
Leerlaufkontrolle		6V 1,2W	12V 2W Ba7s [7]	6V 1,2W [13]	6V 1,2W
Instrumentenbeleuchtung		6V 1,2W	12V 2W Ba7s [8]	6V 0,6W	6V 1,2W
Fernlichtkontrolle			12V 2W Ba7s [9]		
Kontrollleuchte FRA [14]			12V 2W Ba7s [10]		
Sicherungen	Hauptsicherung	2x 16A	2x 16A	1x 25A	2x 15A
	Sicherung FRA	1x 4A	1x 4A		1x 4A (ab 07/1965)
	Sicherung LiMa-Erregung		1x 2A		

(3) Elektronische Zündung war ab Oktober 1986 erhältlich
(5) Im Januar 1989 wurde eine neue BSKL in Serie gebracht, die mit einer Zweifaden-Glühlampe ausgerüstet war.
(6) rote Ladekontrolllampe bei Fahrzeugen mit DZM, bei Fahrzeugen ohne DZM wird diese Funktion von der grünen Kontrollleuchte für den Fahrtrichtungsanzeiger übernommen.

(7) gelbe Leergananzeige bei Fahrzeugen mit DZM
(8) je Instrument 2 Leuchtmittel
(9) blaue Fernlichtkontrollleuchte
(10) grüne Kontrollleuchte für den Fahrtrichtungsanzeiger ("Blinker") bei Fahrzeugen mit DZM, bei Fahrzeugen ohne DZM auch gleichzeitige Verwendung als Ladekontrollleuchte

(11) ein vorderer Bremslichtschalter wurde nicht bei allen Modellen verbaut!
(13) grüne Leergang-Kontrollleuchte
(14) FRA ... Fahrtrichtungsanzeiger
(17) rote Ladekontrolle
(18) Fliehkraftverstellung entfällt ab 1969

Modell			ES 175/2	ETS 175	ES 250 (2 Port)	ES 250 (1 Port)
Zündungsart			Batterie	Batterie	Batterie	Batterie
Auslösung			Unterbrecherkontakt	Unterbrecherkontakt	Unterbrecherkontakt	Unterbrecherkontakt
Zündzeitpunkt[18]	normal		$3.0_{-0.5}...3.5$ mm v. OT	$3.0_{-0.5}$mm v. OT	3,5mm v. OT	3,5mm v. OT
	Breitrippenzylinder					
	Bemerkung		Fliehgewichte ausgerückt	Fliehgewichte ausgerückt	Fliehgewichte ausgerückt	Fliehgewichte ausgerückt
Kontaktabstand			$0.3^{\pm 0.1}$mm	$0.3^{\pm 0.1}$mm	0,4mm	0,4mm
Schließwinkel	bei Leerlauf (Kontaktzuend.)					
	bei Leerlauf (Elektronik)					
Zündkerze			Isolator M14/260	Isolator M14/260	Isolator M14/225	Isolator M14/225
			Isolator M14/240		Isolator M14/240	Isolator M14/240
						Isolator M14/260
Elektrodenabstand			0,6mm	0,6mm	0,6mm	0,6mm
Lichtmaschine			6V 60W (kurzz. 90W)	6V 60W (kurzz. 90W)	GM 45/60 IKA (kurzz. 60W)	GM 45/60 IKA (kurzz. 60W)
Stromart			Gleichstrom	Gleichstrom	Gleichstrom	Gleichstrom
Regler			RSC 60/6	RSC 60/6	RSC 45/6	RSC 45/6
Batterie			6V 12Ah	6V 12Ah	6V 8Ah	6V 8Ah
Zündspule			6V	6V	6V	6V
Scheinwerfer			6V 45/40W Bilux assym.	6V 45/40W Bilux assym.	6V 35/35W Bilux	6V 35/35W Bilux
Standlicht			6V 4W Ba9s	6V 4W Ba9s	6V 2W	6V 2W
Bremslicht [11]			6V 18W S8,5	6V 18W S8,5	6V 15W	6V 15W
Rücklicht			6V 5W S8	6V 5W S8	6V 3...5W	6V 3...5W
Fahrtrichtungsanzeiger			6V 18W S8,5	6V 18W S8,5		
Ladekontrolle			6V 1,2W	6V 1,2W	6V 1,2W [17]	6V 1,2W [17]
Leerlaufkontrolle			6V 1,2W	6V 1,2W	6V 1,2W [13]	6V 1,2W [13]
Instrumentenbeleuchtung			6V 1,2W	6V 1,2W	6V 0,6W	6V 0,6W
Fernlichtkontrolle						
Kontrollleuchte FRA [14]						
Sicherungen	Hauptsicherung		2x 15A	2x 15A	1x 25A	1x 25A
	Sicherung FRA		1x 4A	1x 4A		

(11) ein vorderer Bremslichtschalter wurde nicht bei allen Modellen verbaut!
(13) grüne Leergang-Kontrollleuchte
(14) FRA ... Fahrtrichtungsanzeiger
(17) rote Ladekontrolle
(18) Fliehkraftverstellung entfällt ab 1969

Modell		ES 250/1	ES 250/2	ES 250/2	ETS 250
Zündungsart		Batterie	Batterie	Batterie	Batterie
Auslösung		Unterbrecherkontakt	Unterbrecherkontakt	Unterbrecherkontakt	Unterbrecherkontakt
Zündzeitpunkt[18]	normal	3,3mm v. OT	$3,0_{-0,5}$mm v. OT	$3,0_{-0,5}$mm v. OT	$3,0_{-0,5}$mm v. OT
	Breitrippenzylinder				
	Bemerkung	Fliehgewichte ausgerückt	Fliehgewichte ausgerückt	Fliehgewichte ausgerückt	Fliehgewichte ausgerückt [16]
Kontaktabstand		0,3...0,4 mm	$0,3^{\pm0,1}$mm	$0,3^{\pm0,1}$mm	$0,3^{\pm0,1}$mm
Schließwinkel	bei Leerlauf (Kontaktzuend.)				
	bei Leerlauf (Elektronik)				
Zündkerze		Isolator M14/260	Isolator M14/260	Isolator M14/260	Isolator M14/260
		Isolator M14/240		Isolator M14/240	Isolator M14/240
		Isolator RM14/250S			
Elektrodenabstand		0,6mm	0,6mm	0,6mm	0,6mm
Lichtmaschine		6V 60W (kurzz. 90W)	6V 60W (kurzz. 90W)	6V 60W (kurzz. 90W)	6V 60W (kurzz. 90W)
Stromart		Gleichstrom	Gleichstrom	Gleichstrom	Gleichstrom
Regler		RSC 60/6	RSC 60/6	RSC 60/6	RSC 60/6
Batterie		6V 12Ah	6V 12Ah	6V 12Ah	6V 12Ah
Zündspule		6V	6V	6V	6V
Scheinwerfer		6V 35/35W Bilux	6V 45/40W Bilux assym.	6V 45/40W Bilux assym.	6V 45/40W Bilux assym.
					6V 35/35W Bilux (bis III/1970)
Standlicht		6V 2W BA9s	6V 4W BA9s	6V 4W BA9s	6V 4W Ba9s
Bremslicht [11]		6V 18W S8,5	6V 18W S8,5	6V 18W S8,5	6V 18W S8,5
Rücklicht		6V 5W S8	6V 5W S8	6V 5W S8	6V 5W S8
Fahrtrichtungsanzeiger		6V 18W S8,5	6V 18W S8,5	6V 18W S8,5	6V 18W S8,5
Ladekontrolle		6V 1,2W	6V 1,2W	6V 1,2W	6V 1,2W
Leerlaufkontrolle		6V 1,2W	6V 1,2W	6V 1,2W	6V 1,2W
Instrumentenbeleuchtung		6V 1,2W	6V 1,2W	6V 1,2W	6V 1,2W
Fernlichtkontrolle					
Kontrollleuchte FRA [14]					
Sicherungen	Hauptsicherung	2x 15A	2x 15A	2x 15A	2x 15A
	Sicherung FRA	1x 4A (ab 07/1965)		1x 4A	1x 4A

(11) ein vorderer Bremslichtschalter wurde nicht bei allen Modellen verbaut!

(14) FRA … Fahrtrichtungsanzeiger

(16) Fliehkraftverstellung entfällt ab Mot-Nr. 4675615 (09/ 1970)

(18) Fliehkraftverstellung entfällt ab 1969

Modell		TS 250	TS 250/1	ETZ 250	ETZ 251
Zündungsart		Batterie	Batterie	Batterie	Batterie
Auslösung		Unterbrecherkontakt	Unterbrecherkontakt	Unterbrecherkontakt ww. Elektronische Zündung [3]	Unterbrecherkontakt ww. Elektronische Zündung [3]
Zündzeitpunkt[18]	normal	$3{,}0_{-0,5}$mm v. OT	$3{,}0_{-0,5}$mm v. OT	$2{,}5^{+0,5}$mm v. OT $20°15'^{+2°}$ v.OT	$2{,}5^{+0,5}$mm v. OT $20°15'^{+2°}$ v.OT
	Bemerkung	keine Fliehkraftverstellung	keine Fliehkraftverstellung	keine Fliehkraftverstellung	keine Fliehkraftverstellung
Kontaktabstand		$0{,}3^{+0,1}$mm	$0{,}3^{+0,1}$mm	$0{,}3^{+0,1}$mm ww. Elektronischer Geber	$0{,}3^{+0,1}$mm ww. Elektronischer Geber
Schließwinkel	bei Leerlauf (Kontaktzuend.)			$132°^{+5°}...132°^{±5°}$	$132°^{+5°}$
	bei Leerlauf (Elektronik)			180° bzw. 50%	180° bzw. 50%
Zündkerze		Isolator M14/260 Isolator M14/240 Isolator ZM14-260	Isolator M14/260 Isolator M14/240 Isolator ZM14-260	Isolator ZM14/260 Isolator M14/260 [2] Isolator M14/225 [1] NGK B8HS	Isolator ZM14/260 Isolator M14/260 [2] Isolator M14/225 [1] NGK B8HS
Elektrodenabstand		0,6mm	0,6mm	0,6mm	0,6mm
Lichtmaschine		6V 60W (kurzz. 90W)	6V 60W (kurzz. 90W)	14V 15 A (180W/ kurzz. 210W)	14V 15 A (180W/ kurzz. 210W)
Stromart		Gleichstrom	Gleichstrom	Drehstrom	Drehstrom
Regler		RSC 60/6	RSC 60/6		
Batterie		6V 12Ah	6V 12Ah	12V 9Ah [4]	12V 5,5Ah bzw. 9Ah [15]
Zündspule		6V	6V	12V	12V
Scheinwerfer		6V 45/40W Bilux assym.	6V 45/40W Bilux assym.	12V 45/40W Bilux assym. H4 12V 60/55W	12V 45/40W Bilux assym. H4 12V 60/55W
Standlicht		6V 4W Ba9s	6V 4W Ba9s	12V 4W Ba9s	12V 4W Ba9s
Bremslicht [11]		6V 21W Ba15s	6V 21W Ba15s	12V 21W Ba15s	12V 21W Ba15s 12V 21/5W Ba15s [5]
Rücklicht		6V 5W Ba15s	6V 5W Ba15s	12V 5W Ba15s	12V 5W Ba15s siehe oben
Fahrtrichtungsanzeiger		6V 21W Ba15s	6V 21W Ba15s	12V 21W Ba15s	12V 21W Ba15s
Ladekontrolle		6V 1,2W	6V 1,2W	12V 2W Ba7s [6]	12V 2W Ba7s [6]
Leerlaufkontrolle		6V 1,2W	6V 1,2W	12V 2W Ba7s [7]	12V 2W Ba7s [7]
Instrumentenbeleuchtung		6V 1,2W	6V 1,2W	12V 2W Ba7s [8]	12V 2W Ba7s [8]
Fernlichtkontrolle			6V 1,2W	12V 2W Ba7s [9]	12V 2W Ba7s [9]
Kontrollleuchte FRA [14]			6V 1,2W	12V 2W Ba7s [10]	12V 2W Ba7s [10]
Sicherungen	Hauptsicherung	2x 15A	2x 16A	2x 16A	2x 16A
	Sicherung FRA	1x 4A	1x 8A	1x 4A	1x 4A
	Sicherung LiMa-Erregung			1x 2A	1x 2A

(1) Für 17PS/ 12,5kW-Variante
(2) Für 21PS/ 15,4kW-Variante
(3) Elektronische Zündung war ab Oktober 1986 erhältlich
(4) ab 1985: 12V 5,5Ah
(5) Im Januar 1989 wurde eine neue BSKL in Serie gebracht, die mit einer Zweifaden-Glühlampe ausgerüstet war.
(14) FRA ... Fahrtrichtungsanzeiger

(6) rote Ladekontrolllampe bei Fahrzeugen mit DZM, bei Fahrzeugen ohne DZM wird diese Funktion von der grünen Kontrollleuchte für den Fahrtrichtungsanzeiger übernommen.
(7) gelbe Leerganganzeige bei Fahrzeugen mit DZM
(8) je Instrument 2 Leuchtmittel
(9) blaue Fernlichtkontrollleuchte
(15) Batterie 12V 9Ah für Gespann-Ausführung

(10) grüne Kontrollleuchte für den Fahrtrichtungsanzeiger ("Blinker") bei Fahrzeugen mit DZM, bei Fahrzeugen ohne DZM auch gleichzeitige Verwendung als Ladekontrollleuchte
(11) ein vorderer Bremslichtschalter wurde nicht bei allen Modellen verbaut!
(18) Fliehkraftverstellung entfällt ab 1969

Modell		ES 300	ETZ 301	BK 350 (15 PS)	BK 350 (17 PS)
Zündungsart		Batterie	Batterie	Batterie	Batterie
Auslösung		Unterbrecherkontakt	Unterbrecherkontakt	Unterbrecherkontakt	Unterbrecherkontakt
Zündzeitpunkt[18]	normal	3,0mm v. OT	ww. Elektronische Zündung [3] $2{,}5^{+0{,}2...0{,}5}$mm v. OT $20^{o}15^{'+2^{o}}$ v.OT	$3{,}0^{+0{,}5}$mm v. OT	3,0...4,0 mm v. OT
	Bemerkung	Fliehgewichte ausgerückt	keine Fliehkraftverstellung	Fliehgewichte ausgerückt	Fliehgewichte ausgerückt
Kontaktabstand		0,3...0,4 mm	$0{,}3^{+0{,}1}$mm	0,4mm	0,4mm
Schließwinkel	bei Leerlauf (Kontaktzuend.)		ww. Elektronischer Geber $132^{o+5^{o}}$		
	bei Leerlauf (Elektronik)		180º bzw. 50%		
Zündkerze		Isolator M14/260	Isolator ZM14/260	Isolator MC10-14-225	Isolator M8-14-225N
		Isolator M14/240	Isolator M14/260	Isolator M14/225	Isolator M14/225
		Isolator RM14/250S	NGK B8HS	Isolator M14/240	Isolator M14/240
Elektrodenabstand		0,6mm	0,6mm	0,55mm	0,6mm
Lichtmaschine		6V 60W (kurzz. 90W)	14V 15 A (180W/ kurzz. 210W)	GMR 6/45 (kurzz. 60W)	GMR 6/45 (kurzz. 60W)
Stromart		Gleichstrom	Drehstrom	Gleichstrom	Gleichstrom
Regler					
Batterie		6V 12Ah	12V 5,5Ah bzw. 9Ah [15]	6V 8Ah	6V 8Ah
Zündspule		6V	12V	2x 6V	2x 6V
Scheinwerfer		6V 35/35W Bilux	12V 45/40W Bilux assym. H4 12V 60/55W	6V 35/35W Bilux	6V 35/35W Bilux
Standlicht		6V 2W BA9s	12V 4W Ba9s	6V 1,5...2W	6V 1,5...2W
Bremslicht [11]		6V 18W S8,5	12V 21/5W Ba15s [5]	ohne bis FIN 878598	6V 15W Ba15s ab FIN 878599
Rücklicht		6V 5W S8	siehe oben	6V 3...5W	6V 3...5W
Fahrtrichtungsanzeiger		6V 18W S8,5	12V 21W Ba15s		
Ladekontrolle		6V 1,2W	12V 2W Ba7s [6]	6V 1,5...2W	6V 1,5...2W
Leerlaufkontrolle		6V 1,2W	12V 2W Ba7s [7]	6V 1,5...2W	6V 1,5...2W
Instrumentenbeleuchtung		6V 1,2W	12V 2W Ba7s [8]	6V 2...3W	6V 2...3W
Fernlichtkontrolle			12V 2W Ba7s [9]		
Kontrollleuchte FRA [14]			12V 2W Ba7s [10]		
Sicherungen	Hauptsicherung	2x 15A	2x 16A	1x 25A	1x 25A
	Sicherung FRA		1x 4A		
	Sicherung LiMa-Erregung		1x 2A		

(3) Elektronische Zündung war ab Oktober 1986 erhältlich
(5) Im Januar 1989 wurde eine neue BSKL in Serie gebracht, die mit einer Zweifaden-Glühlampe ausgerüstet war.
(6) rote Ladekontrolllampe bei Fahrzeugen mit DZM, bei Fahrzeugen ohne DZM wird diese Funktion von der grünen Kontrollleuchte für den Fahrtrichtungsanzeiger übernommen.

(7) gelbe Leerganganzeige bei Fahrzeugen mit DZM
(8) je Instrument 2 Leuchtmittel
(9) blaue Fernlichtkontrollleuchte
(10) grüne Kontrollleuchte für den Fahrtrichtungsanzeiger ("Blinker") bei Fahrzeugen mit DZM, bei Fahrzeugen ohne DZM auch gleichzeitige Verwendung als Ladekontrollleuchte

(11) ein vorderer Bremslichtschalter wurde nicht bei allen Modellen verbaut!
(14) FRA ... Fahrtrichtungsanzeiger
(15) Batterie 12V 9Ah für Gespann-Ausführung
(18) Fliehkraftverstellung entfällt ab 1969

Modell		MZ 500 R
Zündungsart		Batterie
Auslösung		Elektronische Zündung
Zündzeitpunkt	normal	3º v. OT bei 1500 min^{-1}
	Breitrippenzylinder	
	Bemerkung	bis 29º v. OT bei 6000min^{-1}
Kontaktabstand		Elektronischer Geber
Schließwinkel	bei Leerlauf (Kontaktzuend.)	
	bei Leerlauf (Elektronik)	
Zündkerze		NGK 12 D8E-A
		Champion 12 A 6 YC
Elektrodenabstand		0,7mm
Lichtmaschine		12V 190W
Stromart		Drehstrom
Regler		
Batterie		12V 14...15Ah
Zündspule		
Scheinwerfer		H4 12V 60/55W
Standlicht		12V 4W Ba9s
		12V 5W Sockel W2,1x9,5d
Bremslicht		12V 21/5W Ba15s
Rücklicht		siehe oben
Fahrtrichtungsanzeiger		12V 10W R19/10
Ladekontrolle		12V 1,2W Sockel W2x4,6d
Leerlaufkontrolle		12V 1,2W Sockel W2x4,6d
Instrumentenbeleuchtung		12V 2W Sockel W2,1x9,5d
Fernlichtkontrolle		12V 1,2W Sockel W2x4,6d
Kontrollleuchte FRA [14]		12V 1,2W Sockel W2x4,6d
Sicherungen	Hauptsicherung	1x 16A
	Sicherung FRA	1x 4A

(14) FRA … Fahrtrichtungsanzeiger

Legende Lampensockel

BA - Bajonettverschluss
P - Steckkontakt
E - Einschraubfassung
S - Sofitte
d - Doppelkontakt für Bilux-Birnen
s - Einzelkontakt
t - Dreierkontakt

Hinweis:

Einführung von Flachsteckverbindungen 1965

6.2 Messwerte für Lichtmaschinen

Lichtmaschine 6V Gleichstrom

Drehrichtung		rechts, auf Antriebsseite gesehen
Nennspannung	(ohne Regler)	6V bei max. 950 min^{-1}
Nennleistung	(ohne Regler)	45W bei max. 1300 min^{-1} mit 7,5A bei 6V
Einschaltspannung	Rückstromschalter	6,2...6,6V mit Regler bei kalter Maschine (20ºC)
Rückstrom		3...4A mit Regler bei kalter Maschine (20ºC)
Leerlaufspannung		7,1...7,4V mit Regler bei kalter Maschine (20ºC)
Fliehgewichte	Öffnungsdrehzahl	900...1000 min^{-1}
Zündverstellwinkel		$25^{º\pm1º}$
Widerstand Feldwicklung		1,7...2,1 Ω
Mindestbürstenlänge		9 mm
		1 mm zwischen Cu-Litze und Schlitzende
Regelwiderstand		4,5 Ω

Lichtmaschine 12V Drehstrom

Drehrichtung		rechts, auf Antriebsseite gesehen
Widerstand Rotorwicklung		$4,2^{\pm0,3}$ Ω
Bürstenlänge	neu	16 mm
	Verschleißmaß	9 mm
		0,32 Ω
Schleifring Mindestdurchmesser		31 mm

7. Werkstattdaten

7.1 Werkstattdaten - Zwei-Takt-Motoren

Modell		RT 125	RT 125/1	MZ 125/2	MZ 125/3	ES 125
Motortyp		RT 125	RT 125/1	MZ 125/2	MM125	MM125/1
Kolbentyp			52.501	52.501	52.1; 52.505	52.1; 52.3
Quetschspalt						
Zylinderdeckeldichtung		ja	ja	nein	nein	nein
			bis MotNr.1588143	ab MotNr.1588144		
Zylinderbohrungen	Nennmaß	ø52,0 mm	ø52,0 mm	ø52,0 mm		ø52,0 mm
Übermaße	von	ø52,25 mm	ø52,25 mm	ø52,25 mm		ø52,25 mm
	bis	ø54,0 mm	ø54,0 mm	ø54,0 mm		ø54,0 mm
	Stufung	ø0,5 mm	ø0,25 mm	ø0,25 mm		ø0,25 mm
Leerlaufdrehzahl [2]	(min^{-1})					
Einbauspiel	Kolben/ Zylinder				0,03mm	0,03mm
Verschleißgrenze	Kolben/ Zylinder					0,25mm
Ringnutenbreite	1. Nut neu					$2{,}04^{+0{,}02}$mm
	2. Nut neu					$2{,}04^{+0{,}02}$mm
	Verschleißgrenze					2,10mm
Kolbenringnennmaße	1. Ring		AZ 52 x 2,5 bc	AZ 52 x 2,5 bc	AZ 52 x 2,5 bc	B 52 x 2,0
	2. Ring		AZ 52 x 2,5 bc	AZ 52 x 2,5 bc	AZ 52 x 2,5 bc	B 52 x 2,1
	Verschleißgrenze					
Höhenspiel	neu					
	Verschleißgrenze					
Ringstoßspiel	neu	0,2...0,3 mm	0,2...0,3 mm	0,2...0,3 mm	0,2...0,3 mm	0,2mm
	Verschleißgrenze	1,5mm	1,5mm	1,5mm	1,5mm	1,5mm
Anzugsmoment	Zylinderdeckel					50Nm
Axialspiel	Kupplung					
	Kurbelwelle	0,2...0,3 mm	0,2...0,3 mm	0,2...0,3 mm	0,2...0,3 mm	0,2...0,3 mm
	Abtriebswelle	0,1...0,2 mm	0,1...0,2 mm	0,1...0,2 mm	0,1...0,2 mm	0,2...0,3 mm
Hubzapfenlagerspiel axial	neu					
	Verschleißgrenze				≥ 0,55...0,6 mm	≥ 0,55...0,6 mm
	Käfig - Hubscheibe					
	Pleuel - Hubscheibe					
Hubzapfenlagerspiel radial	neu					
	Verschleißgrenze				≥ 0,05 mm	≥ 0,05 mm
Reibscheibensdicke	neu				$3{,}4^{\pm0{,}1}$ mm	$3{,}4^{\pm0{,}1}$ mm
	Verschleißgrenze				3,1 mm	3,1 mm
Stahllamelle	neu					
Kupplungsdruckfeder	Länge, entspannt				$49^{\pm1}$ mm	$49^{\pm1}$ mm
	Länge, eingebaut					
Kupplungsfederkraft	eingebaut					

Modell		RT 125	RT 125/1	MZ 125/2	MZ 125/3	ES 125
Primärkette	Durchhang					
Laufspiel Pleuelbuchse	neu					
	Verschleißgrenze					
Einlaufzeit	Motor	1500...3000 km	1500 km	1500 km	1500 km	1500...2000 km
Kupplungshebelspiel		2...5mm	2...5mm	2...3mm	2...3mm	3mm
Bremshebelspiel	innen					
	min. Restweg				50mm	50mm
Hebelleerweg	Handbremse					
	Fußbremse					
Telegabelholmspiel	neu					
	Verschleißgrenze					
Schwingenlagerung radial[8]	Verschleißgrenze					0,1 mm
Tankhahndurchfluss	mindestens	12 Liter/h	12 Liter/h	12 Liter/h	12 Liter/h	12 Liter/h
Spurspalt am Vorderrad	2,75-18 vo. + 3,25-16 hi.					
	2,75-18 vo. + 110/80-16S hi.					
	90/90-18S vo. + 110/80-16S hi.					
Mindestbremsbelagstärke	Trommelbremse					
Bremstrommel-Innen-Ø	Verschleißgrenze					
Füllmengen	Getriebe	0,45 ltr	0,45 ltr	0,45 ltr	0,4...0,45 ltr	0,45 ltr
	Motoröl	Motoröl	Motoröl	Motoröl	Motoröl	Getriebeöl
	Federbein vorn					2x 70...80cm³
						"Globo"
	Federbein hinten					2x 70cm³
						"Globo"
	Telegabel					

(2) Bei der Einstellung der Leerlaufdrehzahl sollte eine Kohlenmonoxidkonzentration von 3,8...4,5 Vol.-% eingehalten werden. Für Fahrzeuge, die nach dem 1. Januar 1989 erstmalig in den Verkehr gebracht wurden, ist dies, bedingt durch die AU-Krad, Pflicht.

(8) für Schwinge mit Gleitlager

Modell		ES 125/1	ES 125/1	ETS 125	TS 125	TS 125
Motortyp		MM125/2	MM125/3	MM125/2	MM125/2	MM125/3
Kolbentyp		52.1; 52.3	52.1; 52.3	52.1; 52.3	52.1; 52.3	52.1; 52.3
Quetschspalt						
Zylinderdeckeldichtung		nein	nein	nein	nein	nein
Zylinderbohrungen	Nennmaß	ø52,0 mm	ø52,0 mm	ø52,0 mm	ø52,0 mm	ø52,0 mm
Übermaße	von	ø52,5 mm	ø52,5 mm	ø52,5 mm	ø52,5 mm	ø52,5 mm
	bis	ø54,0 mm	ø54,0 mm	ø54,0 mm	ø54,0 mm	ø54,0 mm
	Stufung	ø0,5 mm	ø0,5 mm	ø0,5 mm	ø0,5 mm	ø0,5 mm
Leerlaufdrehzahl [2]	(min^{-1})				$1200^{\pm100}$	$1200^{\pm100}$
Einbauspiel	Kolben/ Zylinder	0,03mm	0,03mm	0,03 mm	0,03 mm	0,03 mm
Verschleißgrenze	Kolben/ Zylinder	0,25mm	0,25mm	0,25 mm	0,25 mm	0,25 mm
Ringnutenbreite	1. Nut neu	$2{,}04^{+0{,}02}$mm	$2{,}04^{+0{,}02}$mm	$2{,}04^{+0{,}02}$mm	$2{,}04^{+0{,}02}$mm	$2{,}04^{+0{,}02}$mm
	2. Nut neu	$2{,}04^{+0{,}02}$mm	$2{,}04^{+0{,}02}$mm	$2{,}04^{+0{,}02}$mm	$2{,}04^{+0{,}02}$mm	$2{,}04^{+0{,}02}$mm
	Verschleißgrenze	2,10mm	2,10 mm	2,10 mm	2,10 mm	2,10 mm
Kolbenringnennmaße	1. Ring					
	2. Ring	Z 52 x 2,0	Z 52 x 2,0	Z 52 x 2,0	Z 52 x 2,0	Z 52 x 2,0
	Verschleißgrenze	Z 52 x 2,0	Z 52 x 2,0	Z 52 x 2,0	Z 52 x 2,0	Z 52 x 2,0
Höhenspiel	neu					
	Verschleißgrenze					
Ringstoßspiel	neu	0,2 mm	0,2 mm	0,2 mm	0,2 mm	0,2 mm
	Verschleißgrenze	1,5 mm	1,5 mm	1,5 mm	1,5 mm	1,5 mm
Anzugsmoment	Zylinderdeckel					
Axialspiel	Kupplung					
	Kurbelwelle	0,2...0,3 mm	0,2...0,3 mm	0,2...0,3 mm	0,2...0,3 mm	0,2...0,3 mm
	Abtriebswelle	0,2...0,3 mm	0,2...0,3 mm	0,2...0,3 mm	0,2...0,3 mm	0,2...0,3 mm
Hubzapfenlagerspiel axial	neu	0,25...0,4 mm [5]	0,25...0,4 mm [5]	0,25...0,4 mm [5]	0,25...0,4 mm [5]	0,25...0,4 mm [5]
	Verschleißgrenze	≥ 0,55...0,6 mm	≥ 0,6...0,8 mm	≥ 0,55...0,6 mm	≥ 0,55...0,6 mm	≥ 0,6...0,8 mm
	Käfig - Hubscheibe					
	Pleuel - Hubscheibe					
Hubzapfenlagerspiel radial	neu	0,015...0,030 mm	0,015...0,030 mm	0,015...0,030 mm	0,015...0,030 mm	0,015...0,030 mm
	Verschleißgrenze	≥ 0,05 mm	≥ 0,05 mm	≥ 0,05 mm	≥ 0,05 mm	≥ 0,05 mm
Reibscheibensdicke	neu	$3{,}4^{\pm0{,}1}$ mm	$3{,}4^{\pm0{,}1}$ mm	$3{,}4^{\pm0{,}1}$ mm	$3{,}4^{\pm0{,}1}$ mm	$3{,}4^{\pm0{,}1}$ mm
	Verschleißgrenze	3,1 mm	3,1 mm	3,1 mm	3,1 mm	3,1 mm
Stahllamelle	neu					
Kupplungsdruckfeder	Länge, entspannt	$49^{\pm1}$ mm	$49^{\pm1}$ mm	$49^{\pm1}$ mm	$49^{\pm1}$ mm	$49^{\pm1}$ mm
	Länge, eingebaut	31,5 mm	31,5 mm	31,5 mm	31,5 mm	31,5 mm
Kupplungsfederkraft	eingebaut	157 N	157 N	157 N	157 N	157 N
Primärkette	Durchhang	8...10 mm	8...10 mm	8...10 mm	8...10 mm	8...10 mm
Laufspiel Pleuelbuchse	neu	0,02...0,3 mm			0,02...0,3 mm	0,02...0,3 mm
	Verschleißgrenze	0,045 mm			0,045 mm	0,045 mm
Einlaufzeit	Motor	1500...2000 km	1500...2000 km	1500...2000 km	1000...2000 km	1000...2000 km

Modell		ES 125/1	ES 125/1	ETS 125	TS 125	TS 125
Kupplungshebelspiel		3mm	3mm	3mm	3…4 mm	3…4 mm
Bremshebelspiel	innen					
	min. Restweg	50mm	50mm	50mm	40…50 mm	40…50 mm
Hebelleerweg	Handbremse					
	Fußbremse					
Telegabelholmspiel	neu				0,8…1,2 mm (ø 35 mm)	0,8…1,2 mm (ø 35 mm)
	Verschleißgrenze			3,5 mm	2,0…2,2 mm (ø 35 mm)	2,0…2,2 mm (ø 35 mm)
					3,5 mm (ø 32 mm)	3,5 mm (ø 32 mm)
Schwingenlagerung radial[8]	Verschleißgrenze	0,1 mm	0,1 mm	0,1 mm	0,1 mm	0,1 mm
Tankhahndurchfluss	mindestens	12 Liter/h	12 Liter/h	12 Liter/h	12 Liter/h	12 Liter/h
Spurspalt am Vorderrad	2,75-18 vo. + 3,25-16 hi.					
	2,75-18 vo. + 110/80-16S hi.					
	90/90-18S vo. + 110/80-16S hi.					
Mindestbremsbelagstärke	Trommelbremse					
Bremstrommel-Innen-Ø	Verschleißgrenze				150,5 mm	150,5 mm
Füllmengen	Getriebe	0,45 ltr	0,45 ltr	0,45 ltr	0,45 ltr	0,45 ltr
		Getriebeöl	Getriebeöl	Getriebeöl	Getriebeöl	Getriebeöl
		"GL 60"	"GL 60"	"GL 60"	"GL 60"	"GL 60"
	Federbein vorn	2x 70…80cm³	2x 70…80cm³			
		"Globo"	"Globo"			
	Federbein hinten	2x 70cm³	2x 70cm³	2x 70cm³	2x 70cm³	2x 70cm³
		"Globo"	"Globo"	"Globo"	Stoßdämpferöl	Stoßdämpferöl
	Telegabel			2x 215…220cm³	2x 230cm³ (ø 35 mm)	2x 230cm³ (ø 35 mm)
				Stoßdämpferöl	Stoßdämpferöl	Stoßdämpferöl
					2x 220cm³ (ø 32 mm)	2x 220cm³ (ø 32 mm)
					Stoßdämpferöl	Stoßdämpferöl

(2) Bei der Einstellung der Leerlaufdrehzahl sollte eine Kohlenmonoxidkonzentration von 3,8…4,5 Vol.-% eingehalten werden. Für Fahrzeuge, die nach dem 1. Januar 1989 erstmalig in den Verkehr
gebracht wurden, ist dies, bedingt durch die AU-Krad, Pflicht.

(5) für verkupferte Pleuel gilt 0,13…0,36 mm

(8) für Schwinge mit Gleitlager

Modell		ETZ 125	ES 150	ES 150/1	ES 150/1	ETS 150
Motortyp		EM125	MM150	MM150/2	MM150/3	MM150/2
Kolbentyp		52.2	56.1	56.1	56.1	56.1
Quetschspalt		0,9...1,2mm				
Zylinderdeckeldichtung		ja	nein	nein	nein	nein
Zylinderbohrungen	Nennmaß	ø52,0 mm	ø56,0 mm	ø56,0 mm	ø56,0 mm	ø56,0 mm
Übermaße	von	ø52,5 mm	ø56,25 mm	ø56,5 mm	ø56,5 mm	ø56,5 mm
	bis	ø54,0 mm	ø58,0 mm	ø58,0 mm	ø58,0 mm	ø58,0 mm
	Stufung	ø0,5 mm	ø0,25 mm	ø0,5 mm	ø0,5 mm	ø0,5 mm
Leerlaufdrehzahl [2]	(min^{-1})	$1200^{\pm100}$...1500				
Einbauspiel	Kolben/ Zylinder	0,03 mm	0,03...0,04 mm	0,03...0,04 mm	0,03...0,04 mm	0,03...0,04 mm
Verschleißgrenze	Kolben/ Zylinder	0,10 mm	0,25...0,3 mm	0,25...0,3 mm	0,25...0,3 mm	0,25...0,3 mm
Ringnutenbreite	1. Nut neu	$2,06^{+0,02}$mm	$2,04^{+0,02}$mm	$2,04^{+0,02}$mm	$2,04^{+0,02}$mm	$2,04^{+0,02}$mm
	2. Nut neu	$2,04^{+0,02}$...$2,06^{+0,02}$mm	$2,04^{+0,02}$mm	$2,04^{+0,02}$mm	$2,04^{+0,02}$mm	$2,04^{+0,02}$mm
	Verschleißgrenze	2,10 mm	2,10 mm	2,10 mm	2,10 mm	2,10 mm
Kolbenringnennmaße	1. Ring	$2,00_{-0,010...0,022}$ mm	B 56 x 2,0	Z 56 x 2,0	Z 56 x 2,0	Z 56 x 2,0
	2. Ring	$2,00_{-0,010...0,022}$ mm	B 56 x 2,1	Z 56 x 2,0	Z 56 x 2,0	Z 56 x 2,0
	Verschleißgrenze	1,90 mm				
Höhenspiel	neu					
	Verschleißgrenze					
Ringstoßspiel	neu	0,2mm	0,2mm	0,2 mm	0,2 mm	0,2 mm
	Verschleißgrenze	1,6mm	1,5mm	1,5 mm	1,5 mm	1,5 mm
Anzugsmoment	Zylinderdeckel	$25{,}_2$ Nm	50Nm			
Axialspiel	Kupplung					
	Kurbelwelle	0,2...0,3 mm	0,2...0,3 mm	0,2...0,3 mm	0,2...0,3 mm	0,2...0,3 mm
	Abtriebswelle	0,2...0,3 mm	0,2...0,3 mm	0,2...0,3 mm	0,2...0,3 mm	0,2...0,3 mm
Hubzapfenlagerspiel axial	neu	0,21...0,523 mm		0,25...0,4 mm [5]	0,25...0,4 mm [5]	0,25...0,4 mm [5]
	Verschleißgrenze	0,8...1,0 mm	≥ 0,6...0,8 mm	≥ 0,55...0,6 mm	≥ 0,8 mm	≥ 0,55...0,6 mm
	Käfig - Hubscheibe					
	Pleuel - Hubscheibe					
Hubzapfenlagerspiel radial	neu	0,02...0,035 mm		0,015...0,030 mm	0,015...0,030 mm	0,015...0,030 mm
	Verschleißgrenze	0,05 mm	≥ 0,05 mm	≥ 0,05 mm	≥ 0,05 mm	≥ 0,05 mm
Reibscheibensdicke	neu	$3,4^{\pm0,1}$ mm		$3,4^{\pm0,1}$ mm	$3,4^{\pm0,1}$ mm	$3,4^{\pm0,1}$ mm
	Verschleißgrenze	3,1...3,2 mm		3,1 mm	3,1 mm	3,1 mm
Stahllamelle	neu	$1,48^{\pm0,08}$...1,5 mm				
Kupplungsdruckfeder	Länge, entspannt		$49^{\pm1}$ mm	$49^{\pm1}$ mm	$49^{\pm1}$ mm	$49^{\pm1}$ mm
	Länge, eingebaut		31,5 mm	31,5 mm	31,5 mm	31,5 mm
Kupplungsfederkraft	eingebaut		157 N	157 N	158 N	157 N
Kupplungstellerfeder	Höhe, entspannt	3,9 mm				
Primärkette	Durchhang	8...10 mm		8...10 mm	8...10 mm	8...10 mm
Laufspiel Pleuelbuchse	neu			0,02...0,3 mm		0,02...0,3 mm
	Verschleißgrenze			0,045 mm		0,045 mm
Einlaufzeit	Motor	1000...2000 km	1500...2000 km	1500...2000 km	1500...2000 km	1500...2000 km

7. Werkstattdaten

Modell		ETZ 125	ES 150	ES 150/1	ES 150/1	ETS 150
Kupplungshebelspiel		3mm	3mm	3mm	3mm	3mm
Bremshebelspiel	innen	3...5mm				
	min. Restweg		50mm	50mm	50mm	50mm
Hebelleerweg	Handbremse					
	Fußbremse	20 mm				
Telegabelholmspiel	neu	0,8...1,2 mm				
	Verschleißgrenze	2,0...2,2 mm				3,5 mm
Schwingenlagerung radial[8]	Verschleißgrenze		0,1 mm	0,1 mm	0,1 mm	0,1 mm
Tankhahndurchfluss	mindestens	12 Liter/h	12 Liter/h	12 Liter/h	12 Liter/h	12 Liter/h
Spurspalt am Vorderrad	2,75-18 vo. + 3,25-16 hi.	7 mm				
	2,75-18 vo. + 110/80-16S hi.					
	90/90-18S vo. + 110/80-16S hi.					
Bremsscheibenstärke	neu	$5,0^{-0,1...+0,2}$ mm				
	Verschleißgrenze	4,5 mm [4]				
Bremstrommel-Innen-Ø	Verschleißgrenze	150,5 mm				
Mindestbremsbelagstärke	Scheibenbremse	0,5 mm				
	Trommelbremse	1,5 mm				
Füllmengen	Getriebe	0,5...0,6 ltr	0,45 ltr	0,45 ltr	0,45 ltr	0,45 ltr
		Getriebeöl	Getriebeöl	Getriebeöl	Getriebeöl	Getriebeöl
		"GL 100"		"GL 60"	"GL 60"	"GL 60"
	Federbein vorn		2x 70...80cm³	2x 70...80cm³	2x 70...80cm³	
			"Globo"	"Globo"	"Globo"	
	Federbein hinten	2x 70cm³	2x 70cm³	2x 70cm³	2x 70cm³	2x 70cm³
		2x 80cm³ (ab 1991)				
		Stoßdämpferöl	"Globo"	"Globo"	"Globo"	"Globo"
	Telegabel	2x 230cm³				2x 215...220cm³
		bis max. 2x 250cm³				
		Stoßdämpferöl				Stoßdämpferöl

(2) Bei der Einstellung der Leerlaufdrehzahl sollte eine Kohlenmonoxidkonzentration von 3,8...4,5 Vol.-% eingehalten werden. Für Fahrzeuge, die nach dem 1. Januar 1989 erstmalig in den Verkehr
gebracht wurden, ist dies, bedingt durch die AU-Krad, Pflicht.

(4) 1991 wurde ein neuer, mittiggeteilter Bremssattel eingeführt, der es erlaubte das Bremsscheiben-Verschleißmaß auf 3,5 mm zu reduzieren. Unabhängig davon gilt das Verschleißmaß
auf der Bremscheibe!

(5) für verkupferte Pleuel gilt 0,13...0,36 mm

(8) für Schwinge mit Gleitlager

Modell		TS 150	TS 150	ETZ 150	ETZ 150
Motortyp		MM150/2	MM150/3	EM150.2	EM150.1
Kolbentyp		56.1	56.1	56.2	56.2
Quetschspalt				0,9...1,2mm	0,9...1,2mm
Zylinderdeckeldichtung		nein	nein	ja	ja
Zylinderbohrungen	Nennmaß	ø56,0 mm	ø56,0 mm	ø56,0 mm	ø56,0 mm
Übermaße	von	ø56,5 mm	ø56,5 mm	ø56,5 mm	ø56,5 mm
	bis	ø58,0 mm	ø58,0 mm	ø58,0 mm	ø58,0 mm
	Stufung	ø0,5 mm	ø0,5 mm	ø0,5 mm	ø0,5 mm
Leerlaufdrehzahl [2]	(min^{-1})	$1200^{\pm100}$	$1200^{\pm100}$	$1200^{\pm100}$...1500	$1200^{\pm100}$...1500
Einbauspiel	Kolben/ Zylinder	0,03...0,04 mm	0,03...0,04 mm	0,03mm	0,03mm
Verschleißgrenze	Kolben/ Zylinder	0,25...0,3 mm	0,25...0,3 mm	0,10mm	0,10mm
Ringnutenbreite	1. Nut neu	$2,04^{+0,02}$mm	$2,04^{+0,02}$mm	$2,06^{+0,02}$mm	$2,06^{+0,02}$mm
	2. Nut neu	$2,04^{+0,02}$mm	$2,04^{+0,02}$mm	$2,04^{+0,02}...2,06^{+0,02}$mm	$2,04^{+0,02}...2,06^{+0,02}$mm
	Verschleißgrenze	2,10 mm	2,10 mm	2,10mm	2,10mm
Kolbenringnennmaße	1. Ring	Z 56 x 2,0	Z 56 x 2,0	$2,00_{-0,010...0,022}$ mm	$2,00_{-0,010...0,022}$ mm
	2. Ring	Z 56 x 2,0	Z 56 x 2,0	$2,00_{-0,010...0,022}$ mm	$2,00_{-0,010...0,022}$ mm
	Verschleißgrenze			1,90 mm	1,90 mm
Höhenspiel	neu				
	Verschleißgrenze				
Ringstoßspiel	neu	0,2 mm	0,2 mm	0,2mm	0,2mm
	Verschleißgrenze	1,5 mm	1,5 mm	1,6mm	1,6mm
Anzugsmoment	Zylinderdeckel			$25_{,2}$ Nm	$25_{,2}$ Nm
Axialspiel	Kupplung				
	Kurbelwelle	0,2...0,3 mm	0,2...0,3 mm	0,2...0,3 mm	0,2...0,3 mm
	Abtriebswelle	0,2...0,3 mm	0,2...0,3 mm	0,2...0,3 mm	0,2...0,3 mm
Hubzapfenlagerspiel axial	neu	0,25...0,4 mm [5]	0,25...0,4 mm [5]	0,21...0,523 mm	0,21...0,523 mm
	Verschleißgrenze	≥ 0,55...0,6 mm	≥ 0,6...0,8 mm	0,8...1,0 mm	0,8...1,0 mm
	Käfig - Hubscheibe				
	Pleuel - Hubscheibe				
Hubzapfenlagerspiel radial	neu	0,015...0,030 mm		0,02...0,035 mm	0,02...0,035 mm
	Verschleißgrenze	≥ 0,05 mm	≥ 0,05 mm	0,05 mm	0,05 mm
Reibscheibensdicke	neu	$3,4^{\pm0,1}$ mm	$3,4^{\pm0,1}$ mm	$3,4^{\pm0,1}$ mm	$3,4^{\pm0,1}$ mm
	Verschleißgrenze	3,1 mm	3,1 mm	3,1...3,2 mm	3,1...3,2 mm
Stahllamelle	neu			$1,48^{\pm0,08}...1,5$ mm	$1,48^{\pm0,08}...1,5$ mm
Kupplungsdruckfeder	Länge, entspannt	$49^{\pm1}$ mm	$49^{\pm1}$ mm		
	Länge, eingebaut	31,5 mm	31,5 mm		
Kupplungsfederkraft	eingebaut	157 N	158 N		
Kupplungstellerfeder	Höhe, entspannt			3,9 mm	3,9 mm
Primärkette	Durchhang	8...10 mm	8...10 mm	8...10 mm	8...10 mm
Laufspiel Pleuelbuchse	neu	0,02...0,3 mm			
	Verschleißgrenze	0,045 mm			
Einlaufzeit	Motor	1000...2000 km	1000...2000 km	1000...2000 km	1000...2000 km

Modell		TS 150	TS 150	ETZ 150	ETZ 150
Kupplungshebelspiel		3...4 mm	3...4 mm	3mm	3mm
Bremshebelspiel	innen			3...5mm	3...5mm
	min. Restweg	40...50 mm	40...50 mm		
Hebelleerweg	Handbremse				
	Fußbremse			20 mm	20 mm
Telegabelholmspiel	neu	0,8...1,2 mm (ø 35 mm)	0,8...1,2 mm (ø 35 mm)	0,8...1,2 mm	0,8...1,2 mm
	Verschleißgrenze	2,0...2,2 mm (ø 35 mm)	2,0...2,2 mm (ø 35 mm)	2,0...2,2 mm	2,0...2,2 mm
		3,5 mm (ø 32 mm)	3,5 mm (ø 32 mm)		
Schwingenlagerung radial[8]	Verschleißgrenze	0,1 mm	0,1 mm		
Tankhahndurchfluss	mindestens	12 Liter/h	12 Liter/h	12 Liter/h	12 Liter/h
Spurspalt am Vorderrad	2,75-18 vo. + 3,25-16 hi.			7 mm	7 mm
	2,75-18 vo. + 110/80-16S hi.				
	90/90-18S vo. + 110/80-16S hi.				
Bremsscheibenstärke	neu			$5,0^{-0,1...+0,2}$ mm	$5,0^{-0,1...+0,2}$ mm
	Verschleißgrenze			4,4...4,5 mm [4]	4,4...4,5 mm [4]
Bremstrommel-Innen-Ø	Verschleißgrenze	150,5 mm	150,5 mm	150,5 mm	150,5 mm
Mindestbremsbelagstärke	Scheibenbremse			0,5 mm	0,5 mm
	Trommelbremse			1,5 mm	1,5 mm
Füllmengen	Getriebe	0,45 ltr	0,45 ltr	0,5...0,6 ltr	0,5...0,6 ltr
		Getriebeöl	Getriebeöl	Getriebeöl	Getriebeöl
		"GL 60"	"GL 60"	"GL 100"	"GL 100"
	Federbein hinten	2x 70cm³	2x 70cm³	2x 70cm³	2x 70cm³
				2x 80cm³ (ab 1991)	2x 80cm³ (ab 1991)
		Stoßdämpferöl	Stoßdämpferöl	Stoßdämpferöl	Stoßdämpferöl
	Telegabel	2x 230cm³ (ø 35 mm)	2x 230cm³ (ø 35 mm)	2x 230cm³	2x 230cm³
				bis max. 2x 250cm³	bis max. 2x 250cm³
		Stoßdämpferöl	Stoßdämpferöl	Stoßdämpferöl	Stoßdämpferöl
		2x 220cm³ (ø 32 mm)	2x 220cm³ (ø 32 mm)		
		Stoßdämpferöl	Stoßdämpferöl		

(2) Bei der Einstellung der Leerlaufdrehzahl sollte eine Kohlenmonoxidkonzentration von 3,8...4,5 Vol.-% eingehalten werden. Für Fahrzeuge, die nach dem 1. Januar 1989 erstmalig in den Verkehr gebracht wurden, ist dies, bedingt durch die AU-Krad, Pflicht.

(4) 1991 wurde ein neuer, mittiggeteilter Bremssattel eingeführt, der es erlaubte das Bremsscheiben-Verschleißmaß auf 3,5 mm zu reduzieren. Unabhängig davon gilt das Verschleißmaß auf der Bremsscheibe!

(5) für verkupferte Pleuel gilt 0,13...0,36 mm

(8) für Schwinge mit Gleitlager

Modell		ES 175	ES 175/1	ES 175/2	ES 175/2	ES 250
Motortyp		MM175	MM175/1	MM175/1	MM175/2	MM250 (2 Port)
Kolbentyp		58.503A	58.503A	58.503A	58.1	
Quetschspalt					1,2...1,6mm	
Zylinderdeckeldichtung		nein	nein	nein	ja	nein
Zylinderbohrungen	Nennmaß	ø58,0 mm	ø58,0 mm	ø58,0 mm	ø58,0 mm	ø70,0 mm
Übermaße	von	ø58,25 mm	ø58,25 mm	ø58,25 mm	ø58,25 mm	ø70,25 mm
	bis	ø60,0 mm	ø60,0 mm	ø60,0 mm	ø60,0 mm	ø72,0 mm
	Stufung	ø0,25 mm	ø0,25 mm	ø0,25 mm	ø0,25 mm	ø0,25 mm
Leerlaufdrehzahl [2]	(min^{-1})					
Einbauspiel	Kolben/ Zylinder		0,04mm	0,04mm	0,04mm	
Verschleißgrenze	Kolben/ Zylinder	0,12...0,15mm	0,30mm	0,10mm	0,10mm	0,12...0,15mm
Ringnutenbreite	1. Nut neu		$2,04^{+0,02}$mm	$2,03^{+0,03}$mm	$2,06^{+0,02}$mm	
	2. Nut neu		$2,04^{+0,02}$mm	$2,03^{+0,03}$mm	$2,04^{+0,02}$mm	
	3. Nut neu		$2,04^{+0,02}$mm	$2,03^{+0,03}$mm	$2,04^{+0,02}$mm	
	Verschleißgrenze		2,10mm	2,10mm	2,10mm	
Kolbenringnennmaße	1. Ring	AZ 58 x 2,0 bc	AZ 58 x 2,0 bc	AZ 58 x 2,0 bc	Z 58 x 2,0 IS Cr	A 70 x 2,5
	2. Ring	AZ 58 x 2,0 bc	AZ 58 x 2,0 bc	AZ 58 x 2,0 bc	Z 58 x 2,0 IS	A 70 x 2,5
	3. Ring	AZ 58 x 2,0 bc	AZ 58 x 2,0 bc	AZ 58 x 2,0 bc	Z 58 x 2,0 IS	A 70 x 2,5
	Verschleißgrenze					
Höhenspiel	neu	0,06...0,09mm				0,06...0,09mm
	Verschleißgrenze					
Ringstoßspiel	neu	0,15mm	0,2mm	0,2mm	0,2mm	0,15mm
	Verschleißgrenze		1,5mm	1,6mm	1,6mm	
Anzugsmoment	Zylinderdeckel		50Nm	50Nm	40Nm	
Axialspiel	Kupplung		0,05...0,1mm	0,05...0,1mm	0,05...0,1mm	
	Kurbelwelle	0,1...0,2 mm	0,4 mm			0,1...0,2 mm
	Abtriebswelle		0,2 mm			
Hubzapfenlagerspiel axial	neu	max. 0,25 mm	0,15...0,4 mm			max. 0,25 mm
	Verschleißgrenze	> 0,25 mm	0,55 mm		≥ 2,5 mm	> 0,25 mm
	Käfig - Hubscheibe					
	Pleuel - Hubscheibe					
Hubzapfenlagerspiel radial	neu	0,010...0,015 mm	0,010...0,030 mm			0,010...0,015 mm
	Verschleißgrenze	> 0,015 mm			≥ 0,05 mm	> 0,015 mm
Reibscheibensdicke	neu		$3,4^{±0,1}$ mm			
	Verschleißgrenze		3,2 mm			
Stahllamelle	neu		1,0 mm			
Kupplungsdruckfeder	Länge, entspannt		27 mm			
	Länge, eingebaut		17 mm			
Kupplungsfederkraft	eingebaut		19,6 N [11]			
Zahnflankenspiel	Primärtrieb, neu					
	Primärtrieb, verschl.					
Laufspiel Pleuelbuchse	neu		0,02...0,03 mm			
	Verschleißgrenze		0,45 mm			

Modell		ES 175	ES 175/1	ES 175/2	ES 175/2	ES 250
Einlaufzeit	Motor	500…3000 km	1500…2000 km	1500…2000 km	1500…2000 km	1500…2000 km
Kupplungshebelspiel		2…3mm	3…4 mm	3mm	3mm	2…3mm
Bremshebelspiel	innen					
	min. Restweg	50mm	50mm	50mm	50mm	50mm
Hebelleerweg	Handbremse	20…25 mm				20…25 mm
	Fußbremse	25…30 mm				25…30 mm
Telegabelholmspiel	neu					
	Verschleißgrenze					
Schwingenlagerung radial[8]	Verschleißgrenze	0,1 mm	0,1 mm	0,1 mm	0,1 mm	0,1 mm
Tankhahndurchfluss	mindestens	12 Liter/h	12 Liter/h	12 Liter/h	12 Liter/h	12 Liter/h
Spurspalt am Vorderrad	2,75-18 vo. + 3,25-16 hi.					
	2,75-18 vo. + 110/80-16S hi.					
	90/90-18S vo. + 110/80-16S hi.					
Bremstrommel-Innen-Ø	Verschleißgrenze					
Mindestbremsbelagstärke	Trommelbremse					
Füllmengen	Getriebe	0,9…1,1 ltr	0,75 ltr	0,75 ltr	0,75 ltr	0,9…1,1 ltr
		Motoröl	Motoröl	Getriebeöl	Getriebeöl	Motoröl
				"GL 60"	"GL 60"	
	Federbein vorn	2x 80cm³	2x 80cm³	2x 80cm³	2x 80cm³	2x 80cm³
		Stoßdämpferöl	Stoßdämpferöl	Stoßdämpferöl	Stoßdämpferöl	Stoßdämpferöl
	Federbein hinten	2x 80cm³	2x 80cm³	2x 70cm³	2x 70…80cm³	2x 80cm³
		Stoßdämpferöl	Stoßdämpferöl	Stoßdämpferöl	Stoßdämpferöl	Stoßdämpferöl

(2) Bei der Einstellung der Leerlaufdrehzahl sollte eine Kohlenmonoxidkonzentration von 3,8…4,5 Vol.-% eingehalten werden. Für Fahrzeuge, die nach dem 1. Januar 1989 erstmalig in den Verkehr gebracht wurden, ist dies, bedingt durch die AU-Krad, Pflicht.

(8) für Schwinge mit Gleitlager

(11) je Kupplungsfeder

Modell		ES 250	ES 250/1	ES 250/2	ES 250/2	ETS 250
Motortyp		MM250 (1 Port)	MM250/1	MM250/1	MM250/2	MM250/2
Kolbentyp		70.506 C	70.506 C	69.1	69.3	69.3
Quetschspalt					1,2…1,6mm	1,2…1,6mm
Zylinderdeckeldichtung		nein	nein	nein	ja	ja
Zylinderbohrungen	Nennmaß	ø70,0 mm	ø70,0 mm	ø70,0 mm	ø69,0 mm	ø69,0 mm
Übermaße	von	ø70,25 mm	ø70,25 mm	ø70,25 mm	ø69,25 mm	ø69,25 mm
	bis	ø72,0 mm	ø72,0 mm	ø72,0 mm	ø71,0 mm	ø70,75 mm
	Stufung	ø0,25 mm	ø0,25 mm	ø0,25 mm	ø0,25 mm	ø0,25 mm
Leerlaufdrehzahl [2]	(min^{-1})					
Einbauspiel	Kolben/ Zylinder		0,05mm	0,04mm	0,04mm	0,04mm
Verschleißgrenze	Kolben/ Zylinder	0,12…0,15mm	0,35mm	0,10mm	0,10mm	0,10mm
Ringnutenbreite	1. Nut neu		$2,04^{+0,02}$mm	$2,03^{+0,03}$mm	$2,06^{+0,02}$mm	$2,06^{+0,02}$mm
	2. Nut neu		$2,04^{+0,02}$mm	$2,03^{+0,03}$mm	$2,04^{+0,02}$mm	$2,04^{+0,02}$mm
	3. Nut neu		$2,04^{+0,02}$mm	$2,03^{+0,03}$mm	$2,04^{+0,02}$mm	$2,04^{+0,02}$mm
	Verschleißgrenze		2,10mm	2,10mm	2,10mm	2,10mm
Kolbenringnennmaße	1. Ring	AZ 70 x 2,5 bc	AZ 70 x 2,0 bc	A 69 x 2,0 Cr	Z 69 x 2 FS Cr	Z 69 x 2 FS Cr
	2. Ring	AZ 70 x 2,5 bc	AZ 70 x 2,0 bc	A 69 x 2,0	Z 69 x 2 FS	Z 69 x 2 FS
	3. Ring	AZ 70 x 2,5 bc	AZ 70 x 2,0 bc	A 69 x 2,0	Z 69 x 2 FS	Z 69 x 2 FS
	Verschleißgrenze					
Höhenspiel	neu	0,06…0,09mm				
	Verschleißgrenze					
Ringstoßspiel	neu	0,15mm	0,2mm	0,2mm	0,2mm	0,2mm
	Verschleißgrenze		1,5mm	1,6mm	1,6mm	1,6mm
Anzugsmoment	Zylinderdeckel		50Nm	50Nm	40Nm	40Nm
Axialspiel	Kupplung		0,05…0,1mm	0,05…0,1mm	0,05…0,1mm	0,05…0,1mm
	Kurbelwelle	0,1…0,2 mm	0,4 mm			
	Abtriebswelle		0,2 mm			
Hubzapfenlagerspiel axial	neu	max. 0,25 mm	0,15…0,4 mm			
	Verschleißgrenze	> 0,25 mm	0,55 mm		≥ 2,5 mm	≥ 2,5 mm
	Käfig - Hubscheibe					
	Pleuel - Hubscheibe					
Hubzapfenlagerspiel radial	neu	0,010…0,015 mm	0,010…0,030 mm			
	Verschleißgrenze	> 0,015 mm			≥ 0,05 mm	≥ 0,05 mm
Reibscheibensdicke	neu		$3,4^{\pm0,1}$ mm			
	Verschleißgrenze		3,2 mm		< 0,5 mm [1]	< 0,5 mm [1]
Stahllamelle	neu		1,0 mm			
Kupplungsdruckfeder	Länge, entspannt		27 mm			
	Länge, eingebaut		17 mm			
Kupplungsfederkraft	eingebaut		19,6 N [11]			
Zahnflankenspiel	Primärtrieb, neu					
	Primärtrieb, verschl.					
Laufspiel Pleuelbuchse	neu		0,02…0,03 mm			
	Verschleißgrenze		0,45 mm			

7. Werkstattdaten

Modell		ES 250	ES 250/1	ES 250/2	ES 250/2	ETS 250
Einlaufzeit	Motor	500...3000 km	1500...2000 km	1500...2000 km	1500...2000 km	1500...2000 km
Kupplungshebelspiel		2...3mm	3...4 mm	3mm	3mm	3...4 mm
Bremshebelspiel	innen					
	min. Restweg	50mm	50mm	50mm	50mm	50mm
Hebelleerweg	Handbremse	20...25 mm				
	Fußbremse	25...30 mm				
Telegabelholmspiel	neu					
	Verschleißgrenze					3,5 mm
Schwingenlagerung radial[8]	Verschleißgrenze	0,1 mm	0,1 mm	0,1 mm	0,1 mm	0,1 mm
Tankhahndurchfluss	mindestens	12 Liter/h	12 Liter/h	12 Liter/h	12 Liter/h	12 Liter/h
Spurspalt am Vorderrad	2,75-18 vo. + 3,25-16 hi.					
	2,75-18 vo. + 110/80-16S hi.					
	90/90-18S vo. + 110/80-16S hi.					
Mindestbremsbelagstärke	Trommelbremse					
Bremstrommel-Innen-Ø	Verschleißgrenze					
Füllmengen	Getriebe	0,9...1,1 ltr	0,75 ltr	0,75 ltr	0,75 ltr	0,75 ltr
		Motoröl	Motoröl	Getriebeöl	Getriebeöl	Getriebeöl
				"GL 60"	"GL 60"	"GL 60"
	Federbein vorn	2x 80cm³	2x 80cm³	2x 80cm³	2x 80cm³	
		Stoßdämpferöl	Stoßdämpferöl	Stoßdämpferöl	Stoßdämpferöl	
	Federbein hinten	2x 80cm³	2x 80cm³	2x 70...80cm³	2x 70cm³	2x 70...80 cm³
		Stoßdämpferöl	Stoßdämpferöl	Stoßdämpferöl	Stoßdämpferöl	Stoßdämpferöl
	Telegabel					2x 215cm³
						Stoßdämpferöl

(1) Spaltmaß zwischen Druckplatte und äußerem Mitnehmer (Zahnkranz)

(2) Bei der Einstellung der Leerlaufdrehzahl sollte eine Kohlenmonoxidkonzentration von 3,8...4,5 Vol.-% eingehalten werden. Für Fahrzeuge, die nach dem 1. Januar 1989 erstmalig in den Verkehr gebracht wurden, ist dies, bedingt durch die AU-Krad, Pflicht.

(8) für Schwinge mit Gleitlager

(11) je Kupplungsfeder

Modell		TS 250	TS 250/1	ETZ 250	ETZ 251	ES 300
Motortyp		MM250/3	MM250/4	EM250	EM251	MM300
Kolbentyp		69.4	69.5(N)	69.6	69.6	72.509
Quetschspalt		0,9...1,2mm	0,9...1,2mm	0,9...1,2mm	0,9...1,2mm	
		1,2...1,6mm				
Zylinderdeckeldichtung		ja	ja	ja	ja	nein
Zylinderbohrungen	Nennmaß	ø69,0 mm	ø69,0 mm	ø69,0 mm	ø69,0 mm	ø72,0 mm
Übermaße	von	ø69,5 mm	ø69,5 mm	ø69,5 mm	ø69,5 mm	ø72,25 mm
	bis	ø72,0 mm	ø72,0 mm	ø71,0 mm	ø71,0 mm	ø74,0 mm
	Stufung	ø0,5 mm	ø0,5 mm	ø0,5 mm	ø0,5 mm	ø0,25 mm
Leerlaufdrehzahl [2]	(min^{-1})	$1200^{\pm100}$	$1200^{\pm100}$	$1200^{\pm100}$...1500	$1200^{\pm100}$	
Einbauspiel	Kolben/ Zylinder	0,04mm	0,04mm	0,04...0,05mm	0,04...0,05mm	0,06mm
Verschleißgrenze	Kolben/ Zylinder	0,10mm	0,09...0,10mm	0,09...0,10mm	0,09...0,10mm	0,40mm
Ringnutenbreite	1. Nut neu	$2,06^{+0,02}$mm	$2,06^{+0,02}$mm	$2,06...2,08^{+0,02}$mm	$2,08^{+0,02}$mm	$2,04^{+0,02}$mm
	2. Nut neu	$2,04^{+0,02}$mm	$2,04^{+0,02}$mm	$2,04^{+0,02}$mm	$2,04^{+0,02}$mm	$2,04^{+0,02}$mm
	3. Nut neu	$2,04^{+0,02}$mm	$2,04^{+0,02}$mm	$2,04^{+0,02}$mm	$2,04^{+0,02}$mm	$2,04^{+0,02}$mm
	Verschleißgrenze	2,10mm		2,10mm	2,10mm	2,10mm
Kolbenringnennmaße	1. Ring	69 x 2 FS	69 x 2 FS	$2,00_{-0,010...0,022}$ mm	$2,00_{-0,010...0,022}$ mm	
	2. Ring	69 x 2 FS	69 x 2 FS	$2,00_{-0,010...0,022}$ mm	$2,00_{-0,010...0,022}$ mm	
	3. Ring	69 x 2 FS	69 x 2 FS	$2,00_{-0,010...0,022}$ mm	$2,00_{-0,010...0,022}$ mm	
	Verschleißgrenze			1,9 mm	1,9 mm	
Höhenspiel	neu					
	Verschleißgrenze					
Ringstoßspiel	neu	0,2mm	0,2mm	0,2mm	0,2mm	0,2mm
	Verschleißgrenze	1,6mm	1,6mm	1,6mm	1,6mm	1,5mm
Anzugsmoment	Zylinderdeckel	35Nm	26Nm	34Nm	34Nm	50Nm
Axialspiel	Kupplung	0,05...0,1mm	0,05...0,1mm	0,05...0,1mm	0,05...0,1mm	0,05...0,1mm
	Kurbelwelle	0,2...0,3 mm				0,4 mm
	Abtriebswelle	0,2...0,4 mm	0,3...0,4 mm	0,2...0,4 mm	0,2...0,4 mm	0,2 mm
Hubzapfenlagerspiel axial	neu			0,170...0,563 mm	0,170...0,563 mm	0,15...0,4 mm
	Verschleißgrenze	≥ 2,5 mm	≥ 0,8 mm	0,8...1,0 mm	0,8...1,0 mm	0,55 mm
	Käfig - Hubscheibe	0,5...max. 0,8 mm				
	Pleuel - Hubscheibe	2,1...max. 2,5 mm				
Hubzapfenlagerspiel radial	neu	0,015...0,03 mm		0,020...0,035 mm	0,020...0,035 mm	0,010...0,030 mm
	Verschleißgrenze	≥ 0,05 mm	≥ 0,05 mm	≥ 0,05 mm	≥ 0,05 mm	
Reibscheibensdicke	neu	$3,0^{\pm0,1}$ mm		$3,0^{\pm0,1}$ mm	$3,0^{\pm0,1}$ mm	$3,4^{\pm0,1}$ mm
	Verschleißgrenze	2,6 mm bzw. < 0,5 mm [1]	< 0,5 mm [1]	2,6...2,7 mm bzw. < 0,5 mm [1]	2,7mm bzw.< 0,5 mm [1]	3,2 mm
Stahllamelle		$1,5_{-0,1}$ mm		$1,5_{-0,1}$ mm	$1,5_{-0,1}$ mm	1,0 mm
Kupplungsdruckfeder	Länge, entspannt	$28,3^{\pm0,6}$ mm		$28,3^{\pm0,6}$ mm	$28,3^{\pm0,6}$ mm	27 mm
	Länge, eingebaut	17,0 mm		17,0 mm	17,0 mm	17 mm
Kupplungsfederkraft	eingebaut	133 N $^{\pm11\%}$		135 N $^{\pm11\%}$	135 N $^{\pm11\%}$	19,6 N [11]
Zahnflankenspiel	Primärtrieb, neu			0,036...0,131 mm	0,036...0,131 mm	
	Primärtrieb, verschl.			0,25 mm	0,25 mm	

Modell		TS 250	TS 250/1	ETZ 250	ETZ 251	ES 300
Laufspiel Pleuelbuchse	neu					0,02...0,03 mm
	Verschleißgrenze					0,45 mm
Einlaufzeit	Motor	1500...2000 km	1500...2000 km	800...2000 km	800...2000 km	
Kupplungshebelspiel		3...4 mm	3...4 mm	2...3mm	2...3mm	3...4 mm
Bremshebelspiel	innen			3...5mm	3...5mm	
	min. Restweg	40...50 mm	40...50 mm			50mm
Hebelleerweg	Handbremse					
	Fußbremse			20 mm	20 mm	
Telegabelholmspiel	neu		0,8...1,2 mm	0,8...1,2 mm	0,8...1,2 mm	
	Verschleißgrenze	3,5 mm	2,0...2,2 mm	2,0...2,2 mm	2,0...2,2 mm	
Schwingenlagerung radial[8]	Verschleißgrenze	0,1 mm				0,1 mm
Tankhahndurchfluss	mindestens	12 Liter/h	12 Liter/h	12 Liter/h	12 Liter/h	
Spurspalt am Vorderrad	2,75-18 vo. + 3,25-16 hi.			10 mm	7 mm	
	2,75-18 vo. + 110/80-16S hi.				20 mm	
	90/90-18S vo. + 110/80-16S hi.				10 mm	
Bremsscheibenstärke	neu			$5{,}0^{-0,1...+0,2}$ mm	$5{,}0^{-0,1...+0,2}$ mm	
	Verschleißgrenze			4,4...4,5 mm	4,4...4,5 mm [4]	
Bremstrommel-Innen-Ø	Verschleißgrenze	160,5 mm	160,5 mm	160,5 mm	160,5 mm	160,5 mm
Mindestbremsbelagstärke	Scheibenbremse			0,5 mm	0,5 mm	
	Trommelbremse			1,5 mm	1,5 mm	
Füllmengen	Getriebe	0,75 ltr	0,75...0,9 ltr	0,9 ltr	0,9 ltr	0,75 ltr
		"GL 60"	"GL 60"	"GL 60"	Getriebeöl	Motoröl
		Getriebeöl SAE 80	Getriebeöl SAE 80	Getriebeöl SAE 80		
		"GL 100"	"GL 100"			
	Federbein vorn					2x 80cm³
						Stoßdämpferöl
	Federbein hinten	2x 70cm³	2x 70cm³	2x 70cm³	2x 70cm³	2x 80cm³
		Stoßdämpferöl	Stoßdämpferöl	Stoßdämpferöl	2x 80cm³ (ab 1991)	Stoßdämpferöl
					Stoßdämpferöl	
	Telegabel	2x 220cm³	2x 230cm³	2x 230cm³ (3)	2x 230cm³ (3)	
				bis max. 2x 265cm³	bis max. 2x 265cm³	
		Stoßdämpferöl	Stoßdämpferöl	Stoßdämpferöl	Stoßdämpferöl	

(1) Spaltmaß zwischen Druckplatte und äußerem Mitnehmer (Zahnkranz)

(2) Bei der Einstellung der Leerlaufdrehzahl sollte eine Kohlenmonoxidkonzentration von 3,8...4,5 Vol.-% eingehalten werden. Für Fahrzeuge, die nach dem 1. Januar 1989 erstmalig in den Verkehr gebracht wurden, ist dies, bedingt durch die AU-Krad, Pflicht.

(3) bis 235cm³ für Gespannmaschinen und bis 265cm³ für Solo-Motorräder

(4) 1991 wurde ein neuer, mittiggeteilter Bremssattel eingeführt, der es erlaubte das Bremsscheiben-Verschleißmaß auf 3,5 mm zu reduzieren. Unabhängig davon gilt das Verschleißmaß auf der Bremscheibe!

(8) für Schwinge mit Gleitlager

(11) je Kupplungsfeder

Modell		ETZ 301	BK 350	BK 350
Motortyp		EM301	Boxer 15 PS	Boxer 17 PS
Kolbentyp		76.1	58.501	58.501A
			bis MotNr. 1616945	ab MotNr. 1616946
Quetschspalt		0,9...1,2mm		
Zylinderdeckeldichtung		ja	ja	nein
			bis MotNr. 1614010	ab MotNr. 1614011
Zylinderbohrungen	Nennmaß	ø75,5 mm	ø58,0 mm	ø58,0 mm
Übermaße	von	ø75,75 mm	ø58,25 mm	ø58,25 mm
	bis	ø76,01 mm	ø60,0 mm	ø60,0 mm
	Stufung	ø0,26 mm	ø0,25 mm	ø0,25 mm
Leerlaufdrehzahl [2]	(min^{-1})	1200$^{\pm100}$		
Einbauspiel	Kolben/ Zylinder	0,35...0,05mm		
Verschleißgrenze	Kolben/ Zylinder	0,09...0,10mm		
Ringnutenbreite	1. Nut neu	2,08$^{+0,02}$mm		
	2. Nut neu	2,04$^{+0,02}$mm		
	3. Nut neu	2,04$^{+0,02}$mm		
	Verschleißgrenze	2,10mm		
Kolbenringnennmaße	1. Ring		AZ 58 x 2,0 bc	AZ 58 x 2,0 bc
	2. Ring		AZ 58 x 2,0 bc	AZ 58 x 2,0 bc
	3. Ring		AZ 58 x 2,0 bc	AZ 58 x 2,0 bc
	Verschleißgrenze			
Höhenspiel	neu		0,06...0,09mm	0,06...0,09mm
	Verschleißgrenze		>0,1mm	>0,1mm
Ringstoßspiel	neu	0,2mm	0,25...0,40mm	0,25...0,40mm
	Verschleißgrenze	1,6mm	0,45mm	>0,4mm
Anzugsmoment	Zylinderdeckel	34Nm		
Axialspiel	Kupplung	0,05...0,1mm		
	Kurbelwelle			
	Abtriebswelle			
Hubzapfenlagerspiel axial	neu	0,170...0,563 mm		
	Verschleißgrenze	0,8...1,0 mm		
	Käfig - Hubscheibe			
	Pleuel - Hubscheibe			
Hubzapfenlagerspiel radial	neu	0,020...0,035 mm		
	Verschleißgrenze	≥ 0,05 mm		
Reibscheibensdicke	neu			
	Verschleißgrenze	2,7mm bzw.< 0,5 mm [1]		
Stahllamelle	neu	1,5$_{-0,1}$ mm		
Kupplungsdruckfeder	Länge, entspannt	28,3$^{\pm0,6}$ mm		
	Länge, eingebaut	17,0 mm		
Kupplungsfederkraft	eingebaut	135 N$^{\pm11\%}$		

7. Werkstattdaten

Modell		ETZ 301	BK 350	BK 350
Zahnflankenspiel	Primärtrieb, neu	0,036...0,131 mm		
	Primärtrieb, verschl.	0,25 mm		
Einlaufzeit	Motor	800...2000 km	1000 km	1000 km
Kupplungshebelspiel		2...3mm	2...3mm	2...3mm
Bremshebelspiel	innen	3...5mm		
	min. Restweg			
Hebelleerweg	Handbremse			
	Fußbremse	20 mm		
Telegabelholmspiel	neu	0,8...1,2 mm		
	Verschleißgrenze	2,0...2,2 mm		
Schwingenlagerung radial[8]	Verschleißgrenze			
Tankhahndurchfluss	mindestens	12 Liter/h		
Spurspalt am Vorderrad	2,75-18 vo. + 3,25-16 hi.	7 mm		
	2,75-18 vo. + 110/80-16S hi.	20 mm		
	90/90-18S vo. + 110/80-16S hi.	10 mm		
Bremsscheibenstärke	neu			
	Verschleißgrenze	4,4...4,5 mm [4]		
Mindestbremsbelagstärke	Scheibenbremse	0,5 mm		
	Trommelbremse	1,5 mm		
Bremstrommel-Innen-Ø	Verschleißgrenze	160,5 mm		
Füllmengen	Getriebe	0,9 ltr	1 ltr	1 ltr
		Getriebeöl	Getriebe- bzw. Motoröl	Getriebe- bzw. Motoröl
	Federbein vorn		0,15 ltr (HA-Getr.)	0,15 ltr (HA-Getr.)
			Getriebe- bzw. Motoröl	Getriebe- bzw. Motoröl
	Federbein hinten	2x 70cm³		
		2x 80cm³ (ab 1991)		
		Stoßdämpferöl		
	Telegabel	2x 230cm³ [3]	2x 100cm³	2x 100cm³
		bis max. 2x 265cm³		
		Stoßdämpferöl	Motoröl	Motoröl

(1) Spaltmaß zwischen Druckplatte und äußerem Mitnehmer (Zahnkranz)

(2) Bei der Einstellung der Leerlaufdrehzahl sollte eine Kohlenmonoxidkonzentration von 3,8...4,5 Vol.-% eingehalten werden. Für Fahrzeuge, die nach dem 1. Januar 1989 erstmalig in den Verkehr gebracht wurden, ist dies, bedingt durch die AU-Krad, Pflicht.

(3) bis 235cm³ für Gespannmaschinen und bis 265cm³ für Solo-Motorräder

(4) 1991 wurde ein neuer, mittiggeteilter Bremssattel eingeführt, der es erlaubte das Bremsscheiben-Verschleißmaß auf 3,5 mm zu reduzieren. Unabhängig davon gilt das Verschleißmaß auf der Bremscheibe!

(11) je Kupplungsfeder

7.2 Werkstattdaten Rotax-Motor

Motortyp		Rotax 504E	
Axialspiel	Kurbelwelle	0,1…0,3 mm	
	Ausgleichswelle	0,1…0,2 mm	
	Zwischenrad	0,2 mm	
	Hubzapfenlager	0,62…0,83 mm	
Radialspiel	Hubzapfenlager	max. 0,05 mm	
	Kolbenbolzen	max. 0,08 mm	
Ölpumpe	Axialspiel neu	0,1 mm	gemessen zwischen Pumpenrotor und Planfläche
	Verschleißmaß	0,2 mm	
Kolben	Einbauspiel neu	0,01 mm	GilniSil-Zylinder, daher keine Übergrößen
	Verschleißmaß	0,17 mm	
	Ringnutenbreite	max. 0,2 mm	größer als Kolbenring
Kolbenbolzen	Spiel im Kolbenauge	max. 0,08 mm	
Ringstoßspiel	neu	0,3…0,5 mm	
	Verschleißmaß	1,0 mm	
Kolbenringe [2]	1. Ring	Verchromter Rechteckring	R-Ring 89 x 1,25
	2. Ring	Minutenring	M-Ring 89 x 1,25
	3. Ring (zweiteilig)	Ölabstreifring	DFSOE-Ring 89 x 3,00
Ventilschaftführung	Durchmesser neu	7,06…7,13 mm	
	Verschleißmaß	7,25 mm	
Ventilsitzbreite	Einlassventil	max. 1,5 mm	
	Auslassventil	max. 2,0 mm	
Ventilspiel, kalt	Einlassventil	0,05 mm	
	Auslassventil	0,05 mm	
Tellerdurchmesser	Einlassventil	2 x ø34 mm	
	Auslassventil	2 x ø30 mm	
Steuerzeiten	Einlass öffnet	3,5º vor OT	
	Einlass schließt	48,5º nach UT	
	Auslass öffnet	36,5º vor UT	
	Auslass schließt	8,5º nach OT	
Zahnriemenspannung	bei 20 N Prüfkraft	6 mm	
Kupplung	Leerweg für Kupplungshebel	ca. 6 mm	im Motor
Kupplungsfedern	Länge, entspannt	34,1±0,4 mm	
Kupplung	Reibscheibendicke	3,0 mm	
	Stahlscheibendicke	1,5 mm	
Kupplungspaket	Höhe, neu	31,5 mm	7 Reibscheiben und 7 Stahlscheiben
		30 mm	

Anzugsmomente	Steuerritzel	100 Nm	
	Magnetrad	100 Nm	
	Ausgleichswelle	75 Nm	
	Kettenritzel	100 Nm	
	Kupplungsmitnehmer	120 Nm	
	Steuerrad	35 Nm	
	Zylinderkopf M10	35 Nm	
	Zylinderkopf M8	20 Nm	
	Zündkerze	20 Nm	
	Ausrückschraube Kickstarter	75 Nm	
Zündkerze	NGK	12 D8E-A	
	Champion	12 A6 YC	
Zündung	Geberspalt	0,35 mm	
Motor	Maximaldrehzahl	8500 min^{-1}	
Leerlaufdrehzahl [1]		1000$^{\pm100}$ ... 1500$^{\pm100}$ min^{-1}	
Telegabelholmspiel		0,8...1,2 mm	neu
		2,0...2,2 mm	Verschleißgrenze
Bremsscheibenstärke		4,0 mm	neu
		3,5 mm	Verschleißgrenze
Mindestbremsbelagstärke		0,5 mm	Scheibenbremse
Bremstrommel-Innen-Ø		160,5 mm	Verschleißgrenze
Füllmengen	Getriebe	2,5 ltr bzw. 3,0 ltr [3]	
		Motoröl	
		SAE 15W40	
	Telegabel	2x 230cm³	
		Stoßdämpferöl	

(1) Bei der Einstellung der Leerlaufdrehzahl sollte eine
Kohlenmonoxidkonzentration von 2,5...4,0 Vol.-%
eingehalten werden. Für Fahrzeuge, die nach dem
1. Januar 1989 erstmalig in den Verkehr gebracht
wurden, ist dies, bedingt durch die AU-Krad, Pflicht.
Für die Schweiz beträgt der maximale CO-Gehalt 0,3 Vol.-%.

(2) Beschriftung der Kolbenringe beachten

(3) Ab FIN 6500700 beträgt die Füllmenge 3,0 ltr

7.3 Besonderheiten bei den ETZ-Modellen

Zylinder-Zuordnung für die "Grossen" ETZ-Motoren

Motortyp	ET-Nummer [1]	Fertigungszeitraum	Kolbentyp	Maß A [2]	Stempel [3]	Steuerzeiten			Einbauspiel
						Ansaugen	Überströmen	Auspuff	
EM 250	29-42.017	bis 1988	69.6			155º	124º	181º	0,05 mm
EM 250	29-42.017	ab 1989 bis 1991, ET für alle EM 250	69.6	15 mm		155º	124º	181º	0,05 mm
EM 251	29-42.025	bis 1990	69.6	13 mm	251	161º	115º	175º	0,05 mm
EM 251	29-42.025	ab 1991, ET für alle EM250 und EM 251	69.6	14 mm	251	158º	119º	178º	0,05 mm
EM 301	29-42.308	ab 1991	76.1	14 mm	301	158º	119º	178º	0,05 mm

(1) Ersatzteil-Nummer für Zylinder mit Kolben

(2) Maß A wird zwischen Zylinderfuß und Unterkante Ansaugkanal außen gemessen

(3) Stempel befindet sich seitlich am Zylinderfuß

Zuordnung der Auspuff-Endschalldämpfer bei den "Grossen" ETZ-Motoren

Maß L	Zeitraum	Verwendung	
390 mm	1983 - 1987	ETZ 250	
353 mm	1987 - 1990	ETZ 250	Ersatz für L = 390 mm
263 mm	1989 - 1990	ETZ 251	
313 mm	ab 1991	ETZ 250, ETZ 251, ETZ 301	Ersatz für alle vorherigen

Maß L ... gemessen von der Schweißnaht unter der Halteschelle bis zum Ende des Mantelbleches

Änderungen an der Scheiben-Bremsanlage der ETZ-Modelle

bis 12/1990	- außermittig geteilter Bremssattel (Bremszange)
	- Kolbendurchmesser HBZ 12,7 mm (ET-Nr. 30-24.146)
	- Bremsscheibenstärke neu : 4,9...5,2 mm
	- Bremsscheibenmindeststärke t_{min} = 4,4...4,5 mm
ab 01/1991	- mittiggeteilter Bremssattel (Bremszange)
	- Kolbendurchmesser HBZ 11,5 mm (ET-Nr. 30-24.189)
	- Bremsscheibenmindeststärke t_{min} = 3,5 mm
	- Sinter-Bremsbeläge

7.4 Zündkerzen - Vergleichstabelle

Isolator	Bosch - alt	Bosch - neu	Beru - alt	Beru - neu	Champion	NGK	NGK Iridium IX	Magneti Marelli	Nippon Denso	Motorcraft
M14-145	W145 T1	W8A	145/ 14	14-8A	H88	B5HS				
M14-175	W175 T1	W7A W7AC W7AP	175/ 14	14-7A 14-7AU	L-85 v H-88 L-86 L-86C	B6HS		CW 67 N	W20FS	AE3
M14-175/2	W175 T2	W7C	175/ 14/ 3	14-7C	N-88	B6ES				
M14-225	W225 T1	W5A W5AC W5AP	225/ 14	14-7A 14-5A	L-85 v H-88 L-82 L-81	B7HS	BR7HIX	CW 7 N	W22FS	AE2
M14-240	W240 T1	W4A1 W4A2 W4AC W4AP	240/ 14	14-5A 14-4A2 14-4AU	L-81 L-5 L-4J	B7HS		CW 8 N	W22FS	AE1
M14-260	W260 T1	W3AC W3AP	260/ 14	14-4A1 14-4AS1	L-4G L-78 L-78J	B8HS	BR8HIX	CW 8 N	W24FS-U	AE901
ZM14-260		W4AC W4AP		14-4A2 14-4AD 14-4AU	L-5 L-4G L-78 L-78C	B7HS B8HS AC42		CW 8 N CW 7 N	W22FS-U W24FS-U TR22 TR24	AE1C AE901 AE2

Isolator	KLG	Pal	Lodge	Iskra	Bosna	Bakony	Marchal	UdSSR	AC Delco	Eyquem
M14-175	F75	N7	HN	F75	F75	F75		A17	43F	750
M14-175/2										
M14-225	F80	N8	2HN	F80	F80	F80		A23	42F 42SF	755
M14-240	F80	N9		F80	F80	F80	34S 4N	A26	42F	850
M14-260	F100		3HN	F100	F100	F100			41F	100Mer
ZM14-260	F80	N9 N8	3HN	F80	F80	F80	345 4N	A23 A26	42F	755 850

7.5 Schweißungen

• Grundsätzlich sind keine Schweißungen an Lenkern und Lenkungsteilen erlaubt!

• Schweißungen sollten mit CO_2-Schutzgas- oder Elektroden-Schweißgeräten ausgeführt werden.

Zulässige Schweißungen	ES 125	ES 125/1	ETS 125	TS 125	ETZ 125	ES150	ES150/1	ETS 150	TS 150	ETZ 150	ES 175	ES 175/1	ES 175/2	ES 250	ES 250/1	ES 250/2	ETS 250	TS 250	TS 250/1	ETZ 250	ETZ 251	ES 300	ETZ 301	BK 350
Lenkanschlag	X	X	X	X	X	X	X	X	X	X								X	X	X	X		X	
Befestigungsbügel für Signalhornhalter					X					X								X	X	X	X		X	
Schraube für obere Motorbefestigung					X					X								X	X	X	X		X	
Lagerrohr für Kippständer					X					X	X	X	X	X	X	X	X	X	X	X	X	X	X	
Rahmenschuh Fußrastenträger					X					X								X	X	X	X		X	
Lagerrohr für Fußbremshebel					X					X								X	X	X	X		X	
Streben für Soziusrasten					X					X	X	X	X	X	X	X	X	X	X	X	X	X	X	
Laschen für Sitzbank					X					X								X	X	X	X		X	
Befestigungsstrebe für Hinterradkotflügel					X					X			X			X	X	X	X	X	X		X	
Halteblech für Regler																		X	X					
Befestigungslaschen u. -winkel für Ansauggeräuschdämpfer																		X	X					
Signalhornhalter	X	X	X	X		X	X	X	X															
Obere Scheinwerferaufhängung	X	X	X	X		X	X	X	X					X		X	X							
Untere Scheinwerferaufhängung	X	X	X	X		X	X	X	X					X		X	X							
Tankbefestigung	X	X	X	X		X	X	X	X															
Arretiersockel für Fahrersitz	X	X	X	X		X	X	X	X															
Kabelbefestigungsschellen	X	X	X	X		X	X	X	X															
Batteriehalterung	X	X	X	X		X	X	X	X					X		X	X							
Fußrastentragrohr	X	X	X	X		X	X	X	X															
Befestigungsbügel für Soziusrasten	X	X	X	X		X	X	X	X															
Vorderer Motorschuh (li./ re.)	X	X	X	X		X	X	X	X															
Scheinwerferhalter											X	X		X	X							X	X	
Zündspulenhalter											X	X		X	X							X	X	
Kippständeranschlag											X	X		X	X							X	X	
Schelle Fußrastentragrohr														X		X	X							
Aufnahme für Sitzbank														X		X	X							
Motorschuh											X	X		X	X							X	X	
Motoraufhängung														X		X	X							

7.6 Anzugsdrehmomente für Schraubverbindungen

7.6.1 Anzugsdrehmomente - Fahrwerk

Modell		RT 125	RT 125/1	MZ 125/2	MZ 125/2	MZ 125/3	ES 125
Klemmschraube für Klemmkopf							
Klemmschraube für Lenkerbefestigung							
Obere Mutter auf Steuerrohr	M30 x 2						
	M30 x 1,5						
Mutter auf Steuerkopf							
Schraube für Klemmkonus							
Auspuffmutter am Zylinder							
Schraube der vorderen Auspuffschelle	M8						
Verschlussschrauben Telegabel	ø32mm						
Gewindering Telegabel	ø32mm						
Verschlussschrauben Telegabel	ø35mm						
Klemmschrauben der unteren Gabelbrücke							
Mutter der Steckachse	vorn						
Klemmung für Steckachse	vorn						
Hinterachsbolzen	links						
Flanschbolzen Hinterachse	rechts						
Schwingenachse am Rahmen							
Mutter auf Schwingenbolzen	rechts						
	links						
Stossdämpferverschlussschraube							
Instrumentenhalter/ Lenkerbefestigung							
Bremssattelbefestigung							
Schrauben der Bremssattelhälften							
Bremsscheibenbefestigung							
Federbeinbefestigung	oben						
	unten						
Fußrastentragrohr							
Befestigungen der Zugstreben							
Sattelträger							

7. Werkstattdaten

Modell		ES 125/1	ETS 125	TS 125	ETZ 125	ES 150	ES 150/1
Klemmschraube für Klemmkopf							
Klemmschraube für Lenkerbefestigung							
Obere Mutter auf Steuerrohr	M30 x 2	50...58 Nm	120...150 Nm	120...150 Nm	120...150 Nm		50...58 Nm
	M30 x 1,5			85...105 Nm	85...105 Nm		
Mutter auf Steuerkopf					$80...105_{-20}...125_{-20}$ Nm		
Schraube für Klemmkonus		25...30 Nm					25...30 Nm
Auspuffmutter am Zylinder		150...180 Nm	150...180 Nm	150...180 Nm	$98...150^{+30}$ Nm		150...180 Nm
Schraube der vorderen Auspuffschelle	M8				20 Nm		
Verschlussschrauben Telegabel	ø32mm		120...150 Nm	120...150 Nm			
Gewindering Telegabel	ø32mm		200 Nm	200 Nm			
Verschlussschrauben Telegabel	ø35mm			120...150 Nm	150_{-30} Nm		
Klemmschrauben der unteren Gabelbrücke			35...43 Nm	35...43 Nm	$15^{+3}...20$ Nm		
Mutter der Steckachse	vorn		80 Nm	80 Nm	60...80 Nm		
Klemmung für Steckachse	vorn		20 Nm	20 Nm	20 Nm		
Hinterachsbolzen	links				60 Nm		
Flanschbolzen Hinterachse	rechts				60 Nm		
Schwingenachse am Rahmen			80...100 Nm	80...100 Nm	80...100 Nm		
Mutter auf Schwingenbolzen	rechts				60^{+10} Nm		
	links				80^{+20} Nm		
Stossdämpferverschlussschraube		49 Nm	49 Nm	49 Nm	49...50 Nm		49 Nm
Instrumentenhalter/ Lenkerbefestigung		25 Nm	25 Nm	25 Nm	20...25 Nm		25 Nm
Bremssattelbefestigung					40 Nm		
Schrauben der Bremssattelhälften					40 Nm		
Bremsscheibenbefestigung					25 Nm		
Federbeinbefestigung	oben				20 Nm		
	unten				30 Nm		
Fußrastentragrohr					20 Nm		
Befestigungen der Zugstreben					20 Nm		
Sattelträger		50 Nm	50 Nm	50 Nm			50 Nm

Modell		ETS 150	TS 150	ETZ 150	ES 175	ES 175/1	ES 175/2
Klemmschraube für Klemmkopf						49 Nm	50...55 Nm
Klemmschraube für Lenkerbefestigung							20...22 Nm
Obere Mutter auf Steuerrohr	M30 x 2	120...150 Nm	120...150 Nm	120...150 Nm			
	M30 x 1,5		85...105 Nm	85...105 Nm			
Mutter auf Steuerkopf				80...150 Nm			
Schraube für Klemmkonus							
Auspuffmutter am Zylinder		150...180 Nm	150...180 Nm	$98...150^{+30}$ Nm			150...180 Nm
Schraube der vorderen Auspuffschelle	M8			20 Nm			
Verschlussschrauben Telegabel	ø32mm	120...150 Nm	120...150 Nm				
Gewindering Telegabel	ø32mm	200 Nm	200 Nm				
Verschlussschrauben Telegabel	ø35mm		120...150 Nm	150_{-30} Nm			
Klemmschrauben der unteren Gabelbrücke		35...43 Nm	35...43 Nm	$15^{+3}...20$ Nm			
Mutter der Steckachse	vorn	80 Nm	80 Nm	60...80 Nm			
Klemmung für Steckachse	vorn	20 Nm	20 Nm	20 Nm			
Hinterachsbolzen	links			60 Nm			
Flanschbolzen Hinterachse	rechts			60 Nm			
Schwingenachse am Rahmen		80...100 Nm	80...100 Nm	80...100 Nm			
Mutter auf Schwingenbolzen	rechts			60^{+10} Nm			
	links			80^{+20} Nm			
Stossdämpferverschlussschraube		49 Nm	49 Nm	49...50 Nm		49 Nm	
Instrumentenhalter/ Lenkerbefestigung		25 Nm	25 Nm	20...25 Nm			
Bremssattelbefestigung				40 Nm			
Schrauben der Bremssattelhälften				40 Nm			
Bremsscheibenbefestigung				25 Nm			
Federbeinbefestigung	oben			20 Nm			
	unten			30 Nm			
Fußrastentragrohr				20 Nm			
Befestigungen der Zugstreben				20 Nm			
Sattelträger		50 Nm	50 Nm				

Modell		ES 250	ES 250/1	ES 250/2	ETS 250	TS 250	TS 250/1
Klemmschraube für Klemmkopf			49 Nm	50...55 Nm			
Klemmschraube für Lenkerbefestigung				20...22 Nm			
Obere Mutter auf Steuerrohr	M30 x 2				120...150 Nm	120...150 Nm	120...150 Nm
	M30 x 1,5						85...105 Nm
Mutter auf Steuerkopf						150 Nm	
Schraube für Klemmkonus							
Auspuffmutter am Zylinder				150...180 Nm	150...180 Nm	150...200 Nm	150...180 Nm
Schraube der vorderen Auspuffschelle	M8						
Verschlussschrauben Telegabel	ø32mm				120...150 Nm	120...150 Nm	
Gewindering Telegabel	ø32mm				200 Nm	200 Nm	
Verschlussschrauben Telegabel	ø35mm						120...150 Nm
Klemmschrauben der unteren Gabelbrücke						35...45 Nm	
Mutter der Steckachse	vorn				80 Nm	80 Nm	80 Nm
Klemmung für Steckachse	vorn				20 Nm	20 Nm	20 Nm
Hinterachsbolzen	links						
Flanschbolzen Hinterachse	rechts					70 Nm	
Schwingenachse am Rahmen					80...100 Nm	80...100 Nm	80...100 Nm
Mutter auf Schwingenbolzen	rechts						
	links						
Stossdämpferverschlussschraube			49 Nm				
Instrumentenhalter/ Lenkerbefestigung				25 Nm	25 Nm	25 Nm	25 Nm
Bremssattelbefestigung							
Schrauben der Bremssattelhälften							
Bremsscheibenbefestigung							
Federbeinbefestigung	oben						
	unten						
Fußrastentragrohr							
Befestigungen der Zugstreben							
Sattelträger							

Modell		ETZ 250	ETZ 251	ES 300	ETZ 301	MZ 500 R
Klemmschraube für Klemmkopf				49 Nm		
Klemmschraube für Lenkerbefestigung						
Obere Mutter auf Steuerrohr	M30 x 2	120...150 Nm	120...150 Nm		120...150 Nm	125_{-20} Nm
	M30 x 1,5	85...105 Nm	85...105 Nm		85...105 Nm	
Mutter auf Steuerkopf		150^{-30} Nm	80...150 Nm	150 Nm	80...150 Nm	
Schraube für Klemmkonus						
Auspuffmutter am Zylinder		$98...150^{+30}$ Nm	$98...150^{+30}$ Nm		$98...150^{+30}$ Nm	
Schraube der vorderen Auspuffschelle	M8	26 Nm	20 Nm		20 Nm	
Verschlussschrauben Telegabel	ø32mm					
Gewindering Telegabel	ø32mm					
Verschlussschrauben Telegabel	ø35mm	150_{-30} Nm	150_{-30} Nm		150_{-30} Nm	150_{-30} Nm
Klemmschrauben der unteren Gabelbrücke		20 Nm	$15^{+3}...20$ Nm		$15^{+3}...20$ Nm	18_{-3} Nm
Mutter der Steckachse	vorn	80 Nm	60...80 Nm		60...80 Nm	80 Nm
Klemmung für Steckachse	vorn	20 Nm	20 Nm		20 Nm	20 Nm
Hinterachsbolzen	links	80 Nm	60 Nm		60 Nm	80 Nm
Flanschbolzen Hinterachse	rechts	80...120 Nm	60 Nm		60 Nm	80 Nm
Schwingenachse am Rahmen		70...100 Nm	70...100 Nm		70...100 Nm	
Mutter auf Schwingenbolzen	rechts	70...80 Nm	60^{+10} Nm		60^{+10} Nm	80^{+20} Nm
	links	70...80 Nm	80^{+20} Nm		80^{+20} Nm	80^{+20} Nm
Stossdämpferverschlussschraube		49...50 Nm	49...50 Nm	49 Nm	49...50 Nm	
Instrumentenhalter/ Lenkerbefestigung		20...25 Nm	20...25 Nm		20...25 Nm	
Bremssattelbefestigung		40 Nm	40 Nm		40 Nm	40 Nm
Schrauben der Bremssattelhälften		40 Nm	40 Nm		40 Nm	40 Nm
Bremsscheibenbefestigung		25 Nm	25 Nm		25 Nm	
Federbeinbefestigung	oben	26 Nm	20 Nm		20 Nm	
	unten	45 Nm	30 Nm		30 Nm	
Fußrastentragrohr			20 Nm		20 Nm	
Befestigungen der Zugstreben			20 Nm		20 Nm	
Sattelträger						

7.6.2 Anzugsdrehmomente - Motor

Modell		RT 125	RT 125/1	MZ 125/2	MZ 125/2	MZ 125/3	ES 125
Schraube für Kettenrad auf Kurbelwelle							55 Nm
Mutter für Inneren Mitnehmer	Linksgewinde						75 Nm
Kettenrad Getriebeausgang							
Mutter für Zahnrad 68Z							
Mutter bzw. DZM-Antrieb für Kupplungsbefestigung							
Gehäuseschrauben innerer Block							
Leergangarretierung							
Halteblech Leergangkontakt							
Dichtkappe KW LiMa-Seite							
Dichtkappe Getriebeausgang							
Zylinderdeckelmuttern							
Ansaugstutzen am Zylinder							
Kupplungsdeckelschrauben							
LiMa-Deckelschrauben							
Rotorbefestigungsschraube							
Statorbefestigungschrauben							
Befestigungsschrauben Ölpumpe							
Passschrauben Kupplung							
Zylinderstehbolzen							
Zündkerze		20…30 Nm	20…30 Nm	20…30 Nm	20…30 Nm	20…30 Nm	20…30 Nm
Ölablassschraube							50 Nm
Leergangschalter							
Blindstopfen Leerganzeige							
Hohlschraube Unterdruckventil							
Schrauben für Verschlussdeckel Kupplungsbefestigung							
Motorbefestigung M8	oben						
Motorbefestigung M12	oben						
Motorbefestigung	hinten						

Modell		ES 125/1	ETS 125	TS 125	ETZ 125	ES 150	ES 150/1
Schraube für Kettenrad auf Kurbelwelle		$55...60^{+10}$ Nm	$55...60^{+10}$ Nm	$55...60^{+10}$ Nm	56_{-11} Nm	55 Nm	$55...60^{+10}$ Nm
Mutter für Inneren Mitnehmer	Linksgewinde	$60^{+10}...75$ Nm	$60^{+10}...75$ Nm	$60^{+10}...75$ Nm	$60^{+10}...75_{-15}$ Nm	75 Nm	$60^{+10}...75$ Nm
Kettenrad Getriebeausgang		60 Nm	60 Nm	60 Nm	60_{-12} Nm		60 Nm
Mutter für Zahnrad 68Z							
Mutter bzw. DZM-Antrieb für Kupplungsbefestigung							
Gehäuseschrauben innerer Block		10...13 Nm	10...13 Nm	10...13 Nm	$10_{-3}...13$ Nm		10...13 Nm
Leergangarretierung					$23_{-4,5}...25$ Nm		
Halteblech Leergangkontakt		10 Nm	10 Nm	10 Nm			10 Nm
Dichtkappe KW LiMa-Seite					6_{-2} Nm		
Dichtkappe Getriebeausgang		5 Nm	5 Nm	5 Nm	5_{-2} Nm		5 Nm
Zylinderdeckelmuttern		18 Nm	18 Nm	18 Nm	25_{-2} Nm		18 Nm
Ansaugstutzen am Zylinder					10_{-3} Nm		
Kupplungsdeckelschrauben		13 Nm	13 Nm	13 Nm	$10_{-3}...13$ Nm		13 Nm
LiMa-Deckelschrauben		13 Nm	13 Nm	13 Nm	$10_{-3}...13$ Nm		13 Nm
Rotorbefestigungsschraube					$20^{\pm2}$ Nm		
Statorbefestigungschrauben					$4^{\pm0,5}$ Nm		
Befestigungsschrauben Ölpumpe					2,5 Nm		
Passschrauben Kupplung					$5_{-0,5}...10$ Nm		
Zylinderstehbolzen					20 Nm		
Zündkerze		20...40 Nm	20...40 Nm	20...40 Nm	20...40 Nm	20...40 Nm	20...40 Nm
Ölablassschraube		50 Nm	50 Nm	50 Nm	45...50 Nm	50 Nm	50 Nm
Leergangschalter							
Blindstopfen Leerganganzeige					5_{-1} Nm		
Hohlschraube Unterdruckventil					5 Nm		
Schrauben für Verschlussdeckel Kupplungsbefestigung					8 Nm		
Motorbefestigung M8	oben				25 Nm		
Motorbefestigung M12	oben				50 Nm		
Motorbefestigung	hinten				25 Nm		

Modell		ETS 150	TS 150	ETZ 150	ES 175	ES 175/1	ES 175/2
Schraube für Kettenrad auf Kurbelwelle		$55...60^{+10}$ Nm	$55...60^{+10}$ Nm	56_{-11} Nm			
Mutter für Inneren Mitnehmer	Linksgewinde	$60^{+10}...75$ Nm	$60^{+10}...75$ Nm	$60^{+10}...75_{-15}$ Nm			
Kettenrad Getriebeausgang		60 Nm	60 Nm	60_{-12} Nm			
Mutter für Zahnrad 68Z							
Mutter bzw. DZM-Antrieb für Kupplungsbefestigung						78,5 Nm	
Gehäuseschrauben innerer Block		10...13 Nm	10...13 Nm	10_{-3} Nm			
Leergangarretierung				$23_{-4,5}...25$ Nm			
Halteblech Leergangkontakt		10 Nm	10 Nm				
Dichtkappe KW LiMa-Seite				6_{-2} Nm			
Dichtkappe Getriebeausgang		5 Nm	5 Nm	5_{-2} Nm			
Zylinderdeckelmuttern		18 Nm	18 Nm	25_{-2} Nm			
Ansaugstutzen am Zylinder				10_{-3} Nm			
Kupplungsdeckelschrauben		13 Nm	13 Nm	10_{-3} Nm			
LiMa-Deckelschrauben		13 Nm	13 Nm				
Rotorbefestigungsschraube				$20^{\pm2}$ Nm			
Statorbefestigungschrauben				$4^{\pm0,5}$ Nm			
Befestigungsschrauben Ölpumpe				2,5 Nm			
Passschrauben Kupplung				$5_{-0,5}...10$ Nm			
Zylinderstehbolzen				20 Nm			
Zündkerze		20...40 Nm	20...40 Nm	20...40 Nm	20...40 Nm	20...40 Nm	20...40 Nm
Ölablassschraube		50 Nm	50 Nm	45...50 Nm	50 Nm	50 Nm	50 Nm
Leergangschalter							
Blindstopfen Leerganganzeige				5_{-1} Nm			
Hohlschraube Unterdruckventil				5 Nm			
Schrauben für Verschlussdeckel Kupplungsbefestigung				8 Nm			
Motorbefestigung M8	oben			25 Nm			
Motorbefestigung M12	oben			50 Nm			
Motorbefestigung	hinten			25 Nm			

Modell		ES 250	ES 250/1	ES 250/2	ETS 250	TS 250	TS 250/1
Schraube für Kettenrad auf Kurbelwelle							
Mutter für Inneren Mitnehmer	Linksgewinde						
Kettenrad Getriebeausgang					60...150 Nm	60...150 Nm	60...150 Nm
Mutter für Zahnrad 68Z						80...150 Nm	80...150 Nm
Mutter bzw. DZM-Antrieb für Kupplungsbefestigung			78,5 Nm			80...100 Nm	80...100 Nm
Gehäuseschrauben innerer Block					13 Nm	13 Nm	13 Nm
Leergangarretierung						40 Nm	
Halteblech Leergangkontakt							
Dichtkappe KW LiMa-Seite							
Dichtkappe Getriebeausgang							
Zylinderdeckelmuttern						25 Nm	25 Nm
Ansaugstutzen am Zylinder							
Kupplungsdeckelschrauben					13 Nm	13 Nm	13 Nm
LiMa-Deckelschrauben					13 Nm	13 Nm	13 Nm
Rotorbefestigungsschraube							
Statorbefestigungsschrauben							
Befestigungsschrauben Ölpumpe							
Passschrauben Kupplung							
Zylinderstehbolzen							
Zündkerze		20...40 Nm	20...40 Nm	20...40 Nm	20...40 Nm	20...40 Nm	20...40 Nm
Ölablassschraube		50 Nm	50 Nm	50 Nm	50 Nm	50 Nm	50 Nm
Leergangschalter							30 Nm
Blindstopfen Leerganganzeige							
Hohlschraube Unterdruckventil							
Schrauben für Verschlussdeckel Kupplungsbefestigung							
Motorbefestigung M8	oben						
Motorbefestigung M12	oben						
Motorbefestigung	hinten						

Modell		ETZ 250	ETZ 251	ES 300	ETZ 301	MZ 500 R
Schraube für Kettenrad auf Kurbelwelle						
Mutter für Inneren Mitnehmer	Linksgewinde					
Kettenrad Getriebeausgang		60...150 Nm	60^{-12}...150 Nm		60^{-12}...150 Nm	
Mutter für Zahnrad 68Z		60...150 Nm	60...150 Nm		60...150 Nm	
Mutter bzw. DZM-Antrieb für Kupplungsbefestigung		80...100 Nm	80...100 Nm	78,5 Nm	80...100 Nm	
Gehäuseschrauben innerer Block		13 Nm	10_{-3}...13 Nm		10_{-3}...13 Nm	
Leergangarretierung			$23_{-4,5}$...30 Nm		$23_{-4,5}$...30 Nm	
Halteblech Leergangkontakt						
Dichtkappe KW LiMa-Seite						
Dichtkappe Getriebeausgang		5 Nm	5_{-2}...6 Nm		5_{-2}...6 Nm	
Zylinderdeckelmuttern		26...40 Nm	26...40 Nm		26...40 Nm	
Ansaugstutzen am Zylinder						
Kupplungsdeckelschrauben		13 Nm	10_{-3}...13 Nm		10_{-3}...13 Nm	
LiMa-Deckelschrauben		13 Nm	10_{-3}...13 Nm		10_{-3}...13 Nm	
Rotorbefestigungsschraube		$20^{\pm2}$ Nm	$20^{\pm2}$ Nm		$20^{\pm2}$ Nm	
Statorbefestigungschrauben		$4^{\pm0,5}$...5 Nm	$4^{\pm0,5}$ Nm		$4^{\pm0,5}$ Nm	
Befestigungsschrauben Ölpumpe		2,5 Nm	2,5 Nm		2,5 Nm	
Passschrauben Kupplung						
Zylinderstehbolzen		20 Nm	25 Nm		25 Nm	
Zündkerze		20...40 Nm	20...40 Nm	20...30 Nm	20...40 Nm	
Ölablassschraube		50 Nm	45...50 Nm	50 Nm	45...50 Nm	
Leergangschalter		30 Nm				
Blindstopfen Leerganganzeige			5_{-1} Nm		5_{-1} Nm	
Hohlschraube Unterdruckventil			5 Nm		5 Nm	
Schrauben für Verschlussdeckel Kupplungsbefestigung		8 Nm	8 Nm		8 Nm	
Motorbefestigung M8	oben		25...26 Nm		25...26 Nm	
Motorbefestigung M12	oben	26 Nm	50 Nm		50 Nm	
Motorbefestigung	hinten	26 Nm	25...26 Nm		25...26 Nm	

7.6.3 Anzugsdrehmomente - Allgemein

Standardwerte	Festigkeitsklasse 5.8	Festigkeitsklasse 6.9	Festigkeitsklasse 8.8	Festigkeitsklasse 10.9	Edelstahlschrauben A2/ A4
	Einschraubverbindungen	Durchgangsverbindungen	Durchgangsverbindungen	Durchgangsverbindungen	Durchgangsverbindungen
M3		1,1 Nm	1,3 Nm	1,8 Nm	
M3,5		1,6 Nm	1,9 nm	2,7 Nm	
M4	1,9 Nm	2,4 Nm	2,7...3,3 Nm	3,8...4,1 Nm	
M4,5		3,5 Nm	4,1 Nm	5,8 Nm	
M5	3,7 Nm	4,8 Nm	5,5...6,1 Nm	8,0...8,1 Nm	
M6	6,5 Nm	8,4 Nm	9,5...10,4 Nm	13...14 Nm	7 Nm
M7		14 Nm	15...16 Nm	22...23 Nm	
M8	16,3 Nm	21 Nm	23...26 Nm	32...34 Nm	17 Nm
M10		40 Nm	46...51 Nm	64...68 Nm	33 Nm
M12		71 Nm	80...88 Nm	110...120 Nm	57 Nm
M14		115 Nm	125...135 Nm	180...190 Nm	
M12x1,5		75 Nm	71...89 Nm	115...125 Nm	
M14x1,5		125 Nm	120...150 Nm	195...205 Nm	
M18x1,5		270 Nm	250...320 Nm	425...450 Nm	

Standardwerte	Mutter	Schraube	Schraube		Stehbolzen
	Sechskant	Sechskant	Kreuz/ Schlitz		
M5	4,5...6 Nm	4,5...6 Nm	3,5...5 Nm		
M6	8...12 Nm	8...12 Nm	7...11 Nm		10...14 Nm
M8	18...26 Nm	18...26 Nm			24...30 Nm
M10	30...51 Nm	30...51 Nm			35...51 Nm
M12	50...89 Nm	50...89 Nm			

8. Normteile

8.1 Lager und Dichtelemente für Motor und Getriebe - Kleine Motoren

Lager	RT 125	RT 125/1 RT 125/2	MM 125	MM 150 MM 125/1	MM150/2 MM125/2	MM150/3 MM125/3	EM150 EM125
Kurbelwelle links	2x ZylRolLa NJL 17	2x ZylRolLa NJ 203	2x RiKuLa 6303 C3f	2x RiKuLa 6303 C4f Poly	2x RiKuLa 6303 TN C4 f	2x RiKuLa 6204 TNW C4 f	2x RiKuLa 6204 TNW C4 f
Kurbelwelle rechts	ZylRolLa NJL 17	ZylRolLa NJ 203	RiKuLa 6303 C3f	RiKuLa 6303 C4f Poly	RiKuLa 6303 TN C4 f	RiKuLa 6304 J C4 f	RiKuLa 6304 TNG C4 f
Kupplungswelle links	RiKuLa 6202	RiKuLa 6202	RiKuLa 6202	RiKuLa 6202 C3 Poly	RiKuLa 6202 TN C3	RiKuLa 6202 TN C3	RiKuLa 6202 TN C3
Schaftrad	RiKuLa 6004	RiKuLa 6004	RiKuLa 6004	RiKuLa 6004 Poly	RiKuLa 6004 TN	RiKuLa 6004 TN	RiKuLa 6004 TN
					+ Gleitlager	+ Gleitlager	+ Gleitlager
Vorgelegewelle links	Buchse	Buchse	RiKuLa 6201	RiKuLa 6201 Poly	RiKuLa 6201 TN C3	RiKuLa 6201 TN C3	RiKuLa 6201 TN C3
Vorgelegewelle rechts	Buchse	Buchse	Buchse	Buchse	Gleitlager	Gleitlager	Nadellager K15x19x13
Kupplungslager	Buchse	Buchse	Buchse	Buchse	Buchse	Buchse	Buchse
Kolbenbolzenlager	Buchse	Buchse	Buchse	Buchse	Buchse	NaLa K 15x19x20 FKI	NaLa K 15x19x20 FKI

Dichtelemente	RT 125	RT 125/1 RT 125/2	MM 125	MM 150 MM 125/1	MM150/2 MM125/2	MM150/3 MM125/3	EM150 EM125
WeDi Kurbelwelle links	A 17x40x10	A 17x40x10	A 17x30x7	E 22x47x10	D 22x47x7	D 20x30x7	D 20x30x7[1]
WeDi Kurbelwelle rechts	A 17x30x7	A 17x30x7	A 17x30x7	D 22x35x7	D 22x47x7	D 20x30x7	D 20x30x7
				D 17x30x7	D 17x30x7		
WeDi Antriebswelle rechts	A 25x35x7	A 25x35x7	A 25x35x7	D 25x35x7	D 25x35x7	D 25x35x7	D 25x35x7
Dichtring Gehäuse	C6x10	C6x10	C6x10	C6x10	C6x10	A6x10	A6x10
Dichtring Ölablass	C14x20	C14x20	C12x18	C18x22	C18x22	A18x24	A18x24
Dichtring Ölablass II				C8x14	C8x14	A8x14	A8x14
Dichtring Ölstandskontr.		C8x14	C8x14	C8x14	C6x10	C6x10	A6x10
Dichtring Schaltarretierung							A12x16
Dichtring Ölpumpe [2]							A5x9
Dichtring Hohlschraube [2]							A6x10
O-Ring Öltank [2]							20x3
O-Ring Kickstarterwelle				20x2	20x2	20x2	20x2

NaLa … Nadellager TGL 11553
RiKuLa … Rillenkugellager TGL 2981 bzw. DIN 625
ZylRolLa … Zylinderrollenlager DIN 711

WeDi … Wellendichtring TGL 16454 bzw. DIN 6504
Dichtring TGL 0-7603 bzw. DIN 7603
O-Ring TGL 6365

(1) Änderung ETZ 125 ab FIN 4160371, ETZ 150 ab FIN 4533500
auf WeDi D 20x47x7
(2) nur bei Motoren mit Getrenntschmierung

8.2 Lager und Dichtelemente für Motor und Getriebe - Grosse Motoren

Lager	MM 250 MM 175	MM 300 MM 250/1 MM 175/1	MM250/2 MM175/2	MM250/3	MM250/4	EM301 EM251 EM250
Kurbelwelle links	RiKuLa 6302 C3f Poly	RiKuLa 6302 C3f Poly	RiKuLa 6305 TN C3 f	RiKuLa 6305 TN C3 f	RiKuLa 6306 TNG C4 f	RiKuLa 6306 TNG C4 f
	RiKuLa 6205 C3f Poly	RiKuLa 6305 C3f Poly	RiKuLa 6302 TN C3 f	RiKuLa 6302 TN C3 f	RiKuLa 6302 TN C3 f	RiKuLa 6302 TN C3 f
Kurbelwelle rechts	RiKuLa 6205 C3f Poly	RiKuLa 6305 C3f Poly	RiKuLa 6305 TN C3 f	RiKuLa 6305 TN C3 f	RiKuLa 6306 TNG C4 f	RiKuLa 6306 TNG C4 f
Kupplungsdrucklager	AxRiKuLa 51106	AxRiKuLa 51106	AxRiKuLa 51106	AxRiKuLa 51106	RiKuLa 16005	RiKuLa 16005
Antriebswelle links	RiKuLa 6204 Poly	RiKuLa 6204 Poly	RiKuLa 6204 J C4	RiKuLa 6204 J C4	RiKuLa 6204 J C4	RiKuLa 6204 J C4
Antriebswelle rechts	ZylRolLa NJL 17	RiKuLa 6203 Poly	RiKuLa 6203 J C4	RiKuLa 6203 J C4	RiKuLa 6203 J C4	RiKuLa 6203 J C4
Antriebswelle links	RiKuLa 6303 Poly	RiKuLa 6203 Poly	RiKuLa 6203 J C4	RiKuLa 6203 J C4	RiKuLa 6203 J C4	RiKuLa 6203 J C4
Antriebswelle rechts	RiKuLa 6204 Poly	RiKuLa 6204 Poly	RiKuLa 6204 J C4	RiKuLa 6204 J C4	RiKuLa 6204 J C4	RiKuLa 6204 J C4
Kupplungslager	36x ZylRol 4x8	NaLa KK 22x26x26	NaLa KK 22x26x26	NaLa KK 22x26x26	NaLa KK 22x26x26	NaLa KK 22x26x26
Kolbenbolzenlager	Buchse	Buchse	NaLa KK 18x22x24 F	NaLa KK 18x22x24 F	NaLa KK 18x22x24 F	NaLa KK 18x22x24

Dichtelemente	MM 250 MM 175	MM 300 MM 250/1 MM 175/1	MM250/2 MM175/2	MM250/3	MM250/4	EM301 EM251 EM250
WeDi Kurbelwelle links	A 30x52x12	A 30x62x10	D 30x62x7	D 30x62x7	D 25x72x7	D 25x72x7
WeDi Kurbelwelle rechts	A 30x52x12	A 30x62x10	D 30x62x7	D 30x62x7	D 25x72x7	D 25x72x7
	A 17x30x7	A 17x30x7	D 20x30x7	D 20x30x7		
WeDi Antriebswelle rechts	B 25x35x7	B 25x35x7	D 25x37x7	D 25x37x7	D 25x37x7	D 25x37x7
Dichtring Öleinfüllstutzen	C18x22					
Dichtring Gehäuse	C6x10	C6x10	C6x10	C6x10	A6x10	A6x10
Dichtring Ölablass	C18x22	C18x22	C18x22	C18x22	C18x22	A18x24
Dichtring Ölablass II	C8x14	C8x14	C8 x14	C8 x14		
Dichtring Ölstandskontr.	C8x14	C8x14	C6x10	C6x10	A6x10	
Dichtring Schaltarretierung		C14x20	C14x20	C14x20	C14x20	A14x20
Dichtring Ölpumpe [1]						A5x9
Dichtring Hohlschraube [1]						A6x10
O-Ring Öltank [1]						20x3
O-Ring Abschlusskappe	76x4	76x4	76x4	76x4	76x4	76x4
O-Ring Schaltwelle	14x2	14x2	14x2	14x2	14x2	14x2
O-Ring Kickstarterwelle	17x2,5	17x2,5	17x2,5	17x2,5	17x2,5	17x2,5

(1) nur bei Motoren mit Getrenntschmierung

NaLa ... Nadellager TGL 11553
RiKuLa ... Rillenkugellager TGL 2981 bzw. DIN 625
AxRiKuLa ... Axial-Rillenkugellager TGL 2986 bzw. DIN 711

ZylRolLa ... Zylinderrollenlager DIN 5412
ZylRol ... Zylinderrolle TGL 15516 bzw. DIN 5402
WeDi ... Wellendichtring TGL 16454 bzw. DIN 6504

Dichtring TGL 0-7603 bzw. DIN 7693
O-Ring TGL 6365

8.3 Lager und Dichtelemente für Motor und Getriebe - Boxer-Motoren

Lager	BK 350 (15 PS)	BK 350 (17 PS)
Kurbelwellenlager Lager vorn	ZylRolLa NJ 2205	ZylRolLa NJ 2205
Kurbelwellenlager Lager hinten	RiKuLa 6305	RiKuLa 6305
Eingangswelle vorn	RiKuLa 6204	RiKuLa 6204
Eingangswelle hinten	RiKuLa 6203	RiKuLa 6203
Ausgangswelle vorne	RiKuLa 6203	RiKuLa 6203
Ausgangswelle hinten	RiKuLa 6303	RiKuLa 6303
Tellerradlager links	RiKuLa 6007	RiKuLa 6007
Tellerradlager rechts	RiKuLa 6006	RiKuLa 6006
Kardanlager vorn	RadSchKuLa QB 20	RadSchKuLa QB 20
Kardanlager hinten	16x ZylRol 5x10	16x ZylRol 5x10
Kolbenbolzenlager	Buchse	Buchse
Drucklager Kupplung	AxRiKuLa 51100	AxRiKuLa 51100
Kardangelenk	4x 16 Nadel 2,5x7,8	4x 16 Nadel 2,5x7,8

Dichtelemente	BK 350 (15 PS)	BK 350 (17 PS)
WeDi Kurbelwellenlager vorn	A 17x30x7	A 17x30x7
WeDi Kurbelwellenlager hinten	A 38x50x7	A 38x50x7
WeDi Getriebeeingang	B 20x35x10	B 20x35x10
WeDi Getriebeausgang	B 25x37x7	B 25x37x7
WeDi Eingang Kardan	B 25x37x7	B 25x37x7
Dichtring Öleinfüllstutzen Kardan	C18x24	C18x24
Dichtring Ölablass	C18x24	C18x24
Dichtring Ölablass Kardan	C8x14	C8x14
Dichtring Ölstandskontr. Kardan	C8x14	C8x14
Dichtring Telegabel unten	C6x10	C6x10
Dichtring Schaulochdeckel	A 6x10	A 6x12
Dichtring Peilstab	C18x24	C18x24

RadSchKuLa … Radial-Schrägkugellager DIN 628
RiKuLa … Rillenkugellager DIN 625
AxRiKuLa … Axial-Rillenkugellager DIN 711

ZylRolLa … Zylinderrollenlager DIN 5412
ZylRol … Zylinderrolle DIN 5402
WeDi … Wellendichtring DIN 6503 bzw. DIN 6504
Nadel DIN 617

8.4 Lager und Dichtelemente für Motor und Getriebe - Rotax-Motor

Lager	MZ 500 R
Lager Hauptwelle rechts	ZylRolLa NJ 205E TVP2 C3
Lager Vorgelege rechts	RiKuLa 6303 E TNH C3
Lager Vorgelege links	RiKuLa 6205 TNH
Lager Hauptwelle links	RiKuLa 6203 TNH C3
Kurbelwellenlager links	RiKuLa 6207 E TNH C3
Kurbelwellenlager rechts	RiKuLa 6207 E TNH C3
Lager Ausgleichswelle	RiKuLa 6304 E TNH C3
Lager Freilaufrad	NaLa K 25x29x17
Lager Getrieberad	NaLa K 21x25x13
Lager Getrieberad	NaLa K 21x25x13 F
Lager Getrieberad	NaLa K 20x24x12 JP
Lager Kupplung	NaLa K 25x29x10 TN
Drucklager Kupplung	RiKuLa 6001 C3
Lager Nockenwelle	NaBu 22x28x12
Lager Nockenwelle	RiKuLa 6204 C3
Lager E-Starter	NaBu 15x21x12
Lager	RiKuLa 6203 2 RS1 CNH HT32
Lager	RiKuLa 6002 Z

ZylRolLa ... Zylinderrollenlager DIN 5412
RiKuLa ... Rillenkugellager DIN 625
NaLa ... Nadellager DIN 617
NaBu ... Nadelbüchse DIN 618

Dichtelemente	MZ 500 R
WeDi Ölpumpe links	B 11x17x4
WeDi Ölpumpe rechts	B 11x17x4
WeDi	AS 14x24x7
WeDi	A 15x24x5
WeDi	AS 22x32x7
WeDi Hauptwelle rechts	AS 25x40x7
WeDi Kurbelwelle rechts	AS 30x47x7
WeDi	AS 30x47x7/ 7,5
WeDi	AS 35x47x7
Dichtring	A 6x10 - 2 Stück
Dichtring	A8x13
Dichtring	C12x18
Dichtring	A 14x19x0,5
Dichtring	A 16x20
O-Ring	4,7x1,4 N
O-Ring	6x1,7 N
O-Ring	9,3x2,4 N
O-Ring	10x2,7 N
O-Ring	11x2,7 N
O-Ring	12x 3N
O-Ring	13,3x2,4
O-Ring	17x2,5 N
O-Ring	18x1,5 N - 4 Stück
O-Ring	20x3,5 N - 2 Stück
O-Ring	25x3 N
O-Ring	60x2,5 N
O-Ring	62x1,5 N - 2 Stück
O-Ring	107x2,5 N - 2 Stück
O-Ring	114x2,5 N
O-Ring	145x2,5

WeDi ... Wellendichtring DIN 3760
Dichtring DIN 7603
O-Ring DIN 3771

8.5 Lager und Dichtelemente für Rahmen und Fahrwerk

Modell	Lenkkopflager [1]	WeDi Gabel	Radlager [1]			Antriebslager [1]
			Scheibenbremse	Trommelbremse		
			vorn	vorn	hinten	
RT 125				2x RiKuLa 6201	2x RiKuLa 6201	1x RiKuLa 6004
RT 125/1				2x RiKuLa 6202	2x RiKuLa 6202	1x RiKuLa 6004
MZ 125/2				2x RiKuLa 6302	2x RiKuLa 6302	1x RiKuLa 6004
MZ 125/3				2x RiKuLa 6302	2x RiKuLa 6302	1x RiKuLa 6004
ES 125				2x RiKuLa 6302	2x RiKuLa 6302	1x RiKuLa 6004
ES 125/1				2x RiKuLa 6302	2x RiKuLa 6302	1x RiKuLa 6004
ETS 125		D 32x45x7		2x RiKuLa 6302	2x RiKuLa 6302	1x RiKuLa 6004
TS 125	2x RiKuLa 6006	D 32x45x7		2x RiKuLa 6302	2x RiKuLa 6302	1x RiKuLa 6004
TS 125	2x RiKuLa 6006	D 35x47x7		2x RiKuLa 6302	2x RiKuLa 6302	1x RiKuLa 6004
ETZ 125	2x RiKuLa 6006	D 35x47x7	2x RiKuLa 6302 Z	2x RiKuLa 6302 Z	2x RiKuLa 6302 Z	1x RiKuLa 6004
ES150				2x RiKuLa 6302	2x RiKuLa 6302	1x RiKuLa 6004
ES 150/1				2x RiKuLa 6302	2x RiKuLa 6302	1x RiKuLa 6004
ETS 150		D 32x45x7		2x RiKuLa 6302	2x RiKuLa 6302	1x RiKuLa 6004
TS 150	2x RiKuLa 6006	D 32x45x7		2x RiKuLa 6302	2x RiKuLa 6302	1x RiKuLa 6004
TS 150	2x RiKuLa 6006	D 35x47x7		2x RiKuLa 6302	2x RiKuLa 6302	1x RiKuLa 6004
ETZ150	2x RiKuLa 6006	D 35x47x7	2x RiKuLa 6302 Z	2x RiKuLa 6302 Z	2x RiKuLa 6302 Z	1x RiKuLa 6004
ES 175				2x RiKuLa 6302	2x RiKuLa 6302	1x RiKuLa 6005
ES175/1				2x RiKuLa 6302	2x RiKuLa 6302	1x RiKuLa 6005
ES175/2				2x RiKuLa 6302	2x RiKuLa 6302	1x RiKuLa 6005
ES250 DP				2x RiKuLa 6302	2x RiKuLa 6302	1x RiKuLa 6005
ES250 SP				2x RiKuLa 6302	2x RiKuLa 6302	1x RiKuLa 6005
ES250/1				2x RiKuLa 6302	2x RiKuLa 6302	1x RiKuLa 6005
ES 250/2				2x RiKuLa 6302	2x RiKuLa 6302	1x RiKuLa 6005
ES 250/2				2x RiKuLa 6302	2x RiKuLa 6302	1x RiKuLa 6005
ETS 250		D 32x45x7		2x RiKuLa 6302	2x RiKuLa 6302	1x RiKuLa 6005
TS 250	2x RiKuLa 6006	D 32x45x7		2x RiKuLa 6302	2x RiKuLa 6302	1x RiKuLa 6204
TS 250/1	2x RiKuLa 6006	D 35x47x7		2x RiKuLa 6302	2x RiKuLa 6302	1x RiKuLa 6204
ETZ 250	2x RiKuLa 6006	D 35x47x7	2x RiKuLa 6302 Z	2x RiKuLa 6302 Z	2x RiKuLa 6302 Z	1x RiKuLa 6204 1x RiKuLa 6005
ETZ 251	2x RiKuLa 6006	D 35x47x7	2x RiKuLa 6302 Z	2x RiKuLa 6302 Z	2x RiKuLa 6302 Z	2x RiKuLa 6005
ES 300				2x RiKuLa 6302	2x RiKuLa 6302	1x RiKuLa 6005
ETZ 301	2x RiKuLa 6006	D 35x47x7	2x RiKuLa 6302 Z	2x RiKuLa 6302 Z	2x RiKuLa 6302 Z	2x RiKuLa 6005
BK 350				2x RiKuLa 6202	2x RiKuLa 6202	
MZ 500R	2x RiKuLa 6006	D 35x47x7/ 10 S2	2x RiKuLa 6302 ZZ		2x RiKuLa 6302 ZZ	2x RiKuLa 6004 J

RiKuLa … Rillenkugellager TGL 2981 bzw. DIN 625
WeDi … Wellendichtring TGL 16454 bzw. DIN 6504

(1) Lager mit Stahlkäfig

8.6 Normteile gemäß Ersatzteilkatalog

8.6.1 Normteile für 125cm³-Modelle

8.6.1.1 Normteile für RT 125

Normbezeichnung	Fahrgestell	Elektrik	Motor	Gesamt
Dichtring DIN 7603-C-14x20			1	1
Dichtring DIN 7603-C-6x10	2		2	4
Federring DIN 127-A-10	2			2
Federring DIN 127-B-10	2			2
Federring DIN 127-B-12	2			2
Federring DIN 127-B-12-links			1	1
Federring DIN 127-B-3		8		8
Federring DIN 127-B-3,5		1		1
Federring DIN 127-B-4		4		4
Federring DIN 127-B-5	3	4		7
Federring DIN 127-B-6	18		4	22
Federring DIN 127-B-7		1		1
Federring DIN 127-B-8	11	3		14
Federscheibe DIN 137-B-12			3	3
Federscheibe DIN 137-B-6	11			11
Gewindestift DIN 551-M3x3		2		2
Gewindestift DIN 553-M3x3		2		2
Halbrundniete DIN 660-4x8	15			15
Halbrundschraube DIN 86-M4x12	4			4
Kerbnagel DIN 1476-2,6x5	2			2
Kerbstift DIN 1473-5x32	1			1
Kugel DIN 15515-5	42			42
Kugel DIN 15515-8			1	1
Kugel DIN 5401-6,35			1	1
Linsenschraube DIN 85-A-M4x6		2		2
Linsenschraube DIN 85-M4x12			5	5
Linsenschraube DIN 85-M4x5		2		2
Linsensenkschraube DIN 91-M5x10	2			2
Passkerbstift DIN-1472-2x12	1			1
Rillenkugellager DIN 16004-6004			1	1
Rillenkugellager DIN 16004-6202			1	1
Rillenkugellager DIN 625-6004	1			1
Rillenkugellager DIN 625-6201	4			4
Scheibe DIN 125-10,5	2			2
Scheibe DIN 125-5,3		2		2
Scheibe DIN 125-6,4	3			3
Scheibe DIN 134-3,2		8		8
Scheibe DIN 134-5,3		2		2
Scheibe DIN 433-10,5	2			2
Scheibe DIN 433-3,2		2		2
Scheibe DIN 433-6,4			4	4
Scheibenfeder DIN 6888-4x5			2	2
Schmiernippel DIN 71412-A-M6	10		1	11
Sechskantmutter DIN 439-B-M6	10			10
Sechskantmutter DIN 934-12x1,5	2		2	4
Sechskantmutter DIN 934-M10	2			2
Sechskantmutter DIN 934-M3		6		6
Sechskantmutter DIN 934-M4	4			4
Sechskantmutter DIN 934-M5	3	2	1	6
Sechskantmutter DIN 934-M6	13		7	20
Sechskantmutter DIN 934-M8	8	1		9
Sechskantmutter DIN 936-M8x1	2		1	3

Normbezeichnung	Fahrgestell	Elektrik	Motor	Gesamt
Sechskantschraube DIN 931-M6x20	2			2
Sechskantschraube DIN 931-M6x25	1			1
Sechskantschraube DIN 931-M6x40	3			3
Sechskantschraube DIN 931-M6x45	1	2		3
Sechskantschraube DIN 931-M6x52	1			1
Sechskantschraube DIN 931-M7x25			1	1
Sechskantschraube DIN 931-M7x75		1		1
Sechskantschraube DIN 931-M8x22	2			2
Sechskantschraube DIN 931-M8x25	1			1
Sechskantschraube DIN 931-M8x40	4			4
Sechskantschraube DIN 933-M10x50	2			2
Sechskantschraube DIN 933-M6x12	11			11
Sechskantschraube DIN 933-M6x15	1		3	4
Sechskantschraube DIN 933-M6x25	4			4
Sechskantschraube DIN 933-M6x45	1			1
Sechskantschraube DIN 933-M6x55	1			1
Sechskantschraube DIN 933-M8x25		3		3
Sechskantschraube DIN 933-M8x50	2			2
Sechskantschraube DIN 933-M8x52	1			1
Sechskantschraube DIN 960-M12x1,5x18	2			2
Senkniet DIN 661-4x12			6	6
Senkschraube DIN 63-A-M5x10			1	1
Senkschraube DIN 63-M4x10			2	2
Splint DIN 94-1,5x10	1			1
Sprengring DIN 73123-12			2	2
Stiftschraube DIN 940-M6x120			4	4
Wellendichtring DIN 6503-A-25x35x7			1	1
Wellendichtring DIN 6504-A-17x30x7			1	1
Wellendichtring DIN 6504-A-17x40x10			1	1
Zahnscheibe DIN 6797-J-6,3		2		2
Zahnscheibe DIN 954-M4-innen		2		2
Zylinderkerbstift DIN 1473-2,5x10			5	5
Zylinderkerbstift DIN 1473-5x32	2			2
Zylinderrollenlager DIN 5412- NJL 17			3	3
Zylinderschraube DIN 84-A-M3,5x5		3		3
Zylinderschraube DIN 84-A-M3x12		3		3
Zylinderschraube DIN 84-A-M3x3,5		1		1
Zylinderschraube DIN 84-A-M3x6		3		3
Zylinderschraube DIN 84-A-M3x8		1		1
Zylinderschraube DIN 84-A-M4x8		2		2
Zylinderschraube DIN 84-B-M5x18			1	1
Zylinderschraube DIN 84-B-M5x65		2		2
Zylinderschraube DIN 84-B-M6x20			9	9
Zylinderschraube DIN 84-B-M6x25			1	1
Zylinderschraube DIN 84-B-M6x45			6	6
Zylinderschraube DIN 84-B-M6x50			2	2
Zylinderschraube DIN 84-B-M6x60			2	2
Zylinderschraube DIN 84-B-M6x75			2	2
Zylinderschraube DIN 84-M5x15		2		2
Zylinderstift DIN 7-4h 8x12			1	1

Angaben in Stück je Fahrzeug

8.6.1.2 Normteile für RT 125/1

Normbezeichnung	Fahrgestell (1)	Fahrgestell (2)	Elektrik	Motor	Gesamt (1)	Gesamt (2)
Bolzen DIN 1434-6h 11x12x9,25	2	2			2	2
Dichtring DIN 7603-C-14x20				1	1	1
Dichtring DIN 7603-C-6x10				2	2	2
Dichtring DIN 7603-C-8x14				1	1	1
Federring DIN 127-B-10	2	2	1		3	3
Federring DIN 127-B-12			2	1	3	3
Federring DIN 127-B-12-links				1	1	1
Federring DIN 127-B-5	2	2	6		8	8
Federring DIN 127-B-6	16	13			16	13
Federring DIN 127-B-7				1	1	1
Federring DIN 127-B-8	12	14	5		17	19
Federscheibe DIN 137-B-10	2	2			2	2
Federscheibe DIN 137-B-12				2	2	2
Federscheibe DIN 137-B-14	2	2			2	2
Federscheibe DIN 137-B-4	3	3	2		5	5
Federscheibe DIN 137-B-6	5	5		4	9	9
Federscheibe DIN 137-B-8	7	7			7	7
Gewindestift DIN 417-M8x30-5S				1	1	1
Halbrundkerbnagel DIN 1476-2,6x5	1	1			1	1
Halbrundkerbnagel DIN 1476-2,6x6	2	2			2	2
Halbrundniet DIN 660-2,6x8				2	2	2
Halbrundniet DIN 660-4x10	2	2			2	2
Halbrundniet DIN 660-4x8	10	10			10	10
Halbrundniet DIN 660-6x12	2	2			2	2
Halbrundschraube DIN 86-M4x8-5S	4	4			4	4
Hohlniet DIN 7338-C-3x8-St	28	28			28	28
Kegelwulstschmierkopf DIN 3403-A-M6	10	10		1	11	11
Kerbnagel DIN 1476-2,6x5	2	2			2	2
Kerbnagel DIN 1476-2,6x8	1	1			1	1
Kugel DIN 5401-6,35	34	34		1	35	35
Kugel DIN 5401-8				1	1	1
Linsenschraube DIN 85-A-M4x5-4S			2		2	2
Linsenschraube DIN 85-A-M5x12-5S			2		2	2
Linsenschraube DIN 85-M4x6-5S	1	1			1	1
Linsenschraube DIN 85-M5x15-4S			2		2	2
Linsenschraube DIN 91-M5x12-5S	2	2	2		4	4

Normbezeichnung	Fahrgestell (1)	Fahrgestell (2)	Elektrik	Motor	Gesamt (1)	Gesamt (2)
Rillenkugellager DIN 625-6004	1	1			1	1
Rillenkugellager DIN 625-6004			1		1	1
Rillenkugellager DIN 625-6202	4	4			4	4
Rillenkugellager DIN 625-6202			1		1	1
Scheibe 30x20,5x1			1		1	1
Scheibe DIN 125-4,3	2	2			2	2
Scheibe DIN 125-5,3	1	1	4		5	5
Scheibe DIN 125-6,4	2	2			2	2
Scheibe DIN 126-5,8	1	1			1	1
Scheibe DIN 1440-11			1		1	1
Scheibenfeder DIN 6888-4x5				2	2	2
Flachrundschraube DIN 603-M6x15-4D	2	2			2	2
Sechskantmutter DIN 439-B-M6	4	4			4	4
Sechskantmutter DIN 439-M5	4	4			4	4
Sechskantmutter DIN 934-B-M12x1,5-LH				2	2	2
Sechskantmutter DIN 934-M10	2	2	1		3	3
Sechskantmutter DIN 934-M12		2			2	2
Sechskantmutter DIN 934-M5	4	4	4		8	8
Sechskantmutter DIN 934-M6	10	7		4	14	11
Sechskantmutter DIN 934-M8	10	12	1	1	12	14
Sechskantmutter DIN 936-M12x1,5				2	2	2
Sechskantmutter DIN 936-M14x1,5	2	2			2	2
Sechskantmutter DIN 936-M8x1	2	2			2	2
Sechskantschraube DIN 931-M10x25-8G		1			1	1
Sechskantschraube DIN 931-M10x65-8G	2	2			2	2
Sechskantschraube DIN 931-M6x20-8G	2	2			2	2
Sechskantschraube DIN 931-M6x22-5S	1	1			1	1
Sechskantschraube DIN 931-M6x25-10K	1			1	2	1
Sechskantschraube DIN 931-M6x40-8G	1	1			1	1
Sechskantschraube DIN 931-M6x45-8G	3	3			3	3
Sechskantschraube DIN 931-M6x60-5S	1	1			1	1
Sechskantschraube DIN 931-M7x75-8G		1			1	1
Sechskantschraube DIN 931-M8x25-8G	1	1	2		3	3
Sechskantschraube DIN 931-M8x40-8G	4	4			4	4
Sechskantschraube DIN 931-M8x45-8G	2	2			2	2
Sechskantschraube DIN 931-M8x50-8G	2	2			2	2

Angaben in Stück je Fahrzeug

8. Normteile

Normbezeichnung	Fahrgestell (1)	Fahrgestell (2)	Elektrik	Motor	Gesamt (1)	Gesamt (2)
Sechskantschraube DIN 931-M8x90-8G	1	1			1	1
Sechskantschraube DIN 933-M6x15-8G				3	3	3
Sechskantschraube DIN 933-M8x12-8G	9	9		1	10	10
Sechskantschraube DIN 933-M8x20-8G			1		1	1
Sechskantschraube DIN 933-M8x60	1	1			1	1
Sechskantschraube DIN 933-M8x65	1	1			1	1
Sechskantschraube DIN 933-M8x15			2		2	2
Senkniet DIN 661-4x12				6	6	6
Senkschraube DIN 63-A-M5x10-5S	1	1			1	1
Senkschraube DIN 63-M4x10-5S				3	3	3
Splint DIN 94-1,5x10	2	2			2	2
Splint DIN 94-1,5x12				6	6	6
Splint DIN 94-2x12	1	1			1	1
Splint DIN 94-3x15				1	1	1
Splint DIN 94-4x50	1	1			1	1
Sprengring DIN 9045-10	1	1			1	1
Stiftschraube DIN 940-M6x120-8G				4	4	4
Wellendichtring DIN 6504-A-17x30x7				1	1	1
Wellendichtring DIN 6504-A-17x40x10				1	1	1
Wellendichtring DIN 6504-A-25x35x7				1	1	1
Zahnscheibe DIN 6797-J-5,3			2		2	2
Zylinderkerbstift DIN 1473-2,5x10				1	1	1
Zylinderkerbstift DIN 1473-4x20	2	2			2	2
Zylinderkerbstift DIN 1473-5x32	3	3			3	3
Zylinderrollenlager DIN 5412- NJL 17				3	3	3
Zylinderschraube DIN 84-A-M4x5-5S	3	3			3	3
Zylinderschraube DIN 84-B-M4x12-5D				3	3	3
Zylinderschraube DIN 84-B-M4x8-5S			2		2	2
Zylinderschraube DIN 84-B-M5x65			2		2	2
Zylinderschraube DIN 84-B-M6x20-5D				7	7	7
Zylinderschraube DIN 84-B-M6x50-5D				9	9	9
Zylinderschraube DIN 84-B-M6x60-5D				2	2	2
Zylinderschraube DIN 84-B-M6x65-5D				3	3	3
Zylinderschraube DIN 84-B-M6x85-5D				2	2	2
Zylinderschraube DIN 84-M4x15-4D				2	2	2
Zylinderschraube DIN 84-M6x25-5S	3	3			3	3
Zylinderstift DIN 7-4h 8x12				1	1	1

Angaben in Stück je Fahrzeug

(1) bis Fahrgestell-Nummer 1050588
(2) ab Fahrgestell-Nummer 1050589

8.6.1.3 Normteile für MZ 125/2

Normbezeichnung	Fahrgestell (1)	Fahrgestell (2)	Elektrik	Motor	Gesamt (1)	Gesamt (2)
Bolzen DIN 1434-6h 11x12x9,25	2	2			2	2
Dichtring DIN 7603-C-14x20				1	1	1
Dichtring DIN 7603-C-6x10				2	2	2
Dichtring DIN 7603-C-8x14				1	1	1
Federring DIN 127-B-10	2	2	1		3	3
Federring DIN 127-B-12			2	1	3	3
Federring DIN 127-B-12-links				1	1	1
Federring DIN 127-B-5	2	3	6		8	9
Federring DIN 127-B-6	13	13			13	13
Federring DIN 127-B-7			1		1	1
Federring DIN 127-B-8	14	16	5		19	21
Federscheibe DIN 137-A-5		1				1
Federscheibe DIN 137-A-6		2				2
Federscheibe DIN 137-B-10	2	2			2	2
Federscheibe DIN 137-B-12				2	2	2
Federscheibe DIN 137-B-14	2	2			2	2
Federscheibe DIN 137-B-4	3	3	2		5	5
Federscheibe DIN 137-B-6	5	4		4	9	8
Federscheibe DIN 137-B-8	7	7			7	7
Gewindestift DIN 417-M8x30-5S				1	1	1
Halbrundkerbnagel DIN 1476-2,6x5	1				1	
Halbrundkerbnagel DIN 1476-2,6x6	2	2			2	2
Halbrundniet DIN 660-2,6x8				2	2	2
Halbrundniet DIN 660-4x10	2	2			2	2
Halbrundniet DIN 660-4x8	10	10			10	10
Halbrundniet DIN 660-6x12	2	2			2	2
Halbrundschraube DIN 86-M4x8-5S	4	4			4	4
Hohlniet DIN 7338-C-3x8-St	28				28	
Kegelwulstschmierkopf DIN 3403-A-M6	10	7		1	11	8
Kerbnagel DIN 1476-2,6x5	2	2			2	2
Kerbnagel DIN 1476-2,6x8	1	1			1	1
Kugel DIN 5401-6,35	34	34		1	35	35
Kugel DIN 5401-8				1	1	1
Kugelschmierkopf DIN 3402-D-6		1				1
Linsenschraube DIN 85-A-M4x5-4S			2		2	2
Linsenschraube DIN 85-A-M5x12-5S			2		2	2
Linsenschraube DIN 85-M4x6-5S	1	1			1	1
Linsenschraube DIN 85-M5x15-4S			2		2	2
Linsenschraube DIN 91-M5x12-5S	2	2	2		4	4
Mutter DIN 439 oder 562-M5	4	4			4	4
Radialdichtring DIN 6504-B 48x62x8		1				1
Rillenkugellager DIN 625-6004				1	1	1
Rillenkugellager DIN 625-6004	1	1			1	1
Rillenkugellager DIN 625-6202				1	1	1
Rillenkugellager DIN 625-6302	4	4			4	4
Scheibe 30x20,5x1				1	1	1
Scheibe DIN 125-4,3	2	2			2	2
Scheibe DIN 125-5,3	1	1	4		5	5
Scheibe DIN 125-6,4	2	2			2	2
Scheibe DIN 126-5,8	1				1	
Scheibe DIN 1440-11			1		1	1
Scheibenfeder DIN 6888-4x5				2	2	2
Flachrundschraube DIN 603-M6x15-4D	2	2			2	2
Sechskantmutter DIN 439-B-M6	4	6			4	6
Sechskantmutter DIN 934-B-M12x1,5-LH				1	1	1
Sechskantmutter DIN 934-M10	2	2	1		3	3
Sechskantmutter DIN 934-M12				2	2	2
Sechskantmutter DIN 934-M12x1,5-LH				1	1	1
Sechskantmutter DIN 934-M5	4	3	4		8	7
Sechskantmutter DIN 934-M6	7	7		4	11	11
Sechskantmutter DIN 934-M8	12	15	1	1	14	17
Sechskantmutter DIN 936-M12x1,5				2	2	2
Sechskantmutter DIN 936-M14x1,5	2	2			2	2
Sechskantmutter DIN 936-M8x1	2				2	
Sechskantschraube DIN 931-M10x25-8G		1			1	1
Sechskantschraube DIN 931-M10x65-8G	2	2			2	2
Sechskantschraube DIN 931-M6x20-8G	2	2			2	2
Sechskantschraube DIN 931-M6x22-5S	1	1			1	1
Sechskantschraube DIN 931-M6x25-10K		2		1	1	3
Sechskantschraube DIN 931-M6x40-8G	1	1			1	1
Sechskantschraube DIN 931-M6x45-8G	3	3			3	3
Sechskantschraube DIN 931-M6x60-5S	1	1			1	1
Sechskantschraube DIN 931-M7x75-8G			1		1	1
Sechskantschraube DIN 931-M8x20-8G		1				1

Angaben in Stück je Fahrzeug

Normbezeichnung	Fahrgestell (1)	Fahrgestell (2)	Elektrik	Motor	Gesamt (1)	Gesamt (2)
Sechskantschraube DIN 931-M8x25-8G	1	1	2		3	3
Sechskantschraube DIN 931-M8x28-8G		1				1
Sechskantschraube DIN 931-M8x40-8G	4	4			4	4
Sechskantschraube DIN 931-M8x45-8G	2	2			2	2
Sechskantschraube DIN 931-M8x50-8G	2	2			2	2
Sechskantschraube DIN 931-M8x90-8G	1	1			1	1
Sechskantschraube DIN 933-M6x12-5S	7	7			7	7
Sechskantschraube DIN 933-M6x15-8G				3	3	3
Sechskantschraube DIN 933-M8x12-8G	2	2		1	3	3
Sechskantschraube DIN 933-M8x20-8G	1	1	1		2	2
Sechskantschraube DIN 933-M8x60	1	1			1	1
Sechskantschraube DIN 933-M8x65	1	1			1	1
Sechskantschraube DIN 933-M8x15			2		2	2
Senkniet DIN 661-4x12				6	6	6
Senkschraube DIN 63-M4x10-5S				3	3	3
Sicherungsring DIN 471-12x1		4				4
Splint DIN 94-1,5x10	2	2			2	2
Splint DIN 94-1,5x12				6	6	6
Splint DIN 94-2x12	1				1	
Splint DIN 94-3x15				1	1	1
Splint DIN 94-3x20		1				1
Splint DIN 94-4x50	1	1			1	1
Sprengring DIN 9045-10	1	1			1	1
Stiftschraube DIN 940-M6x120-8G				4	4	4
Wellendichtring DIN 6504-A-17x30x7				1	1	1
Wellendichtring DIN 6504-A-17x40x10				1	1	1
Wellendichtring DIN 6504-A-25x35x7				1	1	1
Zahnscheibe DIN 6797-J-5,3			2		2	2
Zylinderkerbstift DIN 1473-2,5x10				1	1	1
Zylinderkerbstift DIN 1473-4x20	2	2			2	2
Zylinderkerbstift DIN 1473-5x32	3	3			3	3
Zylinderrollenlager DIN 5412- NJL 17				3	3	3
Zylinderschraube DIN 84-A-M4x5-5S	3				3	
Zylinderschraube DIN 84-B-M4x12-5D				3	3	3
Zylinderschraube DIN 84-B-M4x8-5S			2		2	2
Zylinderschraube DIN 84-B-M5x65			2		2	2
Zylinderschraube DIN 84-B-M6x20-5D				7	7	7

Normbezeichnung	Fahrgestell (1)	Fahrgestell (2)	Elektrik	Motor	Gesamt (1)	Gesamt (2)
Zylinderschraube DIN 84-B-M6x50-5D				9	9	9
Zylinderschraube DIN 84-B-M6x60-5D				2	2	2
Zylinderschraube DIN 84-B-M6x65-5D				3	3	3
Zylinderschraube DIN 84-B-M6x85-5D				2	2	2
Zylinderschraube DIN 84-M4x15-4D				2	2	2
Zylinderschraube DIN 84-M5x6-5S		1				1
Zylinderschraube DIN 84-M6x25-5S	3	3			3	3
Zylinderstift DIN 7-4h 8x12				1	1	1

Angaben in Stück je Fahrzeug

(1) bis Fahrgestell-Nummer 5002388
(2) ab Fahrgestell-Nummer 5002389

8.6.1.4 Normteile für MZ 125/3

Normbezeichnung	Fahrgestell	Elektrik	Motor	Gesamt
Bolzen DIN 1434-6h 11x12x9,25	2			2
Dichtring DIN 7603-C-12x18			1	1
Dichtring DIN 7603-C-6x10			4	4
Dichtring DIN 7603-C-8x14			1	1
Drahtsprengring DIN 73123-15			2	2
Federring DIN 127-B-10	2	1		3
Federring DIN 127-B-12			1	1
Federring DIN 127-B-5	2	4		6
Federring DIN 127-B-6	11		1	12
Federring DIN 127-B-7		1		1
Federring DIN 127-B-8 [1]	22	5		27
Federscheibe DIN 137-A-5	1	2		3
Federscheibe DIN 137-A-6	2			2
Federscheibe DIN 137-B-12			1	1
Federscheibe DIN 137-B-14	2			2
Federscheibe DIN 137-B-4 [2]	1			1
Federscheibe DIN 137-B-5			2	2
Federscheibe DIN 137-B-6	1		6	7
Federscheibe DIN 137-B-8	7			7
Gewindestift DIN 417-M8x30-5S			1	1
Halbrundkerbnagel DIN 1476-2,6x6	2			2
Halbrundniet DIN 660-2,6x8			2	2
Halbrundniet DIN 660-4x10	9			9
Halbrundniet DIN 660-6x12	2			2
Halbrundschraube DIN 86-M4x8-5S	2			2
Kegelwulstschmierkopf DIN 3403-A-M6	7		1	8
Kerbnagel DIN 1476-2,6x5	2			2
Kerbnagel DIN 1476-2,6x8	1			1
Kugel DIN 5401-6,35	34		2	36
Kugelschmierkopf DIN 3402-D-6	1			1
Linsenschraube DIN 85-A-M5x12-5S		2		2
Linsenschraube DIN 85-M4x6-5S [2]	1			1
Linsenschraube DIN 85-M5x12-5S		2		2
Linsenschraube DIN 91-M5x12-4S	2			2
Radialdichtring DIN 6504-B-48x62x8	1			1

Normbezeichnung	Fahrgestell	Elektrik	Motor	Gesamt
Rillenkugellager TGL 2981-6004			1	1
Rillenkugellager TGL 2981-6004	1			1
Rillenkugellager TGL 2981-6201			1	1
Rillenkugellager TGL 2981-6202			1	1
Rillenkugellager TGL 2981-6302	4			4
Rillenkugellager TGL 2981-6303 C3f			3	3
Scheibe DIN 125-10,5	2			2
Scheibe DIN 125-4,3	2			2
Scheibe DIN 125-5,3	1	2		3
Scheibe DIN 125-6,3	4		2	6
Scheibe DIN 125-8,4	2			2
Scheibe DIN 1440-11		1		1
Scheibe DIN 433-10,5	1			1
Scheibenfeder DIN 6888-4x5			2	2
Sechskantmutter DIN 439-B-M6	6			6
Sechskantmutter DIN 439-M5	4			4
Sechskantmutter DIN 934-M10		1		1
Sechskantmutter DIN 934-M4-4D [3]			1	1
Sechskantmutter DIN 934-M5	3	4		7
Sechskantmutter DIN 934-M6	7		4	11
Sechskantmutter DIN 934-M8 [1]	20	1	1	22
Sechskantmutter DIN 936-M12x1,5			1	1
Sechskantmutter DIN 936-M12x1,5-LH			1	1
Sechskantmutter DIN 936-M14x1,5	2			2
Sechskantschraube DIN 603-M6x15-4D	3			3
Sechskantschraube DIN 931-M10x25-8G		1		1
Sechskantschraube DIN 931-M10x65-8G	2			2
Sechskantschraube DIN 931-M6x25-5S	2		3	5
Sechskantschraube DIN 931-M6x60-5S	1			1
Sechskantschraube DIN 931-M8x20-8G	1			1
Sechskantschraube DIN 931-M8x25-8G	1		1	2
Sechskantschraube DIN 931-M8x28-8G	1			1
Sechskantschraube DIN 931-M8x35-8G [1]	2			2
Sechskantschraube DIN 931-M8x40-8G	2			2
Sechskantschraube DIN 931-M8x45-8G	5			5

Angaben in Stück je Fahrzeug

8. Normteile

Normbezeichnung	Fahrgestell	Elektrik	Motor	Gesamt
Sechskantschraube DIN 931-M8x50-8G	2			2
Sechskantschraube DIN 931-M8x55	2			2
Sechskantschraube DIN 931-M8x90-8G	1			1
Sechskantschraube DIN 933-M6x12-8G	6			6
Sechskantschraube DIN 933-M6x15-8G	1		3	4
Sechskantschraube DIN 933-M6x20	1			1
Sechskantschraube DIN 933-M8x12-8G	2		1	3
Sechskantschraube DIN 933-M8x15-8G	2	5		7
Sechskantschraube DIN 933-M8x20	1			1
Sechskantschraube DIN 933-M8x60-8G	1			1
Sechskantschraube DIN 933-M8x65-8G	1			1
Senkniet DIN 661-4x12			6	6
Senkschraube DIN 63-M4x10-5S			8	8
Senkschraube DIN 91-M6x15-5S	2			2
Sicherungsring DIN 471-12x1	4			4
Sicherungsring DIN 472-32x1,2			1	1
Sicherungsring DIN 472-47x1,75			1	1
Splint DIN 94-1,5x10	2			2
Splint DIN 94-3x15			1	1
Splint DIN 94-4x50	1			1
Sprengring DIN 9045-10	1			1
Stiftschraube DIN 940-M6x120-8G			4	4
Wellendichtring DIN 6504-A-17x30x7			1	1
Wellendichtring DIN 6504-A-17x30x7			1	1
Wellendichtring DIN 6504-A-25x35x7			1	1
Zahnscheibe DIN 6797-J-5,3		2		2
Zylinderkerbstift DIN 1473-2,5x10			1	1
Zylinderkerbstift DIN 1473-4x20	2			2
Zylinderkerbstift DIN 1473-5x32	3			3
Zylinderschraube DIN 84-A-M3,5x8	2			2
Zylinderschraube DIN 84-A-M4x35-4S [3]			1	1
Zylinderschraube DIN 84-A-M4x5-4S		2		2
Zylinderschraube DIN 84-B-M5x12-5S			2	2
Zylinderschraube DIN 84-B-M6x20-5S			5	5
Zylinderschraube DIN 84-B-M6x25-5S	3		2	5

Normbezeichnung	Fahrgestell	Elektrik	Motor	Gesamt
Zylinderschraube DIN 84-B-M6x50-5S			8	8
Zylinderschraube DIN 84-B-M6x65-5S			3	3
Zylinderschraube DIN 84-B-M6x70-5S			2	2
Zylinderschraube DIN 84-B-M6x85-5S			2	2
Zylinderschraube DIN 84-M4x15-4D			2	2
Zylinderschraube DIN 84-M4x18	2			2
Zylinderschraube DIN 84-M5x15-4S		2		2
Zylinderschraube DIN 84-M5x75		2		2
Zylinderstift DIN 7-6m 6x20			2	2

Angaben in Stück je Fahrzeug

(1) Anzahl in der Baugruppe "Fahrgestell" um 2 Stück reduziert bis Fahrgestell-Nummer 7530186

(2) bis Fahrgestell-Nummer 7554868

(3) bis Motor-Nummer 7034639

8.6.1.5 Normteile für ES 125

Normbezeichnung	Fahrgestell	Elektrik	Motor	Gesamt
Bolzen TGL 18010-6h 11x12x9	1			1
Dichtring TGL 0-7603-C-12x18			1	1
Dichtring TGL 0-7603-C-6x10			5	5
Dichtring TGL 0-7603-C-8x14			2	2
Drahtsprengring TGL 24-42.3-A-15-42.3			2	2
Federring TGL 0-127-B-5		2		2
Federring TGL 0-127-B-6		6		6
Federring TGL 0-127-B-8		1		1
Federring TGL 7403-B-10	5			5
Federring TGL 7403-B-12			1	1
Federring TGL 7403-B-4		6		6
Federring TGL 7403-B-5	5	3		8
Federring TGL 7403-B-6	9		1	10
Federring TGL 7403-B-8 [2]	16			16
Federscheibe TGL 0-137-14	1			1
Federscheibe TGL 0-137-6	7		6	13
Federscheibe TGL 0-137-A-5		2		2
Federscheibe TGL 0-137-B-10	4			4
Federscheibe TGL 0-137-B-12			1	1
Federscheibe TGL 0-137-B-8 [3]	13	1		14
Gewindestift TGL 0-417-M8x30-5S			1	1
Halbrundniet TGL 0-660-2,6x8			2	2
Kegelschmierkopf TGL 0-71412-A-6	3		1	4
Kugel TGL 15515-6,35 III	44		2	46
Linsenschraube TGL 5687-M5x12-4S	2			2
Linsenschraube TGL 0-85-A-M4x28		2		2
Rillenkugellager TGL 2981-6004	1			1
Rillenkugellager TGL 2981-6004 [4]			1	1
Rillenkugellager TGL 2981-6201 [4]			1	1
Rillenkugellager TGL 2981-6202 C3 [4]			1	1
Rillenkugellager TGL 2981-6302	4			4
Rillenkugellager TGL 2981-6303 C4f [4]			3	3
Rundring TGL 6365-20x2			1	1
Scheibe TGL 0-125-4,3-St		1		1
Scheibe TGL 0-125-5,3		2		2
Scheibe TGL 0-125-6,4	5	1	2	8

Normbezeichnung	Fahrgestell	Elektrik	Motor	Gesamt
Scheibe TGL 0-125-8,4-St [2]	6	1		7
Scheibe TGL 1440-6 [1]			1	1
Scheibe TGL 8328-15	1			1
Scheibenfeder TGL 9499-4x5			2	2
Linsensenkschraube TGL 5687-M5x10		4		4
Sechskantmutter TGL 0-439-B-M8	2			2
Sechskantmutter TGL 0-934-B-M10	2			2
Sechskantmutter TGL 0-934-M12x1,5-5S-LH			1	1
Sechskantmutter TGL 0-934-M14x1,5	1			1
Sechskantmutter TGL 0-934-M4	1	2		3
Sechskantmutter TGL 0-934-M5	6	2		8
Sechskantmutter TGL 0-934-M6-5S [1]	17	2	7	26
Sechskantmutter TGL 0-934-M8-6S	16	1	1	18
Sechskantmutter TGL 0-936-M12x1,5			1	1
Sechskantmutter TGL 0-936-M14x1,5-5S	1			1
Sechskantmutter TGL 0-936-M18x1,5-5S	4			4
Sechskantschraube TGL 0-931-C-M10x100	2			2
Sechskantschraube TGL 0-931-C-M10x35-8G	4			4
Sechskantschraube TGL 0-931-C-M8x25-8G	1			1
Sechskantschraube TGL 0-931-C-M8x30-8G	1			1
Sechskantschraube TGL 0-931-C-M8x45-8G	3			3
Sechskantschraube TGL 0-931-M6x25	1	1		2
Sechskantschraube TGL 0-931-M6x40 [1]			1	1
Sechskantschraube TGL 0-931-M8x25-8G			1	1
Sechskantschraube TGL 0-931-M8x35	2			2
Sechskantschraube TGL 0-933-C-M10x45-8G	1			1
Sechskantschraube TGL 0-933-M10x15	2			2
Sechskantschraube TGL 0-933-M10x45-8G	1			1
Sechskantschraube TGL 0-933-M6x10	3			3
Sechskantschraube TGL 0-933-M6x15		2		2
Sechskantschraube TGL 0-933-M6x16-8G	3		3	6
Sechskantschraube TGL 0-933-M6x20-8G	7			7
Sechskantschraube TGL 0-933-M8x12-8G	2		2	4
Sechskantschraube TGL 0-933-M8x15-8G [3]	11			11
Sechskantschraube TGL 0-933-M8x16-8G	2	1		3
Sechskantschraube TGL 0-933-M8x20-8G [2]	6			6

Angaben in Stück je Fahrzeug

Normbezeichnung	Fahrgestell	Elektrik	Motor	Gesamt
Sechskantschraube TGL 0-933-M8x25-8G	6			6
Sechskantschraube TGL 0-933-M8x55-8G	6			6
Senkkerbnagel TGL 0-1477-2,5x6	2			2
Senkniet TGL 0-661-4x15			6	6
Senkschraube TGL 0-63-M4x10			5	5
Senkschraube TGL 0-63-M5x15-5S			4	4
Sicherungsring TGL 0-471-12x1	4			4
Sicherungsring TGL 0-472-19x1	1			1
Sicherungsring TGL 0-472-32x1,2			1	1
Sicherungsring TGL 0-472-47x1,6			1	1
Splint TGL 0-94-1,5x10	1			1
Splint TGL 0-94-3x15			1	1
Steckkerbstift TGL 0-1474-4x12			2	2
Stiftschraube TGL 0-835-B-M6x25-5S			2	2
Stiftschraube TGL 0-835-M6x80-5S	1			1
Stiftschraube TGL 0-940-M6x125-10K			4	4
Verschlussschraube TGL 0-7604-A-M14x1,5			1	1
Wellendichtring TGL 16454-D-17x30x7			1	1
Wellendichtring TGL 16454-D-22x35x7			1	1
Wellendichtring TGL 16454-D-25x35x7			1	1
Wellendichtring TGL 16454-E-22x47x10			1	1
Zylinderkerbstift TGL 0-1473-2,5x10			1	1
Zylinderkerbstift TGL 0-1473-4x20	1			1
Zylinderkerbstift TGL 0-1473-5x32	1			1
Zylinderschraube TGL 0-84-A-M3,5x8	2			2
Zylinderschraube TGL 0-84-A-M4x10		2		2
Zylinderschraube TGL 0-84-A-M4x18	1			1
Zylinderschraube TGL 0-84-A-M4x35		1		1
Zylinderschraube TGL 0-84-B-M4x6		1		1
Zylinderschraube TGL 0-84-B-M6x20-5S			6	6
Zylinderschraube TGL 0-84-C-M5x75-5S		2		2
Zylinderschraube TGL 0-84-C-M6x50-5S			10	10
Zylinderschraube TGL 0-84-C-M6x60-5S			1	1
Zylinderschraube TGL 0-84-C-M6x65-5S			1	1
Zylinderschraube TGL 0-84-C-M6x70-5S			2	2
Zylinderschraube TGL 0-84-C-M6x85-5S			2	2

Normbezeichnung	Fahrgestell	Elektrik	Motor	Gesamt
Zylinderschraube TGL 0-84-M4x15-4D			2	2
Zylinderschraube TGL 0-84-M4x5		2		2
Zylinderschraube TGL 0-84-M4x8		3		3
Zylinderschraube TGL 0-84-M5x15		2		2
Zylinderschraube TGL 0-84-M5x20		2		2
Zylinderschraube TGL 0-84-M6x8-5S		3		3
Zylinderstift TGL 0-7-6m 6x20			2	2

Angaben in Stück je Fahrzeug

(1) Anzahl in der Baugruppe "Motor" reduziert um 1 Stück
    ab Motornummer 7241420
(2) Anzahl in der Baugruppe "Fahrgestell" reduziert um 4 Stück
    bei Montage der Sättel
(3) Anzahl in der Baugruppe "Fahrgestell" reduziert um 8 Stück
    bei Montage der Sitzbank
(4) Lager mit Polyamid-Käfig

8.6.1.6 Normteile für ES 125/1

Normbezeichnung	Fahrgestell	Elektrik	Motor (3)	Motor (4)	Gesamt (3)	Gesamt (4)
Dichtring TGL 0-7603-C-12x18			1	1	1	1
Dichtring TGL 0-7603-C-6x10			6	6	6	6
Dichtring TGL 0-7603-C-8x14			1	1	1	1
Druckfeder TGL 18395-C-1,2x6x11,5			1	1	1	1
Federring TGL 7403-B-10	4				4	4
Federring TGL 7403-B-12			1	1	1	1
Federring TGL 7403-B-4		6			6	6
Federring TGL 7403-B-5	5	2			7	7
Federring TGL 7403-B-6	9	6			15	15
Federring TGL 7403-B-8	13	2			15	15
Federscheibe TGL 0-137-10	4				4	4
Federscheibe TGL 0-137-12			1	1	1	1
Federscheibe TGL 0-137-14	1				1	1
Federscheibe TGL 0-137-6	6		2	2	8	8
Federscheibe TGL 0-137-8	11	1			12	12
Federscheibe TGL 0-137-B-5		2			2	2
Gewindestift TGL 0-417-M8x30-6g			1	1	1	1
Halbrundniet TGL 0-660-2,6x8			2	2	2	2
Kegelschmierkopf TGL 0-71412-A-6	2		1	1	3	3
Kugel TGL 15515-6,35 III	44				44	44
Kugel TGL 15515-6,35 IV			2	2	2	2
Linsenschraube TGL 5687-M5x12-5S	2				2	2
Linsenschraube TGL 0-85-A-M4x28		4			4	4
Nadellager TGL 11553-K 15x19x20 FKI				1		1
Rillenkugellager TGL 2981-6004	1				1	1
Rillenkugellager TGL 2981-6004 TN			1	1	1	1
Rillenkugellager TGL 2981-6201 TN C3			1	1	1	1
Rillenkugellager TGL 2981-6202 TN C3			1	1	1	1
Rillenkugellager TGL 2981-6204 TNW C4f				2		2
Rillenkugellager TGL 2981-6302	4				4	4
Rillenkugellager TGL 2981-6303 TN C4f			3		3	
Rillenkugellager TGL 2981-6304 J C4f				1		1
Rundring TGL 6365-20x2			1	1	1	1
Rundring TGL 6365-8x2	1				1	1
Scheibe TGL 0-125-4,3-St		1			1	1

Normbezeichnung	Fahrgestell	Elektrik	Motor (3)	Motor (4)	Gesamt (3)	Gesamt (4)
Scheibe TGL 0-125-5,3	2				2	2
Scheibe TGL 0-125-6,4-St	4	1	6	6	11	11
Scheibe TGL 0-125-8,4-St	4				4	4
Scheibe TGL 0-9021-10,5-St	2				2	2
Scheibe TGL 0-9021-6,4-St	5	1			6	6
Scheibe TGL 0-9021-8,4-St		1			1	1
Scheibenfeder TGL 9499-4x5			2	2	2	2
Linsensenkschraube TGL 5687-M5x10		4			4	4
Sechskantmutter TGL 0-439-B-M8-5S	2				2	2
Sechskantmutter TGL 0-934-M10-5S	2				2	2
Sechskantmutter TGL 0-934-M12x1,5-5S-LH			1	1	1	1
Sechskantmutter TGL 0-934-M4-5S	1	4			5	5
Sechskantmutter TGL 0-934-M5-5S	7	2			9	9
Sechskantmutter TGL 0-934-M6-5S	14	2	4	4	20	20
Sechskantmutter TGL 0-934-M8-6	14	1	1	1	16	16
Sechskantmutter TGL 0-936-M12x1,5-5S			1	1	1	1
Sechskantmutter TGL 0-936-M14x1,5-5S	2				2	2
Sechskantmutter TGL 0-936-M18x1,5-5S	4				4	4
Sechskantschraube TGL 0-931-C-M10x100-8G	2				2	2
Sechskantschraube TGL 0-931-C-M10x35-8G	2				2	2
Sechskantschraube TGL 0-931-C-M8x45-8G	3				3	3
Sechskantschraube TGL 0-931-M8x25-8G			1	1	1	1
Sechskantschraube TGL 0-931-M8x35-8G	2				2	2
Sechskantschraube TGL 0-933-M10x16-8G	2				2	2
Sechskantschraube TGL 0-933-M10x35-8G	1				1	1
Sechskantschraube TGL 0-933-M10x45-8G	1				1	1
Sechskantschraube TGL 0-933-M6x10-8.8	6				6	6
Sechskantschraube TGL 0-933-M6x16-8G	3	2	3	3	8	8
Sechskantschraube TGL 0-933-M6x20-8.8	6				6	6
Sechskantschraube TGL 0-933-M6x25-8G			2	2	2	2
Sechskantschraube TGL 0-933-M8x12-8G	2		1	1	3	3
Sechskantschraube TGL 0-933-M8x16-8G	13	1			14	14
Sechskantschraube TGL 0-933-M8x18	1				1	1
Sechskantschraube TGL 0-933-M8x20-8G	3				3	3
Sechskantschraube TGL 0-933-M8x25-8.8	5				5	5

Angaben in Stück je Fahrzeug

Normbezeichnung	Fahrgestell	Elektrik	Motor (3)	Motor (4)	Gesamt (3)	Gesamt (4)
Sechskantschraube TGL 0-933-M8x30-8G	2				2	2
Sechskantschraube TGL 0-933-M8x35-8G	4				4	4
Sechskantschraube TGL 0-933-M8x60-8G	1				1	1
Senkkerbnagel TGL 0-1477-2,5x6	2				2	2
Senkkerbstift TGL 0-1474-4x12			2	2	2	2
Senkniet TGL 0-661-4x16-Mu8 (1)			6	6	6	6
Senkniet TGL 0-661-4x18-Mu8 (2)			6	6	6	6
Senkschraube TGL 5683-B-M4x10			5	5	5	5
Senkschraube TGL 5683-B-M5x15			4	4	4	4
Senkschraube TGL 5683-B-M6x8-4.8	1				1	1
Sicherungsring TGL 0-471-12	4				4	4
Sicherungsring TGL 0-472-32			1	1	1	1
Sicherungsring TGL 0-472-47			1	1	1	1
Splint TGL 0-94-3,2x16-St			1	1	1	1
Sprengring TGL 0-73123-15			2	2	2	2
Stiftschraube TGL 0-940-M6x125-10K			4	4	4	4
Verschlussschraube TGL 0-7604-M14x1,5			1	1	1	1
Wellendichtring TGL 16454-D-17x30x7			1		1	
Wellendichtring TGL 16454-D-20x30x7				2		2
Wellendichtring TGL 16454-D-22x47x7			2		2	
Wellendichtring TGL 16454-D-25x35x7			1		1	
Wellendichtring TGL 16454-D-25x35x7				1		1
Zylinderkerbstift TGL 0-1473-5x32-6S	1				1	1
Zylinderkerbstift TGL 0-1473-2,5x10			1	1	1	1
Zylinderschraube TGL 0-84-A-M4x18	1				1	1
Zylinderschraube TGL 0-84-A-M4x35		1			1	1
Zylinderschraube TGL 0-84-B-M3,5x8	2				2	2
Zylinderschraube TGL 0-84-B-M4x6		1			1	1
Zylinderschraube TGL 0-84-B-M6x10-5S			1	1	1	1
Zylinderschraube TGL 0-84-B-M6x20-5S			6	6	6	6
Zylinderschraube TGL 0-84-C-M5x75-5S		2			2	2
Zylinderschraube TGL 0-84-C-M6x50-5S			9	9	9	9
Zylinderschraube TGL 0-84-C-M6x60-5S			1	1	1	1

Normbezeichnung	Fahrgestell	Elektrik	Motor (3)	Motor (4)	Gesamt (3)	Gesamt (4)
Zylinderschraube TGL 0-84-C-M6x65-5S		1	1	1	1	1
Zylinderschraube TGL 0-84-C-M6x70-5S		2	2	2	2	2
Zylinderschraube TGL 0-84-C-M6x85-5S		2	2	2	2	2
Zylinderschraube TGL 0-84-M4x15-4D			2	2	2	2
Zylinderschraube TGL 0-84-M4x5		2			2	2
Zylinderschraube TGL 0-84-M4x8		3			3	3
Zylinderschraube TGL 0-84-M5x10		2			2	2
Zylinderschraube TGL 0-84-M5x15		2			2	2
Zylinderschraube TGL 0-84-M6x8-5		3			3	3
Zylinderstift TGL 0-7-6m 6x20			2	2	2	2

Angaben in Stück je Fahrzeug

(1) entfällt bei Verwendung einer Duplex-Kette als Primärtrieb
(2) entfällt bei Verwendung einer Simplex-Kette als Primärtrieb
(3) Fahrzeuge mit Motoren bis Motor-Nummer 6587572
(4) Fahrzeuge mit Motoren ab Motor-Nummer 6587573

8.6.1.7 Normteile für ETS 125

Normbezeichnung	Fahrgestell	Elektrik	Motor	Gesamt
Dichtring TGL 0-7603-C-12x18			1	1
Dichtring TGL 0-7603-C-6x10			6	6
Dichtring TGL 0-7603-C-8x14			1	1
Druckfeder TGL 18395-C-1,2x6x11,5			1	1
Federring TGL 7403-B-10	4			4
Federring TGL 7403-B-12			1	1
Federring TGL 7403-B-4		6		6
Federring TGL 7403-B-5	5	2		7
Federring TGL 7403-B-6	9	6		15
Federring TGL 7403-B-8	14	2		16
Federscheibe TGL 0-137-10	4			4
Federscheibe TGL 0-137-12			1	1
Federscheibe TGL 0-137-14	1			1
Federscheibe TGL 0-137-6	10		2	12
Federscheibe TGL 0-137-8	11	1		12
Federscheibe TGL 0-137-B-5		2		2
Gewindestift TGL 0-417-M8x30-6g			1	1
Halbrundniet TGL 0-660-2,6x8			2	2
Kegelschmierkopf TGL 0-71412-A-6	1		1	2
Kugel TGL 15515-6,35 III	44			44
Kugel TGL 15515-6,35 IV			2	2
Linsenschraube TGL 5687-B-M5x10-5S	2			2
Linsenschraube TGL 5687-M5x12-5S	2			2
Linsenschraube TGL 0-85-A-M4x28		4		4
Rillenkugellager TGL 2981-6004	1			1
Rillenkugellager TGL 2981-6004 TN			1	1
Rillenkugellager TGL 2981-6201 TN C3			1	1
Rillenkugellager TGL 2981-6202 TN C3			1	1
Rillenkugellager TGL 2981-6302	4			4
Rillenkugellager TGL 2981-6303 TN C4f			3	3
Rundring TGL 6365-20x2			1	1
Scheibe TGL 0-125-4,3-St		1		1
Scheibe TGL 0-125-5,3		2		2
Scheibe TGL 0-125-6,4-St	4	1	6	11
Scheibe TGL 0-125-8,4-St	4			4

Normbezeichnung	Fahrgestell	Elektrik	Motor	Gesamt
Scheibe TGL 0-9021-10,5-St	2			2
Scheibe TGL 0-9021-6,4-St	5	1		6
Scheibe TGL 0-9021-8,4-St		1		1
Scheibenfeder TGL 9499-4x5			2	2
Schraube TGL 5687-M5x10		4		4
Sechskantmutter TGL 0-439-B-M8-5S	2			2
Sechskantmutter TGL 0-934-M10-5S	2			2
Sechskantmutter TGL 0-934-M12x1,5-5S-LH			1	1
Sechskantmutter TGL 0-934-M4-5S	3	4		7
Sechskantmutter TGL 0-934-M5-5S	7	2		9
Sechskantmutter TGL 0-934-M6-5S	14	2	4	20
Sechskantmutter TGL 0-934-M8-6	12	1	1	14
Sechskantmutter TGL 0-936-M12x1,5-5S			1	1
Sechskantmutter TGL 0-936-M14x1,5-5S	2			2
Sechskantmutter TGL 0-936-M18x1,5-5S	2			2
Sechskantschraube TGL 0-931-C-M10x100-8G	2			2
Sechskantschraube TGL 0-931-C-M10x35-8G	2			2
Sechskantschraube TGL 0-931-C-M8x45-8G	3			3
Sechskantschraube TGL 0-931-M10x40-8G	2			2
Sechskantschraube TGL 0-931-M6x40-8G	4			4
Sechskantschraube TGL 0-931-M8x25-8G			1	1
Sechskantschraube TGL 0-931-M8x30-8G	1			1
Sechskantschraube TGL 0-931-M8x35-8G	2			2
Sechskantschraube TGL 0-933-M10x16-8G	2			2
Sechskantschraube TGL 0-933-M6x10-8.8	6			6
Sechskantschraube TGL 0-933-M6x16-8G	3	2	3	8
Sechskantschraube TGL 0-933-M6x20-8.8	6		2	8
Sechskantschraube TGL 0-933-M8x12-8G	2		1	3
Sechskantschraube TGL 0-933-M8x16-8G	13	1		14
Sechskantschraube TGL 0-933-M8x18	1			1
Sechskantschraube TGL 0-933-M8x20-8G	3			3
Sechskantschraube TGL 0-933-M8x25-8.8	3			3
Sechskantschraube TGL 0-933-M8x30-8G	2			2
Sechskantschraube TGL 0-933-M8x35-8G	2			2
Senkkerbnagel TGL 0-1477-2,5x6	2			2

Angaben in Stück je Fahrzeug

Normbezeichnung	Fahrgestell	Elektrik	Motor	Gesamt
Senkkerbstift TGL 0-1474-4x12			2	2
Senkniet TGL 0-661-4x16-Mu8 [1]			6	6
Senkniet TGL 0-661-4x18-Mu8 [2]			6	6
Senkschraube TGL 5683-B-M4x10			5	5
Senkschraube TGL 5683-B-M5x15			4	4
Senkschraube TGL 5683-B-M6x8-4.8	1			1
Sicherungsring TGL 0-471-12	4			4
Sicherungsring TGL 0-472-32			1	1
Sicherungsring TGL 0-472-45	2			2
Sicherungsring TGL 0-472-47			1	1
Splint TGL 0-94-3,2x16-St			1	1
Sprengring TGL 16363-32	6			6
Sprengring TGL 0-73123-15			2	2
Sprengring TGL 0-9045-32x1,6	2			2
Stiftschraube TGL 0-940-M6x125-10K			4	4
Verschlussschraube TGL 0-7604-M14x1,5			1	1
Wellendichtring TGL 16454-D-17x30x7			1	1
Wellendichtring TGL 16454-D-22x47x7			2	2
Wellendichtring TGL 16454-D-25x35x7			1	1
Wellendichtring TGL 16454-D-32x45x7	2			2
Zylinderkerbstift TGL 0-1473-5x32-6S	1			1
Zylinderkerbstift TGL 0-1473-2,5x10			1	1
Zylinderschraube TGL 0-84-A-M4x18	1			1
Zylinderschraube TGL 0-84-A-M4x35		1		1
Zylinderschraube TGL 0-84-B-M3,5x8	2			2
Zylinderschraube TGL 0-84-B-M4x12-5S	2			2
Zylinderschraube TGL 0-84-B-M4x6		1		1
Zylinderschraube TGL 0-84-B-M6x10-5S			1	1
Zylinderschraube TGL 0-84-B-M6x20-5S			6	6
Zylinderschraube TGL 0-84-C-M5x75-5S		2		2
Zylinderschraube TGL 0-84-C-M6x50-5S			9	9
Zylinderschraube TGL 0-84-C-M6x60-5S			1	1
Zylinderschraube TGL 0-84-C-M6x65-5S			1	1
Zylinderschraube TGL 0-84-C-M6x70-5S			2	2
Zylinderschraube TGL 0-84-C-M6x85-5S			2	2
Zylinderschraube TGL 0-84-M4x15-4D			2	2

Normbezeichnung	Fahrgestell	Elektrik	Motor	Gesamt
Zylinderschraube TGL 0-84-M4x5		2		2
Zylinderschraube TGL 0-84-M4x8		3		3
Zylinderschraube TGL 0-84-M5x10		2		2
Zylinderschraube TGL 0-84-M5x15		2		2
Zylinderschraube TGL 0-84-M6x8-5		3		3
Zylinderstift TGL 0-7-6m 6x20			2	2

Angaben in Stück je Fahrzeug

(1) entfällt bei Verwendung einer Duplex-Kette als Primärtrieb

(2) entfällt bei Verwendung einer Simplex-Kette als Primärtrieb

8.6.1.8 Normteile für TS 125

Normbezeichnung	Fahrgestell (6)	Fahrgestell (7)	Elektrik	Motor (8)	Motor (9)	Gesamt (10)	Gesamt (11)	Gesamt (12)
Dichtring TGL 0-7603-A-6x10				6	6	6	6	6
Dichtring TGL 0-7603-A-8x14				1	1	1	1	1
Dichtring TGL 0-7603-C-18x24				1	1	1	1	1
Feder TGL 18395-A-0,7x12x5,5 f	1	1				1	1	1
Feder TGL 18395-C-1,2x6x11,5				1	1	1	1	1
Federring TGL 7403-B-10	4	4				4	4	4
Federring TGL 7403-B-12				1	1	1	1	1
Federring TGL 7403-B-4	1	1	2			3	3	3
Federring TGL 7403-B-5	5	5	3			8	8	8
Federring TGL 7403-B-6	17	15	7			24	22	22
Federring TGL 7403-B-8	17	16	1			18	17	17
Federscheibe TGL 0-137-10	4	6	3	1	1	8	10	10
Federscheibe TGL 0-137-12				1	1	1	1	1
Federscheibe TGL 0-137-14	1	1				1	1	1
Federscheibe TGL 0-137-5	3	3	2			5	5	5
Federscheibe TGL 0-137-6	4	5	2	3	3	9	10	10
Federscheibe TGL 0-137-8	4	5	1			5	6	6
Gewindestift TGL 0-417-M8x30-6G				1	1	1	1	1
Halbrundkerbnagel TGL 0-1476-2,5x10-4.6	1	1				1	1	1
Halbrundniet TGL 0-660-2,5x8-Mu8				2	2	2	2	2
Kegelschmierkopf TGL 0-71412-A-M6 [1]	1	1		1	1	2	2	2
Kugel TGL 15515-6,35 IV				2	2	2	2	2
Linsenschraube TGL 0-85-A-M4x16-5.8				2	2	2	2	2
Linsenschraube TGL 0-85-A-M4x30-5.8			1			1	1	1
Linsenschraube TGL 0-85-A-M4x3-4.8			1			1	1	1
Linsenschraube TGL 0-85-B-M3x6-5.8	4	4				4	4	4
Linsensenkschraube TGL 5687-B-M5x10-4.8	1	1				1	1	1
Nadellager TGL 11553-K 15x19x20 FKI					1			1
Rändelmutter TGL 39-285/6-M8x1	2	2				2	2	2
Rillenkugellager TGL 2981-6004	1	1				1	1	1
Rillenkugellager TGL 2981-6004 TN				1	1	1	1	
Rillenkugellager TGL 2981-6006	2	2				2	2	2
Rillenkugellager TGL 2981-6201 TN C3				1	1	1	1	
Rillenkugellager TGL 2981-6202 TN C3				1	1	1	1	
Rillenkugellager TGL 2981-6204 TNW C4f					2			2

Normbezeichnung	Fahrgestell (6)	Fahrgestell (7)	Elektrik	Motor (8)	Motor (9)	Gesamt (10)	Gesamt (11)	Gesamt (12)
Rillenkugellager TGL 2981-6302	4	4				4	4	4
Rillenkugellager TGL 2981-6303 TN C4f				3		3	3	
Rillenkugellager TGL 2981-6304 J C4f					1			1
Rundring TGL 6365-20x2				1	1	1	1	1
Rundring TGL 6365-6x2 [2]		2					2	2
Scheibe TGL 0-125-10,5				1	1	1	1	1
Scheibe TGL 0-125-6,4-St [2]	4	10	1	6	6	11	17	17
Scheibe TGL 0-125-8,4-St	12	15				12	15	15
Scheibe TGL 0-9021-10,5-St	2	2				2	2	2
Scheibe TGL 0-9021-6,4-St	11	15				11	15	15
Scheibenfeder TGL 9499-4x5				2	1	2	2	1
Sechskantmutter TGL 27689-M8-8	2	2				2	2	2
Sechskantmutter TGL 0-439-M20x1-LH-6				1	1	1	1	1
Sechskantmutter TGL 0-934-M10-6	2	2				2	2	2
Sechskantmutter TGL 0-934-M12x1,5-6-LH				1	1	1	1	1
Sechskantmutter TGL 0-934-M14x1,5-6	1	1				1	1	1
Sechskantmutter TGL 0-934-M4-6	1	3	2			3	5	5
Sechskantmutter TGL 0-934-M5-6	8	8	3			11	11	11
Sechskantmutter TGL 0-934-M6-10	22	21	2	5	5	29	28	28
Sechskantmutter TGL 0-934-M8-6	11	12	1	2	2	14	15	15
Sechskantmutter TGL 0-936-M12x1,5-5				1	1	1	1	1
Sechskantmutter TGL 0-936-M14x1,5-6	1	1				1	1	1
Sechskantmutter TGL 0-936-M16x1,5-6	2	2				2	2	2
Sechskantmutter TGL 0-984-M6-6	2	2				2	2	2
Sechskantmutter TGL 0-985-M8-6		2					2	2
Sechskantschraube TGL 0-931-C-M10x100-8.8	2	2				2	2	2
Sechskantschraube TGL 0-931-C-M8x45-8.8	2	2				2	2	2
Sechskantschraube TGL 0-931-C-M8x65-8.8	2	2				2	2	2
Sechskantschraube TGL 0-931-M7x80			1			1	1	1
Sechskantschraube TGL 0-931-M8x50-8.8		1					1	1
Sechskantschraube TGL 0-933-M10x16-8.8	2	4	2			4	6	6
Sechskantschraube TGL 0-933-M10x25-10.9				1	1	1	1	1
Sechskantschraube TGL 0-933-M10x35-8.8	4	4				4	4	4
Sechskantschraube TGL 0-933-M5x12-8.8					1			1
Sechskantschraube TGL 0-933-M6x10-8.8	3	3				3	3	3

Angaben in Stück je Fahrzeug

Normbezeichnung	Fahrgestell [6]	Fahrgestell [7]	Elektrik	Motor [8]	Motor [9]	Gesamt [10]	Gesamt [11]	Gesamt [12]
Sechskantschraube TGL 0-933-M6x16-8.8	14	8	6	2	2	22	16	16
Sechskantschraube TGL 0-933-M6x20-8.8	1	1				1	1	1
Sechskantschraube TGL 0-933-M6x25-8.8				3	3	3	3	3
Sechskantschraube TGL 0-933-M6x30-8.8	2	2				2	2	2
Sechskantschraube TGL 0-933-M6x35-8.8		4					4	4
Sechskantschraube TGL 0-933-M8x12-8.8				1	1	1	1	1
Sechskantschraube TGL 0-933-M8x14-8.8	2	2				2	2	2
Sechskantschraube TGL 0-933-M8x16-8.8	4	4				4	4	4
Sechskantschraube TGL 0-933-M8x18-8.8	1	1				1	1	1
Sechskantschraube TGL 0-933-M8x25-8.8	6	6		1	1	7	7	7
Sechskantschraube TGL 0-933-M8x30-8.8	3	2				3	2	2
Sechskantschraube TGL 0-933-M8x35-8.8	4	4				4	4	4
Sechskantschraube TGL 0-933-M8x40-8.8	6	6				6	6	6
Sechskantschraube TGL 0-933-M8x45-8.8	1	1				1	1	1
Sechskantschraube TGL 0-933-M8x55-8.8	1	2				1	2	2
Senkkerbnagel TGL 0-1477-2,5x6-4.6	4	4				4	4	4
Senkniet TGL 0-661-4x16-Mu8 [3]				6		6	6	
Senkniet TGL 0-661-4x18-Mu8 [4]				6	6	6	6	6
Senkschraube TGL 5683-B-M4x10-5.8				5	5	5	5	5
Senkschraube TGL 5683-B-M5x16-5.8				4	4	4	4	4
Senkschraube TGL 5683-B-M6x8	1	1				1	1	1
Sicherungsblech TGL 0-463-A-5,3-St					1			1
Sicherungsring TGL 0-471-12	4	4				4	4	4
Sicherungsring TGL 0-471-9					1			1
Sicherungsring TGL 0-472-30		2					2	2
Sicherungsring TGL 0-472-32				1	1	1	1	1
Sicherungsring TGL 0-472-47				1	1	1	1	1
Splint TGL 0-94-3,2x16-St				1	1	1	1	1
Sprengring TGL 16363-32	4					4		
Sprengring TGL 31666-30x2					1			1
Sprengring TGL 31666-32x1,6	4	2				4	2	2
Sprengring TGL 0-73123-15				2	2	2	2	2
Steckkerbstift TGL 0-1474-4x12-5.8				2	2	2	2	2
Stiftschraube TGL 0-940-M6x125-10.9				4	4	4	4	4
Verschlussschraube TGL 0-7604-M14x1,5 [5]				1	1	1	1	1
Wellendichtring TGL 16454-D-17x30x7				1		1	1	
Wellendichtring TGL 16454-D-20x30x7					2			2
Wellendichtring TGL 16454-D-22x47x7				2		2	2	

Normbezeichnung	Fahrgestell [6]	Fahrgestell [7]	Elektrik	Motor [8]	Motor [9]	Gesamt [10]	Gesamt [11]	Gesamt [12]
Wellendichtring TGL 16454-D-25x35x7				1		1	1	
Wellendichtring TGL 16454-D-25x35x7					1			1
Wellendichtring TGL 16454-D-32x45x7	2					2		
Wellendichtring TGL 16454-D-35x47x7		2					2	2
Zylinderkerbstift TGL 0-1473-2,5x10-5.8				1	1	1	1	1
Zylinderkerbstift TGL 0-1473-5x32	2	2				2	2	2
Zylinderschraube TGL 0-84-A-M4x18-5.8	1	1				1	1	1
Zylinderschraube TGL 0-84-B-M4x12-5.8		2					2	2
Zylinderschraube TGL 0-84-B-M4x4-4.8	1	1				1	1	1
Zylinderschraube TGL 0-84-B-M4x8-5.8			4			4	4	4
Zylinderschraube TGL 0-84-B-M5x12-5.8	4	4				4	4	4
Zylinderschraube TGL 0-84-B-M5x16-5.8	1	1				1	1	1
Zylinderschraube TGL 0-84-B-M5x6-5.8	4	4				4	4	4
Zylinderschraube TGL 0-84-B-M6x20-5.8				6	6	6	6	6
Zylinderschraube TGL 0-84-C-M5x75-5.8		2				2	2	2
Zylinderschraube TGL 0-84-C-M6x10-5.8				1	1	1	1	1
Zylinderschraube TGL 0-84-C-M6x50-5.8				9	10	9	9	10
Zylinderschraube TGL 0-84-C-M6x60-5.8				1	1	1	1	1
Zylinderschraube TGL 0-84-C-M6x65-5.8				1		1	1	
Zylinderschraube TGL 0-84-C-M6x70-5.8				2	2	2	2	2
Zylinderschraube TGL 0-84-C-M6x85-5.8				2	2	2	2	2
Zylinderschraube TGL 0-84-M5x10-5.8				2		2	2	2
Zylinderschraube TGL 0-84-M6x8-5.8				3		3	3	3
Zylinderschraube TGL 0-912-M8x35-8.8				4		4	4	4
Zylinderstift TGL 0-7-6m 6x20-5.8				2	2	2	2	2

Angaben in Stück je Fahrzeug

(1) Anzahl in der Baugruppe "Fahrgestell" reduziert um 1 Stück ab Fahrgestell-Nummer 7708061
(2) Anzahl in der Baugruppe "Fahrgestell" reduziert um 2 Stück ab Fertigungs-Datum Dezember 1977
(3) entfällt bei Verwendung einer Duplex-Kette als Primärtrieb
(4) entfällt bei Verwendung einer Simplex-Kette als Primärtrieb
(5) entfällt ab Baujahr 1976
(6) Fahrzeuge mit Telegabel ø 32mm
(7) Fahrzeuge mit Telegabel ø 35mm
(8) Fahrzeuge mit Motoren bis Motor-Nummer 7372908
(9) Fahrzeuge mit Motoren ab Motor-Nummer 7372909
(10) Fahrzeuge mit Telegabel ø 32mm und Motor bis Motor-Nummer 7372908
(11) Fahrzeuge mit Telegabel ø 35mm und Motor bis Motor-Nummer 7372908
(12) Fahrzeuge mit Telegabel ø 35mm und Motor ab Motor-Nummer 7372909

8.6.1.9 Normteile für ETZ 125 bis Baujahr 1990

Normbezeichnung	Fahrgestell (1)	Fahrgestell (2)	Elektrik	Motor	Gesamt (1)	Gesamt (2)
Bolzen TGL 0-1438-h8 11x19x12-M6				3	3	3
Dichtring TGL 0-7603-A-12x16				1	1	1
Dichtring TGL 0-7603-A-18x24				1	1	1
Dichtring TGL 0-7603-A-5x9 (5)				2		
Dichtring TGL 0-7603-A-6x10 (6)				8	8	8
Dichtring TGL 0-7603-A-8x14				1	1	1
Druckfeder TGL 18395-C-1,2x8,5x11,5				1	1	1
Feder TGL 18397-C-1,4x8,5x16-A-1				1	1	1
Federring TGL 7403-B-10	5	5			5	5
Federring TGL 7403-B-12	1	1			1	1
Federring TGL 7403-B-3,5			1		1	1
Federring TGL 7403-B-4			8		8	8
Federring TGL 7403-B-5	5	5			5	5
Federring TGL 7403-B-6	4	4	2		6	6
Federring TGL 7403-B-8	10	10	2	2	14	14
Federscheibe TGL 0-137-14	1	1			1	1
Federscheibe TGL 0-137-3,5			1		1	1
Federscheibe TGL 0-137-5	1	1	3		4	4
Federscheibe TGL 0-137-6 (7)	19	19	2	11	32	32
Federscheibe TGL 0-137-8	5	6			5	6
Gewindestift TGL 0-417-M8x20-h				1	1	1
Gewindestift TGL 0-551-M6x14	1	1			1	1
Halbrundkerbnagel TGL 0-1476-2,5x5-4.6	2	2			2	2
Halskerbstift TGL 7408-B-4x16-5.8				1	1	1
Hutmutter TGL 0-1587-M6-6	4	4			4	4
Innenlippenring TGL 6357-A-10			1			1
Kegelkerbstift TGL 0-1471-3x36				1	1	1
Kegelschmierkopf TGL 0-71412-A-6	1	1			1	1
Kugel TGL 15515-1/4"-70				1	1	1
Kugel TGL 15515-10-70				1	1	1
Kugel TGL 15515-8-70				1	1	1
Linsenschraube TGL 0-7985-M4x6			2		2	2
Linsensenkschraube TGL 16524-B-M4x10			2		2	2
Nadellager TGL 11553-K 15x19x13				1	1	1
Nadellager TGL 11553-K 15x19x20 FKI				1	1	1
Passscheibe TGL 10404-15x0,5				1	1	1

Normbezeichnung	Fahrgestell (1)	Fahrgestell (2)	Elektrik	Motor	Gesamt (1)	Gesamt (2)
Passscheibe TGL 10404-8x1,5				2	2	2
Passscheibe TGL 10404-9x0,5			1		1	1
Rillenkugellager TGL 2981-6004	1	1			1	1
Rillenkugellager TGL 2981-6004 TN				1	1	1
Rillenkugellager TGL 2981-6006	2	2			2	2
Rillenkugellager TGL 2981-6201 TN C3				1	1	1
Rillenkugellager TGL 2981-6202 TN C3				1	1	1
Rillenkugellager TGL 2981-6204 TNW C4f				2	2	2
Rillenkugellager TGL 2981-6302 Z	4	4			4	4
Rillenkugellager TGL 2981-6304 J C4f				1	1	1
Rundring TGL 6365-20x2				1	1	1
Rundring TGL 6365-20x3 (5)				1	1	1
Scheibe TGL 0-125-10,5-St		2				2
Scheibe TGL 0-125-19-St		1			1	1
Scheibe TGL 0-125-4,3-St		5			5	5
Scheibe TGL 0-125-5,3-St		5			5	5
Scheibe TGL 0-125-6,4-St	4	4			4	4
Scheibe TGL 0-125-8,4-St	4	15		4	8	19
Scheibe TGL 1774-6,4-St				1	1	1
Scheibe TGL 0-9021-10,5-St	2	2			2	2
Scheibe TGL 0-9021-6,4-St	9	9			9	9
Scheibenfeder TGL 9499-4x5				1	1	1
Sechskantmutter TGL 27689-M8-8	3	7			3	7
Sechskantmutter TGL 0-6330-A-M12	1	1			1	1
Sechskantmutter TGL 0-934-M10-6	2	2			2	2
Sechskantmutter TGL 0-934-M12x1,5-6-LH				1	1	1
Sechskantmutter TGL 0-934-M14x1,5-6	2	2			2	2
Sechskantmutter TGL 0-934-M20x1,5				1	1	1
Sechskantmutter TGL 0-934-M4-6	3	3	1		4	4
Sechskantmutter TGL 0-934-M5-6	6	6	6		12	12
Sechskantmutter TGL 0-934-M6-6 (6)	16	16	2	6	24	24
Sechskantmutter TGL 0-934-M8-10	16	15	1	7	24	23
Sechskantmutter TGL 0-936-M18x1,5-5.8	2	2	1		3	3
Sechskantschraube TGL 0-7976-B-6,3x19	2	2			2	2
Sechskantschraube TGL 0-931-M6x35-4.8			1		1	1
Sechskantschraube TGL 0-931-M8x65-8.8	1	1			1	1

Angaben in Stück je Fahrzeug

Normbezeichnung	Fahrgestell (1)	Fahrgestell (2)	Elektrik	Motor	Gesamt (1)	Gesamt (2)
Sechskantschraube TGL 0-931-M8x80-8.8	2	2			2	2
Sechskantschraube TGL 0-933-M10x25-10.9	1	1		1	2	2
Sechskantschraube TGL 0-933-M10x30-8.8		2				2
Sechskantschraube TGL 0-933-M10x35-8.8	2	2			2	2
Sechskantschraube TGL 0-933-M12x16-8.8				1	1	1
Sechskantschraube TGL 0-933-M5x10-8.8				1	1	1
Sechskantschraube TGL 0-933-M5x16-8.8			1		1	1
Sechskantschraube TGL 0-933-M6x12-8.8 [6]	3	3		4	7	7
Sechskantschraube TGL 0-933-M6x14-8.8 [6]	2	2		4	6	6
Sechskantschraube TGL 0-933-M6x16-8.8	4	4	2		6	6
Sechskantschraube TGL 0-933-M6x25-8.8	1	1		3	4	4
Sechskantschraube TGL 0-933-M6x30-8.8	4	4			4	4
Sechskantschraube TGL 0-933-M7x80-8.8 [3]				1	1	1
Sechskantschraube TGL 0-933-M8x12-8.8	2	2		1	3	3
Sechskantschraube TGL 0-933-M8x16-8.8	1	1		1	2	2
Sechskantschraube TGL 0-933-M8x18-8.8	2	2			2	2
Sechskantschraube TGL 0-933-M8x20-8.8	1	1			1	1
Sechskantschraube TGL 0-933-M8x25-8.8	3	3		1	4	4
Sechskantschraube TGL 0-933-M8x30-8.8		6				6
Sechskantschraube TGL 0-933-M8x40-8.8	4	3			4	3
Sechskantschraube TGL 0-933-M8x45-8.8	2	1			2	1
Sechskantschraube TGL 0-933-M8x50-8.8	4	4			4	4
Senkblechschraube TGL 0-7972-B4,8-13	1	1			1	1
Senkkerbnagel TGL 0-1477-2,5x6	2	2			2	2
Senkkerbnagel TGL 0-1477-3x5-4.6				1	1	1
Senkniet TGL 0-661-4x18-Mu8				6	6	6
Senkschraube TGL 5683-B-M4x10-5.8				4	4	4
Senkschraube TGL 5683-B-M4x16-5.8			3		3	3
Senkschraube TGL 5683-B-M5x16-5.8				8	8	8
Senkschraube TGL 5683-B-M6x8-4.8	1	1			1	1
Sicherungsblech TGL 0-432-8,4-St				3	3	3
Sicherungsblech TGL 0-463-A-13-St				1	1	1
Sicherungsblech TGL 0-463-A-5,3-St				1	1	1
Sicherungsring TGL 0-471-12	4	2			4	2
Sicherungsring TGL 0-471-15				1	1	1
Sicherungsring TGL 0-471-20	1	1			1	1
Sicherungsring TGL 0-471-8				2	2	2

Normbezeichnung	Fahrgestell (1)	Fahrgestell (2)	Elektrik	Motor	Gesamt (1)	Gesamt (2)
Sicherungsring TGL 0-471-9				1	1	1
Sicherungsring TGL 0-472-30	2	2			2	2
Sicherungsring TGL 0-472-32				1	1	1
Sicherungsring TGL 0-472-42	1	1			1	1
Sicherungsscheibe TGL 0-6799-5	2	2			2	2
Sicherungsscheibe TGL 0-6799-7				2	2	2
Sicherungsscheibe TGL 0-6799-9				2	2	2
Splint TGL 0-94-3,2x25-St				1	1	1
Sprengring TGL 16363-20				3	3	3
Sprengring TGL 31666-20x1,2		1				1
Sprengring TGL 31666-32x1,6	2	2			2	2
Sprengring TGL 0-73123-15				2	2	2
Stiftschraube TGL 0-835-B-M8x18-8.8				2	2	2
Stiftschraube TGL 0-939-B-M6x20-8.8	1	1			1	1
Wellendichtring TGL 16454-D-20x30x7 [9]				2	2	2
Wellendichtring TGL 16454-D-20x47x7 [8]				1	1	1
Wellendichtring TGL 16454-D-25x35x7				1	1	1
Wellendichtring TGL 16454-D-35x47x7	2	2			2	2
Zylinderblechschraube TGL 0-7971-B-2,9x19		2			2	2
Zylinderblechschraube TGL 0-7971-B-3,5x22		4			4	4
Zylinderschraube TGL 0-84-A-M4x16-8.8		3			3	3
Zylinderschraube TGL 0-84-A-M4x25-4.8		2			2	2
Zylinderschraube TGL 0-84-B-M4x12-5.8	2	2			2	2
Zylinderschraube TGL 0-84-B-M4x20-5.8	1	1			1	1
Zylinderschraube TGL 0-84-B-M4x8-5.8		2			2	2
Zylinderschraube TGL 0-84-B-M5x10-5.6		2			2	2
Zylinderschraube TGL 0-84-B-M5x12-5.8	4	4			4	4
Zylinderschraube TGL 0-84-B-M5x16-5.8 [6]		2	4		6	6
Zylinderschraube TGL 0-84-B-M5x22-5.8 [5]			2		2	2
Zylinderschraube TGL 0-84-B-M5x30-4.8			2		2	2
Zylinderschraube TGL 0-84-B-M5x40-5.8	1	1			1	1
Zylinderschraube TGL 0-84-B-M5x50-5.8			3		3	3
Zylinderschraube TGL 0-84-B-M6x10-5.8				1	1	1
Zylinderschraube TGL 0-84-B-M6x16-5.8	4	4			4	4
Zylinderschraube TGL 0-84-B-M6x45-5.8			5		5	5
Zylinderschraube TGL 0-84-B-M6x55-5.8				1	1	1
Zylinderschraube TGL 0-84-B-M6x65-5.8			5		5	5

Angaben in Stück je Fahrzeug

Normbezeichnung	Fahrgestell (1)	Fahrgestell (2)	Elektrik	Motor	Gesamt (1)	Gesamt (2)
Zylinderschraube TGL 0-84-M3,5x5			1		1	1
Zylinderschraube TGL 0-84-M4x10-4.8	2	2	2		4	4
Zylinderschraube TGL 0-84-M4x12-4.6			3		3	3
Zylinderschraube TGL 0-84-M6x15-5.8			1		1	1
Zylinderschraube TGL 0-912-M5x20-8.8			1		1	1
Zylinderschraube TGL 0-912-M5x30-8.8			1		1	1
Zylinderschraube TGL 0-912-M6x20-8.8	5	5		2	7	7
Zylinderschraube TGL 0-912-M6x50-8.8				1	1	1
Zylinderschraube TGL 0-912-M6x60-8.8				3	3	3
Zylinderschraube TGL 0-912-M7x90-10.9 (4)				1	1	1
Zylinderschraube TGL 0-912-M8x25-10.9		2				2
Zylinderschraube TGL 0-912-M8x35-8.8			4		4	4
Zylinderstift TGL 0-6325-8x40				1	1	1
Zylinderstift TGL 0-7-6m 6x20-5.8				2	2	2

Angaben in Stück je Fahrzeug

(1) für Fahrzeuge mit Trommelbremsanlage vorn
(2) für Fahrzeuge mit Scheibenbremsanlage vorn
(3) für Fahrzeuge mit Unterbrecher-Zündanlage
(4) für Fahrzeuge mit elektronischer Serienzündanlage
(5) entfällt bei Motoren mit Gemischschmierung
(6) Anzahl reduziert sich um 2 Stück bei Motoren mit Gemischschmierung
(7) Anzahl reduziert sich um 4 Stück bei Motoren mit Gemischschmierung
(8) ab Fahrgestell-Nummer 4160371
(9) ab Fahrgestell-Nummer 4160371 reduziert sich die Anzahl auf 1 Stück

8. Normteile

8.6.2 Normteile für 150cm^3-Modelle

8.6.2.1 Normteile für ES 150

Normbezeichnung	Fahrgestell	Elektrik	Motor	Gesamt
Bolzen TGL 18010-6h 11x12x9	1			1
Dichtring TGL 0-7603-C-12x18			1	1
Dichtring TGL 0-7603-C-6x10			5	5
Dichtring TGL 0-7603-C-8x14			2	2
Drahtsprengring TGL 24-42.3-A-15-42.3			2	2
Federring TGL 0-127-B-5		2		2
Federring TGL 0-127-B-6		6		6
Federring TGL 0-127-B-8		1		1
Federring TGL 7403-B-10	5			5
Federring TGL 7403-B-12			1	1
Federring TGL 7403-B-4			6	6
Federring TGL 7403-B-5	5	3		8
Federring TGL 7403-B-6	9		1	10
Federring TGL 7403-B-8 [2]	16			16
Federscheibe TGL 0-137-14	1			1
Federscheibe TGL 0-137-6	7		6	13
Federscheibe TGL 0-137-A-5		2		2
Federscheibe TGL 0-137-B-10	4			4
Federscheibe TGL 0-137-B-12			1	1
Federscheibe TGL 0-137-B-8 [3]	13	1		14
Gewindestift TGL 0-417-M8x30-5S			1	1
Halbrundniet TGL 0-660-2,6x8			2	2
Kegelschmierkopf TGL 0-71412-A-6	3		1	4
Kugel TGL 15515-6,35 III	44		2	46
Linsenschraube TGL 5687-M5x12-4S	2			2
Linsenschraube TGL 0-85-A-M4x28		2		2
Rillenkugellager TGL 2981-6004	1			1
Rillenkugellager TGL 2981-6004 [4]			1	1
Rillenkugellager TGL 2981-6201 [4]			1	1
Rillenkugellager TGL 2981-6202 C3 [4]			1	1
Rillenkugellager TGL 2981-6302	4			4
Rillenkugellager TGL 2981-6303 C4f [4]			3	3
Rundring TGL 6365-20x2			1	1

Normbezeichnung	Fahrgestell	Elektrik	Motor	Gesamt
Scheibe TGL 0-125-4,3-St		1		1
Scheibe TGL 0-125-5,3		2		2
Scheibe TGL 0-125-6,4	5	1	2	8
Scheibe TGL 0-125-8,4-St [2]	6	1		7
Scheibe TGL 1440-6 [1]			1	1
Scheibe TGL 8328-15	1			1
Scheibenfeder TGL 9499-4x5			2	2
Linsensenkschraube TGL 5687-M5x10		4		4
Sechskantmutter TGL 0-439-B-M8	2			2
Sechskantmutter TGL 0-934-B-M10	2			2
Sechskantmutter TGL 0-934-M12x1,5-5S-LH			1	1
Sechskantmutter TGL 0-934-M14x1,5	1			1
Sechskantmutter TGL 0-934-M4	1	2		3
Sechskantmutter TGL 0-934-M5	6	2		8
Sechskantmutter TGL 0-934-M6-5S [1]	17	2	7	26
Sechskantmutter TGL 0-934-M8-6S	16	1	1	18
Sechskantmutter TGL 0-936-M12x1,5			1	1
Sechskantmutter TGL 0-936-M14x1,5-5S	1			1
Sechskantmutter TGL 0-936-M18x1,5-5S	4			4
Sechskantschraube TGL 0-931-C-M10x100	2			2
Sechskantschraube TGL 0-931-C-M10x35-8G	4			4
Sechskantschraube TGL 0-931-C-M8x25-8G	1			1
Sechskantschraube TGL 0-931-C-M8x30-8G	1			1
Sechskantschraube TGL 0-931-C-M8x45-8G	3			3
Sechskantschraube TGL 0-931-M6x25	1	1		2
Sechskantschraube TGL 0-931-M6x45 [1]			1	1
Sechskantschraube TGL 0-931-M8x25-8G			1	1
Sechskantschraube TGL 0-931-M8x35	2			2
Sechskantschraube TGL 0-933-C-M10x45-8G	1			1
Sechskantschraube TGL 0-933-M10x15	2			2
Sechskantschraube TGL 0-933-M10x45-8G	1			1
Sechskantschraube TGL 0-933-M6x10	3			3
Sechskantschraube TGL 0-933-M6x15		2		2

Angaben in Stück je Fahrzeug

Normbezeichnung	Fahrgestell	Elektrik	Motor	Gesamt
Sechskantschraube TGL 0-933-M6x16-8G	3		3	6
Sechskantschraube TGL 0-933-M6x20-8G	7			7
Sechskantschraube TGL 0-933-M8x12-8G	2		2	4
Sechskantschraube TGL 0-933-M8x15-8G [3]	11			11
Sechskantschraube TGL 0-933-M8x16-8G	2	1		3
Sechskantschraube TGL 0-933-M8x20-8G [2]	6			6
Sechskantschraube TGL 0-933-M8x25-8G	6			6
Sechskantschraube TGL 0-933-M8x55-8G	6			6
Senkkerbnagel TGL 0-1477-2,5x6	2			2
Senkniet TGL 0-661-4x15			6	6
Senkschraube TGL 0-63-M4x10			5	5
Senkschraube TGL 0-63-M5x15-5S			4	4
Sicherungsring TGL 0-471-12x1	4			4
Sicherungsring TGL 0-472-19x1	1			1
Sicherungsring TGL 0-472-32x1,2			1	1
Sicherungsring TGL 0-472-47x1,6			1	1
Splint TGL 0-94-1,5x10	1			1
Splint TGL 0-94-3x15			1	1
Steckkerbstift TGL 0-1474-4x12			2	2
Stiftschraube TGL 0-835-B-M6x25-5S			2	2
Stiftschraube TGL 0-835-M6x80-5S	1			1
Stiftschraube TGL 0-940-M6x125-10K			4	4
Verschlussschraube TGL 0-7604-A-M14x1,5			1	1
Wellendichtring TGL 16454-D-17x30x7			1	1
Wellendichtring TGL 16454-D-22x35x7			1	1
Wellendichtring TGL 16454-D-25x35x7			1	1
Wellendichtring TGL 16454-E-22x47x10			1	1
Zylinderkerbstift TGL 0-1473-2,5x10			1	1
Zylinderkerbstift TGL 0-1473-4x20	1			1
Zylinderkerbstift TGL 0-1473-5x32	1			1
Zylinderschraube TGL 0-84-A-M3,5x8	2			2
Zylinderschraube TGL 0-84-A-M4x10		2		2
Zylinderschraube TGL 0-84-A-M4x18	1			1
Zylinderschraube TGL 0-84-A-M4x35		1		1
Zylinderschraube TGL 0-84-B-M4x6		1		1

Normbezeichnung	Fahrgestell	Elektrik	Motor	Gesamt
Zylinderschraube TGL 0-84-B-M6x20-5S			6	6
Zylinderschraube TGL 0-84-C-M5x75-5S		2		2
Zylinderschraube TGL 0-84-C-M6x50-5S			10	10
Zylinderschraube TGL 0-84-C-M6x60-5S			1	1
Zylinderschraube TGL 0-84-C-M6x65-5S			1	1
Zylinderschraube TGL 0-84-C-M6x70-5S			2	2
Zylinderschraube TGL 0-84-C-M6x85-5S			2	2
Zylinderschraube TGL 0-84-M4x15-4D			2	2
Zylinderschraube TGL 0-84-M4x5		2		2
Zylinderschraube TGL 0-84-M4x8		3		3
Zylinderschraube TGL 0-84-M5x15		2		2
Zylinderschraube TGL 0-84-M5x20		2		2
Zylinderschraube TGL 0-84-M6x8-5S		3		3
Zylinderstift TGL 0-7-6m 6x20			2	2

Angaben in Stück je Fahrzeug

(1) Anzahl in der Baugruppe "Motor" reduziert um 1 Stück ab Motornummer 61806135

(2) Anzahl in der Baugruppe "Fahrgestell" reduziert um 4 Stück bei Montage der Sättel

(3) Anzahl in der Baugruppe "Fahrgestell" reduziert um 8 Stück bei Montage der Sitzbank

(4) Lager mit Polyamid-Käfig

8.6.2.2 Normteile für ES 150/1

Normbezeichnung	Fahrgestell	Elektrik	Motor [3]	Motor [4]	Gesamt [3]	Gesamt [4]
Dichtring TGL 0-7603-C-12x18			1	1	1	1
Dichtring TGL 0-7603-C-6x10			6	6	6	6
Dichtring TGL 0-7603-C-8x14			1	1	1	1
Druckfeder TGL 18395-C-1,2x6x11,5			1	1	1	1
Federring TGL 7403-B-10	4				4	4
Federring TGL 7403-B-12			1	1	1	1
Federring TGL 7403-B-4		6			6	6
Federring TGL 7403-B-5	5	2			7	7
Federring TGL 7403-B-6	9	6			15	15
Federring TGL 7403-B-8	13	2			15	15
Federscheibe TGL 0-137-10	4				4	4
Federscheibe TGL 0-137-12			1	1	1	1
Federscheibe TGL 0-137-14	1				1	1
Federscheibe TGL 0-137-6	6		2	2	8	8
Federscheibe TGL 0-137-8	11	1			12	12
Federscheibe TGL 0-137-B-5		2			2	2
Gewindestift TGL 0-417-M8x30-6g			1	1	1	1
Halbrundniet TGL 0-660-2,6x8			2	2	2	2
Kegelschmierkopf TGL 0-71412-A-6	2		1	1	3	3
Kugel TGL 15515-6,35 III	44				44	44
Kugel TGL 15515-6,35 IV			2	2	2	2
Linsenschraube TGL 5687-M5x12-5S	2				2	2
Linsenschraube TGL 0-85-A-M4x28		4			4	4
Nadellager TGL 11553-K 15x19x20 FKI				1		1
Rillenkugellager TGL 2981-6004	1				1	1
Rillenkugellager TGL 2981-6004 TN			1	1	1	1
Rillenkugellager TGL 2981-6201 TN C3			1	1	1	1
Rillenkugellager TGL 2981-6202 TN C3			1	1	1	1
Rillenkugellager TGL 2981-6204 TNW C4f				2		2
Rillenkugellager TGL 2981-6302	4				4	4
Rillenkugellager TGL 2981-6303 TN C4f			3		3	
Rillenkugellager TGL 2981-6304 J C4f				1		1
Rundring TGL 6365-20x2			1	1	1	1
Rundring TGL 6365-8x2	1				1	1
Scheibe TGL 0-125-4,3-St		1			1	1
Scheibe TGL 0-125-5,3		2			2	2

Normbezeichnung	Fahrgestell	Elektrik	Motor [3]	Motor [4]	Gesamt [3]	Gesamt [4]
Scheibe TGL 0-125-6,4-St	4	1	6	6	11	11
Scheibe TGL 0-125-8,4-St	4				4	4
Scheibe TGL 0-9021-10,5-St	2				2	2
Scheibe TGL 0-9021-6,4-St	5	1			6	6
Scheibe TGL 0-9021-8,4-St		1			1	1
Scheibenfeder TGL 9499-4x5			2	2	2	2
Schraube TGL 5687-M5x10		4			4	4
Sechskantmutter TGL 0-439-B-M8-5S	2				2	2
Sechskantmutter TGL 0-934-M10-5S	2				2	2
Sechskantmutter TGL 0-934-M12x1,5-5S-LH			1	1	1	1
Sechskantmutter TGL 0-934-M4-5S	1	4			5	5
Sechskantmutter TGL 0-934-M5-5S	7	2			9	9
Sechskantmutter TGL 0-934-M6-5S	14	2	4	4	20	20
Sechskantmutter TGL 0-934-M8-6	14	1	1	1	16	16
Sechskantmutter TGL 0-936-M12x1,5-5S			1	1	1	1
Sechskantmutter TGL 0-936-M14x1,5-5S	2				2	2
Sechskantmutter TGL 0-936-M18x1,5-5S	4				4	4
Sechskantschraube TGL 0-931-C-M10x100-8G	2				2	2
Sechskantschraube TGL 0-931-C-M10x35-8G	2				2	2
Sechskantschraube TGL 0-931-C-M8x45-8G	3				3	3
Sechskantschraube TGL 0-931-M8x25-8G			1	1	1	1
Sechskantschraube TGL 0-931-M8x35-8G	2				2	2
Sechskantschraube TGL 0-933-M10x16-8G	2				2	2
Sechskantschraube TGL 0-933-M10x35-8G	1				1	1
Sechskantschraube TGL 0-933-M10x45-8G	1				1	1
Sechskantschraube TGL 0-933-M6x10-8.8	6				6	6
Sechskantschraube TGL 0-933-M6x16-8G	3	2	3	3	8	8
Sechskantschraube TGL 0-933-M6x20-8.8	6				6	6
Sechskantschraube TGL 0-933-M6x25-8G			2	2	2	2
Sechskantschraube TGL 0-933-M8x12-8G	2		1	1	3	3
Sechskantschraube TGL 0-933-M8x16-8G	13	1			14	14
Sechskantschraube TGL 0-933-M8x18	1				1	1
Sechskantschraube TGL 0-933-M8x20-8G	3				3	3
Sechskantschraube TGL 0-933-M8x25-8.8	5				5	5
Sechskantschraube TGL 0-933-M8x30-8G	2				2	2
Sechskantschraube TGL 0-933-M8x35-8G	4				4	4

Angaben in Stück je Fahrzeug

Normbezeichnung	Fahrgestell	Elektrik	Motor (3)	Motor (4)	Gesamt (3)	Gesamt (4)
Sechskantschraube TGL 0-933-M8x60-8G	1				1	1
Senkkerbnagel TGL 0-1477-2,5x6	2				2	2
Senkkerbstift TGL 0-1474-4x12			2	2	2	2
Senkniet TGL 0-661-4x16-Mu8 (1)			6	6	6	6
Senkniet TGL 0-661-4x18-Mu8 (2)			6	6	6	6
Senkschraube TGL 5683-B-M4x10			5	5	5	5
Senkschraube TGL 5683-B-M5x15			4	4	4	4
Senkschraube TGL 5683-B-M6x8-4.8	1				1	1
Sicherungsring TGL 0-471-12	4				4	4
Sicherungsring TGL 0-472-32			1	1	1	1
Sicherungsring TGL 0-472-47			1	1	1	1
Splint TGL 0-94-3,2x16-St			1	1	1	1
Sprengring TGL 0-73123-15			2	2	2	2
Stiftschraube TGL 0-940-M6x125-10K			4	4	4	4
Verschlussschraube TGL 0-7604-M14x1,5			1	1	1	1
Wellendichtring TGL 16454-D-17x30x7			1		1	
Wellendichtring TGL 16454-D-20x30x7				2		2
Wellendichtring TGL 16454-D-22x47x7			2		2	
Wellendichtring TGL 16454-D-25x35x7			1		1	
Wellendichtring TGL 16454-D-25x35x7				1		1
Zylinderkerbstift TGL 0-1473-5x32-6S	1				1	1
Zylinderkerbstift TGL 0-1473-2,5x10			1	1	1	1
Zylinderschraube TGL 0-84-A-M4x18	1				1	1
Zylinderschraube TGL 0-84-A-M4x35		1			1	1
Zylinderschraube TGL 0-84-B-M3,5x8	2				2	2
Zylinderschraube TGL 0-84-B-M4x6		1			1	1
Zylinderschraube TGL 0-84-B-M6x10-5S			1	1	1	1
Zylinderschraube TGL 0-84-B-M6x20-5S			6	6	6	6
Zylinderschraube TGL 0-84-C-M5x75-5S		2			2	2
Zylinderschraube TGL 0-84-C-M6x50-5S			9	9	9	9
Zylinderschraube TGL 0-84-C-M6x60-5S			1	1	1	1
Zylinderschraube TGL 0-84-C-M6x65-5S			1	1	1	1
Zylinderschraube TGL 0-84-C-M6x70-5S			2	2	2	2

Normbezeichnung	Fahrgestell	Elektrik	Motor (3)	Motor (4)	Gesamt (3)	Gesamt (4)
Zylinderschraube TGL 0-84-C-M6x85-5S			2	2	2	2
Zylinderschraube TGL 0-84-M4x15-4D			2	2	2	2
Zylinderschraube TGL 0-84-M4x5	2				2	2
Zylinderschraube TGL 0-84-M4x8	3				3	3
Zylinderschraube TGL 0-84-M5x10	2				2	2
Zylinderschraube TGL 0-84-M5x15	2				2	2
Zylinderschraube TGL 0-84-M6x8-5	3				3	3
Zylinderstift TGL 0-7-6m 6x20			2	2	2	2

Angaben in Stück je Fahrzeug

(1) entfällt bei Verwendung einer Duplex-Kette als Primärtrieb
(2) entfällt bei Verwendung einer Simplex-Kette als Primärtrieb
(3) Fahrzeuge mit Motoren bis Motor-Nummer 6587572
(4) Fahrzeuge mit Motoren ab Motor-Nummer 6587573

8.6.2.3 Normteile für ETS 150

Normbezeichnung	Fahrgestell	Elektrik	Motor	Gesamt
Dichtring TGL 0-7603-C-12x18			1	1
Dichtring TGL 0-7603-C-6x10			6	6
Dichtring TGL 0-7603-C-8x14			1	1
Druckfeder TGL 18395-C-1,2x6x11,5			1	1
Federring TGL 7403-B-10	4			4
Federring TGL 7403-B-12			1	1
Federring TGL 7403-B-4		6		6
Federring TGL 7403-B-5	5	2		7
Federring TGL 7403-B-6	9	6		15
Federring TGL 7403-B-8	14	2		16
Federscheibe TGL 0-137-10	4			4
Federscheibe TGL 0-137-12			1	1
Federscheibe TGL 0-137-14	1			1
Federscheibe TGL 0-137-6	10		2	12
Federscheibe TGL 0-137-8	11	1		12
Federscheibe TGL 0-137-B-5		2		2
Gewindestift TGL 0-417-M8x30-6g			1	1
Halbrundniet TGL 0-660-2,6x8			2	2
Kegelschmierkopf TGL 0-71412-A-6	1		1	2
Kugel TGL 15515-6,35 III	44			44
Kugel TGL 15515-6,35 IV			2	2
Linsenschraube TGL 5687-B-M5x10-5S	2			2
Linsenschraube TGL 5687-M5x12-5S	2			2
Linsenschraube TGL 85-A-M4x28		4		4
Rillenkugellager TGL 2981-6004	1			1
Rillenkugellager TGL 2981-6004 TN			1	1
Rillenkugellager TGL 2981-6201 TN C3			1	1
Rillenkugellager TGL 2981-6202 TN C3			1	1
Rillenkugellager TGL 2981-6302	4			4
Rillenkugellager TGL 2981-6303 TN C4f			3	3
Rundring TGL 6365-20x2			1	1
Scheibe TGL 0-125-4,3-St		1		1
Scheibe TGL 0-125-5,3		2		2
Scheibe TGL 0-125-6,4-St	4	1	6	11
Scheibe TGL 0-125-8,4-St	4			4

Normbezeichnung	Fahrgestell	Elektrik	Motor	Gesamt
Scheibe TGL 0-9021-10,5-St	2			2
Scheibe TGL 0-9021-6,4-St	5	1		6
Scheibe TGL 0-9021-8,4-St		1		1
Scheibenfeder TGL 9499-4x5			2	2
Linsensenkschraube TGL 5687-M5x10		4		4
Sechskantmutter TGL 0-439-B-M8-5S	2			2
Sechskantmutter TGL 0-934-M10-5S	2			2
Sechskantmutter TGL 0-934-M12x1,5-5S-LH			1	1
Sechskantmutter TGL 0-934-M4-5S	3	4		7
Sechskantmutter TGL 0-934-M5-5S	7	2		9
Sechskantmutter TGL 0-934-M6-5S	14	2	4	20
Sechskantmutter TGL 0-934-M8-6	12	1	1	14
Sechskantmutter TGL 0-936-M12x1,5-5S			1	1
Sechskantmutter TGL 0-936-M14x1,5-5S	2			2
Sechskantmutter TGL 0-936-M18x1,5-5S	2			2
Sechskantschraube TGL 0-931-C-M10x100-8G	2			2
Sechskantschraube TGL 0-931-C-M10x35-8G	2			2
Sechskantschraube TGL 0-931-C-M8x45-8G	3			3
Sechskantschraube TGL 0-931-M10x40-8G	2			2
Sechskantschraube TGL 0-931-M6x40-8G	4			4
Sechskantschraube TGL 0-931-M8x25-8G			1	1
Sechskantschraube TGL 0-931-M8x30-8G	1			1
Sechskantschraube TGL 0-931-M8x35-8G	2			2
Sechskantschraube TGL 0-933-M10x16-8G	2			2
Sechskantschraube TGL 0-933-M6x10-8.8	6			6
Sechskantschraube TGL 0-933-M6x16-8G	3	2	3	8
Sechskantschraube TGL 0-933-M6x20-8.8	6		2	8
Sechskantschraube TGL 0-933-M8x12-8G	2		1	3
Sechskantschraube TGL 0-933-M8x16-8G	13	1		14
Sechskantschraube TGL 0-933-M8x18	1			1
Sechskantschraube TGL 0-933-M8x20-8G	3			3
Sechskantschraube TGL 0-933-M8x25-8.8	3			3
Sechskantschraube TGL 0-933-M8x30-8G	2			2
Sechskantschraube TGL 0-933-M8x35-8G	2			2
Senkkerbnagel TGL 0-1477-2,5x6	2			2

Angaben in Stück je Fahrzeug

Normbezeichnung	Fahrgestell	Elektrik	Motor	Gesamt
Senkkerbstift TGL 0-1474-4x12			2	2
Senkniet TGL 0-661-4x16-Mu8 [1]			6	6
Senkniet TGL 0-661-4x18-Mu8 [2]			6	6
Senkschraube TGL 5683-B-M4x10			5	5
Senkschraube TGL 5683-B-M5x15			4	4
Senkschraube TGL 5683-B-M6x8-4.8	1			1
Sicherungsring TGL 0-471-12	4			4
Sicherungsring TGL 0-472-32			1	1
Sicherungsring TGL 0-472-45	2			2
Sicherungsring TGL 0-472-47			1	1
Splint TGL 0-94-3,2x16-St			1	1
Sprengring TGL 16363-32	6			6
Sprengring TGL 0-73123-15			2	2
Sprengring TGL 0-9045-32x1,6	2			2
Stiftschraube TGL 0-940-M6x125-10K			4	4
Verschlussschraube TGL 0-7604-M14x1,5			1	1
Wellendichtring TGL 16454-D-17x30x7			1	1
Wellendichtring TGL 16454-D-22x47x7			2	2
Wellendichtring TGL 16454-D-25x35x7			1	1
Wellendichtring TGL 16454-D-32x45x7	2			2
Zylinderkerbstift TGL 0-1473-5x32-6S	1			1
Zylinderkerbstift TGL 0-1473-2,5x10			1	1
Zylinderschraube TGL 0-84-A-M4x18	1			1
Zylinderschraube TGL 0-84-A-M4x35		1		1
Zylinderschraube TGL 0-84-B-M3,5x8	2			2
Zylinderschraube TGL 0-84-B-M4x12-5S	2			2
Zylinderschraube TGL 0-84-B-M4x6		1		1
Zylinderschraube TGL 0-84-B-M6x10-5S			1	1
Zylinderschraube TGL 0-84-B-M6x20-5S			6	6
Zylinderschraube TGL 0-84-C-M5x75-5S		2		2
Zylinderschraube TGL 0-84-C-M6x50-5S			9	9
Zylinderschraube TGL 0-84-C-M6x60-5S			1	1
Zylinderschraube TGL 0-84-C-M6x65-5S			1	1
Zylinderschraube TGL 0-84-C-M6x70-5S			2	2
Zylinderschraube TGL 0-84-C-M6x85-5S			2	2
Zylinderschraube TGL 0-84-M4x15-4D			2	2

Normbezeichnung	Fahrgestell	Elektrik	Motor	Gesamt
Zylinderschraube TGL 0-84-M4x5			2	2
Zylinderschraube TGL 0-84-M4x8			3	3
Zylinderschraube TGL 0-84-M5x10			2	2
Zylinderschraube TGL 0-84-M5x15			2	2
Zylinderschraube TGL 0-84-M6x8-5			3	3
Zylinderstift TGL 0-7-6m 6x20			2	2

Angaben in Stück je Fahrzeug

(1) entfällt bei Verwendung einer Duplex-Kette als Primärtrieb

(2) entfällt bei Verwendung einer Simplex-Kette als Primärtrieb

8.6.2.4 Normteile für TS 150

Normbezeichnung	Fahrgestell [6]	Fahrgestell [7]	Elektrik	Motor [8]	Motor [9]	Gesamt [10]	Gesamt [11]	Gesamt [12]
Dichtring TGL 0-7603-A-6x10				6	6	6	6	6
Dichtring TGL 0-7603-A-8x14				1	1	1	1	1
Dichtring TGL 0-7603-C-18x24				1	1	1	1	1
Feder TGL 18395-A-0,7x12x5,5 f	1	1				1	1	1
Feder TGL 18395-C-1,2x6x11,5				1	1	1	1	1
Federring TGL 7403-B-10	4	4				4	4	4
Federring TGL 7403-B-12				1	1	1	1	1
Federring TGL 7403-B-4	1	1	2			3	3	3
Federring TGL 7403-B-5	5	5	3			8	8	8
Federring TGL 7403-B-6	17	15	7			24	22	22
Federring TGL 7403-B-8	17	16	1			18	17	17
Federscheibe TGL 0-137-10	4	6	3	1	1	8	10	10
Federscheibe TGL 0-137-12				1	1	1	1	1
Federscheibe TGL 0-137-14	1	1				1	1	1
Federscheibe TGL 0-137-5	3	3	2			5	5	5
Federscheibe TGL 0-137-6	4	5	2	3	3	9	10	10
Federscheibe TGL 0-137-8	4	5	1			5	6	6
Gewindestift TGL 0-417-M8x30-6G				1	1	1	1	1
Halbrundkerbnagel TGL 0-1476-2,5x10-4.6	1	1				1	1	1
Halbrundniet TGL 0-660-2,5x8-Mu8				2	2	2	2	2
Kegelschmierkopf TGL 0-71412-A-M6 [1]	1	1		1	1	2	2	2
Kugel TGL 15515-6,35 IV				2	2	2	2	2
Linsenschraube TGL 0-85-A-M4x16-5.8				2	2	2	2	2
Linsenschraube TGL 0-85-A-M4x30-5.8			1			1	1	1
Linsenschraube TGL 0-85-A-M4x3-4.8			1			1	1	1
Linsenschraube TGL 0-85-B-M3x6-5.8	4	4				4	4	4
Linsensenkschraube TGL 5687-B-M5x10-4.8	1	1				1	1	1
Nadellager TGL 11553-K 15x19x20 FKI					1			1
Rändelmutter TGL-39-285/6-M8x1	2	2				2	2	2
Rillenkugellager TGL 2981-6004	1	1				1	1	1
Rillenkugellager TGL 2981-6004 TN				1	1	1	1	1
Rillenkugellager TGL 2981-6006	2	2				2	2	2
Rillenkugellager TGL 2981-6201 TN C3				1	1	1	1	1
Rillenkugellager TGL 2981-6202 TN C3				1	1	1	1	1
Rillenkugellager TGL 2981-6204 TNW C4f					2			2

Normbezeichnung	Fahrgestell [6]	Fahrgestell [7]	Elektrik	Motor [8]	Motor [9]	Gesamt [10]	Gesamt [11]	Gesamt [12]
Rillenkugellager TGL 2981-6302	4	4				4	4	4
Rillenkugellager TGL 2981-6303 TN C4f				3		3	3	
Rillenkugellager TGL 2981-6304 J C4f					1			1
Rundring TGL 6365-20x2				1	1	1	1	1
Rundring TGL 6365-6x2 [2]		2					2	2
Scheibe TGL 0-125-10,5				1	1	1	1	1
Scheibe TGL 0-125-6,4-St [2]	4	10	1	6	6	11	17	17
Scheibe TGL 0-125-8,4-St	12	15				12	15	15
Scheibe TGL 0-9021-10,5-St	2	2				2	2	2
Scheibe TGL 0-9021-6,4-St	11	15				11	15	15
Scheibenfeder TGL 9499-4x5				2	1	2	2	1
Sechskantmutter TGL 27689-M8-8	2	2				2	2	2
Sechskantmutter TGL 0-439-M20x1-LH-6				1	1	1	1	1
Sechskantmutter TGL 0-934-M10-6	2	2				2	2	2
Sechskantmutter TGL 0-934-M12x1,5-6-LH				1	1	1	1	1
Sechskantmutter TGL 0-934-M14x1,5-6	1	1				1	1	1
Sechskantmutter TGL 0-934-M4-6	1	3	2			3	5	5
Sechskantmutter TGL 0-934-M5-6	8	8	3			11	11	11
Sechskantmutter TGL 0-934-M6-10	22	21	2	5	5	29	28	28
Sechskantmutter TGL 0-934-M8-6	11	12	1	2	2	14	15	15
Sechskantmutter TGL 0-936-M12x1,5-5				1	1	1	1	1
Sechskantmutter TGL 0-936-M14x1,5-6	1	1				1	1	1
Sechskantmutter TGL 0-936-M16x1,5-6	2	2				2	2	2
Sechskantmutter TGL 0-984-M6-6	2	2				2	2	2
Sechskantmutter TGL 0-985-M8-6		2					2	2
Sechskantschraube TGL 0-931-C-M10x100-8.8	2	2				2	2	2
Sechskantschraube TGL 0-931-C-M8x45-8.8	2	2				2	2	2
Sechskantschraube TGL 0-931-C-M8x65-8.8	2	2				2	2	2
Sechskantschraube TGL 0-931-M7x80			1			1	1	1
Sechskantschraube TGL 0-931-M8x50-8.8		1					1	1
Sechskantschraube TGL 0-933-M10x16-8.8	2	4	2			4	6	6
Sechskantschraube TGL 0-933-M10x25-10.9				1	1	1	1	1
Sechskantschraube TGL 0-933-M10x35-8.8	4	4				4	4	4
Sechskantschraube TGL 0-933-M5x12-8.8					1			1
Sechskantschraube TGL 0-933-M6x10-8.8	3	3				3	3	3

Angaben in Stück je Fahrzeug

Normbezeichnung	Fahrgestell (6)	Fahrgestell (7)	Elektrik	Motor (8)	Motor (9)	Gesamt (10)	Gesamt (11)	Gesamt (12)
Sechskantschraube TGL 0-933-M6x16-8.8	14	8	6	2	2	22	16	16
Sechskantschraube TGL 0-933-M6x20-8.8	1	1				1	1	1
Sechskantschraube TGL 0-933-M6x25-8.8				3	3	3	3	3
Sechskantschraube TGL 0-933-M6x30-8.8	2	2				2	2	2
Sechskantschraube TGL 0-933-M6x35-8.8		4					4	4
Sechskantschraube TGL 0-933-M8x12-8.8				1	1	1	1	1
Sechskantschraube TGL 0-933-M8x14-8.8	2	2				2	2	2
Sechskantschraube TGL 0-933-M8x16-8.8	4	4				4	4	4
Sechskantschraube TGL 0-933-M8x18-8.8	1	1				1	1	1
Sechskantschraube TGL 0-933-M8x25-8.8	6	6		1	1	7	7	7
Sechskantschraube TGL 0-933-M8x30-8.8	3	2				3	2	2
Sechskantschraube TGL 0-933-M8x35-8.8	4	4				4	4	4
Sechskantschraube TGL 0-933-M8x40-8.8	6	6				6	6	6
Sechskantschraube TGL 0-933-M8x45-8.8	1	1				1	1	1
Sechskantschraube TGL 0-933-M8x55-8.8	1	2				1	2	2
Senkkerbnagel TGL 0-1477-2,5x6-4.6	4	4				4	4	4
Senkniet TGL 0-661-4x16-Mu8 (3)				6		6	6	
Senkniet TGL 0-661-4x18-Mu8 (4)				6	6	6	6	6
Senkschraube TGL 5683-B-M4x10-5.8				5	5	5	5	5
Senkschraube TGL 5683-B-M5x16-5.8				4	4	4	4	4
Senkschraube TGL 5683-B-M6x8	1	1				1	1	1
Sicherungsblech TGL 0-463-A-5,3-St					1			1
Sicherungsring TGL 0-471-12	4	4				4	4	4
Sicherungsring TGL 0-471-9					1			1
Sicherungsring TGL 0-472-30		2					2	2
Sicherungsring TGL 0-472-32				1	1	1	1	1
Sicherungsring TGL 0-472-47				1	1	1	1	1
Splint TGL 0-94-3,2x16-St				1	1	1	1	1
Sprengring TGL 16363-32	4					4		
Sprengring TGL 31666-30x2					1			1
Sprengring TGL 31666-32x1,6	4	2				4	2	2
Sprengring TGL 0-73123-15				2	2	2	2	2
Steckkerbstift TGL 0-1474-4x12-5.8				2	2	2	2	2
Stiftschraube TGL 0-940-M6x125-10.9				4	4	4	4	4
Verschlussschraube TGL 0-7604-M14x1,5 (5)				1	1	1	1	1
Wellendichtring TGL 16454-D-17x30x7				1		1	1	
Wellendichtring TGL 16454-D-20x30x7					2			2
Wellendichtring TGL 16454-D-22x47x7				2		2	2	

Normbezeichnung	Fahrgestell (6)	Fahrgestell (7)	Elektrik	Motor (8)	Motor (9)	Gesamt (10)	Gesamt (11)	Gesamt (12)
Wellendichtring TGL 16454-D-25x35x7				1		1	1	
Wellendichtring TGL 16454-D-25x35x7					1			1
Wellendichtring TGL 16454-D-32x45x7	2					2		
Wellendichtring TGL 16454-D-35x47x7		2					2	2
Zylinderkerbstift TGL 0-1473-2,5x10-5.8				1	1	1	1	1
Zylinderkerbstift TGL 0-1473-5x32	2	2				2	2	2
Zylinderschraube TGL 0-84-A-M4x18-5.8	1	1				1	1	1
Zylinderschraube TGL 0-84-B-M4x12-5.8		2					2	2
Zylinderschraube TGL 0-84-B-M4x4-4.8	1	1				1	1	1
Zylinderschraube TGL 0-84-B-M4x8-5.8			4			4	4	4
Zylinderschraube TGL 0-84-B-M5x12-5.8	4	4				4	4	4
Zylinderschraube TGL 0-84-B-M5x16-5.8	1	1				1	1	1
Zylinderschraube TGL 0-84-B-M5x6-5.8	4	4				4	4	4
Zylinderschraube TGL 0-84-B-M6x20-5.8				6	6	6	6	6
Zylinderschraube TGL 0-84-C-M5x75-5.8		2				2	2	2
Zylinderschraube TGL 0-84-C-M6x10-5.8				1	1	1	1	1
Zylinderschraube TGL 0-84-C-M6x50-5.8				9	10	9	9	10
Zylinderschraube TGL 0-84-C-M6x60-5.8				1	1	1	1	1
Zylinderschraube TGL 0-84-C-M6x65-5.8				1		1	1	
Zylinderschraube TGL 0-84-C-M6x70-5.8				2	2	2	2	2
Zylinderschraube TGL 0-84-C-M6x85-5.8				2	2	2	2	2
Zylinderschraube TGL 0-84-M5x10-5.8		2				2	2	2
Zylinderschraube TGL 0-84-M6x8-5.8		3				3	3	3
Zylinderschraube TGL 0-912-M8x35-8.8		4				4	4	4
Zylinderstift TGL 0-7-6m 6x20-5.8				2	2	2	2	2

Angaben in Stück je Fahrzeug

(1) Anzahl in der Baugruppe "Fahrgestell" reduziert um 1 Stück ab Fahrgestell-Nummer 7850422

(2) Anzahl in der Baugruppe "Fahrgestell" reduziert um 2 Stück ab Fertigungs-Datum Dezember 1977

(3) entfällt bei Verwendung einer Duplex-Kette als Primärtrieb

(4) entfällt bei Verwendung einer Simplex-Kette als Primärtrieb

(5) entfällt ab Baujahr 1976

(6) Fahrzeuge mit Telegabel ø 32mm

(7) Fahrzeuge mit Telegabel ø 35mm

(8) Fahrzeuge mit Motoren bis Motor-Nummer 6587572

(9) Fahrzeuge mit Motoren ab Motor-Nummer 6587573

(10) Fahrzeuge mit Telegabel ø 32mm und Motor bis Motor-Nummer 6587572

(11) Fahrzeuge mit Telegabel ø 35mm und Motor bis Motor-Nummer 6587572

(12) Fahrzeuge mit Telegabel ø 35mm und Motor ab Motor-Nummer 6587573

8.6.2.5 Normteile für ETZ 150 bis Baujahr 1990

Normbezeichnung	Fahrgestell (1)	Fahrgestell (2)	Elektrik	Motor	Gesamt (1)	Gesamt (2)
Bolzen TGL 0-1438-h8 11x19x12-M6				3	3	3
Dichtring TGL 0-7603-A-12x16					1	1
Dichtring TGL 0-7603-A-18x24					1	1
Dichtring TGL 0-7603-A-5x9 (5)				2	2	2
Dichtring TGL 0-7603-A-6x10 (6)				8	8	8
Dichtring TGL 0-7603-A-8x14				1	1	1
Druckfeder TGL 18395-C-1,2x8,5x11,5				1	1	1
Feder TGL 18397-C-1,4x8,5x16-A-1				1	1	1
Federring TGL 7403-B-10	5	5			5	5
Federring TGL 7403-B-12	1	1			1	1
Federring TGL 7403-B-3,5			1		1	1
Federring TGL 7403-B-4			8		8	8
Federring TGL 7403-B-5	5	5			5	5
Federring TGL 7403-B-6	4	4	2		6	6
Federring TGL 7403-B-8	10	10	2	2	14	14
Federscheibe TGL 0-137-14	1	1			1	1
Federscheibe TGL 0-137-3,5			1		1	1
Federscheibe TGL 0-137-5	1	1	3		4	4
Federscheibe TGL 0-137-6 (7)	19	19	2	11	32	32
Federscheibe TGL 0-137-8	5	6			5	6
Gewindestift TGL 0-417-M8x20-h				1	1	1
Gewindestift TGL 0-551-M6x14	1	1			1	1
Halbrundkerbnagel TGL 0-1476-2,5x5-4.6	2	2			2	2
Halskerbstift TGL 7408-B-4x16-5.8				1	1	1
Hutmutter TGL 0-1587-M6-6	4	4			4	4
Innenlippenring TGL 6357-A-10		1				1
Kegelkerbstift TGL 0-1471-3x36				1	1	1
Kegelschmierkopf TGL 0-71412-A-6	1	1			1	1
Kugel TGL 15515-1/4"-70				1	1	1
Kugel TGL 15515-10-70				1	1	1
Kugel TGL 15515-8-70				1	1	1
Linsenschraube TGL 0-7985-M4x6		2			2	2
Linsensenkschraube TGL 16524-B-M4x10		2			2	2
Nadellager TGL 11553-K 15x19x13				1	1	1
Nadellager TGL 11553-K 15x19x20 FKI				1	1	1
Passscheibe TGL 10404-15x0,5				1	1	1

Normbezeichnung	Fahrgestell (1)	Fahrgestell (2)	Elektrik	Motor	Gesamt (1)	Gesamt (2)
Passscheibe TGL 10404-8x1,5				2	2	2
Passscheibe TGL 10404-9x0,5				1	1	1
Rillenkugellager TGL 2981-6004	1	1			1	1
Rillenkugellager TGL 2981-6004 TN				1	1	1
Rillenkugellager TGL 2981-6006	2	2			2	2
Rillenkugellager TGL 2981-6201 TN C3				1	1	1
Rillenkugellager TGL 2981-6202 TN C3				1	1	1
Rillenkugellager TGL 2981-6204 TNW C4f				2	2	2
Rillenkugellager TGL 2981-6302 Z	4	4			4	4
Rillenkugellager TGL 2981-6304 J C4f				1	1	1
Rundring TGL 6365-20x2				1	1	1
Rundring TGL 6365-20x3 (5)				1	1	1
Scheibe TGL 0-125-10,5-St		2				2
Scheibe TGL 0-125-19-St		1			1	1
Scheibe TGL 0-125-4,3-St		5			5	5
Scheibe TGL 0-125-5,3-St		5			5	5
Scheibe TGL 0-125-6,4-St	4	4			4	4
Scheibe TGL 0-125-8,4-St	4	15		4	8	19
Scheibe TGL 1774-6,4-St				1	1	1
Scheibe TGL 0-9021-10,5-St	2	2			2	2
Scheibe TGL 0-9021-6,4-St	9	9			9	9
Scheibenfeder TGL 9499-4x5				1	1	1
Sechskantmutter TGL 27689-M8-8	3	7			3	7
Sechskantmutter TGL 0-6330-A-M12	1	1			1	1
Sechskantmutter TGL 0-934-M10-6	2	2			2	2
Sechskantmutter TGL 0-934-M12x1,5-6-LH				1	1	1
Sechskantmutter TGL 0-934-M14x1,5-6	2	2			2	2
Sechskantmutter TGL 0-934-M20x1,5				1	1	1
Sechskantmutter TGL 0-934-M4-6	3	3	1		4	4
Sechskantmutter TGL 0-934-M5-6	6	6	6		12	12
Sechskantmutter TGL 0-934-M6-6 (6)	16	16	2	6	24	24
Sechskantmutter TGL 0-934-M8-10	16	15	1	7	24	23
Sechskantmutter TGL 0-936-M18x1,5-5.8	2	2	1		3	3
Sechskantschraube TGL 0-7976-B-6,3x19	2	2			2	2
Sechskantschraube TGL 0-931-M6x35-4.8				1	1	1
Sechskantschraube TGL 0-931-M8x65-8.8	1	1			1	1

Angaben in Stück je Fahrzeug

Normbezeichnung	Fahrgestell (1)	Fahrgestell (2)	Elektrik	Motor	Gesamt (1)	Gesamt (2)
Sechskantschraube TGL 0-931-M8x80-8.8	2	2			2	2
Sechskantschraube TGL 0-933-M10x25-10.9	1	1		1	2	2
Sechskantschraube TGL 0-933-M10x30-8.8		2				2
Sechskantschraube TGL 0-933-M10x35-8.8	2	2			2	2
Sechskantschraube TGL 0-933-M12x16-8.8				1	1	1
Sechskantschraube TGL 0-933-M5x10-8.8				1	1	1
Sechskantschraube TGL 0-933-M5x16-8.8			1		1	1
Sechskantschraube TGL 0-933-M6x12-8.8 (6)	3	3		4	7	7
Sechskantschraube TGL 0-933-M6x14-8.8 (6)	2	2		4	6	6
Sechskantschraube TGL 0-933-M6x16-8.8	4	4	2		6	6
Sechskantschraube TGL 0-933-M6x25-8.8	1	1		3	4	4
Sechskantschraube TGL 0-933-M6x30-8.8	4	4			4	4
Sechskantschraube TGL 0-933-M7x80-8.8 (3)				1	1	1
Sechskantschraube TGL 0-933-M8x12-8.8	2	2		1	3	3
Sechskantschraube TGL 0-933-M8x16-8.8	1	1	1		2	2
Sechskantschraube TGL 0-933-M8x18-8.8	2	2			2	2
Sechskantschraube TGL 0-933-M8x20-8.8	1	1			1	1
Sechskantschraube TGL 0-933-M8x25-8.8	3	3		1	4	4
Sechskantschraube TGL 0-933-M8x30-8.8		6				6
Sechskantschraube TGL 0-933-M8x40-8.8	4	3			4	3
Sechskantschraube TGL 0-933-M8x45-8.8	2	1			2	1
Sechskantschraube TGL 0-933-M8x50-8.8	4	4			4	4
Senkblechschraube TGL 0-7972-B4,8-13	1	1			1	1
Senkkerbnagel TGL 0-1477-2,5x6	2	2			2	2
Senkkerbnagel TGL 0-1477-3x5-4.6				1	1	1
Senkniet TGL 0-661-4x18-Mu8				6	6	6
Senkschraube TGL 5683-B-M4x10-5.8				4	4	4
Senkschraube TGL 5683-B-M4x16-5.8			3		3	3
Senkschraube TGL 5683-B-M5x16-5.8				8	8	8
Senkschraube TGL 5683-B-M6x8-4.8	1	1			1	1
Sicherungsblech TGL 0-432-8,4-St				3	3	3
Sicherungsblech TGL 0-463-A-13-St				1	1	1
Sicherungsblech TGL 0-463-A-5,3-St				1	1	1
Sicherungsring TGL 0-471-12	4	2			4	2
Sicherungsring TGL 0-471-15				1	1	1
Sicherungsring TGL 0-471-20	1	1			1	1
Sicherungsring TGL 0-471-8					2	2

Normbezeichnung	Fahrgestell (1)	Fahrgestell (2)	Elektrik	Motor	Gesamt (1)	Gesamt (2)
Sicherungsring TGL 0-471-9				1	1	1
Sicherungsring TGL 0-472-30	2	2			2	2
Sicherungsring TGL 0-472-32				1	1	1
Sicherungsring TGL 0-472-42	1	1			1	1
Sicherungsscheibe TGL 0-6799-5	2	2			2	2
Sicherungsscheibe TGL 0-6799-7				2	2	2
Sicherungsscheibe TGL 0-6799-9				2	2	2
Splint TGL 0-94-3,2x25-St				1	1	1
Sprengring TGL 16363-20				3	3	3
Sprengring TGL 31666-20x1,2		1				1
Sprengring TGL 31666-32x1,6	2	2			2	2
Sprengring TGL 0-73123-15				2	2	2
Stiftschraube TGL 0-835-B-M8x18-8.8				2	2	2
Stiftschraube TGL 0-939-B-M6x20-8.8	1	1			1	1
Wellendichtring TGL 16454-D-20x30x7 (9)				2	2	2
Wellendichtring TGL 16454-D-20x47x7 (8)				1	1	1
Wellendichtring TGL 16454-D-25x35x7				1	1	1
Wellendichtring TGL 16454-D-35x47x7	2	2			2	2
Zylinderblechschraube TGL 0-7971-B-2,9x19		2			2	2
Zylinderblechschraube TGL 0-7971-B-3,5x22		4			4	4
Zylinderschraube TGL 0-84-A-M4x16-8.8			3		3	3
Zylinderschraube TGL 0-84-A-M4x25-4.8			2		2	2
Zylinderschraube TGL 0-84-B-M4x12-5.8	2	2			2	2
Zylinderschraube TGL 0-84-B-M4x20-5.8	1	1			1	1
Zylinderschraube TGL 0-84-B-M4x8-5.8			2		2	2
Zylinderschraube TGL 0-84-B-M5x10-5.6			2		2	2
Zylinderschraube TGL 0-84-B-M5x12-5.8	4	4			4	4
Zylinderschraube TGL 0-84-B-M5x16-5.8 (6)			2	4	6	6
Zylinderschraube TGL 0-84-B-M5x22-5.8 (5)				2	2	2
Zylinderschraube TGL 0-84-B-M5x30-4.8				2	2	2
Zylinderschraube TGL 0-84-B-M5x40-5.8	1	1			1	1
Zylinderschraube TGL 0-84-B-M5x50-5.8			3		3	3
Zylinderschraube TGL 0-84-B-M6x10-5.8				1	1	1
Zylinderschraube TGL 0-84-B-M6x16-5.8	4	4			4	4
Zylinderschraube TGL 0-84-B-M6x45-5.8				5	5	5
Zylinderschraube TGL 0-84-B-M6x55-5.8				1	1	1

Angaben in Stück je Fahrzeug

Normbezeichnung	Fahrgestell [1]	Fahrgestell [2]	Elektrik	Motor	Gesamt [1]	Gesamt [2]
Zylinderschraube TGL 0-84-B-M6x65-5.8				5	5	5
Zylinderschraube TGL 0-84-M3,5x5			1		1	1
Zylinderschraube TGL 0-84-M4x10-4.8	2	2	2		4	4
Zylinderschraube TGL 0-84-M4x12-4.6			3		3	3
Zylinderschraube TGL 0-84-M6x15-5.8			1		1	1
Zylinderschraube TGL 0-912-M5x20-8.8			1		1	1
Zylinderschraube TGL 0-912-M5x30-8.8			1		1	1
Zylinderschraube TGL 0-912-M6x20-8.8	5	5		2	7	7
Zylinderschraube TGL 0-912-M6x50-8.8				1	1	1
Zylinderschraube TGL 0-912-M6x60-8.8				3	3	3
Zylinderschraube TGL 0-912-M7x90-10.9 [4]				1	1	1
Zylinderschraube TGL 0-912-M8x25-10.9		2				2
Zylinderschraube TGL 0-912-M8x35-8.8			4		4	4
Zylinderstift TGL 0-6325-8x40				1	1	1
Zylinderstift TGL 0-7-6m 6x20-5.8				2	2	2

Angaben in Stück je Fahrzeug

(1) für Fahrzeuge mit Trommelbremsanlage vorn
(2) für Fahrzeuge mit Scheibenbremsanlage vorn
(3) für Fahrzeuge mit Unterbrecher-Zündanlage
(4) für Fahrzeuge mit elektronischer Serienzündanlage
(5) entfällt bei Motoren mit Gemischschmierung
(6) Anzahl reduziert sich um 2 Stück bei Motoren mit Gemischschmierung
(7) Anzahl reduziert sich um 4 Stück bei Motoren mit Gemischschmierung
(8) ab Fahrgestell-Nummer 4533500
(9) ab Fahrgestell-Nummer 4533500 reduziert sich die Anzahl auf 1 Stück

8. Normteile

8.6.3 Normteile für 175 cm^3-Modelle

8.6.3.1 Normteile für ES 175

Normbezeichnung	Fahrgestell [1]	Fahrgestell [2]	Elektrik	Motor [3]	Motor [4]	Gesamt [5]	Gesamt [6]	Gesamt [7]	Gesamt [8]
Axial-Rillenkugellager DIN 711-51106				1	1	1	1	1	1
Dichtring DIN 7603-C-14x20				3	3	3	3	3	3
Dichtring DIN 7603-C-18x22				2	2	2	2	2	2
Dichtring DIN 7603-C-6x10				7	7	7	7	7	7
Dichtring DIN 7603-C-8x14				2	2	2	2	2	2
Drahtsprengring TGL 0-73121-A-18				2	2	2	2	2	2
Federring TGL 0-127-B-5	3	3				3	3	3	3
Federring TGL 0-127-B-6	7	7	2			9	9	9	9
Federring TGL 0-127-B-8	19	19				19	19	19	19
Federring TGL 7403-B-10	11	11				11	11	11	11
Federring TGL 7403-B-12		2						2	2
Federring TGL 7403-B-3			1			1	1	1	1
Federring TGL 7403-B-4			3			3	3	3	3
Federring TGL 7403-B-5			4			4	4	4	4
Federring TGL 7403-B-6			4			4	4	4	4
Federring TGL 7403-B-8	9	9	2			11	11	11	11
Federring TGL 0-127-B-6					1		1		1
Federscheibe TGL 0-137-A-3	4	4				4	4	4	4
Federscheibe TGL 0-137-A-5	1	1	2			3	3	3	3
Federscheibe TGL 0-137-A-6	1	1		2	2	3	3	3	3
Federscheibe TGL 0-137-B-10	2	2				2	2	2	2
Federscheibe TGL 0-137-B-12	3	3				3	3	3	3
Federscheibe TGL 0-137-B-14	1	1				1	1	1	1
Federscheibe TGL 0-137-B-6	6	6		5	5	11	11	11	11
Federscheibe TGL 0-137-B-8	8	8	2	4	4	14	14	14	14
Halbrundkerbnagel TGL 0-1476-2,5x6	2	2				2	2	2	2
Halbrundniet TGL 0-660-2,6x8				2	2	2	2	2	2
Kegelwulstschmierkopf DIN 3403-A-M6	4	4				4	4	4	4
Kegelwulstschmierkopf DIN 3403-A-M8x1	1	1				1	1	1	1
Kronenmutter TGL 0-937-M14x1,5				1	1	1	1	1	1
Kugel TGL 15515-8 III				3	3	3	3	3	3
Kugel DIN 5401-6,35	46	46				46	46	46	46
Kugelschmierkopf TGL 3402-D-6				1	1	1	1	1	1
Rillenkugellager DIN 625-6204 [10]				2	2	2	2	2	2
Rillenkugellager DIN 625-6205 C3f [10]				2	2	2	2	2	2

Normbezeichnung	Fahrgestell [1]	Fahrgestell [2]	Elektrik	Motor [3]	Motor [4]	Gesamt [5]	Gesamt [6]	Gesamt [7]	Gesamt [8]
Rillenkugellager DIN 625-6302 C3f [10]				1	1	1	1	1	1
Rillenkugellager DIN 625-6303 [10]				1	1	1	1	1	1
Rillenkugellager TGL 2981-6005	1	1				1	1	1	1
Rillenkugellager TGL 2981-6302	4	4				4	4	4	4
Rundring TGL 6365-14x2				1	1	1	1	1	1
Rundring TGL 6365-17x2,5				1	1	1	1	1	1
Rundring TGL 6365-76x4				1	1	1	1	1	1
Scheibe TGL 0-125-15	2	2				2	2	2	2
Scheibe TGL 0-125-3,2	4	4				4	4	4	4
Scheibe TGL 0-125-6,4	6	6	1	1	1	8	8	8	8
Scheibe TGL 0-125-8,4	10	10	2			12	12	12	12
Scheibe DIN 126-5,8	1	1				1	1	1	1
Scheibe TGL 1774-4,3			2			2	2	2	2
Scheibe DIN 433-10,5	2	2				2	2	2	2
Scheibenfeder DIN 6888-4x5				1	1	1	1	1	1
Sechskantmutter TGL 0-439-B-M10	1	1				1	1	1	1
Sechskantmutter TGL 0-439-B-M6	3	3		6	6	9	9	9	9
Sechskantmutter TGL 0-934-M10	3	3				3	3	3	3
Sechskantmutter TGL 0-934-M14x1,5	2	2				2	2	2	2
Sechskantmutter TGL 0-934-M3	4	4				4	4	4	4
Sechskantmutter TGL 0-934-M4				1		1		1	
Sechskantmutter TGL 0-934-M5	5	5	2			7	7	7	7
Sechskantmutter TGL 0-934-M6	19	19	5	6	7	30	31	30	31
Sechskantmutter TGL 0-934-M8-5S	10	10	1	4	4	15	15	15	15
Sechskantmutter TGL 0-936-M12x1,5	2					2	2		
Sechskantmutter TGL 0-936-M16x1,5	2	2				2	2	2	2
Sechskantmutter TGL 0-936-M18x1,5	5	5				5	5	5	5
Sechskantschraube TGL 0-931-C-M8x25	2	2				2	2	2	2
Sechskantschraube TGL 0-931-M10x100	1	1				1	1	1	1
Sechskantschraube TGL 0-931-M10x35	6	6				6	6	6	6
Sechskantschraube TGL 0-931-M10x50	1	1				1	1	1	1
Sechskantschraube TGL 0-931-M10x80-8G	1	1				1	1	1	1
Sechskantschraube TGL 0-931-M10x90	1	1				1	1	1	1
Sechskantschraube TGL 0-931-M5x15	1	1				1	1	1	1
Sechskantschraube TGL 0-931-M6x20-8G				6	6	6	6	6	6

Angaben in Stück je Fahrzeug

8. Normteile

Normbezeichnung	Fahrgestell [1]	Fahrgestell [2]	Elektrik	Motor [3]	Motor [4]	Gesamt [5]	Gesamt [6]	Gesamt [7]	Gesamt [8]
Sechskantschraube TGL 0-931-M6x25-5S	2	2		1	2	3	4	3	4
Sechskantschraube TGL 0-931-M6x30-8G	1	1				1	1	1	1
Sechskantschraube TGL 0-931-M6x75	2	2				2	2	2	2
Sechskantschraube TGL 0-931-M8x40	2	2				2	2	2	2
Sechskantschraube TGL 0-931-M8x95	2	2				2	2	2	2
Sechskantschraube TGL 0-933-M10x25	4	4				4	4	4	4
Sechskantschraube TGL 0-933-M10x35	2	2				2	2	2	2
Sechskantschraube TGL 0-933-M4x35				1		1		1	
Sechskantschraube TGL 0-933-M5x15	3	3				3	3	3	3
Sechskantschraube TGL 0-933-M6x12	2	2				2	2	2	2
Sechskantschraube TGL 0-933-M6x15-8G	4	4	2			6	6	6	6
Sechskantschraube TGL 0-933-M6x20-8G	6	6				6	6	6	6
Sechskantschraube TGL 0-933-M6x25-5S				2	2	2	2	2	2
Sechskantschraube TGL 0-933-M8x12-5S	9	9		2	2	11	11	11	11
Sechskantschraube TGL 0-933-M8x15	16	16				16	16	16	16
Sechskantschraube TGL 0-933-M8x16			2			2	2	2	2
Sechskantschraube TGL 0-933-M8x20	7	7				7	7	7	7
Sechskantschraube TGL 0-933-M8x30	2	2				2	2	2	2
Sechskantschraube TGL 0-960-M12x1,5x30	2	4				2	2	4	4
Sechskantschraube TGL 0-960-M12x1,5x40-8G	3	3				3	3	3	3
Senkschraube TGL 0-63-A-M4x12-8G				4	4	4	4	4	4
Senkschraube TGL 0-63-M5x10				4	4	4	4	4	4
Sicherungsblech TGL 0-432-17				2	2	2	2	2	2
Sicherungsblech TGL 0-463-10,5	4	4				4	4	4	4
Sicherungsring TGL 0-471-15x1				1	1	1	1	1	1
Sicherungsring TGL 0-472-47x1,6	1	1		2	2	3	3	3	3
Splint TGL 0-94-2x12	1	1				1	1	1	1
Splint TGL 0-94-3x28				1	1	1	1	1	1
Sprengring TGL 0-9045-10	2	2				2	2	2	2
Stiftschraube TGL 0-835-M6x25				1	1	1	1	1	1
Stiftschraube TGL 0-940-M6x30-5S				3	3	3	3	3	3
Verschlussschraube TGL 0-7604-A-M18x1,5 [9]				1	1	1	1	1	1
Wellendichtring DIN 6504-A-17x30x7				1	1	1	1	1	1
Wellendichtring DIN 6504-A-30x52x12				2	2	2	2	2	2
Wellendichtring DIN 6504-B-25x35x7				1	1	1	1	1	1

Normbezeichnung	Fahrgestell [1]	Fahrgestell [2]	Elektrik	Motor [3]	Motor [4]	Gesamt [5]	Gesamt [6]	Gesamt [7]	Gesamt [8]
Zylinderkerbstift TGL 0-1473-5x25	2	2				2	2	2	2
Zylinderkerbstift TGL 0-1473-5x32	2	2				2	2	2	2
Zylinderrollenlager DIN 5412-NJL 17				1	1	1	1	1	1
Zylinderschraube TGL 0-84-3,5x8	2	2				2	2	2	2
Zylinderschraube TGL 0-84-A-M4x12				4	4	4	4	4	4
Zylinderschraube TGL 0-84-A-M4x18-4S			2			2	2	2	2
Zylinderschraube TGL 0-84-A-M4x8			1			1	1	1	1
Zylinderschraube TGL 0-84-B-M4x6-5S			1			1	1	1	1
Zylinderschraube TGL 0-84-B-M6x20-5D				3	3	3	3	3	3
Zylinderschraube TGL 0-84-C-M5x85			2			2	2	2	2
Zylinderschraube TGL 0-84-M3x6			1			1	1	1	1
Zylinderschraube TGL 0-84-M5x10	12	12				12	12	12	12
Zylinderschraube TGL 0-84-M5x15				6	6	6	6	6	6
Zylinderschraube TGL 0-84-M5x20			2			2	2	2	2
Zylinderschraube TGL 0-84-M6x25	4	4				4	4	4	4
Zylinderschraube TGL 0-84-M6x40-5D				1	1	1	1	1	1
Zylinderschraube TGL 0-84-M6x60				2	2	2	2	2	2
Zylinderschraube TGL 0-84-M6x70-5S				3	3	3	3	3	3
Zylinderschraube TGL 0-84-M6x85-5S				2	2	2	2	2	2
Zylinderstift TGL 0-7-6m 6x20				2	2	2	2	2	2

Angaben in Stück je Fahrzeug

(1) Fahrzeuge bis Fahrgestell-Nummer 3027024

(2) Fahrzeuge ab Fahrgestell-Nummer 3027025

(3) Motoren bis Motor-Nummer 4018306 in Verbindung mit Vergaser BVF N261-7

(4) Motoren ab Motor-Nummer 4018307 in Verbindung mit Vergaser BVF 25,5KN1-1

(5) Fahrzeuge bis Fahrgestell-Nummer 3027024 mit Motoren bis
Motor-Nummer 4018306 in Verbindung mit Vergaser BVF N261-7

(6) Fahrzeuge bis Fahrgestell-Nummer 3027024 mit Motoren ab
Motor-Nummer 4018307 in Verbindung mit Vergaser BVF 25,5KN1-1

(7) Fahrzeuge ab Fahrgestell-Nummer 3027025 mit Motoren bis
Motor-Nummer 4018306 in Verbindung mit Vergaser BVF N261-7

(8) Fahrzeuge ab Fahrgestell-Nummer 3027025 mit Motoren ab
Motor-Nummer 4018307 in Verbindung mit Vergaser BVF 25,5KN1-1

(9) entfällt ab Motor-Nummer 4024314

(10) Lager mit Polyamid-Käfig

8.6.3.2 Normteile für ES 175/1

Normbezeichnung	Fahrgestell (1)	Fahrgestell (2)	Elektrik	Motor	Gesamt (1)	Gesamt (2)
Axial-Rillenkugellager TGL 2986-51106				1	1	1
Dichtring DIN 7603-C-14x20				3	3	3
Dichtring DIN 7603-C-18x22				2	2	2
Dichtring DIN 7603-C-6x10				7	7	7
Dichtring DIN 7603-C-8x14				2	2	2
Drahtsprengring TGL 0-73121-A-18				2	2	2
Federring TGL 0-127-B-5	3	3			3	3
Federring TGL 0-127-B-6	8	8	2		10	10
Federring TGL 0-127-B-8	19	19			19	19
Federring TGL 7403-B-10	11	11			11	11
Federring TGL 7403-B-12	2	2			2	2
Federring TGL 7403-B-3			2		2	2
Federring TGL 7403-B-4			3		3	3
Federring TGL 7403-B-5			6		6	6
Federring TGL 7403-B-6			1	1	2	2
Federring TGL 7403-B-8	9	9	2		11	11
Federscheibe TGL 0-137-A-3	4	4			4	4
Federscheibe TGL 0-137-A-5	1	1	2		3	3
Federscheibe TGL 0-137-A-6	1	1		1	2	2
Federscheibe TGL 0-137-B-10	2	2			2	2
Federscheibe TGL 0-137-B-12	3	3			3	3
Federscheibe TGL 0-137-B-14	1	1			1	1
Federscheibe TGL 0-137-B-6	6	6		6	12	12
Federscheibe TGL 0-137-B-8	8	8	1	4	13	13
Halbrundkerbnagel TGL 0-1476-2,5x6	2	2			2	2
Halbrundniet TGL 0-660-2,6x8				2	2	2
Kegelwulstschmierkopf DIN 3403-A-M6	4	4			4	4
Kegelwulstschmierkopf DIN 3403-A-M8x1	1	1			1	1
Kronenmutter TGL 0-937-M14x1,5				1	1	1
Kugel TGL 15515-8 III				1	1	1
Kugel DIN 5401-6,35	46	46			46	46
Kugel DIN 5401-8				2	2	2
Kugelschmierkopf TGL 3402-D-6				1	1	1
Nadellager TGL 11553-KK 22x26x26				1	1	1
Rillenkugellager TGL 2981-6005	1	1			1	1
Rillenkugellager TGL 2981-6203 [3]				2	2	2
Rillenkugellager TGL 2981-6204 [3]				2	2	2
Rillenkugellager TGL 2981-6302	4	4			4	4
Rillenkugellager TGL 2981-6302 C3f [3]				1	1	1
Rillenkugellager TGL 2981-6305 C3f [3]				2	2	2
Rundring TGL 6365-14x2				1	1	1
Rundring TGL 6365-17x2,5				1	1	1
Rundring TGL 6365-76x4				1	1	1
Scheibe TGL 0-125-15	2	2			2	2
Scheibe TGL 0-125-3,2	4	4			4	4
Scheibe TGL 0-125-6,4	6	6	2	1	9	9
Scheibe TGL 0-125-8,4	10	10	1		11	11
Scheibe DIN 126-5,8	1	1			1	1
Scheibe TGL 1774-4,3			3		3	3
Scheibe DIN 433-10,5	2	2			2	2
Scheibenfeder DIN 6888-4x5			1		1	1
Sechskantmutter TGL 0-439-B-M10	1	1			1	1
Sechskantmutter TGL 0-439-B-M6	3	3		6	9	9
Sechskantmutter TGL 0-934-M10	3	3			3	3
Sechskantmutter TGL 0-934-M14x1,5	2	2			2	2
Sechskantmutter TGL 0-934-M3	4	4			4	4
Sechskantmutter TGL 0-934-M4				1	1	1
Sechskantmutter TGL 0-934-M5	4	4	2		6	6
Sechskantmutter TGL 0-934-M6	19	15	4	8	31	27
Sechskantmutter TGL 0-934-M8-5S	10	14	2	4	16	20
Sechskantmutter TGL 0-936-M16x1,5				2	2	2
Sechskantmutter TGL 0-936-M18x1,5	5	5			5	5
Sechskantschraube TGL 0-931-C-M8x25	2	2			2	2
Sechskantschraube TGL 0-931-M10x100	1	1			1	1
Sechskantschraube TGL 0-931-M10x35	6	6			6	6
Sechskantschraube TGL 0-931-M10x50	1	1			1	1
Sechskantschraube TGL 0-931-M10x80-8G	1	1			1	1
Sechskantschraube TGL 0-931-M10x90	1	1			1	1
Sechskantschraube TGL 0-931-M6x20-8G				6	6	6
Sechskantschraube TGL 0-931-M6x25-5S	2	2		2	4	4

Angaben in Stück je Fahrzeug

8. Normteile

Normbezeichnung	Fahrgestell (1)	Fahrgestell (2)	Elektrik	Motor	Gesamt (1)	Gesamt (2)
Sechskantschraube TGL 0-931-M6x30-8G	1	1			1	1
Sechskantschraube TGL 0-931-M6x50				1	1	1
Sechskantschraube TGL 0-931-M6x75	2	2			2	2
Sechskantschraube TGL 0-931-M8x40	2	2			2	2
Sechskantschraube TGL 0-931-M8x95	2	2			2	2
Sechskantschraube TGL 0-933-M10x25	4	4			4	4
Sechskantschraube TGL 0-933-M10x35	2	2			2	2
Sechskantschraube TGL 0-933-M5x15	3	3			3	3
Sechskantschraube TGL 0-933-M6x12	2	2			2	2
Sechskantschraube TGL 0-933-M6x15-8G	4	2	2		6	4
Sechskantschraube TGL 0-933-M6x20	5	3			5	3
Sechskantschraube TGL 0-933-M6x25-5S				2	2	2
Sechskantschraube TGL 0-933-M8x12-8G	9	9		2	11	11
Sechskantschraube TGL 0-933-M8x15	16	18			16	18
Sechskantschraube TGL 0-933-M8x16			2		2	2
Sechskantschraube TGL 0-933-M8x20	7	7			7	7
Sechskantschraube TGL 0-933-M8x25		2				2
Sechskantschraube TGL 0-933-M8x30	2	2			2	2
Sechskantschraube TGL 0-960-M12x1,5x30	2	2			2	2
Sechskantschraube TGL 0-960-M12x1,5x40-8G	3	3			3	3
Senkschraube TGL 0-63-A-M4x12-8G				4	4	4
Senkschraube TGL 0-63-M5x10				4	4	4
Sicherungsblech TGL 0-432-17				2	2	2
Sicherungsblech TGL 0-463-10,5	4	4			4	4
Sicherungsring TGL 0-471-15x1				1	1	1
Sicherungsring TGL 0-472-47x1,6	1	1		2	3	3
Splint TGL 0-94-2x12	1	1			1	1
Splint TGL 0-94-3x28				1	1	1
Sprengring TGL 0-9045-10	2	2			2	2
Stiftschraube TGL 0-835-M6x25				1	1	1
Stiftschraube TGL 0-940-M6x30-5S				3	3	3
Wellendichtring DIN 6504-A-17x30x7				1	1	1
Wellendichtring DIN 6504-A-30x62x10				2	2	2
Wellendichtring DIN 6504-B-25x35x7				1	1	1
Zylinderkerbstift TGL 0-1473-5x25	2	2			2	2
Zylinderkerbstift TGL 0-1473-5x32	2	2			2	2

Normbezeichnung	Fahrgestell (1)	Fahrgestell (2)	Elektrik	Motor	Gesamt (1)	Gesamt (2)
Zylinderschraube TGL 0-84-3,5x8	2	2			2	2
Zylinderschraube TGL 0-84-A-M4x12				4	4	4
Zylinderschraube TGL 0-84-A-M4x18-4S			1		1	1
Zylinderschraube TGL 0-84-A-M4x8			1		1	1
Zylinderschraube TGL 0-84-B-M4x6-5S			2		2	2
Zylinderschraube TGL 0-84-B-M6x20-5D				3	3	3
Zylinderschraube TGL 0-84-C-M5x85			1		1	1
Zylinderschraube TGL 0-84-M3x6			2		2	2
Zylinderschraube TGL 0-84-M5x10	12	12			12	12
Zylinderschraube TGL 0-84-M5x15				6	6	6
Zylinderschraube TGL 0-84-M5x20			2		2	2
Zylinderschraube TGL 0-84-M6x25	4	4			4	4
Zylinderschraube TGL 0-84-M6x40-5D				2	2	2
Zylinderschraube TGL 0-84-M6x60				2	2	2
Zylinderschraube TGL 0-84-M6x70-5S				3	3	3
Zylinderschraube TGL 0-84-M6x85-5S				2	2	2
Zylinderstift TGL 0-7-6m 6x20				2	2	2

Angaben in Stück je Fahrzeug

(1) Fahrzeuge bis Fahrgestell-Nummer 3056176
(2) Fahrzeuge ab Fahrgestell-Nummer 3056177
(3) Lager mit Polyamid-Käfig

8.6.3.3 Normteile für ES 175/2

Normbezeichnung	Fahrgestell	Elektrik	Motor	Gesamt
Axial-Rillenkugellager TGL 2986-51106			1	1
Dichtring TGL 0-7603-C-14x20			1	1
Dichtring TGL 0-7603-C-18x22			1	1
Dichtring TGL 0-7603-C-6x10			11	11
Dichtring TGL 0-7603-C-8x14			1	1
Federring TGL 7403-B-10	8			8
Federring TGL 7403-B-3		1		1
Federring TGL 7403-B-4	2	4		6
Federring TGL 7403-B-5	6	6		12
Federring TGL 7403-B-6	3	5		8
Federring TGL 7403-B-8	21	6	2	29
Federscheibe TGL 0-137-14	2			2
Federscheibe TGL 0-137-5	8			8
Federscheibe TGL 0-137-6	1		3	4
Federscheibe TGL 0-137-8	9	1		10
Federscheibe TGL 0-137-A-5		2		2
Federscheibe TGL 0-137-A-6			1	1
Federscheibe TGL 0-137-B-12			4	4
Federscheibe TGL 0-137-B-6			5	5
Halbrundniet TGL 0-660-2,6x8			2	2
Kegelschmierkopf TGL 0-71412-A-M6	3			3
Kronenmutter TGL 0-937-M14x1,5-5S			1	1
Kugel TGL 15515-6,35 III	44			44
Kugel TGL 15515-8 III			2	2
Linsenkopfschraube TGL 0-920-M4x20-L		2		2
Linsenschraube TGL 0-85-M4x28-5S	2			2
Linsenschraube TGL 0-85-M5x8-5S	2			2
Linsensenkschraube TGL 5687-M5x12-4S	2			2
Nadel TGL 15518-2,5x19,8 I			24	24
Nadellager TGL 11553-KK 18x22x24 F			1	1
Nadellager TGL 11553-KK 22x26x26			1	1
Passfeder TGL 9500-A-4x4x8			1	1
Rillenkugellager TGL 2981-6005	1			1
Rillenkugellager TGL 2981-6203 J C4			2	2
Rillenkugellager TGL 2981-6204 J C4			2	2
Rillenkugellager TGL 2981-6302	4			4

Normbezeichnung	Fahrgestell	Elektrik	Motor	Gesamt
Rillenkugellager TGL 2981-6302 TN C3f			1	1
Rillenkugellager TGL 2981-6305 TN C3f			2	2
Rundring TGL 6365-14x2			1	1
Rundring TGL 6365-17x2,5			1	1
Rundring TGL 6365-76x4			1	1
Scheibe TGL 0-125-10,5-St	2		2	4
Scheibe TGL 0-125-4,3-St		4		4
Scheibe TGL 0-125-6,4-St	4		1	5
Scheibe TGL 0-125-8,4-St	11	4		15
Scheibe TGL 1774-4,3		2		2
Sechskantmutter TGL 0-439-B-M10-5S	1			1
Sechskantmutter TGL 0-934-M10-5S	2		1	3
Sechskantmutter TGL 0-934-M14x1,5-5S	2			2
Sechskantmutter TGL 0-934-M4-5S	3			3
Sechskantmutter TGL 0-934-M5-5S	7	4		11
Sechskantmutter TGL 0-934-M6-5S	8		14	22
Sechskantmutter TGL 0-934-M8-5S	24	1		25
Sechskantmutter TGL 0-936-M16x1,5			2	2
Sechskantmutter TGL 0-936-M18x1,5-5S	4			4
Sechskantschraube TGL 0-931-C-M10x35-8G	2			2
Sechskantschraube TGL 0-931-C-M10x50-8G	1			1
Sechskantschraube TGL 0-931-C-M8x100-8G	2			2
Sechskantschraube TGL 0-931-C-M8x60-8G	2			2
Sechskantschraube TGL 0-931-M10x75			1	1
Sechskantschraube TGL 0-931-M6x20-8G			1	1
Sechskantschraube TGL 0-931-M6x25-8G	2		2	4
Sechskantschraube TGL 0-931-M6x30-8G		2	1	3
Sechskantschraube TGL 0-931-M6x40-8G			2	2
Sechskantschraube TGL 0-931-M8x25-8G	1			1
Sechskantschraube TGL 0-931-M8x40-8G	3			3
Sechskantschraube TGL 0-931-M8x65-8G	2			2
Sechskantschraube TGL 0-933-M10x25-8G	6			6
Sechskantschraube TGL 0-933-M6x30-8G		1		1
Sechskantschraube TGL 0-933-M8x12-8G	2	1		3
Sechskantschraube TGL 0-933-M8x16-8G	12	4		16
Sechskantschraube TGL 0-933-M8x18-8G	1			1

Angaben in Stück je Fahrzeug

Normbezeichnung	Fahrgestell	Elektrik	Motor	Gesamt
Sechskantschraube TGL 0-933-M8x25	6		2	8
Sechskantschraube TGL 0-933-M8x30-8G	2			2
Sechskantschraube TGL 0-933-M8x35-8G	4			4
Sechskantschraube TGL 0-933-M8x55-8G	1			1
Senkschraube TGL 0-63-A-M4x12			4	4
Sicherungsblech TGL 0-432-17			2	2
Sicherungsring TGL 0-471-12	4			4
Sicherungsring TGL 0-471-15			1	1
Sicherungsring TGL 0-472-47x1,6	1		2	3
Splint TGL 0-94-3x18-St			1	1
Sprengring TGL 0-9045-22	1			1
Sprengring TGL 0-9045-A18			2	2
Stiftschraube TGL 0-835-B-M6x25			2	2
Stiftschraube TGL 0-835-B-M6x30-8G	2			2
Stiftschraube TGL 0-940-M6x30-5S			2	2
Wellendichtring TGL 16454-D-20x30x7			1	1
Wellendichtring TGL 16454-D-25x37x7			1	1
Wellendichtring TGL 16454-D-30x62x7			1	1
Zylinderkerbstift TGL 0-1473-2,5x10			1	1
Zylinderkerbstift TGL 0-1473-8x25-5S	1			1
Zylinderschraube TGL 0-84-A-M4x18-4S		2		2
Zylinderschraube TGL 0-84-A-M4x45		4		4
Zylinderschraube TGL 0-84-A-M4x8		1		1
Zylinderschraube TGL 0-84-A-M6x30-5S	2			2
Zylinderschraube TGL 0-84-B-M4x20-5S	1			1
Zylinderschraube TGL 0-84-B-M4x6-5S		2		2
Zylinderschraube TGL 0-84-B-M5x15	2			2
Zylinderschraube TGL 0-84-B-M5x25	3			3
Zylinderschraube TGL 0-84-B-M6x25			3	3
Zylinderschraube TGL 0-84-C-M5x85-5S		2		2
Zylinderschraube TGL 0-84-C-M6x40			1	1
Zylinderschraube TGL 0-84-C-M6x50			8	8
Zylinderschraube TGL 0-84-C-M6x65-5S			2	2
Zylinderschraube TGL 0-84-C-M6x70			7	7
Zylinderschraube TGL 0-84-C-M6x85-5S			3	3

Normbezeichnung	Fahrgestell	Elektrik	Motor	Gesamt
Zylinderschraube TGL 0-84-M3x6		1		1
Zylinderschraube TGL 0-84-M4x12			4	4
Zylinderschraube TGL 0-84-M5x15-5S		2		2
Zylinderschraube TGL 0-84-M5x16			6	6
Zylinderschraube TGL 0-84-M5x20-5S		2		2
Zylinderschraube TGL 0-84-M6x10-5S		3		3
Zylinderschraube TGL 0-84-M8x12			1	1
Zylinderstift TGL 0-7-6m 6x20			2	2

Angaben in Stück je Fahrzeug

8.6.4 Normteile für 250cm³-Modelle

8.6.4.1 Normteile für ES 250 Doppelport (DP)

Normbezeichnung	Fahrgestell	Elektrik	Motor	Gesamt
Axial-Rillenkugellager DIN 711-51106			1	1
Bolzen DIN 1434-6h 11x12x9,25	2			2
Bolzen DIN 1438-10h 11m8x38x50	1			1
Dichtring DIN 7603-C-14x20			2	
Dichtring DIN 7603-C-18x22	4		2	6
Dichtring DIN 7603-C-6x10			5	
Dichtring DIN 7603-C-8x14			2	
Federring DIN 127-A-7		1		1
Federring DIN 127-B-10	3			3
Federring DIN 127-B-3		1		1
Federring DIN 127-B-4	8	5		13
Federring DIN 127-B-5		2	1	3
Federring DIN 127-B-6	5	5	4	14
Federring DIN 127-B-8	15	3		18
Federscheibe DIN 137-A-3	8	9		17
Federscheibe DIN 137-A-5		2		2
Federscheibe DIN 137-A-6	2		1	3
Federscheibe DIN 137-B-12	6			6
Federscheibe DIN 137-B-14	1			1
Federscheibe DIN 137-B-16	4			4
Federscheibe DIN 137-B-18			1	1
Federscheibe DIN 137-B-4			4	4
Federscheibe DIN 137-B-5			5	5
Federscheibe DIN 137-B-6	8		5	13
Federscheibe DIN 137-B-8	12		4	16
Gewindestift DIN 551-M3x4	8			8
Halbrundkerbnagel DIN 1476-2,5x6	2			2
Halbrundniet DIN 660-2,6x5	2			2
Halbrundniet DIN 660-2,6x8			2	2
Kegelkerbstift DIN 1471-6x18			1	1
Kegelwulstschmierkopf DIN 3403-A-M6	4		1	5
Kegelwulstschmierkopf DIN 3403-C-M8x1	2			2
Kronenmutter DIN 937-M14x1,5			1	1
Kugel DIN 15515-5	1			1
Kugel DIN 15515-6,35	42		1	43
Kugel DIN 15515-8			1	1

Normbezeichnung	Fahrgestell	Elektrik	Motor	Gesamt
Linsenschraube DIN 85-M4x5	8			8
Linsensenkschraube DIN 91-M5x12		4		4
Nutmutter DIN 1804-M38x1,5	4			4
Passkerbstift DIN 1472-2,5x25			1	1
Rillenkugellager DIN 625-6005	1			1
Rillenkugellager DIN 625-6204 [1]			2	2
Rillenkugellager DIN 625-6205 C3f [1]			2	2
Rillenkugellager DIN 625-6302	4			4
Rillenkugellager DIN 625-6302 C3f [1]			1	1
Rillenkugellager DIN 625-6303 [1]			1	1
Rundring TGL 6365-14x2			1	1
Rundring TGL 6365-17x2,5			1	1
Rundring TGL 6365-76x4			1	1
Scheibe DIN 125-15	4			4
Scheibe DIN 125-3,2		5		5
Scheibe DIN 125-5,3	1	2		3
Scheibe DIN 125-6,4			1	1
Scheibe DIN 125-7,4			1	1
Scheibe DIN 125-8,4	2	2		4
Scheibe DIN 126-7	1			1
Scheibenfeder DIN 6883-4x5			1	1
Sechskantmutter DIN 439-B-M6	6			6
Sechskantmutter DIN 439-M5	4			4
Sechskantmutter DIN 439-M8	2			2
Sechskantmutter DIN 934-M10	3			3
Sechskantmutter DIN 934-M14x1,5	2			2
Sechskantmutter DIN 934-M3	8	8		16
Sechskantmutter DIN 934-M4		2		2
Sechskantmutter DIN 934-M5		6	7	13
Sechskantmutter DIN 934-M6	18	2	5	25
Sechskantmutter DIN 934-M8	11	1	4	16
Sechskantmutter DIN 936-M12x1,5	2			2
Sechskantmutter DIN 936-M14x1,5			1	1
Sechskantmutter DIN 936-M16x1,5			1	1
Sechskantmutter DIN 936-M18x1,5	4			4
Sechskantpassschraube DIN 609-M10k6x30	4			4

Angaben in Stück je Fahrzeug

8. Normteile

Normbezeichnung	Fahrgestell	Elektrik	Motor	Gesamt
Sechskantschraube DIN 931-M10x80	1			1
Sechskantschraube DIN 931-M10x90	1			1
Sechskantschraube DIN 931-M10x95	1			1
Sechskantschraube DIN 931-M5x15			1	1
Sechskantschraube DIN 931-M6x12			2	2
Sechskantschraube DIN 931-M6x18		2		2
Sechskantschraube DIN 931-M6x22			1	1
Sechskantschraube DIN 931-M6x25	2		3	5
Sechskantschraube DIN 931-M6x30	1		1	2
Sechskantschraube DIN 931-M6x35	2			2
Sechskantschraube DIN 931-M6x75	2			2
Sechskantschraube DIN 931-M7x105			1	1
Sechskantschraube DIN 931-M8x20			1	1
Sechskantschraube DIN 931-M8x30	2			2
Sechskantschraube DIN 931-M8x95	1			1
Sechskantschraube DIN 933-M6x15	4			4
Sechskantschraube DIN 933-M6x20	2			2
Sechskantschraube DIN 933-M6x35	1			1
Sechskantschraube DIN 933-M8x12	8		2	10
Sechskantschraube DIN 933-M8x15	4	2		6
Sechskantschraube DIN 933-M8x18	4			4
Sechskantschraube DIN 933-M8x25	4			4
Sechskantschraube DIN 960-M12x1,5x40	4			4
Senkschraube DIN 63-A-M4x10			4	4
Senkschraube DIN 63-A-M5x45			6	6
Senkschraube DIN 63-M5x10			4	4
Senkschraube DIN 63-M5x15		6		6
Sicherungsblech DIN 432-15			1	1
Sicherungsblech DIN 432-17			1	1
Sicherungsblech DIN 432-5,3			6	6
Sicherungsblech DIN 463-10	4			4
Sicherungsring DIN 471-24x1,2	4			4
Sicherungsring DIN 472-47x1,75	1		2	3
Splint DIN 94-1,5x10	2			2
Splint DIN 94-1,5x10	1			1
Splint DIN 94-3x28-St			1	1
Sprengring DIN 73123-18			2	2

Normbezeichnung	Fahrgestell	Elektrik	Motor	Gesamt
Sprengring DIN 9045-10	2			2
Stiftschraube DIN 940-M6x20			1	1
Stiftschraube DIN 940-M6x30			2	2
Verschlussschraube DIN 7604-A-M18x1,5			1	1
Wellendichtring DIN 6504-A-17x30x7			1	1
Wellendichtring DIN 6504-A-30x52x12			2	2
Wellendichtring DIN 6504-B-25x35x7			1	1
Zahnscheibe DIN 6797-J-3,2		3		3
Zahnscheibe DIN 6797-J-5,3		4		4
Zylinderkerbstift DIN 1473-2,5x10			1	1
Zylinderkerbstift DIN 1473-5x32	2			2
Zylinderrolle DIN 5402-4x8			36	36
Zylinderrollenlager DIN 5412-NJL 17			1	1
Zylinderschraube DIN 84-A-M3x15		2		2
Zylinderschraube DIN 84-A-M3x6		5		5
Zylinderschraube DIN 84-A-M4x12			4	4
Zylinderschraube DIN 84-A-M4x5		4		4
Zylinderschraube DIN 84-A-M4x8		1		1
Zylinderschraube DIN 84-B-M5x15		2		2
Zylinderschraube DIN 84-B-M6x20		3		3
Zylinderschraube DIN 84-C-M3x28		1		1
Zylinderschraube DIN 84-M4x12		2		2
Zylinderschraube DIN 84-M5x15		2		2
Zylinderschraube DIN 84-M5x75		2		2
Zylinderschraube DIN 84-M6x12		3		3
Zylinderschraube DIN 84-M6x25	3			3
Zylinderschraube DIN 84-M6x40			1	1
Zylinderschraube DIN 84-M6x50			7	7
Zylinderschraube DIN 84-M6x55			2	2
Zylinderschraube DIN 84-M6x70			9	9
Zylinderschraube DIN 84-M6x75			2	2
Zylinderschraube DIN 84-M6x85			2	2
Zylinderstift DIN 7-5m 6x16			1	1
Zylinderstift DIN 7-5m 6x20			1	1

Angaben in Stück je Fahrzeug

(1) Lager mit Polyamid-Käfig

8.6.4.2 Normteile für ES 250 Single-Port (SP)

Normbezeichnung	Fahrgestell (1)	Fahrgestell (2)	Elektrik	Motor (3)	Motor (4)	Gesamt (5)	Gesamt (6)	Gesamt (7)	Gesamt (8)
Axial-Rillenkugellager DIN 711-51106				1	1	1	1	1	1
Dichtring DIN 7603-C-14x20				3	3	3	3	3	3
Dichtring DIN 7603-C-18x22				2	2	2	2	2	2
Dichtring DIN 7603-C-6x10				7	7	7	7	7	7
Dichtring DIN 7603-C-8x14				2	2	2	2	2	2
Drahtsprengring TGL 0-73121-A-18				2	2	2	2	2	2
Federring TGL 0-127-B-5	3	3				3	3	3	3
Federring TGL 0-127-B-6	7	7	2			9	9	9	9
Federring TGL 0-127-B-8	19	19				19	19	19	19
Federring TGL 7403-B-10	11	11				11	11	11	11
Federring TGL 7403-B-12	2	2				2	2	2	2
Federring TGL 7403-B-3			1			1	1	1	1
Federring TGL 7403-B-4			3			3	3	3	3
Federring TGL 7403-B-5			4			4	4	4	4
Federring TGL 7403-B-6			4			4	4	4	4
Federring TGL 7403-B-8	9	9	2			11	11	11	11
Federring TGL 0-127-B-6					1		1		1
Federscheibe TGL 0-137-A-3	4	4				4	4	4	4
Federscheibe TGL 0-137-A-5	1	1	2			3	3	3	3
Federscheibe TGL 0-137-A-6	1	1		1	1	2	2	2	2
Federscheibe TGL 0-137-B-10	2	2				2	2	2	2
Federscheibe TGL 0-137-B-12	3	3				3	3	3	3
Federscheibe TGL 0-137-B-14	1	1				1	1	1	1
Federscheibe TGL 0-137-B-6	6	6		6	6	12	12	12	12
Federscheibe TGL 0-137-B-8	8	8	2	4	4	14	14	14	14
Halbrundkerbnagel TGL 0-1476-2,5x6	2	2				2	2	2	2
Halbrundniet TGL 0-660-2,6x8				2	2	2	2	2	2
Kegelwulstschmierkopf DIN 3403-A-M6	4	4				4	4	4	4
Kegelwulstschmierkopf DIN 3403-A-M8x1	1	1				1	1	1	1
Kronenmutter TGL 0-937-M14x1,5				1	1	1	1	1	1
Kugel TGL 15515-8 III				1	1	1	1	1	1
Kugel DIN 5401-6,35	46	46				46	46	46	46
Kugel DIN 5401-8				2	2	2	2	2	2
Kugelschmierkopf TGL 3402-D-6				1	1	1	1	1	1
Rillenkugellager DIN 625-6204 (10)				2	2	2	2	2	2
Rillenkugellager DIN 625-6205 C3f (10)				2	2	2	2	2	2
Rillenkugellager DIN 625-6302 C3f (10)				1	1	1	1	1	1
Rillenkugellager DIN 625-6303 (10)				1	1	1	1	1	1
Rillenkugellager TGL 2981-6005	1	1				1	1	1	1
Rillenkugellager TGL 2981-6302	4	4				4	4	4	4
Rundring TGL 6365-14x2				1	1	1	1	1	1
Rundring TGL 6365-17x2,5				1	1	1	1	1	1
Rundring TGL 6365-76x4				1	1	1	1	1	1
Scheibe TGL 0-125-15	2	2				2	2	2	2
Scheibe TGL 0-125-3,2	4	4				4	4	4	4
Scheibe TGL 0-125-6,4	6	6	1	1	1	8	8	8	8
Scheibe TGL 0-125-8,4	10	10	2			12	12	12	12
Scheibe DIN 126-5,8	1	1				1	1	1	1
Scheibe TGL 1774-4,3			3			3	3	3	3
Scheibe DIN 433-10,5	2	2				2	2	2	2
Scheibenfeder DIN 6888-4x5				1	1	1	1	1	1
Sechskantmutter TGL 0-439-B-M10	1	1				1	1	1	1
Sechskantmutter TGL 0-439-B-M6	3	3		6	6	9	9	9	9
Sechskantmutter TGL 0-934-M10	3	3				3	3	3	3
Sechskantmutter TGL 0-934-M14x1,5	2	2				2	2	2	2
Sechskantmutter TGL 0-934-M3	4	4				4	4	4	4
Sechskantmutter TGL 0-934-M4				1		1		1	
Sechskantmutter TGL 0-934-M5	5	5	1			6	6	6	6
Sechskantmutter TGL 0-934-M6	17	15	5	6	7	28	29	26	27
Sechskantmutter TGL 0-934-M8-5S	10	12	1	4	4	15	15	17	17
Sechskantmutter TGL 0-936-M12x1,5	2	2				2	2	2	2
Sechskantmutter TGL 0-936-M16x1,5				2	2	2	2	2	2
Sechskantmutter TGL 0-936-M18x1,5	5	5				5	5	5	5
Sechskantschraube TGL 0-931-C-M8x25	2	2				2	2	2	2
Sechskantschraube TGL 0-931-M10x100	1	1				1	1	1	1
Sechskantschraube TGL 0-931-M10x35	6	6				6	6	6	6
Sechskantschraube TGL 0-931-M10x50	1	1				1	1	1	1
Sechskantschraube TGL 0-931-M10x80-8G	1	1				1	1	1	1
Sechskantschraube TGL 0-931-M10x90	1	1				1	1	1	1
Sechskantschraube TGL 0-931-M5x15	1	1				1	1	1	1

Angaben in Stück je Fahrzeug

8. Normteile

Normbezeichnung	Fahrgestell (1)	Fahrgestell (2)	Elektrik	Motor (3)	Motor (4)	Gesamt (5)	Gesamt (6)	Gesamt (7)	Gesamt (8)
Sechskantschraube TGL 0-931-M6x20-8G				6	6	6	6	6	6
Sechskantschraube TGL 0-931-M6x25-5S	2	2		1	2	3	4	3	4
Sechskantschraube TGL 0-931-M6x30-8G	1	1				1	1	1	1
Sechskantschraube TGL 0-931-M6x75	2	2				2	2	2	2
Sechskantschraube TGL 0-931-M8x40	2	2				2	2	2	2
Sechskantschraube TGL 0-931-M8x95	2	2				2	2	2	2
Sechskantschraube TGL 0-933-M10x25	4	4				4	4	4	4
Sechskantschraube TGL 0-933-M10x35	2	2				2	2	2	2
Sechskantschraube TGL 0-933-M4x35				1		1		1	
Sechskantschraube TGL 0-933-M5x15	3	3				3	3	3	3
Sechskantschraube TGL 0-933-M6x12	2	2				2	2	2	2
Sechskantschraube TGL 0-933-M6x15	2	2	2			4	4	4	4
Sechskantschraube TGL 0-933-M6x20-8G	6	4				6	6	4	4
Sechskantschraube TGL 0-933-M6x25-5S				2	2	2	2	2	2
Sechskantschraube TGL 0-933-M8x12-8G	9	9		2	2	11	11	11	11
Sechskantschraube TGL 0-933-M8x15	16	16				16	16	16	16
Sechskantschraube TGL 0-933-M8x16			2			2	2	2	2
Sechskantschraube TGL 0-933-M8x20	7	7				7	7	7	7
Sechskantschraube TGL 0-933-M8x25		2						2	2
Sechskantschraube TGL 0-933-M8x30	2	2				2	2	2	2
Sechskantschraube TGL 0-960-M12x1,5x30	2	2				2	2	2	2
Sechskantschraube TGL 0-960-M12x1,5x40-8G	3	3				3	3	3	3
Senkschraube TGL 0-63-A-M4x12-8G				4	4	4	4	4	4
Senkschraube TGL 0-63-M5x10				4	4	4	4	4	4
Sicherungsblech TGL 0-432-17				2	2	2	2	2	2
Sicherungsblech TGL 0-463-10,5	4	4				4	4	4	4
Sicherungsring TGL 0-471-15x1				1	1	1	1	1	1
Sicherungsring TGL 0-472-47x1,6	1	1		2	2	3	3	3	3
Splint TGL 0-94-2x12	1	1				1	1	1	1
Splint TGL 0-94-3x28				1	1	1	1	1	1
Sprengring TGL 0-9045-10	2	2				2	2	2	2
Stiftschraube TGL 0-835-M6x25				1	1	1	1	1	1
Stiftschraube TGL 0-940-M6x30-5S				3	3	3	3	3	3
Verschlussschraube TGL 0-7604-A-M18x1,5 [9]				1	1	1	1	1	1
Wellendichtring DIN 6504-A-17x30x7				1	1	1	1	1	1
Wellendichtring DIN 6504-A-30x52x12				2	2	2	2	2	2

Normbezeichnung	Fahrgestell (1)	Fahrgestell (2)	Elektrik	Motor (3)	Motor (4)	Gesamt (5)	Gesamt (6)	Gesamt (7)	Gesamt (8)
Wellendichtring DIN 6504-B-25x35x7				1	1	1	1	1	1
Zylinderkerbstift TGL 0-1473-5x25	2	2				2	2	2	2
Zylinderkerbstift TGL 0-1473-5x32	2	2				2	2	2	2
Zylinderrollenlager DIN 5412-NJL 17				1	1	1	1	1	1
Zylinderschraube TGL 0-84-3,5x8	2	2				2	2	2	2
Zylinderschraube TGL 0-84-A-M4x12				4	4	4	4	4	4
Zylinderschraube TGL 0-84-A-M4x18-4S			2			2	2	2	2
Zylinderschraube TGL 0-84-A-M4x8			1			1	1	1	1
Zylinderschraube TGL 0-84-B-M4x6-5S			1			1	1	1	1
Zylinderschraube TGL 0-84-B-M6x20-5D				3	3	3	3	3	3
Zylinderschraube TGL 0-84-C-M5x85			2			2	2	2	2
Zylinderschraube TGL 0-84-M3x6			1			1	1	1	1
Zylinderschraube TGL 0-84-M5x10	12	12				12	12	12	12
Zylinderschraube TGL 0-84-M5x15				6	6	6	6	6	6
Zylinderschraube TGL 0-84-M5x20			2			2	2	2	2
Zylinderschraube TGL 0-84-M6x25	4	4				4	4	4	4
Zylinderschraube TGL 0-84-M6x40-5D				1	1	1	1	1	1
Zylinderschraube TGL 0-84-M6x60				2	2	2	2	2	2
Zylinderschraube TGL 0-84-M6x70-5S				3	3	3	3	3	3
Zylinderschraube TGL 0-84-M6x85-5S				2	2	2	2	2	2
Zylinderstift TGL 0-7-6m 6x20				2	2	2	2	2	2

Angaben in Stück je Fahrzeug

(1) Fahrzeuge bis Fahrgestell-Nummer 1187184
(2) Fahrzeuge ab Fahrgestell-Nummer 1187185
(3) Motoren bis Motor-Nummer 2127647 in Verbindung mit Vergaser BVF N271-0
(4) Motoren ab Motor-Nummer 2127648 in Verbindung mit Vergaser BVF 27KN1-1
(5) Fahrzeuge bis Fahrgestell-Nummer 1187184 mit Motoren bis
    Motor-Nummer 2127647 in Verbindung mit Vergaser BVF N271-0
(6) Fahrzeuge bis Fahrgestell-Nummer 1187184 mit Motoren ab
    Motor-Nummer 2127648 in Verbindung mit Vergaser BVF 27KN1-1
(7) Fahrzeuge ab Fahrgestell-Nummer 1187185 mit Motoren bis
    Motor-Nummer 2127647 in Verbindung mit Vergaser BVF N271-0
(8) Fahrzeuge ab Fahrgestell-Nummer 1187185 mit Motoren ab
    Motor-Nummer 2127648 in Verbindung mit Vergaser BVF 27KN1-1
(9) entfällt ab Motor-Nummer 2141196
(10) Lager mit Polyamid-Käfig

8.6.4.3 Normteile für ES 250/1

Normbezeichnung	Fahrgestell (1)	Fahrgestell (2)	Fahrgestell (3)	Fahrgestell (4)	Elektrik	Motor	Gesamt (1)	Gesamt (2)	Gesamt (3)	Gesamt (4)
Axial-Rillenkugellager TGL 2986-51106						1	1	1	1	1
Dichtring DIN 7603-C-14x20						3	3	3	3	3
Dichtring DIN 7603-C-18x22						2	2	2	2	2
Dichtring DIN 7603-C-6x10						7	7	7	7	7
Dichtring DIN 7603-C-8x14						2	2	2	2	2
Drahtsprengring TGL 0-73121-A-18						2	2	2	2	2
Federring TGL 0-127-B-5	3	3	3	3			3	3	3	3
Federring TGL 0-127-B-6	8	8	8	8	2	1	11	11	11	11
Federring TGL 0-127-B-8	19	19	19	19			19	19	19	19
Federring TGL 7403-B-10	11	11	11	11			11	11	11	11
Federring TGL 7403-B-12				2						2
Federring TGL 7403-B-3					1		1	1	1	1
Federring TGL 7403-B-4					3		3	3	3	3
Federring TGL 7403-B-5					4		4	4	4	4
Federring TGL 7403-B-6					4	1	5	5	5	5
Federring TGL 7403-B-8	9	9	9	9	2		11	11	11	11
Federscheibe TGL 0-137-A-3	4	4	4	4			4	4	4	4
Federscheibe TGL 0-137-A-5	1	1	1	1	2		3	3	3	3
Federscheibe TGL 0-137-A-6	1	1	1	1		1	2	2	2	2
Federscheibe TGL 0-137-B-10	2	2	2	2			2	2	2	2
Federscheibe TGL 0-137-B-12	3	3	3	3			3	3	3	3
Federscheibe TGL 0-137-B-14	1	1	1	1			1	1	1	1
Federscheibe TGL 0-137-B-6	14	14	14	14		6	20	20	20	20
Federscheibe TGL 0-137-B-8	8	8	8	8	2	4	14	14	14	14
Flachrundschraube TGL 0-603-M6x15	8	8	8	8			8	8	8	8
Halbrundkerbnagel TGL 0-1476-2,5x6	2	2	2	2			2	2	2	2
Halbrundniet TGL 0-660-2,6x8						2	2	2	2	2
Kegelwulstschmierkopf DIN 3403-A-M6	4	4	4	4			4	4	4	4
Kegelwulstschmierkopf DIN 3403-A-M8x1	1	1	1	1			1	1	1	1
Kronenmutter TGL 0-937-M14x1,5						1	1	1	1	1
Kugel TGL 15515-8 III						1	1	1	1	1
Kugel DIN 5401-6,35	46	46	46	46			46	46	46	46
Kugel DIN 5401-8						2	2	2	2	2
Kugelschmierkopf TGL 3402-D-6						1	1	1	1	1
Nadellager TGL 11553-KK 22x26x26						1	1	1	1	1

Normbezeichnung	Fahrgestell (1)	Fahrgestell (2)	Fahrgestell (3)	Fahrgestell (4)	Elektrik	Motor	Gesamt (1)	Gesamt (2)	Gesamt (3)	Gesamt (4)
Rillenkugellager TGL 2981-6005	1	1	1	1			1	1	1	1
Rillenkugellager TGL 2981-6203 [5]						2	2	2	2	2
Rillenkugellager TGL 2981-6204 [5]						2	2	2	2	2
Rillenkugellager TGL 2981-6302	4	4	4	4			4	4	4	4
Rillenkugellager TGL 2981-6302 C3f [5]						1	1	1	1	1
Rillenkugellager TGL 2981-6305 C3f [5]						2	2	2	2	2
Rundring TGL 6365-14x2						1	1	1	1	1
Rundring TGL 6365-17x2,5						1	1	1	1	1
Rundring TGL 6365-76x4						1	1	1	1	1
Scheibe TGL 0-125-15	2	2	2	2			2	2	2	2
Scheibe TGL 0-125-3,2	4	4	4	4			4	4	4	4
Scheibe TGL 0-125-6,4	6	6	6	6	1	1	8	8	8	8
Scheibe TGL 0-125-8,4	10	10	10	10	2		12	12	12	12
Scheibe DIN 126-5,8	1	1	1	1			1	1	1	1
Scheibe TGL 1774-4,3					2		2	2	2	2
Scheibe DIN 433-10,5	2	2	2	2			2	2	2	2
Scheibenfeder DIN 6888-4x5						1	1	1	1	1
Sechskantmutter TGL 0-439-B-M10	1	1	1	1			1	1	1	1
Sechskantmutter TGL 0-439-B-M6	3	3	3	3		6	9	9	9	9
Sechskantmutter TGL 0-934-M10	3	3	3	3			3	3	3	3
Sechskantmutter TGL 0-934-M14x1,5	2	2	2	2			2	2	2	2
Sechskantmutter TGL 0-934-M3	4	4	4	4			4	4	4	4
Sechskantmutter TGL 0-934-M5	4	4	4	4	2		6	6	6	6
Sechskantmutter TGL 0-934-M6	27	25	23	23	5	8	40	38	36	36
Sechskantmutter TGL 0-934-M8-5S	10	12	14	14	1	4	15	17	19	19
Sechskantmutter TGL 0-936-M12x1,5	2	2	2				2	2	2	
Sechskantmutter TGL 0-936-M16x1,5						2	2	2	2	2
Sechskantmutter TGL 0-936-M18x1,5	5	5	5	5			5	5	5	5
Sechskantschraube TGL 0-931-C-M8x25	2	2	2	2			2	2	2	2
Sechskantschraube TGL 0-931-M10x100	1	1	1	1			1	1	1	1
Sechskantschraube TGL 0-931-M10x35	6	6	6	6			6	6	6	6
Sechskantschraube TGL 0-931-M10x50	1	1	1	1			1	1	1	1
Sechskantschraube TGL 0-931-M10x80-8G	1	1	1	1			1	1	1	1
Sechskantschraube TGL 0-931-M10x90	1	1	1	1			1	1	1	1
Sechskantschraube TGL 0-931-M6x20-8G						6	6	6	6	6

Angaben in Stück je Fahrzeug

Normbezeichnung	Fahrgestell (1)	Fahrgestell (2)	Fahrgestell (3)	Fahrgestell (4)	Elektrik	Motor	Gesamt (1)	Gesamt (2)	Gesamt (3)	Gesamt (4)
Sechskantschraube TGL 0-931-M6x25-5S	2	2	2	2		2	4	4	4	4
Sechskantschraube TGL 0-931-M6x30-8G	1	1	1	1			1	1	1	1
Sechskantschraube TGL 0-931-M6x50						1	1	1	1	1
Sechskantschraube TGL 0-931-M6x75	2	2	2	2			2	2	2	2
Sechskantschraube TGL 0-931-M8x40	2	2	2	2			2	2	2	2
Sechskantschraube TGL 0-931-M8x95	2	2	2	2			2	2	2	2
Sechskantschraube TGL 0-933-M10x25	4	4	4	4			4	4	4	4
Sechskantschraube TGL 0-933-M10x35	2	2	2	2			2	2	2	2
Sechskantschraube TGL 0-933-M5x15	3	3	3	3			3	3	3	3
Sechskantschraube TGL 0-933-M6x12	2	2	2	2			2	2	2	2
Sechskantschraube TGL 0-933-M6x15-8G	2	2			2		4	4	2	2
Sechskantschraube TGL 0-933-M6x20	5	3	3	3			5	3	3	3
Sechskantschraube TGL 0-933-M6x25-5S						2	2	2	2	2
Sechskantschraube TGL 0-933-M8x12-8G	9	9	9	9		2	11	11	11	11
Sechskantschraube TGL 0-933-M8x15	16	16	18	18			16	16	18	18
Sechskantschraube TGL 0-933-M8x16					2		2	2	2	2
Sechskantschraube TGL 0-933-M8x20	7	7	7	7			7	7	7	7
Sechskantschraube TGL 0-933-M8x25		2	2	2				2	2	2
Sechskantschraube TGL 0-933-M8x30	2	2	2	2			2	2	2	2
Sechskantschraube TGL 0-960-M12x1,5x30	2	2	2	2			2	2	2	2
Sechskantschraube TGL 0-960-M12x1,5x40-8G	3	3	3	3			3	3	3	3
Senkschraube TGL 0-63-A-M4x12-8G						4	4	4	4	4
Senkschraube TGL 0-63-M5x10						4	4	4	4	4
Sicherungsblech TGL 0-432-17						2	2	2	2	2
Sicherungsblech TGL 0-463-10,5	4	4	4	4			4	4	4	4
Sicherungsring TGL 0-471-15x1						1	1	1	1	1
Sicherungsring TGL 0-472-47x1,6	1	1	1	1		2	3	3	3	3
Splint TGL 0-94-2x12	1	1	1	1			1	1	1	1
Splint TGL 0-94-3x28						1	1	1	1	1
Sprengring TGL 0-9045-10	2	2	2	2			2	2	2	2
Stiftschraube TGL 0-835-M6x25						1	1	1	1	1
Stiftschraube TGL 0-940-M6x30-5S						3	3	3	3	3
Wellendichtring DIN 6504-A-17x30x7						1	1	1	1	1
Wellendichtring DIN 6504-A-30x62x10						2	2	2	2	2
Wellendichtring DIN 6504-B-25x35x7						1	1	1	1	1

Normbezeichnung	Fahrgestell (1)	Fahrgestell (2)	Fahrgestell (3)	Fahrgestell (4)	Elektrik	Motor	Gesamt (1)	Gesamt (2)	Gesamt (3)	Gesamt (4)
Zylinderkerbstift TGL 0-1473-5x25	2	2	2	2			2	2	2	2
Zylinderkerbstift TGL 0-1473-5x32	2	2	2	2			2	2	2	2
Zylinderschraube TGL 0-84-3,5x8	2	2	2	2			2	2	2	2
Zylinderschraube TGL 0-84-A-M4x12						4	4	4	4	4
Zylinderschraube TGL 0-84-A-M4x18-4S					2		2	2	2	2
Zylinderschraube TGL 0-84-A-M4x8					1		1	1	1	1
Zylinderschraube TGL 0-84-B-M4x6-5S					1		1	1	1	1
Zylinderschraube TGL 0-84-B-M6x20-5D						3	3	3	3	3
Zylinderschraube TGL 0-84-C-M5x85					2		2	2	2	2
Zylinderschraube TGL 0-84-M3x6					1		1	1	1	1
Zylinderschraube TGL 0-84-M5x10	12	12	12	12			12	12	12	12
Zylinderschraube TGL 0-84-M5x15						6	6	6	6	6
Zylinderschraube TGL 0-84-M5x20					2		2	2	2	2
Zylinderschraube TGL 0-84-M6x25	4	4	4	4			4	4	4	4
Zylinderschraube TGL 0-84-M6x40-5D						1	1	1	1	1
Zylinderschraube TGL 0-84-M6x60						2	2	2	2	2
Zylinderschraube TGL 0-84-M6x70-5S						3	3	3	3	3
Zylinderschraube TGL 0-84-M6x85-5S						2	2	2	2	2
Zylinderstift TGL 0-7-6m 6x20						2	2	2	2	2

Angaben in Stück je Fahrzeug

(1) Fahrzeuge bis Fahrgestell-Nummer 1187184
(2) Fahrzeuge ab Fahrgestell-Nummer 1187185 bis Fahrgestell-Nummer 1190419
(3) Fahrzeuge bis Fahrgestell-Nummer 1190420 bis Fahrgestell-Nummer 1209752
(4) Fahrzeuge ab Fahrgestell-Nummer 1209753
(5) Lager mit Polyamid-Käfig

8.6.4.4 Normteile für ES 250/2

Normbezeichnung	Fahrgestell	Elektrik	Motor	Gesamt
Axial-Rillenkugellager TGL 2986-51106			1	1
Zylinderkerbstift TGL 0-1473-8x25-5S	1			1
Dichtring TGL 0-7603-C-14x20			1	1
Dichtring TGL 0-7603-C-18x22			1	1
Dichtring TGL 0-7603-C-6x10			11	11
Dichtring TGL 0-7603-C-8x14			1	1
Federring TGL 7403-B-10	8			8
Federring TGL 7403-B-3		1		1
Federring TGL 7403-B-4	2	4		6
Federring TGL 7403-B-5	6	6		12
Federring TGL 7403-B-6	3	5		8
Federring TGL 7403-B-8	21	6	2	29
Federscheibe TGL 0-137-14	2			2
Federscheibe TGL 0-137-5	8			8
Federscheibe TGL 0-137-6	1		3	4
Federscheibe TGL 0-137-8	9	1		10
Federscheibe TGL 0-137-A-5		2		2
Federscheibe TGL 0-137-A-6			1	1
Federscheibe TGL 0-137-B-12			4	4
Federscheibe TGL 0-137-B-6			5	5
Halbrundniet TGL 0-660-2,6x8			2	2
Kegelschmierkopf TGL 0-71412-A-M6	3			3
Kronenmutter TGL 0-937-M14x1,5-5S			1	1
Kugel TGL 15515-6,35 III	44			44
Kugel TGL 15515-8 III			2	2
Linsenkopfschraube TGL 0-920-M4x20-L		2		2
Linsenschraube TGL 0-85-M4x28-5S	2			2
Linsenschraube TGL 0-85-M5x8-5S	2			2
Linsensenkschraube TGL 5687-M5x12-4S	2			2
Nadel TGL 15518-2,5x19,8 I			24	24
Nadellager TGL 11553-KK 18x22x24 F			1	1
Nadellager TGL 11553-KK 22x26x26			1	1
Passfeder TGL 9500-A-4x4x8			1	1
Rillenkugellager TGL 2981-6005	1			1
Rillenkugellager TGL 2981-6203 J C4			2	2
Rillenkugellager TGL 2981-6204 J C4			2	2

Normbezeichnung	Fahrgestell	Elektrik	Motor	Gesamt
Rillenkugellager TGL 2981-6302	4			4
Rillenkugellager TGL 2981-6302 TN C3f			1	1
Rillenkugellager TGL 2981-6305 TN C3f			2	2
Rundring TGL 6365-14x2			1	1
Rundring TGL 6365-17x2,5			1	1
Rundring TGL 6365-76x4			1	1
Scheibe TGL 0-125-10,5-St	2		2	4
Scheibe TGL 0-125-4,3-St		4		4
Scheibe TGL 0-125-6,4-St	4		1	5
Scheibe TGL 0-125-8,4-St	11	4		15
Scheibe TGL 1774-4,3		2		2
Sechskantmutter TGL 0-439-B-M10-5S	1			1
Sechskantmutter TGL 0-934-M10-5S	2		1	3
Sechskantmutter TGL 0-934-M14x1,5-5S	2			2
Sechskantmutter TGL 0-934-M4-5S	3			3
Sechskantmutter TGL 0-934-M5-5S	7	4		11
Sechskantmutter TGL 0-934-M6-5S	8		14	22
Sechskantmutter TGL 0-934-M8-5S	24	1		25
Sechskantmutter TGL 0-936-M16x1,5			2	2
Sechskantmutter TGL 0-936-M18x1,5-5S	4			4
Sechskantschraube TGL 0-931-C-M10x35-8G	2			2
Sechskantschraube TGL 0-931-C-M10x50-8G	1			1
Sechskantschraube TGL 0-931-C-M8x100-8G	2			2
Sechskantschraube TGL 0-931-C-M8x60-8G	2			2
Sechskantschraube TGL 0-931-M10x75			1	1
Sechskantschraube TGL 0-931-M6x20-8G			1	1
Sechskantschraube TGL 0-931-M6x25-8G	2		2	4
Sechskantschraube TGL 0-931-M6x30-8G		2	1	3
Sechskantschraube TGL 0-931-M6x40-8G			2	2
Sechskantschraube TGL 0-931-M8x25-8G	1			1
Sechskantschraube TGL 0-931-M8x40-8G	3			3
Sechskantschraube TGL 0-931-M8x65-8G	2			2
Sechskantschraube TGL 0-931-M8x65-8G	2			2
Sechskantschraube TGL 0-933-M10x25-8G	6			6
Sechskantschraube TGL 0-933-M10x25-8G	6			6
Sechskantschraube TGL 0-933-M6x30-8G		1		1

Angaben in Stück je Fahrzeug

Normbezeichnung	Fahrgestell	Elektrik	Motor	Gesamt
Sechskantschraube TGL 0-933-M6x30-8G		1		1
Sechskantschraube TGL 0-933-M8x12-8G	2		1	3
Sechskantschraube TGL 0-933-M8x12-8G	2		1	3
Sechskantschraube TGL 0-933-M8x16-8G	12	4		16
Sechskantschraube TGL 0-933-M8x18-8G	1			1
Sechskantschraube TGL 0-933-M8x25-8G	6		2	8
Sechskantschraube TGL 0-933-M8x30-8G	2			2
Sechskantschraube TGL 0-933-M8x35-8G	4			4
Sechskantschraube TGL 0-933-M8x55-8G	1			1
Senkschraube TGL 0-63-A-M4x12			4	4
Sicherungsblech TGL 0-432-17			2	2
Sicherungsring TGL 0-471-12	4			4
Sicherungsring TGL 0-471-15			1	1
Sicherungsring TGL 0-472-47x1,6	1		2	3
Splint TGL 0-94-3x18-St			1	1
Sprengring TGL 0-9045-22	1			1
Sprengring TGL 0-9045-A18			2	2
Stiftschraube TGL 0-835-B-M6x25			2	2
Stiftschraube TGL 0-835-B-M6x30-8G	2			2
Stiftschraube TGL 0-940-M6x30-5S			2	2
Wellendichtring TGL 16454-D-20x30x7			1	1
Wellendichtring TGL 16454-D-25x37x7			1	1
Wellendichtring TGL 16454-D-30x62x7			1	1
Zylinderkerbstift TGL 0-1473-2,5x10			1	1
Zylinderschraube TGL 0-84-A-M4x18-4S		2		2
Zylinderschraube TGL 0-84-A-M4x45		4		4
Zylinderschraube TGL 0-84-A-M4x8		1		1
Zylinderschraube TGL 0-84-A-M6x30-5S	2			2
Zylinderschraube TGL 0-84-B-M4x20-5S	1			1
Zylinderschraube TGL 0-84-B-M4x6-5S		2		2
Zylinderschraube TGL 0-84-B-M5x15	2			2
Zylinderschraube TGL 0-84-B-M5x25	3			3
Zylinderschraube TGL 0-84-B-M6x25			3	3
Zylinderschraube TGL 0-84-C-M5x85-5S		2		2
Zylinderschraube TGL 0-84-C-M6x40			1	1

Normbezeichnung	Fahrgestell	Elektrik	Motor	Gesamt
Zylinderschraube TGL 0-84-C-M6x50			8	8
Zylinderschraube TGL 0-84-C-M6x65-5S			2	2
Zylinderschraube TGL 0-84-C-M6x70			7	7
Zylinderschraube TGL 0-84-C-M6x85-5S			3	3
Zylinderschraube TGL 0-84-M3x6		1		1
Zylinderschraube TGL 0-84-M4x12			4	4
Zylinderschraube TGL 0-84-M5x15-5S		2		2
Zylinderschraube TGL 0-84-M5x16			6	6
Zylinderschraube TGL 0-84-M5x20-5S		2		2
Zylinderschraube TGL 0-84-M6x10-5S		3		3
Zylinderschraube TGL 0-84-M8x12			1	1
Zylinderstift TGL 0-7-6m 6x20			2	2

Angaben in Stück je Fahrzeug

8.6.4.5 Normteile für ETS 250

Normbezeichnung	Fahrgestell	Elektrik	Motor	Gesamt
Axial-Rillenkugellager TGL 2986-51106			1	1
Dichtring TGL 0-7603-C-14x20			1	1
Dichtring TGL 0-7603-C-18x22			1	1
Dichtring TGL 0-7603-C-6x10			11	11
Dichtring TGL 0-7603-C-8x14			1	1
Federring TGL 7403-B-10	4	2		6
Federring TGL 7403-B-4		2		2
Federring TGL 7403-B-5		9		9
Federring TGL 7403-B-6	9	5		14
Federring TGL 7403-B-8	24	3	2	29
Federscheibe TGL 0-137-14	1			1
Federscheibe TGL 0-137-8	4	1		5
Federscheibe TGL 0-137-A-5		2		2
Federscheibe TGL 0-137-A-6			1	1
Federscheibe TGL 0-137-B-10			1	1
Federscheibe TGL 0-137-B-12			4	4
Federscheibe TGL 0-137-B-5	1		5	6
Federscheibe TGL 0-137-B-6	5		8	13
Halbrundkerbnagel TGL 0-1476-2,5x6	2			2
Halbrundniet TGL 0-660-2,6x8			2	2
Kegelschmierkopf TGL 0-71412-A-M6	2			2
Kronenmutter TGL 0-937-M14x1,5-5S			1	1
Kugel TGL 15515-6,35	44			44
Kugel TGL 15515-8 III			2	2
Linsensenkschraube TGL 5687-M5x10-4S	1			1
Linsensenkschraube TGL 5687-M5x12-4S		2		2
Nadel TGL15518-2,5x19,8 I			24	24
Nadellager TGL 11553-KK 18x22x24 F			1	1
Nadellager TGL 11553-KK 22x26x26			1	1
Passfeder TGL 9500-A-4x4x8			1	1
Rillenkugellager TGL 2981-6005	1			1
Rillenkugellager TGL 2981-6203 J C4			2	2
Rillenkugellager TGL 2981-6204 J C4			2	2
Rillenkugellager TGL 2981-6302	4			4
Rillenkugellager TGL 2981-6302 TN C3f			1	1
Rillenkugellager TGL 2981-6305 TN C3f			2	2

Normbezeichnung	Fahrgestell	Elektrik	Motor	Gesamt
Rundring TGL 6365-14x2			1	1
Rundring TGL 6365-17x2,5			1	1
Rundring TGL 6365-76x4			1	1
Rundring TGL 6365-8x2	1			1
Scheibe TGL 0-125-10,5			2	2
Scheibe TGL 0-125-6,4-St	4		1	5
Scheibe TGL 0-125-8,4-St	13			13
Scheibe TGL 8328-15	1			1
Scheibe TGL 0-9021-8,4	2			2
Sechskantmutter TGL 0-934-M10-5S		2	1	3
Sechskantmutter TGL 0-934-M14x1,5-5S	2			2
Sechskantmutter TGL 0-934-M4-5S	3	2		5
Sechskantmutter TGL 0-934-M5-5S	1	7		8
Sechskantmutter TGL 0-934-M6-5S	13		14	27
Sechskantmutter TGL 0-934-M8-5S	24	1		25
Sechskantmutter TGL 0-936-M16x1,5			2	2
Sechskantmutter TGL 0-936-M18x1,5-5S	2			2
Sechskantschraube TGL 0-931-C-M8x100-8G	2			2
Sechskantschraube TGL 0-931-C-M8x25-8G	2			2
Sechskantschraube TGL 0-931-C-M8x35-8G	2			2
Sechskantschraube TGL 0-931-C-M8x60-8G	2			2
Sechskantschraube TGL 0-931-M10x40-8G	2			2
Sechskantschraube TGL 0-931-M10x75			1	1
Sechskantschraube TGL 0-931-M6x20-8G			6	6
Sechskantschraube TGL 0-931-M6x25-8G			2	2
Sechskantschraube TGL 0-931-M6x30-8G		2	1	3
Sechskantschraube TGL 0-931-M6x35	4			4
Sechskantschraube TGL 0-931-M8x30-8G	1			1
Sechskantschraube TGL 0-931-M8x40-8G	3			3
Sechskantschraube TGL 0-931-M8x65-8G	2			2
Sechskantschraube TGL 0-933-M10x25-8G	4			4
Sechskantschraube TGL 0-933-M6x16-8G	6			6
Sechskantschraube TGL 0-933-M6x25	1			1
Sechskantschraube TGL 0-933-M8x12-8G			1	1
Sechskantschraube TGL 0-933-M8x16-8G	4	3		7
Sechskantschraube TGL 0-933-M8x25-8G	3		2	5

Angaben in Stück je Fahrzeug

Normbezeichnung	Fahrgestell	Elektrik	Motor	Gesamt
Sechskantschraube TGL 0-933-M8x30-8G	4			4
Sechskantschraube TGL 0-933-M8x35-8G	2			2
Sechskantschraube TGL 0-933-M8x55-8G	1			1
Senkschraube TGL 0-63-A-M4x12-4S			4	4
Sicherungsblech TGL 0-432-17			2	2
Sicherungsring TGL 0-471-12	4			4
Sicherungsring TGL 0-471-15			1	1
Sicherungsring TGL 0-472-45	2			2
Sicherungsring TGL 0-472-47x1,6	1		2	3
Splint TGL 0-94-3x28			1	1
Sprengring TGL 16363-32	2			2
Sprengring TGL 0-9045-18			2	2
Sprengring TGL 0-9045-22x2	1			1
Sprengring TGL 0-9045-32x1,6	2			2
Stiftschraube TGL 0-835-B-M3x25			1	1
Stiftschraube TGL 0-835-B-M8x18-8G	2			2
Stiftschraube TGL 0-835-B-M8x30-8G	2			2
Stiftschraube TGL 0-835-M6x25-8G			1	1
Stiftschraube TGL 0-835-M6x30-8G			2	2
Verschlussschraube TGL 0-910-M27x2-8G	2			2
Wellendichtring TGL 16454-D-20x30x7			1	1
Wellendichtring TGL 16454-D-25x37x7			1	1
Wellendichtring TGL 16454-D-30x62x7			1	1
Wellendichtring TGL 16454-D-32x45x7	2			2
Zylinderkerbstift TGL 0-1473-2,5x10			1	1
Zylinderschraube TGL 0-84-A-M4x12-4S			4	4
Zylinderschraube TGL 0-84-A-M4x28-5S		2		2
Zylinderschraube TGL 0-84-A-M4x30-5S	1			1
Zylinderschraube TGL 0-84-A-M6x30-5S	2			2
Zylinderschraube TGL 0-84-B-M4x15-5S	2			2
Zylinderschraube TGL 0-84-B-M5x15-5S			2	2
Zylinderschraube TGL 0-84-B-M5x25-5S			3	3
Zylinderschraube TGL 0-84-C-M5x85-5S		2		2
Zylinderschraube TGL 0-84-C-M6x40-5S			1	1
Zylinderschraube TGL 0-84-C-M6x50-5S			8	8
Zylinderschraube TGL 0-84-C-M6x65-5S			2	2

Normbezeichnung	Fahrgestell	Elektrik	Motor	Gesamt
Zylinderschraube TGL 0-84-C-M6x70-5S			7	7
Zylinderschraube TGL 0-84-C-M6x85-5S			3	3
Zylinderschraube TGL 0-84-M5x15-5S	2			2
Zylinderschraube TGL 0-84-M5x16-5S			6	6
Zylinderschraube TGL 0-84-M5x20-5S	2			2
Zylinderschraube TGL 0-84-M6x10-5S	3			3
Zylinderschraube TGL 0-84-M6x12-5S			1	1
Zylinderschraube TGL 0-84-M6x25-5S			3	3
Zylinderstift TGL 0-7-6m 6x20			2	2

Angaben in Stück je Fahrzeug

8.6.4.6 Normteile für TS 250

Normbezeichnung	Fahrgestell	Elektrik	Motor	Gesamt
Axial-Rillenkugellager TGL 2986-51106			1	1
Dichtring TGL 0-7603-A-6x10			8	8
Dichtring TGL 0-7603-A-8x14			1	1
Dichtring TGL 0-7603-C-14x20			1	1
Dichtring TGL 0-7603-C-18x22			1	1
Federring TGL 7403-B-10	4			4
Federring TGL 7403-B-12	1			1
Federring TGL 7403-B-14			1	1
Federring TGL 7403-B-4		4		4
Federring TGL 7403-B-5	1	2		3
Federring TGL 7403-B-6	8	2		10
Federring TGL 7403-B-8	20	1		21
Federscheibe TGL 0-137-10	3			3
Federscheibe TGL 0-137-14	1			1
Federscheibe TGL 0-137-4		2		2
Federscheibe TGL 0-137-5	1	3		4
Federscheibe TGL 0-137-6	11	4	11	26
Federscheibe TGL 0-137-8	16	1		17
Halbrundkerbnagel TGL 0-1476-2,5x10-4D	1			1
Halbrundkerbnagel TGL 0-1476-2,5x6-4D	2			2
Halbrundniet TGL 0-660-2,5x8-Mu8			2	2
Kugel TGL 15515-8 III			2	2
Linsenschraube TGL 0-85-A-M4x28-4S		2		2
Linsenschraube TGL 0-85-A-M4x30-4S		2		2
Linsenschraube TGL 0-85-B-M3x6-5S [1]	4			4
Linsenschraube TGL 0-85-B-M6x10-5S	4			4
Linsensenkschraube TGL 5287-B-M5x10	1			1
Linsensenkschraube TGL 5687-B-M5x12-4		2		2
Nadellager TGL 11553-KK 18x22x24 F			1	1
Nadellager TGL 11553-KK 22x26x26			1	1
Nadel TGL 15518-2,5x19,8			24	24
Rillenkugellager TGL 2981-6006	2			2
Rillenkugellager TGL 2981-6203 J C4 [4]			2	2
Rillenkugellager TGL 2981-6204	1			1
Rillenkugellager TGL 2981-6204 J C4 [4]			2	2
Rillenkugellager TGL 2981-6302	4			4
Rillenkugellager TGL 2981-6302 TN C3f			1	1
Rillenkugellager TGL 2981-6305 TN C3f			2	2
Rundring TGL 6365-14x2			1	1
Rundring TGL 6365-17x2,5			1	1
Rundring TGL 6365-76x4			1	1
Scheibe TGL 0-125-6,4-St	4		1	5
Scheibe TGL 0-125-8,4-St	5		4	9
Scheibe DIN 433-6,3			6	6
Schmiernippel TGL 0-71412-A-M6	2			2
Sechskantmutter TGL 0-439-A-M8-5S	1			1
Sechskantmutter TGL 0-439-B-M6-5S	4			4
Sechskantmutter TGL 0-934-M10-5S	2		1	3
Sechskantmutter TGL 0-934-M12-6	1			1
Sechskantmutter TGL 0-934-M14x1,5-6	2		1	3
Sechskantmutter TGL 0-934-M4-5.8	1	4		5
Sechskantmutter TGL 0-934-M5-6	2	3	4	9
Sechskantmutter TGL 0-934-M6-5.8	17	6	16	39
Sechskantmutter TGL 0-934-M8-6	16	1		17
Sechskantmutter TGL 0-936-M16x1,5-50			2	2
Sechskantmutter TGL 0-936-M18x1,5-50	2			2
Sechskantschraube TGL 0-931-C-M10x35-8G	2			2
Sechskantschraube TGL 0-931-M10x75-8.8			1	1
Sechskantschraube TGL 0-931-M6x20-8G			6	6
Sechskantschraube TGL 0-931-M6x25-8G	1		2	3
Sechskantschraube TGL 0-931-M6x30			1	1
Sechskantschraube TGL 0-931-M6x40-8G			2	2
Sechskantschraube TGL 0-931-M6x70-8.8	5			5
Sechskantschraube TGL 0-931-M8x100-8.8	2			2
Sechskantschraube TGL 0-931-M8x35-8.8	4			4
Sechskantschraube TGL 0-931-M8x40-8.8	9			9
Sechskantschraube TGL 0-931-M8x65-8G	2			2
Sechskantschraube TGL 0-933-M10x16-8.8	2			2
Sechskantschraube TGL 0-933-M10x25-8G	1			1
Sechskantschraube TGL 0-933-M6x16-8G	8	4		12
Sechskantschraube TGL 0-933-M6x18-8.8		2		2
Sechskantschraube TGL 0-933-M8x12-8G	3		1	4

Angaben in Stück je Fahrzeug

Normbezeichnung	Fahrgestell	Elektrik	Motor	Gesamt
Sechskantschraube TGL 0-933-M8x14-8G	2			2
Sechskantschraube TGL 0-933-M8x25-8G	5			5
Sechskantschraube TGL 0-933-M8x30-8.8	5			5
Sechskantschraube TGL 0-933-M8x40-8.8	2			2
Senkschraube TGL 5683-B-M4x12			4	4
Senkschraube TGL 5683-B-M6x8	1			1
Sicherungsblech TGL 0-432-17-St			2	2
Sicherungsring TGL 0-471-12	4			4
Sicherungsring TGL 0-471-15			1	1
Sicherungsring TGL 0-472-47x1,6	2		2	4
Splint TGL 0-94-1,6x20-St [3]	1			1
Sprengring TGL 16363-32	4			4
Sprengring TGL 0-73123-18			2	2
Sprengring TGL 0-9045-22x2	1			1
Sprengring TGL 0-9045-32x1,6	2			2
Sprengring TGL 0-9045-38x1,6	2			2
Stiftschraube TGL 0-835-B-M6x25			1	1
Stiftschraube TGL 0-835-B-M8x18-8.8			2	2
Stiftschraube TGL 0-940-M6x30			2	2
Tellerfeder TGL 18399-B20r [3]	1			1
Wellendichtring TGL 16454-D-20x30x7			1	1
Wellendichtring TGL 16454-D-25x37x7			1	1
Wellendichtring TGL 16454-D-30x62x7			2	2
Wellendichtring TGL 16454-D-32x45x7	2			2
Zahnscheibe TGL 0-6797-C-6	1			1
Zylinderkerbstift TGL 0-1473-2,5x10			1	1
Zylinderrolle TGL 15516-4x4 II			1	1
Zylinderschraube TGL 0-84-A-M4x12			4	4
Zylinderschraube TGL 0-84-A-M4x20-5.8		2		2
Zylinderschraube TGL 0-84-A-M5x14-5.8		2		2
Zylinderschraube TGL 0-84-B-M4x30-5.8	1			1
Zylinderschraube TGL 0-84-B-M5x10-5.8		1		1
Zylinderschraube TGL 0-84-B-M5x6-5S [2]	6			6
Zylinderschraube TGL 0-84-B-M6x25-5.8			3	3
Zylinderschraube TGL 0-84-B-M8x25-5.8	6			6
Zylinderschraube TGL 0-84-C-M5x85-5.8		2		2

Normbezeichnung	Fahrgestell	Elektrik	Motor	Gesamt
Zylinderschraube TGL 0-84-C-M6x40			3	3
Zylinderschraube TGL 0-84-C-M6x50			8	8
Zylinderschraube TGL 0-84-C-M6x65-5S			2	2
Zylinderschraube TGL 0-84-C-M6x70			7	7
Zylinderschraube TGL 0-84-C-M6x85-5S			3	3
Zylinderschraube TGL 0-84-M5x12-5.8			6	6
Zylinderschraube TGL 0-84-M6x10			1	1
Zylinderstift TGL 0-7-6m 6x20-5.8			2	2

Angaben in Stück je Fahrzeug

(1) entfällt bei Montage des 17-Liter Tanks
(2) entfällt bei Montage des 12-Liter Tanks
(3) für Krafträder mit Seitenwagen
(4) Lager mit Polyamid-Käfig

8.6.4.7 Normteile für TS 250/1

Normbezeichnung	Fahrgestell	Elektrik	Motor	Gesamt
Dichtring TGL 0-7603-A-6x10			9	9
Dichtring TGL 0-7603-C-14x20			1	1
Dichtring TGL 0-7603-C-18x22			1	1
Druckfeder TGL 18395-0,8x5,5x11,5			1	1
Feder TGL 18394-0,45x7,5x6,5			1	1
Federring TGL 7403-B-10	4			4
Federring TGL 7403-B-12	1			1
Federring TGL 7403-B-14			1	1
Federring TGL 7403-B-4		4		4
Federring TGL 7403-B-5	5			5
Federring TGL 7403-B-6	2	2		4
Federring TGL 7403-B-8	14	1		15
Federscheibe TGL 0-137-10	3			3
Federscheibe TGL 0-137-14	1			1
Federscheibe TGL 0-137-4			2	2
Federscheibe TGL 0-137-5	1	3		4
Federscheibe TGL 0-137-6	13		7	20
Federscheibe TGL 0-137-8	17	1		18
Halbrundkerbnagel TGL 0-1476-2,5x10-4D	1			1
Halbrundkerbnagel TGL 0-1476-2,5x6-4D	2			2
Halbrundkerbnagel TGL 0-1476-3x16-4.6			1	1
Knebelkerbstift TGL 0-1475-3x25-5.8			1	1
Kugel TGL 15515-8 III			2	2
Linsenschraube TGL 0-85-A-M4x28-4S		2		2
Linsenschraube TGL 0-85-A-M4x30-4S		2		2
Linsenschraube TGL 0-85-B-M3x6-5S [1]	4			4
Linsensenkschraube TGL 5287-B-M5x10	1			1
Nadellager TGL 11553-KK 18x22x24 F			1	1
Nadellager TGL 11553-KK 22x26x26			1	1
Nadel TGL 15518-2,5x11,8 I			48	48
Nadel TGL 15518-2,5x19,8			24	24
Rillenkugellager TGL 2981-16005			1	1
Rillenkugellager TGL 2981-6006	2			2
Rillenkugellager TGL 2981-6203 J C4 [5]			2	2
Rillenkugellager TGL 2981-6204	1			1
Rillenkugellager TGL 2981-6204 J C4 [5]			2	2

Normbezeichnung	Fahrgestell	Elektrik	Motor	Gesamt
Rillenkugellager TGL 2981-6302	4			4
Rillenkugellager TGL 2981-6302 TN C3f			1	1
Rillenkugellager TGL 2981-6306 TNG C4f			2	2
Rundring TGL 6365-14x2			1	1
Rundring TGL 6365-17x2,5			1	1
Rundring TGL 6365-6x2 [4]	2			2
Rundring TGL 6365-76x4			1	1
Scheibe TGL 0-125-10,5-St			1	1
Scheibe TGL 0-125-6,4-St	8		1	9
Scheibe TGL 0-125-8,4-St	7		4	11
Scheibe DIN 433-6,3			6	6
Scheibenfeder TGL 9499-6x7,5-St [3]	1			1
Schmiernippel TGL 0-71412-A-M6	1			1
Sechskantmutter TGL 0-439-A-M8-5S	1			1
Sechskantmutter TGL 0-934-M10-6	2		1	3
Sechskantmutter TGL 0-934-M12-6	1			1
Sechskantmutter TGL 0-934-M14x1,5-6	2		1	3
Sechskantmutter TGL 0-934-M4-6	3	4		7
Sechskantmutter TGL 0-934-M5-6	6	1		7
Sechskantmutter TGL 0-934-M6-6	16	2	13	31
Sechskantmutter TGL 0-934-M8-6	18	1	4	23
Sechskantmutter TGL 0-936-M16x1,5-50			2	2
Sechskantmutter TGL 0-936-M18x1,5-50	2			2
Sechskantschraube TGL 0-931-C-M10x35-8G	2			2
Sechskantschraube TGL 0-931-C-M8x55-8.8	1			1
Sechskantschraube TGL 0-931-M10x75-8.8			1	1
Sechskantschraube TGL 0-931-M6x20-8G			6	6
Sechskantschraube TGL 0-931-M6x25-8G	1			1
Sechskantschraube TGL 0-931-M6x30-8.8	4		2	6
Sechskantschraube TGL 0-931-M6x35-8.8	2			2
Sechskantschraube TGL 0-931-M6x40-8G			2	2
Sechskantschraube TGL 0-931-M6x70-8.8	5			5
Sechskantschraube TGL 0-931-M8x100-8.8	2			2
Sechskantschraube TGL 0-931-M8x40-8.8	9			9
Sechskantschraube TGL 0-931-M8x50-8.8	1			1
Sechskantschraube TGL 0-931-M8x65-8G	2			2

Angaben in Stück je Fahrzeug

8. Normteile

Normbezeichnung	Fahrgestell	Elektrik	Motor	Gesamt
Sechskantschraube TGL 0-933-M10x16-8.8	2			2
Sechskantschraube TGL 0-933-M10x25-8G	1			1
Sechskantschraube TGL 0-933-M6x12-8.8	5			5
Sechskantschraube TGL 0-933-M6x16-8.8	2			2
Sechskantschraube TGL 0-933-M6x18-8.8		2		2
Sechskantschraube TGL 0-933-M8x12-8.8	2			2
Sechskantschraube TGL 0-933-M8x14-8G	2			2
Sechskantschraube TGL 0-933-M8x16-8.8	4			4
Sechskantschraube TGL 0-933-M8x25-8G	5			5
Sechskantschraube TGL 0-933-M8x45-8.8	1			1
Senkkerbnagel TGL 0-1477-3x5			1	1
Senkkerbnagel TGL 0-1477-3x5-4.6			1	1
Senkschraube TGL 5683-B-M4x12-5.8			4	4
Senkschraube TGL 5683-B-M6x8	1			1
Sicherungsblech TGL 0-432-17-St			2	2
Sicherungsring TGL 0-471-12	4			4
Sicherungsring TGL 0-471-15			1	1
Sicherungsring TGL 0-472-30	2			2
Sicherungsring TGL 0-472-42	1			1
Sicherungsring TGL 0-472-47x1,6	1		2	3
Sicherungsscheibe TGL 0-6799-12			2	2
Sicherungsscheibe TGL 0-6799-7			1	1
Splint TGL 0-94-1,6x20-St [3]	1			1
Sprengring TGL 16363-17			2	2
Sprengring TGL 0-73123-18			2	2
Sprengring TGL 0-9045-22x2	1			1
Sprengring TGL 0-9045-30x2	1			1
Sprengring TGL 0-9045-32x1,6	2			2
Sprengring TGL 0-9045-8x0,8			1	1
Steckkerbstift TGL 0-1474-6x20			1	1
Stiftschraube TGL 0-835-B-M8x18-8.8			2	2
Stiftschraube TGL 0-940-M6x30			2	2
Tellerfeder TGL 18399-B20r [3]	1			1
Wellendichtring TGL 16454-D-25x37x7			1	1
Wellendichtring TGL 16454-D-25x72x7			2	2
Wellendichtring TGL 16454-D-35x47x7	2			2

Normbezeichnung	Fahrgestell	Elektrik	Motor	Gesamt
Zahnscheibe TGL 0-6797-C-6	1			1
Zylinderkerbstift TGL 0-1473-2,5x10-5.8			1	1
Zylinderrolle TGL 15516-4x4 II			1	1
Zylinderschraube TGL 0-84-A-M4x20-5.8		2		2
Zylinderschraube TGL 0-84-A-M5x14-5.8		2		2
Zylinderschraube TGL 0-84-A-M6x25-5.8	2			2
Zylinderschraube TGL 0-84-B-M4x15-5.8	2			2
Zylinderschraube TGL 0-84-B-M4x30-5.8	1			1
Zylinderschraube TGL 0-84-B-M5x10-5.8		1		1
Zylinderschraube TGL 0-84-B-M5x12-5.8	4			4
Zylinderschraube TGL 0-84-B-M5x6-5S [2]	6			6
Zylinderschraube TGL 0-84-B-M6x25-5.8			3	3
Zylinderschraube TGL 0-84-B-M8x25-5.8	3			3
Zylinderschraube TGL 0-84-C-M5x85-5.8		2		2
Zylinderschraube TGL 0-84-C-M6x40-5.8			3	3
Zylinderschraube TGL 0-84-C-M6x50-5.8			8	8
Zylinderschraube TGL 0-84-C-M6x65-5.8			2	2
Zylinderschraube TGL 0-84-C-M6x70-5.8			7	7
Zylinderschraube TGL 0-84-C-M6x85-5.8			3	3
Zylinderschraube TGL 0-84-M6x10-5.8			1	1
Zylinderstift TGL 0-6325-8x80			1	1

Angaben in Stück je Fahrzeug

(1) entfällt bei Montage des 17-Liter Tanks
(2) entfällt bei Montage des 12-Liter Tanks
(3) für Krafträder mit Seitenwagen
(4) entfällt ab Januar 1978
(5) Lager mit Polyamid-Käfig

8.6.4.8 Normteile für ETZ 250

Normbezeichnung	Fahrgestell (1)	Fahrgestell (2)	Elektrik	Motor (3)	Motor (4)	Gesamt (5)	Gesamt (6)	Gesamt (7)
Dichtring TGL 0-7603-A-14x20				1	1	1	1	1
Dichtring TGL 0-7603-A-18x24				1	1	1	1	1
Dichtring TGL 0-7603-A-5x9				2				2
Dichtring TGL 0-7603-A-6x10				8	10	8	8	10
Drahtsprengring TGL 0-73123-18				2	2	2	2	2
Druckfeder TGL 18394-0,45x7,5x6,5				1	1	1	1	1
Druckfeder TGL 18395-C-0,8x5,5x11,5				1	1	1	1	1
Federring TGL 7403-B-10	5	5				5	5	5
Federring TGL 7403-B-12	1	1				1	1	1
Federring TGL 7403-B-3,5			1			1	1	1
Federring TGL 7403-B-4			8			8	8	8
Federring TGL 7403-B-5	6	5				6	5	5
Federring TGL 7403-B-6	10	10	2			12	12	12
Federring TGL 7403-B-8	18	18	1	2	2	21	21	21
Federscheibe TGL 0-137-14-St	1	1		1	1	2	2	2
Federscheibe TGL 0-137-3,5-St			1			1	1	1
Federscheibe TGL 0-137-5-St	2	1	4	1	1	7	6	6
Federscheibe TGL 0-137-6-St	19	19	1	6	10	26	26	30
Federscheibe TGL 0-137-8	5	7	1			6	8	8
Flügelmutter TGL 0-315-M3-5	2	2				2	2	2
Gewindestift TGL 0-551-M6x14	1	1				1	1	1
Halbrundkerbnagel TGL 0-1476-3x16-4.6				1	1	1	1	1
Hutmutter TGL 0-1587-M6-6	6	6				6	6	6
Innenlippenring TGL 6357-A-10			1			1	1	1
Kegelkerbstift TGL 0-1471-3x36				1	1	1	1	1
Kegelschmierkopf TGL 0-71412-A-6	1	1				1	1	1
Kugel TGL 15515-8 III				2	2	2	2	2
Linsenschraube TGL 0-7985-M4x6		2				2	2	2
Linsensenkschraube TGL 16524-B-M4x10		2				2	2	2
Nadel TGL 15518-2,5x11,8 I				48	48	48	48	48
Nadel TGL 15518-2,5x19,8 I				24	24	24	24	24
Nadellager TGL 11553-KK 18x22x24				1	1	1	1	1
Nadellager TGL 11553-KK 22x26x26				1	1	1	1	1
Passscheibe TGL 10404-8x0,2				1	1	1	1	1
Rillenkugellager TGL 2981-16005				1	1	1	1	1

Normbezeichnung	Fahrgestell (1)	Fahrgestell (2)	Elektrik	Motor (3)	Motor (4)	Gesamt (5)	Gesamt (6)	Gesamt (7)
Rillenkugellager TGL 2981-6005	1	1				1	1	1
Rillenkugellager TGL 2981-6006	2	2				2	2	2
Rillenkugellager TGL 2981-6203 J C4 (12)				2	2	2	2	2
Rillenkugellager TGL 2981-6204	1	1				1	1	1
Rillenkugellager TGL 2981-6204 J C4 (12)				2	2	2	2	2
Rillenkugellager TGL 2981-6302 TN C3f				1	1	1	1	1
Rillenkugellager TGL 2981-6302 Z	4	4				4	4	4
Rillenkugellager TGL 2981-6306 TNG C4f				2	2	2	2	2
Rundring TGL 6365-14x2				1	1	1	1	1
Rundring TGL 6365-17x2,5				1	1	1	1	1
Rundring TGL 6365-76x4				1	1	1	1	1
Scheibe TGL 0-125-10,5-St		2		4	4	4	6	6
Scheibe TGL 0-125-15-St	1	1				1	1	1
Scheibe TGL 0-125-19-St		1				1	1	1
Scheibe TGL 0-125-4,3-St		8				8	8	8
Scheibe TGL 0-125-5,3-St		5				5	5	5
Scheibe TGL 0-125-6,4-St	6	6		1	1	7	7	7
Scheibe TGL 0-125-8,4-St	7	15				7	15	15
Scheibe TGL 0-9021-10,5-St	2	2				2	2	2
Scheibe TGL 0-9021-6,4-St	9	9				9	9	9
Scheibenfeder TGL 9499-6x7,5 (11)	1	1				1	1	1
Sechskantblechschraube TGL 0-7976-B-6,3x19	2	2				2	2	2
Sechskantmutter TGL 27689-M8-8	3	7				3	7	7
Sechskantmutter TGL 0-934-M10-6	2	2		4	4	6	6	6
Sechskantmutter TGL 0-934-M12-6	1	1				1	1	1
Sechskantmutter TGL 0-934-M14x1,5-6	2	2				2	2	2
Sechskantmutter TGL 0-934-M4-6	3	3	1			4	4	4
Sechskantmutter TGL 0-934-M5-6	6	5	6			12	11	11
Sechskantmutter TGL 0-934-M6-6	18	18	2	11	13	31	31	33
Sechskantmutter TGL 0-934-M8-6	22	21	1	3	3	26	25	25
Sechskantmutter TGL 0-936-M14x1,5-8.8 (8)				1	1	1	1	1
Sechskantmutter TGL 0-936-M16x1,5-50				2	2	2	2	2
Sechskantmutter TGL 0-936-M18x1,5-8.8	2	2	1			3	3	3
Sechskantschraube TGL 0-931-M7x80-10.9 (10)		1				1	1	1
Sechskantschraube TGL 0-931-M8x100-8.8	2	2				2	2	2

Angaben in Stück je Fahrzeug

Normbezeichnung	Fahrgestell (1)	Fahrgestell (2)	Elektrik	Motor (3)	Motor (4)	Gesamt (5)	Gesamt (6)	Gesamt (7)
Sechskantschraube TGL 0-931-M8x65-8.8	2	2				2	2	2
Sechskantschraube TGL 0-931-M8x90-8.8				1	1	1	1	1
Sechskantschraube TGL 0-933-M10x25-8.8	1	1				1	1	1
Sechskantschraube TGL 0-933-M10x30-8.8		2					2	2
Sechskantschraube TGL 0-933-M10x35-8.8	2	2				2	2	2
Sechskantschraube TGL 0-933-M5x16-8.8			1			1	1	1
Sechskantschraube TGL 0-933-M6x12-8.8	7	7			2	7	7	9
Sechskantschraube TGL 0-933-M6x14-8.8					2			2
Sechskantschraube TGL 0-933-M6x16-8.8	4	4	2			6	6	6
Sechskantschraube TGL 0-933-M6x20-8.8				7	7	7	7	7
Sechskantschraube TGL 0-933-M6x25-8.8	1	1				1	1	1
Sechskantschraube TGL 0-933-M6x30-8.8	4	4				4	4	4
Sechskantschraube TGL 0-933-M6x35-8.8				2	2	2	2	2
Sechskantschraube TGL 0-933-M6x40-8.8				2	2	2	2	2
Sechskantschraube TGL 0-933-M6x55-8.8	1	1				1	1	1
Sechskantschraube TGL 0-933-M8x12-8.8	2	2				2	2	2
Sechskantschraube TGL 0-933-M8x14-8.8	2	2				2	2	2
Sechskantschraube TGL 0-933-M8x16-8.8			1			1	1	1
Sechskantschraube TGL 0-933-M8x20-8.8	2	2				2	2	2
Sechskantschraube TGL 0-933-M8x25-8.8	3	3				3	3	3
Sechskantschraube TGL 0-933-M8x30-8.8	2	8				2	8	8
Sechskantschraube TGL 0-933-M8x35-8.8	2	2				2	2	2
Sechskantschraube TGL 0-933-M8x40-8.8	6	5				6	5	5
Sechskantschraube TGL 0-933-M8x45-8.8	1					1		
Sechskantschraube TGL 0-933-M8x50-8.8	1	1				1	1	1
Senkblechschraube TGL 0-7972-B-4,3x13	1	1				1	1	1
Senkkerbnagel TGL 0-1477-2,5x6-4.6	1					1		
Senkkerbnagel TGL 0-1477-3x5-4.6				1	1	1	1	1
Senkschraube TGL 5683-B M4x16-5.8			3			3	3	3
Senkschraube TGL 5683-B-M4x12-5.8				3	3	3	3	3
Senkschraube TGL 5683-B-M6x8-8.8	1	1				1	1	1
Sicherungsblech TGL 0-432-17-St				2	2	2	2	2
Sicherungsring TGL 0-471-12	4	2				4	2	2
Sicherungsring TGL 0-471-15				1	1	1	1	1
Sicherungsring TGL 0-471-17				2	2	2	2	2
Sicherungsring TGL 0-471-24	1	1				1	1	1

Normbezeichnung	Fahrgestell (1)	Fahrgestell (2)	Elektrik	Motor (3)	Motor (4)	Gesamt (5)	Gesamt (6)	Gesamt (7)
Sicherungsring TGL 0-472-30	2	2				2	2	2
Sicherungsring TGL 0-472-40				1	1	1	1	1
Sicherungsring TGL 0-472-42				1	1	1	1	1
Sicherungsring TGL 0-472-47	1	1		1	1	2	2	2
Sicherungsscheibe TGL 0-6799-12				3	3	3	3	3
Sicherungsscheibe TGL 0-6799-7				1	1	1	1	1
Sicherungsscheibe TGL 0-6799-5	2	3				2	3	3
Splint TGL 0-94-1,6x20 (11)	1	1				1	1	1
Sprengring TGL 31665-25x2	1	1				1	1	1
Sprengring TGL 31666-20x1,2		1					1	1
Sprengring TGL 31666-32x1,6	2	2				2	2	2
Steckkerbstift TGL 0-1474-6x20-5.8				1	1	1	1	1
Stiftschraube TGL 0-835-B-8x18-8.8				2	2	2	2	2
Tellerfeder TGL 18399-B20r (11)	1	1				1	1	1
Wellendichtring TGL 16454-D-25x37x7				1	1	1	1	1
Wellendichtring TGL 16454-D-25x72x7				2	2	2	2	2
Wellendichtring TGL 16454-D-35x47x7	2	2				2	2	2
Zylinderblechschraube TGL 0-7971-B-2,9x19			2			2	2	2
Zylinderblechschraube TGL 0-7971-B-3,5x22			4			4	4	4
Zylinderrolle TGL 15516-4x4				1	1	1	1	1
Zylinderschraube TGL 0-84-A-M4x16-5.8			3			3	3	3
Zylinderschraube TGL 0-84-A-M4x25-5.8			1			1	1	1
Zylinderschraube TGL 0-84-B-M3,5x5-5.8			1			1	1	1
Zylinderschraube TGL 0-84-B-M4x10-5.8			2			2	2	2
Zylinderschraube TGL 0-84-B-M4x12-5.8	2	2	2			4	4	4
Zylinderschraube TGL 0-84-B-M4x30-5.8	1	1				1	1	1
Zylinderschraube TGL 0-84-B-M4x8-5.8			1			1	1	1
Zylinderschraube TGL 0-84-B-M5x10-5.8			2	1	1	3	3	3
Zylinderschraube TGL 0-84-B-M5x12-5.8	4	4				4	4	4
Zylinderschraube TGL 0-84-B-M5x16-5.8			2		2	2	2	4
Zylinderschraube TGL 0-84-B-M5x20	1	1				1	1	1
Zylinderschraube TGL 0-84-B-M5x22-5.8					2			2
Zylinderschraube TGL 0-84-B-M5x30	1	1				1	1	1
Zylinderschraube TGL 0-84-B-M5x40-5.8	1	1				1	1	1
Zylinderschraube TGL 0-84-B-M5x50-5.8			3			3	3	3
Zylinderschraube TGL 0-84-B-M6x10-5.8				1	1	1	1	1

Angaben in Stück je Fahrzeug

Normbezeichnung	Fahrgestell (1)	Fahrgestell (2)	Elektrik	Motor (3)	Motor (4)	Gesamt (5)	Gesamt (6)	Gesamt (7)
Zylinderschraube TGL 0-84-B-M6x15-5.8			1			1	1	1
Zylinderschraube TGL 0-84-B-M6x16-5.8	8	8				8	8	8
Zylinderschraube TGL 0-84-B-M6x25-5.8				3	3	3	3	3
Zylinderschraube TGL 0-84-B-M6x60-5.8				6	6	6	6	6
Zylinderschraube TGL 0-84-C-M6x50-5.8				7	7	7	7	7
Zylinderschraube TGL 0-84-C-M6x65-5.8				2	2	2	2	2
Zylinderschraube TGL 0-84-C-M6x70-5.8				1	1	1	1	1
Zylinderschraube TGL 0-84-C-M6x85-5.8				3	3	3	3	3
Zylinderschraube TGL 0-912-M5x20-8.8			1			1	1	1
Zylinderschraube TGL 0-912-M5x30-8.8			1			1	1	1
Zylinderschraube TGL 0-912-M6x20-8.8	2	4				2	4	4
Zylinderschraube TGL 0-912-M6x22-8.8	2	2				2	2	2
Zylinderschraube TGL 0-912-M6x40-8.8				4	4	4	4	4
Zylinderschraube TGL 0-912-M7x90-10.9 (9)			1			1	1	1
Zylinderschraube TGL 0-912-M8x25-10.9		2					2	2
Zylinderschraube TGL 0-912-M8x35-8.8			4			4	4	4
Zylinderstift TGL 0-6325-8x80				1	1	1	1	1

Angaben in Stück je Fahrzeug

(1) für Fahrzeuge mit Trommelbremsanlage vorn
(2) für Fahrzeuge mit Scheibenbremsanlage vorn
(3) Motor mit Gemischschmierung
(4) Motor mit Getrenntschmierung
(5) für Fahrzeuge mit Trommelbremse vorn und Gemischschmierung
(6) für Fahrzeuge mit Scheibenbremse vorn und Gemischschmierung
(7) für Fahrzeuge mit Scheibenbremse vorn und Getrenntschmierung
(8) entfällt bei Fahrzeugen mit Drehzahlmesser
(9) entfällt bei Fahrzeugen mit Unterbrecherkontakt-Zündanlage
(10) entfällt bei Fahrzeugen mit elektronischer Serienzündanlage
(11) für Krafträder mit Seitenwagen
(12) Lager mit Polyamid-Käfig

8. Normteile

Raum für Notizen

8.6.4.9 Normteile für ETZ 251 bis Baujahr 1990

Normbezeichnung	Fahrgestell (1)	Fahrgestell (2)	Elektrik	Motor (3)	Motor (4)	Gesamt (5)	Gesamt (6)	Gesamt (7)
Dichtring TGL 0-7603-A-14x20				1	1	1	1	1
Dichtring TGL 0-7603-A-18x24				1	1	1	1	1
Dichtring TGL 0-7603-A-5x9					2			2
Dichtring TGL 0-7603-A-6x10				8	10	8	8	10
Drahtsprengring TGL 0-73123-18				2	2	2	2	2
Druckfeder TGL18394-0,45x7,5x6,5				1	1	1	1	1
Druckfeder TGL18395-C-0,8x5,5x11,5				1	1	1	1	1
Federring TGL 7403-B-10	6	6				6	6	6
Federring TGL 7403-B-12	1	1				1	1	1
Federring TGL 7403-B-3,5			1			1	1	1
Federring TGL 7403-B-4			7			7	7	7
Federring TGL 7403-B-5	4	4	1			5	5	5
Federring TGL 7403-B-6	5	5				5	5	5
Federring TGL 7403-B-8	16	16	1	2	2	19	19	19
Federscheibe TGL 0-137-14-St	1	1		1	1	2	2	2
Federscheibe TGL 0-137-3,5-St		1				1	1	1
Federscheibe TGL 0-137-5-St	2	2	3	1	1	6	6	6
Federscheibe TGL 0-137-6-St	16	16	2	6	10	24	24	28
Federscheibe TGL 0-137-8,4-St	3	11	1			4	12	12
Flügelmutter TGL 0-315-M3-5	2	2				2	2	2
Halbrundkerbnagel TGL 0-1476-2,5x5-4.6	2	2				2	2	2
Halbrundkerbnagel TGL 0-1476-3x16-4.6			1		1	1	1	1
Hutmutter TGL 0-1587-M6-6	4	4				4	4	4
Innenlippenring TGL 6357-A-10		1				1	1	1
Kegelkerbstift TGL 0-1471-3x36				1	1	1	1	1
Kegelschmierkopf TGL 0-71412-A-6	1	1				1	1	1
Kugel TGL 15515-8 III				1	1	1	1	1
Kugel TGL 15515-8-70				1	1	1	1	1
Linsenschraube TGL 0-7985-M4x6		2				2	2	2
Linsensenkschraube TGL 16524-B-M4x10		2				2	2	2
Nadel TGL 15518-2,5x11,8 I				48	48	48	48	48
Nadel TGL 15518-2,5x19,8 I				24	24	24	24	24
Nadellager TGL 11553-KK 18x22x24				1	1	1	1	1
Nadellager TGL 11553-KK 22x26x26				1	1	1	1	1
Passscheibe TGL 10404-8x0,2				1	1	1	1	1

Normbezeichnung	Fahrgestell (1)	Fahrgestell (2)	Elektrik	Motor (3)	Motor (4)	Gesamt (5)	Gesamt (6)	Gesamt (7)
Rillenkugellager TGL 2981-16005				1	1	1	1	1
Rillenkugellager TGL 2981-6005	2	2				2	2	2
Rillenkugellager TGL 2981-6006	2	2				2	2	2
Rillenkugellager TGL 2981-6203 J C4 (12)				2	2	2	2	2
Rillenkugellager TGL 2981-6204 J C4 (12)				2	2	2	2	2
Rillenkugellager TGL 2981-6302 TN C3f				1	1	1	1	1
Rillenkugellager TGL 2981-6302 Z	4	4				4	4	4
Rillenkugellager TGL 2981-6306 TNG C4f				2	2	2	2	2
Rundring TGL 6365-14x2				1	1	1	1	1
Rundring TGL 6365-17x2,5				1	1	1	1	1
Rundring TGL 6365-76x4				1	1	1	1	1
Scheibe TGL 0-125-10,5-St	1	3		4	4	5	7	7
Scheibe TGL 0-125-15-St	1	1				1	1	1
Scheibe TGL 0-125-19-St	1	1				1	1	1
Scheibe TGL 0-125-4,3-St			3			3	3	3
Scheibe TGL 0-125-5,3-St	1	1	6			7	7	7
Scheibe TGL 0-125-6,4-St	6	6		1	1	7	7	7
Scheibe TGL 0-125-8,4-St	8	10				8	10	10
Scheibe TGL 0-9021-10,5-St	2	2				2	2	2
Scheibe TGL 0-9021-6,4-St	13	13				13	13	13
Scheibenfeder TGL 9499-6x7,5 (11)	1	1				1	1	1
Sechskantblechschraube TGL 0-7976-B-6,3x19	2	2				2	2	2
Sechskantmutter TGL 27689-M8-8	2	8				2	8	8
Sechskantmutter TGL 0-934-M10-6	3	3		4	4	7	7	7
Sechskantmutter TGL 0-934-M12-6	1	1				1	1	1
Sechskantmutter TGL 0-934-M14x1,5-6	2	2				2	2	2
Sechskantmutter TGL 0-934-M4-6	3	3	1			4	4	4
Sechskantmutter TGL 0-934-M5-6	2	2	6			8	8	8
Sechskantmutter TGL 0-934-M6-6	19	19	2	11	13	32	32	34
Sechskantmutter TGL 0-934-M8-6	15	14	1	3	3	19	18	18
Sechskantmutter TGL 0-936-M14x1,5-8.8 (6)				1	1	1	1	1
Sechskantmutter TGL 0-936-M16x1,5-50				2	2	2	2	2
Sechskantmutter TGL 0-936-M18x1,5-8.8	2	2				2	2	2
Sechskantschraube TGL 0-931-M7x80-10.9 (10)			1			1	1	1
Sechskantschraube TGL 0-931-M8x100-8.8	2	2				2	2	2

Angaben in Stück je Fahrzeug

Normbezeichnung	Fahrgestell (1)	Fahrgestell (2)	Elektrik	Motor (3)	Motor (4)	Gesamt (5)	Gesamt (6)	Gesamt (7)
Sechskantschraube TGL 0-931-M8x65-8.8	1	1				1	1	1
Sechskantschraube TGL 0-931-M8x90-8.8				1	1	1	1	1
Sechskantschraube TGL 0-933-M10x20-8.8	1	1				1	1	1
Sechskantschraube TGL 0-933-M10x25-8.8	1	1				1	1	1
Sechskantschraube TGL 0-933-M10x30-8.8		2					2	2
Sechskantschraube TGL 0-933-M10x35-8.8	2	2				2	2	2
Sechskantschraube TGL 0-933-M5x16-8.8	1	1				1	1	1
Sechskantschraube TGL 0-933-M6x12-8.8					2			2
Sechskantschraube TGL 0-933-M6x14-8.8	4	4			2	4	4	6
Sechskantschraube TGL 0-933-M6x16-8.8			3			3	3	3
Sechskantschraube TGL 0-933-M6x20-8.8	6	6		6	6	12	12	12
Sechskantschraube TGL 0-933-M6x25-8.8	1	1				1	1	1
Sechskantschraube TGL 0-933-M6x30-8.8	4	4		1	1	5	5	5
Sechskantschraube TGL 0-933-M6x35-8.8				2	2	2	2	2
Sechskantschraube TGL 0-933-M6x40-8.8				2	2	2	2	2
Sechskantschraube TGL 0-933-M8x16-8.8	1	1				1	1	1
Sechskantschraube TGL 0-933-M8x18-8.8	2	2				2	2	2
Sechskantschraube TGL 0-933-M8x20-8.8	3	3				3	3	3
Sechskantschraube TGL 0-933-M8x25-8.8	1	1				1	1	1
Sechskantschraube TGL 0-933-M8x30-10.9	3	9				3	9	9
Sechskantschraube TGL 0-933-M8x40-8.8	4	3				4	3	3
Sechskantschraube TGL 0-933-M8x45-8.8	4	3				4	3	3
Sechskantschraube TGL 0-933-M8x50-8.8	2	2				2	2	2
Senkblechschraube TGL 0-7972-B-4,3x13	1	1				1	1	1
Senkkerbnagel TGL 0-1477-3x5-4.6				1	1	1	1	1
Senkschraube TGL 5683-B-M4x12-5.8				3	3	3	3	3
Senkschraube TGL 5683-B-M4x16-5.8			3			3	3	3
Senkschraube TGL 5683-B-M6x8-5.8	1	1				1	1	1
Sicherungsblech TGL 0-432-17-St				2	2	2	2	2
Sicherungsring TGL 0-471-12	4	2				4	2	2
Sicherungsring TGL 0-471-15				1	1	1	1	1
Sicherungsring TGL 0-471-17				2	2	2	2	2
Sicherungsring TGL 0-471-20	1	1				1	1	1
Sicherungsring TGL 0-472-30	2	2				2	2	2
Sicherungsring TGL 0-472-40				1	1	1	1	1
Sicherungsring TGL 0-472-42	1	1		1	1	2	2	2

Normbezeichnung	Fahrgestell (1)	Fahrgestell (2)	Elektrik	Motor (3)	Motor (4)	Gesamt (5)	Gesamt (6)	Gesamt (7)
Sicherungsring TGL 0-472-47				1	1	1	1	1
Sicherungsscheibe TGL 0-6799-12				3	3	3	3	3
Sicherungsscheibe TGL 0-6799-5	2	2				2	2	2
Sicherungsscheibe TGL 0-6799-7				1	1	1	1	1
Splint TGL 0-94-1,6x20 [1]	1	1				1	1	1
Sprengring TGL 31666-20x1,2		1				1	1	1
Sprengring TGL 31666-32x1,6	2	2				2	2	2
Steckkerbstift TGL 0-1474-6x20-5.8				1	1	1	1	1
Stiftschraube TGL 0-835-B-M6x20	1	1				1	1	1
Stiftschraube TGL 0-835-B-M8x18-8.8				2	2	2	2	2
Tellerfeder TGL 18399-B20r [1]	1	1				1	1	1
Verschlussschraube TGL 0-910-M30x1,5-5.8	2	2				2	2	2
Wellendichtring TGL 16454-D-25x37x7				1	1	1	1	1
Wellendichtring TGL 16454-D-25x72x7				2	2	2	2	2
Wellendichtring TGL 16454-D-35x47x7	2	2				2	2	2
Zylinderblechschraube TGL 0-7971-B-2,9x19			2			2	2	2
Zylinderblechschraube TGL 0-7971-B-3,5x22	4	4				4	4	4
Zylinderrolle TGL 15516-4x4				1	1	1	1	1
Zylinderschraube TGL 0-84-A-M4x16-8.8			3			3	3	3
Zylinderschraube TGL 0-84-A-M4x25-4.8			2			2	2	2
Zylinderschraube TGL 0-84-B-M3,5x5-5.8			2			2	2	2
Zylinderschraube TGL 0-84-B-M4x10-5.8			2			2	2	2
Zylinderschraube TGL 0-84-B-M4x12-5.8	2	2	3			5	5	5
Zylinderschraube TGL 0-84-B-M4x30-5.8	1	1				1	1	1
Zylinderschraube TGL 0-84-B-M5x10-5.8			2	1	1	3	3	3
Zylinderschraube TGL 0-84-B-M5x12-5.8	4	4				4	4	4
Zylinderschraube TGL 0-84-B-M5x16-5.8			2		2	2	2	4
Zylinderschraube TGL 0-84-B-M5x22-5.8					2			2
Zylinderschraube TGL 0-84-B-M5x40-5.8	1	1	3			4	4	4
Zylinderschraube TGL 0-84-B-M6x10-5.8				1	1	1	1	1
Zylinderschraube TGL 0-84-B-M6x15-5.8	1	1				1	1	1
Zylinderschraube TGL 0-84-B-M6x16-5.8	6	6				6	6	6
Zylinderschraube TGL 0-84-B-M6x25-5.8				3	3	3	3	3
Zylinderschraube TGL 0-84-B-M6x60-5.8				14	14	14	14	14
Zylinderschraube TGL 0-84-C-M6x50-5.8				7	7	7	7	7
Zylinderschraube TGL 0-84-C-M6x70-5.8				7	7	7	7	7

Angaben in Stück je Fahrzeug

Normbezeichnung	Fahrgestell (1)	Fahrgestell (2)	Elektrik	Motor (3)	Motor (4)	Gesamt (5)	Gesamt (6)	Gesamt (7)
Zylinderschraube TGL 0-84-C-M6x85-5.8				3	3	3	3	3
Zylinderschraube TGL 0-912-C-M10x30-10.9	2	2				2	2	2
Zylinderschraube TGL 0-912-M5x20-8.8			2			2	2	2
Zylinderschraube TGL 0-912-M5x30-8.8			1			1	1	1
Zylinderschraube TGL 0-912-M6x20-8.8	1	3				1	3	3
Zylinderschraube TGL 0-912-M6x22-8.8	4	4				4	4	4
Zylinderschraube TGL 0-912-M6x40-8.8				4	4	4	4	4
Zylinderschraube TGL 0-912-M7x90-10.9 (9)			1			1	1	1
Zylinderschraube TGL 0-912-M8x30-8.8		2					2	2
Zylinderschraube TGL 0-912-M8x35-8.8			4			4	4	4
Zylinderstift TGL 0-6325-8x80				1	1	1	1	1

Angaben in Stück je Fahrzeug

(1) für Fahrzeuge mit Trommelbremsanlage vorn

(2) für Fahrzeuge mit Scheibenbremsanlage vorn

(3) Motor mit Gemischschmierung

(4) Motor mit Getrenntschmierung

(5) für Fahrzeuge mit Trommelbremse vorn und Gemischschmierung

(6) für Fahrzeuge mit Scheibenbremse vorn und Gemischschmierung

(7) für Fahrzeuge mit Scheibenbremse vorn und Getrenntschmierung

(8) entfällt bei Fahrzeugen mit Drehzahlmesser

(9) entfällt bei Fahrzeugen mit Unterbrecherkontakt-Zündanlage

(10) entfällt bei Fahrzeugen mit elektronischer Serienzündanlage

(11) für Krafträder mit Seitenwagen

(12) Lager mit Polyamid-Käfig

8. Normteile

8.6.5 Normteile für 300cm³-Modelle

8.6.5.1 Normteile für ES 300

Normbezeichnung	Fahrgestell (1)	Fahrgestell (2)	Fahrgestell (3)	Fahrgestell (4)	Elektrik	Motor	Gesamt (1)	Gesamt (2)	Gesamt (3)	Gesamt (4)
Axial-Rillenkugellager TGL 2986-51106						1	1	1	1	1
Dichtring DIN 7603-C-14x20						3	3	3	3	3
Dichtring DIN 7603-C-18x22						2	2	2	2	2
Dichtring DIN 7603-C-6x10						7	7	7	7	7
Dichtring DIN 7603-C-8x14						2	2	2	2	2
Drahtsprengring TGL 0-73121-20						2	2	2	2	2
Federring TGL 0-127-B-5	3	3	3	3			3	3	3	3
Federring TGL 0-127-B-6	8	8	8	8	2		10	10	10	10
Federring TGL 0-127-B-8	19	19	19	19			19	19	19	19
Federring TGL 7403-B-10	11	11	11	11			11	11	11	11
Federring TGL 7403-B-12				2						2
Federring TGL 7403-B-3					1		1	1	1	1
Federring TGL 7403-B-4					3		3	3	3	3
Federring TGL 7403-B-5					4		4	4	4	4
Federring TGL 7403-B-6					4	1	5	5	5	5
Federring TGL 7403-B-8	9	9	9	9	2		11	11	11	11
Federscheibe TGL 0-137-A-3	4	4	4	4			4	4	4	4
Federscheibe TGL 0-137-A-5	1	1	1	1	2		3	3	3	3
Federscheibe TGL 0-137-A-6	1	1	1	1		1	2	2	2	2
Federscheibe TGL 0-137-B-10	2	2	2	2			2	2	2	2
Federscheibe TGL 0-137-B-12	3	3	3	3			3	3	3	3
Federscheibe TGL 0-137-B-14	1	1	1	1			1	1	1	1
Federscheibe TGL 0-137-B-6	14	14	14	14		6	20	20	20	20
Federscheibe TGL 0-137-B-8	8	8	8	8	2	4	14	14	14	14
Flachrundschraube TGL 0-603-M6x15	8	8	8	8			8	8	8	8
Halbrundkerbnagel TGL 0-1476-2,5x6	2	2	2	2			2	2	2	2
Halbrundniet TGL 0-660-2,6x8						2	2	2	2	2
Kegelwulstschmierkopf DIN 3403-A-M6	4	4	4	4			4	4	4	4
Kegelwulstschmierkopf DIN 3403-A-M8x1	1	1	1	1			1	1	1	1
Kronenmutter TGL 0-937-M14x1,5						1	1	1	1	1
Kugel TGL 15515-8 III						1	1	1	1	1
Kugel DIN 5401-6,35	46	46	46	46			46	46	46	46
Kugel DIN 5401-8						2	2	2	2	2
Kugelschmierkopf TGL 3402-D-6						1	1	1	1	1
Nadellager TGL 11553-KK 22x26x26						1	1	1	1	1

Normbezeichnung	Fahrgestell (1)	Fahrgestell (2)	Fahrgestell (3)	Fahrgestell (4)	Elektrik	Motor	Gesamt (1)	Gesamt (2)	Gesamt (3)	Gesamt (4)
Rillenkugellager TGL 2981-6005	1	1	1	1			1	1	1	1
Rillenkugellager TGL 2981-6203 [5]						2	2	2	2	2
Rillenkugellager TGL 2981-6204 [5]						2	2	2	2	2
Rillenkugellager TGL 2981-6302	4	4	4	4			4	4	4	4
Rillenkugellager TGL 2981-6302 C3f [5]						1	1	1	1	1
Rillenkugellager TGL 2981-6305 C3f [5]						2	2	2	2	2
Rundring TGL 6365-14x2						1	1	1	1	1
Rundring TGL 6365-17x2,5						1	1	1	1	1
Rundring TGL 6365-76x4						1	1	1	1	1
Scheibe TGL 0-125-15	2	2	2	2			2	2	2	2
Scheibe TGL 0-125-3,2	4	4	4	4			4	4	4	4
Scheibe TGL 0-125-6,4	6	6	6	6	1	1	8	8	8	8
Scheibe TGL 0-125-8,4	10	10	10	10	2		12	12	12	12
Scheibe DIN 126-5,8	1	1	1	1			1	1	1	1
Scheibe TGL 1774-4,3					2		2	2	2	2
Scheibe DIN 433-10,5	2	2	2	2			2	2	2	2
Scheibenfeder DIN 6888-4x5						1	1	1	1	1
Sechskantmutter TGL 0-439-B-M10	1	1	1	1			1	1	1	1
Sechskantmutter TGL 0-439-B-M6	3	3	3	3		6	9	9	9	9
Sechskantmutter TGL 0-934-M10	3	3	3	3			3	3	3	3
Sechskantmutter TGL 0-934-M14x1,5	2	2	2	2			2	2	2	2
Sechskantmutter TGL 0-934-M3	4	4	4	4			4	4	4	4
Sechskantmutter TGL 0-934-M5	4	4	4	4	2		6	6	6	6
Sechskantmutter TGL 0-934-M6	19	17	15	15	5	7	31	29	27	27
Sechskantmutter TGL 0-934-M8-5S	10	12	14	14	1	4	15	17	19	19
Sechskantmutter TGL 0-936-M12x1,5	2	2	2				2	2	2	
Sechskantmutter TGL 0-936-M16x1,5						2	2	2	2	2
Sechskantmutter TGL 0-936-M18x1,5	5	5	5	5			5	5	5	5
Sechskantschraube TGL 0-931-C-M8x25	2	2	2	2			2	2	2	2
Sechskantschraube TGL 0-931-M10x100	1	1	1	1			1	1	1	1
Sechskantschraube TGL 0-931-M10x35	6	6	6	6			6	6	6	6
Sechskantschraube TGL 0-931-M10x50	1	1	1	1			1	1	1	1
Sechskantschraube TGL 0-931-M10x80-8G	1	1	1	1			1	1	1	1
Sechskantschraube TGL 0-931-M10x90	1	1	1	1			1	1	1	1
Sechskantschraube TGL 0-931-M6x20-8G						6	6	6	6	6

Angaben in Stück je Fahrzeug

Normbezeichnung	Fahrgestell (1)	Fahrgestell (2)	Fahrgestell (3)	Fahrgestell (4)	Elektrik	Motor	Gesamt (1)	Gesamt (2)	Gesamt (3)	Gesamt (4)
Sechskantschraube TGL 0-931-M6x25-5S	2	2	2	2		1	3	3	3	3
Sechskantschraube TGL 0-931-M6x30-8G	1	1	1	1			1	1	1	1
Sechskantschraube TGL 0-931-M6x50						1	1	1	1	1
Sechskantschraube TGL 0-931-M6x75	2	2	2	2			2	2	2	2
Sechskantschraube TGL 0-931-M8x40	2	2	2	2			2	2	2	2
Sechskantschraube TGL 0-931-M8x95	2	2	2	2			2	2	2	2
Sechskantschraube TGL 0-933-M10x25	4	4	4	4			4	4	4	4
Sechskantschraube TGL 0-933-M10x35	2	2	2	2			2	2	2	2
Sechskantschraube TGL 0-933-M5x15	3	3	3	3			3	3	3	3
Sechskantschraube TGL 0-933-M6x12	2	2	2	2			2	2	2	2
Sechskantschraube TGL 0-933-M6x15-8G	2	2			2		4	4	2	2
Sechskantschraube TGL 0-933-M6x20	5	3	3	3			5	3	3	3
Sechskantschraube TGL 0-933-M6x25-5S						2	2	2	2	2
Sechskantschraube TGL 0-933-M8x12-8G	9	9	9	9		2	11	11	11	11
Sechskantschraube TGL 0-933-M8x15	16	16	18	18			16	16	18	18
Sechskantschraube TGL 0-933-M8x16					2		2	2	2	2
Sechskantschraube TGL 0-933-M8x20	7	7	7	7			7	7	7	7
Sechskantschraube TGL 0-933-M8x25		2	2	2				2	2	2
Sechskantschraube TGL 0-933-M8x30	2	2	2	2			2	2	2	2
Sechskantschraube TGL 0-960-M12x1,5x30	2	2	2	2			2	2	2	2
Sechskantschraube TGL 0-960-M12x1,5x40-8G	3	3	3	3			3	3	3	3
Senkschraube TGL 0-63-A-M4x12-8G						4	4	4	4	4
Senkschraube TGL 0-63-M5x10						4	4	4	4	4
Sicherungsblech TGL 0-432-17						2	2	2	2	2
Sicherungsblech TGL 0-463-10,5	4	4	4	4			4	4	4	4
Sicherungsring TGL 0-471-15x1						1	1	1	1	1
Sicherungsring TGL 0-472-47x1,6	1	1	1	1		2	3	3	3	3
Splint TGL 0-94-2x12	1	1	1	1			1	1	1	1
Splint TGL 0-94-3x28						1	1	1	1	1
Sprengring TGL 0-9045-10	2	2	2	2			2	2	2	2
Stiftschraube TGL 0-835-M6x25						1	1	1	1	1
Stiftschraube TGL 0-940-M6x30						3	3	3	3	3
Wellendichtring DIN 6504-A-17x30x7						1	1	1	1	1
Wellendichtring DIN 6504-A-30x62x10						2	2	2	2	2
Wellendichtring DIN 6504-B-25x35x7						1	1	1	1	1

Normbezeichnung	Fahrgestell (1)	Fahrgestell (2)	Fahrgestell (3)	Fahrgestell (4)	Elektrik	Motor	Gesamt (1)	Gesamt (2)	Gesamt (3)	Gesamt (4)
Zylinderkerbstift TGL 0-1473-5x25	2	2	2	2			2	2	2	2
Zylinderkerbstift TGL 0-1473-5x32	2	2	2	2			2	2	2	2
Zylinderschraube TGL 0-84-3,5x8	2	2	2	2			2	2	2	2
Zylinderschraube TGL 0-84-A-M4x12						4	4	4	4	4
Zylinderschraube TGL 0-84-A-M4x18-4S					2		2	2	2	2
Zylinderschraube TGL 0-84-A-M4x8					1		1	1	1	1
Zylinderschraube TGL 0-84-B-M4x6-5S					1		1	1	1	1
Zylinderschraube TGL 0-84-B-M6x20-5D						3	3	3	3	3
Zylinderschraube TGL 0-84-C-M5x85					2		2	2	2	2
Zylinderschraube TGL 0-84-M3x6					1		1	1	1	1
Zylinderschraube TGL 0-84-M5x10	12	12	12	12			12	12	12	12
Zylinderschraube TGL 0-84-M5x15						6	6	6	6	6
Zylinderschraube TGL 0-84-M5x20					2		2	2	2	2
Zylinderschraube TGL 0-84-M6x25	4	4	4	4			4	4	4	4
Zylinderschraube TGL 0-84-M6x40-5D						1	1	1	1	1
Zylinderschraube TGL 0-84-M6x60						2	2	2	2	2
Zylinderschraube TGL 0-84-M6x70-5S						3	3	3	3	3
Zylinderschraube TGL 0-84-M6x85-5S						2	2	2	2	2
Zylinderstift TGL 0-7-6m 6x20						2	2	2	2	2

Angaben in Stück je Fahrzeug

(1) Fahrzeuge bis Fahrgestell-Nummer 1503200
(2) Fahrzeuge ab Fahrgestell-Nummer 1503201 bis Fahrgestell-Nummer 1503834
(3) Fahrzeuge bis Fahrgestell-Nummer 1503835 bis Fahrgestell-Nummer 1507464
(4) Fahrzeuge ab Fahrgestell-Nummer 1507465
(5) Lager mit Polyamid-Käfig

8.6.5.2 Normteile für ETZ 301 bis Baujahr 1990

Normbezeichnung	Fahrgestell [1]	Fahrgestell [2]	Elektrik	Motor [3]	Motor [4]	Gesamt [5]	Gesamt [6]	Gesamt [7]
Dichtring TGL 0-7603-A-14x20				1	1	1	1	1
Dichtring TGL 0-7603-A-18x24				1	1	1	1	1
Dichtring TGL 0-7603-A-5x9					2			2
Dichtring TGL 0-7603-A-6x10				8	10	8	8	10
Drahtsprengring TGL 0-73123-18				2	2	2	2	2
Druckfeder TGL18394-0,45x7,5x6,5				1	1	1	1	1
Druckfeder TGL18395-C-0,8x5,5x11,5				1	1	1	1	1
Federring TGL 7403-B-10	6	6				6	6	6
Federring TGL 7403-B-12	1	1				1	1	1
Federring TGL 7403-B-3,5			1			1	1	1
Federring TGL 7403-B-4			7			7	7	7
Federring TGL 7403-B-5	4	4	1			5	5	5
Federring TGL 7403-B-6	5	5				5	5	5
Federring TGL 7403-B-8	16	16	1	2	2	19	19	19
Federscheibe TGL 0-137-14-St	1	1		1	1	2	2	2
Federscheibe TGL 0-137-3,5-St			1			1	1	1
Federscheibe TGL 0-137-5-St	2	2	3	1	1	6	6	6
Federscheibe TGL 0-137-6-St	16	16	2	6	10	24	24	28
Federscheibe TGL 0-137-8,4-St	3	11	1			4	12	12
Flügelmutter TGL 0-315-M3-5	2	2				2	2	2
Halbrundkerbnagel TGL 0-1476-2,5x5-4.6	2	2				2	2	2
Halbrundkerbnagel TGL 0-1476-3x16-4.6				1	1	1	1	1
Hutmutter TGL 0-1587-M6-6	4	4				4	4	4
Innenlippenring TGL 6357-A-10		1				1	1	1
Kegelkerbstift TGL 0-1471-3x36				1	1	1	1	1
Kegelschmierkopf TGL 0-71412-A-6	1	1				1	1	1
Kugel TGL 15515-8 III				1	1	1	1	1
Kugel TGL 15515-8-70				1	1	1	1	1
Linsenschraube TGL 0-7985-M4x6			2			2	2	2
Linsensenkschraube TGL 16524-B-M4x10			2			2	2	2
Nadel TGL 15518-2,5x11,8 l				48	48	48	48	48
Nadel TGL 15518-2,5x19,8 l				24	24	24	24	24
Nadellager TGL 11553-KK 18x22x24				1	1	1	1	1
Nadellager TGL 11553-KK 22x26x26				1	1	1	1	1
Passscheibe TGL 10404-8x0,2				1	1	1	1	1

Normbezeichnung	Fahrgestell [1]	Fahrgestell [2]	Elektrik	Motor [3]	Motor [4]	Gesamt [5]	Gesamt [6]	Gesamt [7]
Rillenkugellager TGL 2981-16005				1	1	1	1	1
Rillenkugellager TGL 2981-6005	2	2				2	2	2
Rillenkugellager TGL 2981-6006	2	2				2	2	2
Rillenkugellager TGL 2981-6203 J C4 [12]				2	2	2	2	2
Rillenkugellager TGL 2981-6204 J C4 [12]				2	2	2	2	2
Rillenkugellager TGL 2981-6302 TN C3f				1	1	1	1	1
Rillenkugellager TGL 2981-6302 Z	4	4				4	4	4
Rillenkugellager TGL 2981-6306 TNG C4f				2	2	2	2	2
Rundring TGL 6365-14x2				1	1	1	1	1
Rundring TGL 6365-17x2,5				1	1	1	1	1
Rundring TGL 6365-76x4				1	1	1	1	1
Scheibe TGL 0-125-10,5-St	1	3		4	4	5	7	7
Scheibe TGL 0-125-15-St	1	1				1	1	1
Scheibe TGL 0-125-19-St	1	1				1	1	1
Scheibe TGL 0-125-4,3-St			3			3	3	3
Scheibe TGL 0-125-5,3-St	1	1	6			7	7	7
Scheibe TGL 0-125-6,4-St	6	6		1	1	7	7	7
Scheibe TGL 0-125-8,4-St	8	10				8	10	10
Scheibe TGL 0-9021-10,5-St	2	2				2	2	2
Scheibe TGL 0-9021-6,4-St	13	13				13	13	13
Scheibenfeder TGL 9499-6x7,5 [11]	1	1				1	1	1
Sechskantblechschraube TGL 0-7976-B-6,3x19	2	2				2	2	2
Sechskantmutter TGL 27689-M8-8	2	8				2	8	8
Sechskantmutter TGL 0-934-M10-6	3	3		4	4	7	7	7
Sechskantmutter TGL 0-934-M12-6	1	1				1	1	1
Sechskantmutter TGL 0-934-M14x1,5-6	2	2				2	2	2
Sechskantmutter TGL 0-934-M4-6	3	3	1			4	4	4
Sechskantmutter TGL 0-934-M5-6	2	2	6			8	8	8
Sechskantmutter TGL 0-934-M6-6	19	19	2	11	13	32	32	34
Sechskantmutter TGL 0-934-M8-6	15	14	1	3	3	19	18	18
Sechskantmutter TGL 0-936-M14x1,5-8.8 [8]				1	1	1	1	1
Sechskantmutter TGL 0-936-M16x1,5-50				2	2	2	2	2
Sechskantmutter TGL 0-936-M18x1,5-8.8	2	2				2	2	2
Sechskantschraube TGL 0-931-M7x80-10.9 [10]			1			1	1	1
Sechskantschraube TGL 0-931-M8x100-8.8	2	2				2	2	2

Angaben in Stück je Fahrzeug

Normbezeichnung	Fahrgestell (1)	Fahrgestell (2)	Elektrik	Motor (3)	Motor (4)	Gesamt (5)	Gesamt (6)	Gesamt (7)
Sechskantschraube TGL 0-931-M8x65-8.8	1	1				1	1	1
Sechskantschraube TGL 0-931-M8x90-8.8				1	1	1	1	1
Sechskantschraube TGL 0-933-M10x20-8.8	1	1				1	1	1
Sechskantschraube TGL 0-933-M10x25-8.8	1	1				1	1	1
Sechskantschraube TGL 0-933-M10x30-8.8		2					2	2
Sechskantschraube TGL 0-933-M10x35-8.8	2	2				2	2	2
Sechskantschraube TGL 0-933-M5x16-8.8	1	1				1	1	1
Sechskantschraube TGL 0-933-M6x12-8.8				2				2
Sechskantschraube TGL 0-933-M6x14-8.8	4	4			2	4	4	6
Sechskantschraube TGL 0-933-M6x16-8.8			3			3	3	3
Sechskantschraube TGL 0-933-M6x20-8.8	6	6		6	6	12	12	12
Sechskantschraube TGL 0-933-M6x25-8.8	1	1				1	1	1
Sechskantschraube TGL 0-933-M6x30-8.8	4	4		1	1	5	5	5
Sechskantschraube TGL 0-933-M6x35-8.8				2	2	2	2	2
Sechskantschraube TGL 0-933-M6x40-8.8				2	2	2	2	2
Sechskantschraube TGL 0-933-M8x16-8.8	1	1				1	1	1
Sechskantschraube TGL 0-933-M8x18-8.8	2	2				2	2	2
Sechskantschraube TGL 0-933-M8x20-8.8	3	3				3	3	3
Sechskantschraube TGL 0-933-M8x25-8.8	1	1				1	1	1
Sechskantschraube TGL 0-933-M8x30-10.9	3	9				3	9	9
Sechskantschraube TGL 0-933-M8x40-8.8	4	3				4	3	3
Sechskantschraube TGL 0-933-M8x45-8.8	4	3				4	3	3
Sechskantschraube TGL 0-933-M8x50-8.8	2	2				2	2	2
Senkblechschraube TGL 0-7972-B-4,3x13	1	1				1	1	1
Senkkerbnagel TGL 0-1477-3x5-4.6				1	1	1	1	1
Senkschraube TGL 5683-B-M4x12-5.8				3	3	3	3	3
Senkschraube TGL 5683-B-M4x16-5.8			3			3	3	3
Senkschraube TGL 5683-B-M6x8-5.8	1	1				1	1	1
Sicherungsblech TGL 0-432-17-St				2	2	2	2	2
Sicherungsring TGL 0-471-12	4	2				4	2	2
Sicherungsring TGL 0-471-15				1	1	1	1	1
Sicherungsring TGL 0-471-17				2	2	2	2	2
Sicherungsring TGL 0-471-20	1	1				1	1	1
Sicherungsring TGL 0-472-30	2	2				2	2	2
Sicherungsring TGL 0-472-40				1	1	1	1	1
Sicherungsring TGL 0-472-42	1	1		1	1	2	2	2

Normbezeichnung	Fahrgestell (1)	Fahrgestell (2)	Elektrik	Motor (3)	Motor (4)	Gesamt (5)	Gesamt (6)	Gesamt (7)
Sicherungsring TGL 0-472-47				1	1	1	1	1
Sicherungsscheibe TGL 0-6799-12				3	3	3	3	3
Sicherungsscheibe TGL 0-6799-5	2	2				2	2	2
Sicherungsscheibe TGL 0-6799-7				1	1	1	1	1
Splint TGL 0-94-1,6x20 [11]	1	1				1	1	1
Sprengring TGL 31666-20x1,2		1					1	1
Sprengring TGL 31666-32x1,6	2	2				2	2	2
Steckkerbstift TGL 0-1474-6x20-5.8				1	1	1	1	1
Stiftschraube TGL 0-835-B-M6x20	1	1				1	1	1
Stiftschraube TGL 0-835-B-M8x18-8.8				2	2	2	2	2
Tellerfeder TGL 18399-B20r [11]	1	1				1	1	1
Verschlussschraube TGL 0-910-M30x1,5-5.8	2	2				2	2	2
Wellendichtring TGL 16454-D-25x37x7				1	1	1	1	1
Wellendichtring TGL 16454-D-25x72x7				2	2	2	2	2
Wellendichtring TGL 16454-D-35x47x7	2	2				2	2	2
Zylinderblechschraube TGL 0-7971-B-2,9x19			2			2	2	2
Zylinderblechschraube TGL 0-7971-B-3,5x22	4	4				4	4	4
Zylinderrolle TGL 15516-4x4				1	1	1	1	1
Zylinderschraube TGL 0-84-A-M4x16-5.8			3			3	3	3
Zylinderschraube TGL 0-84-A-M4x25-4.8			2			2	2	2
Zylinderschraube TGL 0-84-B-M3,5x5-5.8			2			2	2	2
Zylinderschraube TGL 0-84-B-M4x10-5.8			2			2	2	2
Zylinderschraube TGL 0-84-B-M4x12-5.8	2	2	3			5	5	5
Zylinderschraube TGL 0-84-B-M4x30-5.8	1	1				1	1	1
Zylinderschraube TGL 0-84-B-M5x10-5.8			2	1	1	3	3	3
Zylinderschraube TGL 0-84-B-M5x12-5.8	4	4				4	4	4
Zylinderschraube TGL 0-84-B-M5x16-5.8			2		2	2	2	4
Zylinderschraube TGL 0-84-B-M5x22-5.8			2					2
Zylinderschraube TGL 0-84-B-M5x40-5.8	1	1	3			4	4	4
Zylinderschraube TGL 0-84-B-M6x10-5.8				1	1	1	1	1
Zylinderschraube TGL 0-84-B-M6x15-5.8	1	1				1	1	1
Zylinderschraube TGL 0-84-B-M6x16-5.8	6	6				6	6	6
Zylinderschraube TGL 0-84-B-M6x25-5.8			3			3	3	3
Zylinderschraube TGL 0-84-B-M6x60-5.8			14	14	14	14	14	14
Zylinderschraube TGL 0-84-C-M6x50-5.8			7	7	7	7	7	7
Zylinderschraube TGL 0-84-C-M6x70-5.8			7	7	7	7	7	7

Angaben in Stück je Fahrzeug

Normbezeichnung	Fahrgestell [1]	Fahrgestell [2]	Elektrik	Motor [3]	Motor [4]	Gesamt [5]	Gesamt [6]	Gesamt [7]
Zylinderschraube TGL 0-84-C-M6x85-5.8				3	3	3	3	3
Zylinderschraube TGL 0-912-C-M10x30-10.9	2	2				2	2	2
Zylinderschraube TGL 0-912-M5x20-8.8			2			2	2	2
Zylinderschraube TGL 0-912-M5x30-8.8			1			1	1	1
Zylinderschraube TGL 0-912-M6x20-8.8	1	3				1	3	3
Zylinderschraube TGL 0-912-M6x22-8.8	4	4				4	4	4
Zylinderschraube TGL 0-912-M6x40-8.8				4	4	4	4	4
Zylinderschraube TGL 0-912-M7x90-10.9 [9]			1			1	1	1
Zylinderschraube TGL 0-912-M8x30-8.8		2					2	2
Zylinderschraube TGL 0-912-M8x35-8.8			4			4	4	4
Zylinderstift TGL 0-6325-8x80				1	1	1	1	1

Angaben in Stück je Fahrzeug

(1) für Fahrzeuge mit Trommelbremsanlage vorn
(2) für Fahrzeuge mit Scheibenbremsanlage vorn
(3) Motor mit Gemischschmierung
(4) Motor mit Getrenntschmierung
(5) für Fahrzeuge mit Trommelbremse vorn und Gemischschmierung
(6) für Fahrzeuge mit Scheibenbremse vorn und Gemischschmierung
(7) für Fahrzeuge mit Scheibenbremse vorn und Getrenntschmierung
(8) entfällt bei Fahrzeugen mit Drehzahlmesser
(9) entfällt bei Fahrzeugen mit Unterbrecherkontakt-Zündanlage
(10) entfällt bei Fahrzeugen mit elektronischer Serienzündanlage
(11) für Krafträder mit Seitenwagen
(12) Lager mit Polyamid-Käfig

8. Normteile

8.6.6 Normteile für 350 cm^3-Modelle

8.6.6.1 Normteile für BK 350

Normbezeichnung	Fahrgestell [1]	Fahrgestell [2]	Elektrik	Motor	Getriebe	Kardan	Gesamt [1]	Gesamt [2]
Axial-Rillenkugellager DIN 711-51100					1		1	1
Bolzen DIN1433-6h 11x22x17					1		1	1
Dichtring DIN 7603-A-6x12					4		4	4
Dichtring DIN 7603-C-12x18					1		1	1
Dichtring DIN 7603-C-18x24					2	1	3	3
Dichtring DIN 7603-C-6x10 [3]					4		4	4
Dichtring DIN 7603-C-8x14						2	2	2
Fächerscheibe DIN 6798-V-6,4					2		2	2
Federring DIN 127-A-8	1	1				1	2	2
Federring DIN 127-B-10	6	6					6	6
Federring DIN 127-B-12	3	3					3	3
Federring DIN 127-B-16	1	1					1	1
Federring DIN 127-B-3			2				2	2
Federring DIN 127-B-4	2	2	9			2	13	13
Federring DIN 127-B-5	2	2	2	2			6	6
Federring DIN 127-B-6	22	20			2		24	22
Federring DIN 127-B-8	18	20	2				20	22
Federscheibe DIN 137-A-3				2			2	2
Federscheibe DIN 137-A-3,5				4			4	4
Federscheibe DIN 137-A-4					6		6	6
Federscheibe DIN 137-A-5					2	1	3	3
Federscheibe DIN 137-A-7					1		1	1
Federscheibe DIN 137-B-10	1	1					1	1
Federscheibe DIN 137-B-12	2	2				1	3	3
Federscheibe DIN 137-B-16						1	1	1
Federscheibe DIN 137-B-5						2	2	2
Federscheibe DIN 137-B-6	2	2		8		5	15	15
Federscheibe DIN 137-B-8	5	5		12	2		19	19
Flachrundschraube DIN 603-M6x15-4D	3	3					3	3
Gewindestift DIN 46291-M5x8			5				5	5
Halbrundkerbnagel DIN 1476-2,6x5	2	2					2	2
Halbrundkerbnagel DIN 1476-2,6x8	1	1					1	1
Halbrundniet DIN 660-3x8						1	1	1
Halbrundniet DIN 660-4x8	1	1					1	1
Kegelkerbstift DIN 1471-4x25	1	1					1	1

Normbezeichnung	Fahrgestell [1]	Fahrgestell [2]	Elektrik	Motor	Getriebe	Kardan	Gesamt [1]	Gesamt [2]
Knebelkerbstift DIN 1475-1,5x12	2	2					2	2
Kronenmutter DIN 935-M6-6S						1	1	1
Kugel DIN 15515-5	2	2					2	2
Kugel DIN 15515-6,35	38	38					38	38
Linsenschraube DIN 85-M4x7			3				3	3
Linsenschraube DIN 85-M4x9			1				1	1
Linsensenkschraube DIN 91-M5x12-4S			3				3	3
Linsensenkschraube DIN 91-M5x15			1				1	1
Nadel DIN 617-2,5x7,8						64	64	64
Nutmutter DIN 1804-m35x1,5						1	1	1
Passfeder DIN 6885-A-6x4x16				1			1	1
Passfeder DIN 6885-A-6x4x16						1	1	1
Radial-Schrägkugellager DIN 628-QB 20						1	1	1
Rillenkugellager DIN 625-6006						1	1	1
Rillenkugellager DIN 625-6007						1	1	1
Rillenkugellager DIN 625-6203	4	4					4	4
Rillenkugellager DIN 625-6203					3		3	3
Rillenkugellager DIN 625-6204					1		1	1
Rillenkugellager DIN 625-6305				1			1	1
Scheibe DIN 125-15	2	2					2	2
Scheibe DIN 125-3,2			5				5	5
Scheibe DIN 125-5,3	2	2					2	2
Scheibe DIN 125-6,4	8	8			1		9	9
Scheibe DIN 125-7,4-St				1			1	1
Scheibe DIN 125-8,4	1	1			1		2	2
Scheibe DIN 126-5,8	1	1					1	1
Scheibe DIN 1440-11	1	1					1	1
Scheibe DIN 433-10,5	2	2					2	2
Scheibe DIN 433-3,2				2			2	2
Scheibenfeder DIN 6888-4x5				1			1	1
Schmiernippel DIN 71412-A-M6	8	8			1	4	13	13
Sechskantmutter DIN 439-A-M5-5S	4	4					4	4
Sechskantmutter DIN 439-B-M5	4	4					4	4
Sechskantmutter DIN 439-B-M6	1	1					1	1
Sechskantmutter DIN 439-B-M8-5S	2	2					2	2

Angaben in Stück je Fahrzeug

8. Normteile

Normbezeichnung	Fahrgestell [1]	Fahrgestell [2]	Elektrik	Motor	Getriebe	Kardan	Gesamt [1]	Gesamt [2]
Sechskantmutter DIN 934-M10-6S	6	6					6	6
Sechskantmutter DIN 934-M3			7				7	7
Sechskantmutter DIN 934-M4	2	2					2	2
Sechskantmutter DIN 934-M5-5S	2	2	4		1	2	9	9
Sechskantmutter DIN 934-M6-6S	25	23		6	1	4	36	34
Sechskantmutter DIN 934-M8-5S	17	19	1	12	1		31	33
Sechskantmutter DIN 936-M16x1,5-5S	4	4					4	4
Sechskantmutter DIN 936-M6x0,75				2			2	2
Sechskantmutter DIN 936-M8x1-5S	1	1			1	1	3	3
Sechskantschraube DIN 933-M4x20-5S					2		2	2
Sechskantschraube DIN 561-M12x35-C22K				1			1	1
Sechskantschraube DIN 931-M10x25-8G	2	2					2	2
Sechskantschraube DIN 931-M10x40-8G	2	2					2	2
Sechskantschraube DIN 931-M5x18-5S					1		1	1
Sechskantschraube DIN 931-M5x40-5S					1		1	1
Sechskantschraube DIN 931-M6x20-8G	2	2					2	2
Sechskantschraube DIN 931-M6x22-8G					1		1	1
Sechskantschraube DIN 931-M6x25-5S						10	10	10
Sechskantschraube DIN 931-M6x35-5S	2						2	0
Sechskantschraube DIN 931-M6x40-8G	1	1					1	1
Sechskantschraube DIN 931-M6x50-5S				4			4	4
Sechskantschraube DIN 931-M6x65-5S	2	2					2	2
Sechskantschraube DIN 931-M7x105-8G				1			1	1
Sechskantschraube DIN 931-M8x15-5S						2	2	2
Sechskantschraube DIN 931-M8x20-8G	2	2	1				3	3
Sechskantschraube DIN 931-M8x25-8G	1	1					1	1
Sechskantschraube DIN 931-M8x40	2	2					2	2
Sechskantschraube DIN 931-M8x50-8G	4	4					4	4
Sechskantschraube DIN 931-M8x55-8G	4	4					4	4
Sechskantschraube DIN 931-M8x90-8G	1	1					1	1
Sechskantschraube DIN 933-M4x8-5S						2	2	2
Sechskantschraube DIN 933-M5x30-5S					3		3	3
Sechskantschraube DIN 933-M5x8-5S				2			2	2
Sechskantschraube DIN 933-M6x12-5S	6	6					6	6
Sechskantschraube DIN 933-M6x15-5S	5	5					5	5
Sechskantschraube DIN 933-M6x20-8G				6			6	6

Normbezeichnung	Fahrgestell [1]	Fahrgestell [2]	Elektrik	Motor	Getriebe	Kardan	Gesamt [1]	Gesamt [2]
Sechskantschraube DIN 933-M6x35-5S	1	1					1	1
Sechskantschraube DIN 933-M6x8-5S	2	2					2	2
Sechskantschraube DIN 933-M8x15-8G	2	2					2	2
Sechskantschraube DIN 933-M8x20-5S		2						2
Sechskantschraube DIN 960-M12x1,5x55-8G	2	2					2	2
Sechskantschraube DIN 960-M12x1,5x90	2	2					2	2
Sechskantschraube DIN 960-M16x1,5x45-5S	1	1					1	1
Senkkerbnagel DIN 1477-2x8	2	2					2	2
Senkschraube DIN 63-M5x10-5S				4			4	4
Senkschraube DIN 63-M5x15-5S	6	6	6		8		20	20
Senkschraube DIN 87-M6x25						4	4	4
Senkschraube DIN 87-M6x40-6S					2		2	2
Sicherungsring DIN 472-20x1						4	4	4
Sicherungsring DIN 472-30x1,2					1		1	1
Sicherungsring DIN 472-36x1,5						1	1	1
Sicherungsscheibe DIN 6798-C-6,4						4	4	4
Splint DIN 94-1,5x10					2		2	2
Splint DIN 94-1,5x12	1	1					1	1
Splint DIN 94-1,5x15						1	1	1
Splint DIN 94-2x12	1	1					1	1
Splint DIN 94-3x20	1	1					1	1
Splint DIN 94-3x25						1	1	1
Sprengring DIN 73123-15				4			4	4
Sprengring DIN 9045-10	1	1			2		3	3
Sprengring DIN 9045-22					1		1	1
Stiftschraube DIN 835-A-M6x50-5S				1			1	1
Stiftschraube DIN 835-A-M6x75-5S				1			1	1
Stiftschraube DIN 940-M10x35-5S	1	1					1	1
Stiftschraube DIN 940-M6x65-8G				6			6	6
Stiftschraube DIN 940-M8x45-8G				2			2	2
Stiftschraube DIN 940-M8x50-8G				2			2	2
Wellendichtring DIN 6503-B-20x35x10					1		1	1
Wellendichtring DIN 6503-B-25x37x7					1	1	2	2
Wellendichtring DIN 6504-A-17x30x7				1			1	1
Wellendichtring DIN 6504-A-38x50x7				1			1	1
Zahnscheibe DIN 6797-J-3,2			3				3	3

Angaben in Stück je Fahrzeug

Normbezeichnung	Fahrgestell (1)	Fahrgestell (2)	Elektrik	Motor	Getriebe	Kardan	Gesamt (1)	Gesamt (2)
Zahnscheibe DIN 6797-J-5,3			2				2	2
Zylinderkerbstift DIN 1473-2,5x10				1			1	1
Zylinderkerbstift DIN 1473-2x6-6S					1		1	1
Zylinderrolle DIN 5402-5x10						16	16	16
Zylinderrolle DIN 5402-7,5x7,5					1		1	1
Zylinderrollenlager DIN 5412-NJ 2205			1				1	1
Zylinderschraube DIN 84-A-M3,5x6				2			2	2
Zylinderschraube DIN 84-A-M3,5x8				2			2	2
Zylinderschraube DIN 84-A-M3x12			1	2			3	3
Zylinderschraube DIN 84-A-M3x15			1				1	1
Zylinderschraube DIN 84-A-M3x30			1				1	1
Zylinderschraube DIN 84-A-M3x6			5				5	5
Zylinderschraube DIN 84-A-M4x5			2				2	2
Zylinderschraube DIN 84-A-M4x6			7				7	7
Zylinderschraube DIN 84-A-M4x8			2				2	2
Zylinderschraube DIN 84-A-M6x12				2			2	2
Zylinderschraube DIN 84-M4x10-5S				4			4	4
Zylinderschraube DIN 84-M5x12-4S	4	4			4		8	8
Zylinderschraube DIN 84-M5x75-5S				2			2	2
Zylinderschraube DIN 84-M5x8-5S						1	1	1
Zylinderschraube DIN 84-M6x15-5S					4		4	4
Zylinderschraube DIN 84-M6x20-5S				4			4	4
Zylinderschraube DIN 84-M6x25-5S					4		4	4
Zylinderschraube DIN 84-M6x35-5S				2			2	2
Zylinderschraube DIN 84-M6x45-5S				1			1	1
Zylinderschraube DIN 84-M6x50-5S				2			2	2
Zylinderschraube DIN 84-M6x65-5S				1			1	1
Zylinderschraube DIN 84-M6x75-5S				1			1	1
Zylinderschraube DIN 84-M6x8-5S	2	2					2	2
Zylinderstift DIN 7-6m 6x28-5S					1		1	1

Angaben in Stück je Fahrzeug

(1) Fahrzeuge bis Fahrgestell-Nummer 887077
(2) Fahrzeuge ab Fahrgestell-Nummer 887078
(3) Motoren bis Motor-Nummer 1617108

8. Normteile

Raum für Notizen

8.6.7 Normteile für 500 cm³-Modelle

8.6.7.1 Normteile für MZ 500R bis Baujahr 1992

Normbezeichnung	Fahrgestell	Elektrik	Motor	Gesamt
Blechschraube DIN 7071-B-5,5x13			2	2
Dichtring DIN 7603-A-16x20	2		1	3
Dichtring DIN 7603-A-6x10			2	2
Dichtring DIN 7603-A-8x13			1	1
Dichtring DIN 7603-C-12x18			1	1
Federring DIN 128-A16-FST			1	1
Federring DIN 128-A18-FST			1	1
Federring DIN 128-A5-FST			8	8
Federring DIN 128-A6-FST			29	29
Federring DIN 128-A8-FST			1	1
Federring TGL 7403-B-10	8			8
Federring TGL 7403-B-5		1		1
Federring TGL 7403-B-6		1		1
Federring TGL 7403-B-8	7			7
Federscheibe DIN 137-A-4			3	3
Federscheibe TGL 0-137-14-St	2			2
Federscheibe TGL 0-137-5-St	2	4		6
Federscheibe TGL 0-137-6-St	16	7		23
Federscheibe TGL 0-137-8-St	5	1		6
Flachkopfschraube ISO 14583-M10x18	6			6
Flachkopfschraube ISO 7380- M10x35-10.9	1			1
Flachmutter TGL 22151-5,5	4			4
Gewindestift DIN 417-M8x19,5			1	1
Gewindestift DIN 914-M5x12-45H	1			1
Halbrundkerbnagel TGL 0-1476-2,5x5-4.6	2			2
Hohlniet TGL 0-7331-AC-5x12x12	3			3
Hohlniet TGL 0-7331-AC-5x13x9		1		1
Innenlippenring TGL 6357-A-10-WS 3.036	1			1
Kegelschmierkopf TGL 0-71412-A-6	1			1
Kerbnagel DIN 1476-4x20			1	1
Kugel ISO 3290-12 G28			3	3
Kugel ISO 3290-5,556 G28			1	1
Linsenblechschraube DIN 7961-CST 5,5x16	4			4

Normbezeichnung	Fahrgestell	Elektrik	Motor	Gesamt
Linsenschraube TGL 0-7985-A-M5x12-5.8	6			6
Linsenschraube TGL 0-7985-A-M5x16-5.8	2			2
Linsensenkschraube DIN 964-M6x16			3	3
Nadelbüchse DIN 618-22x28x12			1	1
Nadelbüchse DIN 618-15x21x12			1	1
Nadelkäfig DIN 617-K 20x24x12 JP			1	1
Nadelkäfig DIN 617-K 21x25x13			1	1
Nadelkäfig DIN 617-K 21x25x13 F			1	1
Nadelkäfig DIN 617-K 25x29x10 TN			2	2
Nadelkäfig DIN 617-K 25x29x17			1	1
Nadelrolle DIN 5402-B-3x19,8 G2			1	1
Nadelrolle DIN 5402-B-4x25,8 G3			2	2
O-Ring DIN 3771-107x2,5-N			2	2
O-Ring DIN 3771-10x2,7-N			1	1
O-Ring DIN 3771-114x2-N			1	1
O-Ring DIN 3771-11x2,7-N			1	1
O-Ring DIN 3771-12x3-N			1	1
O-Ring DIN 3771-13,3x2,4-N			1	1
O-Ring DIN 3771-145x2,5-N			1	1
O-Ring DIN 3771-17x2,5-N			1	1
O-Ring DIN 3771-18x1,5-N			5	5
O-Ring DIN 3771-20x3,5-N			2	2
O-Ring DIN 3771-25x3-N			1	1
O-Ring DIN 3771-3,2x1,8-N			1	1
O-Ring DIN 3771-4,7x1,4-N			2	2
O-Ring DIN 3771-42x2			1	1
O-Ring DIN 3771-60x2,5-N			1	1
O-Ring DIN 3771-62x1,5-N			2	2
O-Ring DIN 3771-6x1,7-N			1	1
O-Ring DIN 3771-9,3x2,5-N			1	1
Rundring TGL 6365-20x3-WS 1.957	1			1
O-Ring TGL 42902-7,5x18-WS 3.036	1			1
Passscheibe DIN 988-42x52x0,1		nB		nB

Angaben in Stück je Fahrzeug

Normbezeichnung	Fahrgestell	Elektrik	Motor	Gesamt
Passscheibe DIN 988-42x52x0,3			nB	nB
Rillenkugellager DIN 625-6001 C3			1	1
Rillenkugellager DIN 625-6002 Z			1	1
Rillenkugellager DIN 625-6004 J	2			2
Rillenkugellager DIN 625-6203 2RS1 CNH HT32			1	1
Rillenkugellager DIN 625-6203 TNH C3			1	1
Rillenkugellager DIN 625-6204 C3			1	1
Rillenkugellager DIN 625-6205 TNH			1	1
Rillenkugellager DIN 625-6207 E TNH C3			2	2
Rillenkugellager DIN 625-6302-2Z	4			4
Rillenkugellager DIN 625-6303 E TNH C3			1	1
Rillenkugellager DIN 625-6304 E TNH C3			2	2
Rillenkugellager TGL 2981-6006	2			2
Scheibe DIN 125-13-St		2		2
Scheibe TGL 0-125-10,5-St	2			2
Scheibe TGL 0-125-10,5-St	2			2
Scheibe TGL 0-125-19-St		1		1
Scheibe TGL 0-125-5,3-St		3		3
Scheibe TGL 0-125-6,4-St	4	5		9
Scheibe TGL 0-125-8,4-St	5			5
Scheibe DIN 433-3,2			1	1
Scheibe DIN 433-A-5,3			2	2
Scheibe DIN 9021-A-4,3-St		2		2
Scheibe TGL 0-9021-10,5-St	2			2
Scheibe TGL 0-9021-5,3-St	12	2		14
Scheibe TGL 0-9021-6,4-St	15	4		19
Scheibe TGL 0-9021-8,4-St	4	2		6
Scheibenfeder DIN 6888-4x5			3	3
Scheibenfeder DIN 6888-6x9			1	1
Schlitzmutter DIN 546-M3-St-A4K	1			1
Sechskantmutter DIN 439-M12x1,25		2		2
Sechskantmutter DIN 439-M18x1,5			2	2
Sechskantmutter DIN 439-M20x1,5			1	1
Sechskantmutter DIN 934-M16x1,5			1	1
Sechskantmutter DIN 934-M5x0,75			1	1
Sechskantmutter DIN 934-M7			4	4
Sechskantmutter DIN 934-M8			2	2
Sechskantmutter TGL 0-934-M10-6	9			9
Sechskantmutter TGL 0-934-M14x1,5-6	2			2
Sechskantmutter TGL 0-934-M4-6		1		1
Sechskantmutter TGL 0-934-M5-6	10	2		12
Sechskantmutter TGL 0-934-M6-6	10	6		16
Sechskantmutter TGL 0-934-M8-10	5			5
Sechskantmutter TGL 0-934-M8-6	9	3		12
Sechskantmutter DIN 936-M14x1,5-6	1			1
Sechskantmutter DIN 936-M18x1,5		1		1
Sechskantmutter TGL 0-936-M18x1,5-6	2	1		3
Sechskantmutter DIN 982-M7-8	6			6
Sechskantmutter DIN 985-M6-8-A4K	2			2
Sechskantmutter DIN 6923-M10-8			3	3
Sechskantmutter DIN 6923-M8			1	1
Sechskantmutter TGL 27689-M6-8	3			3
Sechskantmutter TGL 27689-M8-8	3			3
Sechskantmutter DIN 80705-M8			1	1
Sechskantmutter TGL 0-80705-M18x1,5	1			1
Sechskantschraube DIN 931-M10x150-8.8	1			1
Sechskantschraube DIN 931-M10x60-8.8	1			1
Sechskantschraube DIN 931-M10x65-8.8	1			1
Sechskantschraube DIN 931-M10x70-8.8	1			1
Sechskantschraube DIN 931-M10x80-8.8	1			1
Sechskantschraube DIN 931-M7x35-8.8	6			6
Sechskantschraube DIN 931-M8x40-8.8	1			1
Sechskantschraube DIN 931-M8x50			1	1
Sechskantschraube DIN 933-M10x30-8.8	2			2
Sechskantschraube DIN 933-M12x12			1	1
Sechskantschraube DIN 933-M5x25			6	6
Sechskantschraube DIN 933-M6x14			1	1
Sechskantschraube DIN 933-M6x16			3	3
Sechskantschraube DIN 933-M6x20			3	3
Sechskantschraube DIN 933-M6x25-8.8	1			1
Sechskantschraube DIN 933-M8x20-8.8	1			1
Sechskantschraube DIN 933-M8x30			1	1
Sechskantschraube DIN 933-M8x45-8.8	1			1
Sechskantschraube DIN 933-M8x50-8.8	1			1
Sechskantschraube TGL 0-933-M10x35-8.8	2			2
Sechskantschraube TGL 0-933-M5x20-8.8		1		1

Angaben in Stück je Fahrzeug

Normbezeichnung	Fahrgestell	Elektrik	Motor	Gesamt
Sechskantschraube TGL 0-933-M6x14-8.8	2			2
Sechskantschraube TGL 0-933-M6x16-8.8	1			1
Sechskantschraube TGL 0-933-M6x20-8.8	5			5
Sechskantschraube TGL 0-933-M6x35-8.8	4			4
Sechskantschraube TGL 0-933-M8x16-8.8		1		1
Sechskantschraube TGL 0-933-M8x18-8.8	1			1
Sechskantschraube TGL 0-933-M8x20-8.8	4			4
Sechskantschraube TGL 0-933-M8x25-8.8	1			1
Sechskantschraube TGL 0-933-M8x30-8.8	2			2
Sechskantschraube TGL 0-933-M8x35-8.8		2		2
Sechskantschraube TGL 0-933-M8x40-8.8	1			1
Sechskantschraube DIN 960-M14x1,5x150-8.8	1			1
Senkblechschraube DIN 7972-CST 4,8x13	1			1
Senkniet DIN 661-5x12			8	8
Senkschraube DIN 963-M5x12			4	4
Senkschraube TGL 5683-B-M6x8-5.8	1			1
Sicherungsring DIN 471-20x1,2			1	1
Sicherungsring TGL 0-471-12	2			2
Sicherungsring TGL 0-471-20	1			1
Sicherungsring DIN 472-47x1,75			1	1
Sicherungsring TGL 0-472-30	2			2
Sicherungsring TGL 0-472-42	1			1
Sicherungsscheibe TGL 0-6799-5	2			2
Spannhülse DIN 1481-6x20			1	1
Sprengring DIN 993-A-12			4	4
Sprengring DIN 9045-48-A4K	2			2
Sprengring TGL 31666-20x1,2	1			1
Sprengring TGL 31666-32x1,6	2			2
Stiftschraube TGL 0-835-B-M6x20	1			1
Verschlussschraube TGL 0-910-M30x1,5-5.8	2			2
Wellendichtring DIN 3760-A-15x24x5			1	1
Wellendichtring DIN 3760-AS-14x24x7 NBR			1	1
Wellendichtring DIN 3760-AS-22x32x7 NBR			1	1
Wellendichtring DIN 3760-AS-25x40x7 NBR			1	1
Wellendichtring DIN 3760-AS-30x47x7/ 7,5 SI			2	2

Normbezeichnung	Fahrgestell	Elektrik	Motor	Gesamt
Wellendichtring DIN 3760-AS-35x47x7 SI			1	1
Wellendichtring DIN 3760-B-11x17x4 NBR			2	2
Wellendichtring TGL 16454-D-35x47x7/ 10 S2	2			2
Zugfeder TGL18397-C-2,5x13x25-Aal	2			2
Zylinderblechschraube TGL 0-7971-CST-3,5x22		4		4
Zylinderrollenlager DIN 5412-NJ 205E TVP2 C3			1	1
Zylinderschraube DIN 84-A-M4x40-5.8		2		2
Zylinderschraube DIN 84-A-M4x8-5.8		2		2
Zylinderschraube DIN 84-M3x12-4.8-A4K	1			1
Zylinderschraube DIN 84-M4x20			3	3
Zylinderschraube DIN 84-M5x16			2	2
Zylinderschraube DIN 84-M6x8			2	2
Zylinderschraube TGL 0-84-B-M5x12-5.8	4	2		6
Zylinderschraube TGL 0-84-B-M6x16-5.8	1	2		3
Zylinderschraube DIN 912-M10x50-8.8	2			2
Zylinderschraube DIN 912-M5x113			2	2
Zylinderschraube DIN 912-M5x12-8.8		5		5
Zylinderschraube DIN 912-M5x16			4	4
Zylinderschraube DIN 912-M5x20-8.8		1		1
Zylinderschraube DIN 912-M6x10-8.8		4		4
Zylinderschraube DIN 912-M6x20-8.8	9		6	15
Zylinderschraube DIN 912-M6x22			2	2
Zylinderschraube DIN 912-M6x25			8	8
Zylinderschraube DIN 912-M6x30			4	4
Zylinderschraube DIN 912-M6x35			9	9
Zylinderschraube DIN 912-M6x40			6	6
Zylinderschraube DIN 912-M6x45			1	1
Zylinderschraube DIN 912-M6x50			2	2
Zylinderschraube DIN 912-M6x55			1	1
Zylinderschraube DIN 912-M6x60			8	8
Zylinderschraube DIN 912-M6x70			3	3
Zylinderschraube DIN 912-M8x12			1	1
Zylinderschraube DIN 912-M8x30			1	1
Zylinderschraube DIN 912-M8x35-8.8	4			4
Zylinderschraube ISO 14580-M8x20-10.9	6			6

Angaben in Stück je Fahrzeug

8. Normteile

8.6.8 Normteile für Personen-Seitenwagen

8.6.8.1 Super-Elastik-Seitenwagen für TS-Modelle

Normbezeichnung	Fahrgestell	Karosserie	Elektrik	Gesamt
Dichtring TGL 0-7603-A-12x16	1			1
Dichtring TGL 0-7603-A-18x22-Cu	1			1
Federring TGL 7403-B-10	17			17
Federring TGL 7403-B-18	1			1
Federring TGL 7403-B-4		5		5
Federring TGL 7403-B-6	4	25		29
Federring TGL 7403-B-8	10	2		12
Federscheibe TGL 0-137-6	1			1
Flachrundschraube TGL 0-603 M6x45-4.8		1		1
Flachrundschraube TGL 0-603-M6x50-4.6		4		4
Flügelmutter TGL 0-315-M8-6		3		3
Hutmutter TGL 0-1587-M6-6		7		7
Kugelgriff TGL 2950-B-32		1		1
Linsensenkholzschraube TGL 0-95-A-4x50-4.8		6		6
Linsensenkschraube TGL 5687-A-M3x8-5.8		4		4
Linsensenkschraube TGL 5687-A-M4x12-5.8		6		6
Linsensenkschraube TGL 0-85-A-M4x8-5.8		3		3
Rillenkugellager TGL 2981-6302-Z	2			2
Rundring TGL 6365-12x2	1			1
Scheibe TGL 0-125-5,3-St	4			4
Scheibe TGL 0-125-8,4-St	1	4		5
Scheibe TGL 0-440-A-11,5	3			3
Scheibe TGL 0-9021-6,4-St		8		8
Schaftschraube TGL 0-427-M5x10-5.8		1		1
Schmiernippel TGL 0-71412-A-M6	1			1
Sechskantmutter TGL 0-934-M10-6	17			17
Sechskantmutter TGL 0-934-M3-6		4	1	5
Sechskantmutter TGL 0-934-M4-6		9		9
Sechskantmutter TGL 0-934-M5-6	4			4

Normbezeichnung	Fahrgestell	Karosserie	Elektrik	Gesamt
Sechskantmutter TGL 0-934-M6-6	4	17		21
Sechskantmutter TGL 0-934-M8-6	15	8		23
Sechskantmutter TGL 0-936-M18x1,5	3			3
Sechskantschraube TGL 0-931-C-M10x50-8.8	2			2
Sechskantschraube TGL 0-931-M10x100-8.8	1			1
Sechskantschraube TGL 0-931-M6x50-8.8	2			2
Sechskantschraube TGL 0-933-M10x20-8.8	2			2
Sechskantschraube TGL 0-933-M10x30-8.8	2			2
Sechskantschraube TGL 0-933-M6x14-8.8		20		20
Sechskantschraube TGL 0-933-M6x20-8.8		4		4
Sechskantschraube TGL 0-933-M6x25-8.8	1			1
Sechskantschraube TGL 0-933-M6x35-8.8	2	2		4
Sechskantschraube TGL 0-933-M6x8-8.8		2		2
Sechskantschraube TGL 0-933-M8x14-8.8		7		7
Sechskantschraube TGL 0-933-M8x20-8.8	9			9
Sechskantschraube TGL 0-933-M8x35-8.8		2		2
Sechskantschraube TGL 0-933-M8x45-8.8	1			1
Senkblechschraube TGL 0-7972-B-3,5x22-St			2	2
Senkblechschraube TGL 0-7972-B-3,5x25			3	3
Senkblechschraube TGL 0-7972-B-3,5x9,5-St		8		8
Senkscheibe TGL 21705-A-4-St		4		4
Senkscheibe TGL 21705-A-5-St	4			4
Sicherungsring TGL 0-471-12	2			2
Splint TGL 0-94-2x12-St	2			2
Splint TGL 0-94-3,2x16-St	1			1
Splint TGL 0-94-4x50-St	2			2
Zylinderschraube TGL 5687-A-M3x8-5.8			1	1
Zylinderschraube TGL 0-84-B-M5x10-4.8	3			3

Angaben in Stück je Fahrzeug

8.6.8.2 Super-Elastik-Seitenwagen für ETZ-Modelle

Normbezeichnung	Fahrgestell	Karosserie	Elektrik	Gesamt
Dichtring TGL 0-7603-A-12x16	1			1
Dichtring TGL 0-7603-A-18x22-Cu	1			1
Federring TGL 7403-B-10	17		1	18
Federring TGL 7403-B-18	1			1
Federring TGL 7403-B-4		5	2	7
Federring TGL 7403-B-6	8	15	2	25
Federring TGL 7403-B-8	11	2		13
Federscheibe TGL 0-137-6	1		2	3
Flachrundschraube TGL 0-603 M6x45-4.8		1		1
Flachrundschraube TGL 0-603-M6x50-4.6		4		4
Flügelmutter TGL 0-315-M8-6		3		3
Hohlniet TGL 0-7331--AC-5x12x9	2			2
Hutmutter TGL 0-1587-M6-6		7		7
Kugelgriff TGL 2950-B-32		1		1
Linsensenkholzschraube TGL 0-95-A-4x50-4.8		6		6
Linsensenkschraube TGL 5687-A-M3x8-5.8		4		4
Linsensenkschraube TGL 5687-A-M4x12-5.8		6		6
Linsensenkschraube TGL 0-85-A-M4x8-5.8		3		3
Rillenkugellager TGL 2981-6302-Z	2			2
Rundring TGL 6365-12x2	1			1
Schaftschraube TGL 0-427-M5x10-5.8		1		1
Scheibe TGL 0-125-4,3-St			2	2
Scheibe TGL 0-125-5,3-St	4			4
Scheibe TGL 0-125-8,4-St	3	4		7
Scheibe TGL 0-440-A-11,5	3			3
Scheibe TGL 0-9021-10,5-St			1	1
Scheibe TGL 0-9021-6,4-St	6	8		14
Schmiernippel TGL 0-71412-A-M6	1			1
Sechskantmutter TGL 27689-M8-8	2			2
Sechskantmutter TGL 0-934-M10-6	17		1	18
Sechskantmutter TGL 0-934-M3-6		4	1	5
Sechskantmutter TGL 0-934-M4-6		9	6	15
Sechskantmutter TGL 0-934-M5-6	4			4

Normbezeichnung	Fahrgestell	Karosserie	Elektrik	Gesamt
Sechskantmutter TGL 0-934-M6-6	8	17	2	27
Sechskantmutter TGL 0-934-M8-6	16	8		24
Sechskantmutter TGL 0-936-M18x1,5	3			3
Sechskantschraube TGL 0-931-C-M10x50-8.8	2			2
Sechskantschraube TGL 0-931-M10x100-8.8	1			1
Sechskantschraube TGL 0-931-M6x50-8.8	2			2
Sechskantschraube TGL 0-933-M10x20-8.8	2			2
Sechskantschraube TGL 0-933-M10x30-8.8	2			2
Sechskantschraube TGL 0-933-M6x12-8.8	2			2
Sechskantschraube TGL 0-933-M6x14-8.8		20		20
Sechskantschraube TGL 0-933-M6x16-8.8	2		4	6
Sechskantschraube TGL 0-933-M6x20-8.8		4		4
Sechskantschraube TGL 0-933-M6x25-8.8	1			1
Sechskantschraube TGL 0-933-M6x35-8.8	2	2		4
Sechskantschraube TGL 0-933-M6x8-8.8		2		2
Sechskantschraube TGL 0-933-M8x14-8.8		7		7
Sechskantschraube TGL 0-933-M8x20-8.8	11			11
Sechskantschraube TGL 0-933-M8x35-8.8		2		2
Sechskantschraube TGL 0-933-M8x45-8.8	1			1
Senkblechschraube TGL 0-7972-B-3,5x22-St			2	2
Senkblechschraube TGL 0-7972-B-3,5x25			3	3
Senkblechschraube TGL 0-7972-B-3,5x9,5-St		8		8
Senkscheibe TGL 21705-A-4-St		4		4
Senkscheibe TGL 21705-A-5-St	4			4
Senkschraube TGL 5683-A-M4x16-5.8			4	4
Sicherungsring TGL 0-471-12	2			2
Splint TGL 0-94-2x12-St	2			2
Splint TGL 0-94-3,2x16-St	1			1
Splint TGL 0-94-4x50-St	2			2
Zylinderschraube TGL 5687-A-M3x8-5.8			1	1
Zylinderschraube TGL 0-84-B-M4x20-5.8			6	6
Zylinderschraube TGL 0-84-B-M5x10-4.8	3			3

Angaben in Stück je Fahrzeug

8.6.9 Normteile für Lasten-Seitenwagen

8.6.9.1 Super-Elastik-Seitenwagen für TS-Modelle

Normbezeichnung	Fahrgestell	Karosserie	Elektrik	Gesamt
Dichtring TGL 0-7603-A-12x16	1			1
Dichtring TGL 0-7603-A-18x22-Cu	1			1
Federring TGL 7403-B-10	17			17
Federring TGL 7403-B-18	1			1
Federring TGL 7403-B-6	4		2	6
Federring TGL 7403-B-8	10			10
Federscheibe TGL 0-137-6	1			1
Rillenkugellager TGL 2981-6302-Z	2			2
Rundring TGL 6365-12x2	1			1
Scheibe TGL 0-125-5,3-St	4			4
Scheibe TGL 0-125-8,4-St	1			1
Scheibe TGL 0-440-A-11,5	3			3
Schmiernippel TGL 0-71412-A-M6	1			1
Sechskantmutter TGL 0-934-M10-6	17			17
Sechskantmutter TGL 0-934-M4-6		22	8	30
Sechskantmutter TGL 0-934-M5-6	4			4
Sechskantmutter TGL 0-934-M6-6	4			4
Sechskantmutter TGL 0-934-M8-6	15			15
Sechskantmutter TGL 0-936-M18x1,5	3			3
Sechskantschraube TGL 0-931-C-M10x50-8.8	2			2
Sechskantschraube TGL 0-931-M10x100-8.8	1			1
Sechskantschraube TGL 0-931-M6x50-8.8	2			2
Sechskantschraube TGL 0-933-M10x20-8.8	2			2
Sechskantschraube TGL 0-933-M10x30-8.8	2			2
Sechskantschraube TGL 0-933-M6x14-8.8			2	2
Sechskantschraube TGL 0-933-M6x25-8.8	1			1
Sechskantschraube TGL 0-933-M6x35-8.8	2			2
Sechskantschraube TGL 0-933-M8x20-8.8	9			9
Sechskantschraube TGL 0-933-M8x45-8.8	1			1
Senkschraube TGL 21705-A-5-St	4			4
Senkschraube TGL 5683-A-M4x16-5.8			4	4

Normbezeichnung	Fahrgestell	Karosserie	Elektrik	Gesamt
Sicherungsring TGL 0-471-12	2			2
Splint TGL 0-94-2x12-St	2			2
Splint TGL 0-94-3,2x16-St	1			1
Splint TGL 0-94-4x50-St	2			2
Zylinderschraube TGL 0-84-B-M4x12-5.6		14		14
Zylinderschraube TGL 0-84-B-M4x8-5.8		8	4	12
Zylinderschraube TGL 0-84-B-M5x10-4.8	3			3

Angaben in Stück je Fahrzeug

8.6.9.2 Super-Elastik-Seitenwagen für ETZ-Modelle

Normbezeichnung	Fahrgestell	Karosserie	Elektrik	Gesamt
Dichtring TGL 0-7603-A-12x16	1			1
Dichtring TGL 0-7603-A-18x22-Cu	1			1
Federring TGL 7403-B-10	17			17
Federring TGL 7403-B-18	1			1
Federring TGL 7403-B-6	8		2	10
Federring TGL 7403-B-8	11			11
Federscheibe TGL 0-137-6	1			1
Hohlniet TGL 0-7331-AC-5x12x9	2			2
Rillenkugellager TGL 2981-6302-Z	2			2
Rundring TGL 6365-12x2	1			1
Scheibe TGL 0-125-5,3-St	4			4
Scheibe TGL 0-125-8,4-St	3			3
Scheibe TGL 0-440-A-11,5	3			3
Scheibe TGL 0-9021-6,4-St	6			6
Schmiernippel TGL 0-71412-A-M6	1			1
Sechskantmutter TGL 27689-M8-8	2			2
Sechskantmutter TGL 0-934-M10-6	17			17
Sechskantmutter TGL 0-934-M4-6		22	8	30
Sechskantmutter TGL 0-934-M5-6	4			4
Sechskantmutter TGL 0-934-M6-6	8			8
Sechskantmutter TGL 0-934-M8-6	16			16
Sechskantmutter TGL 0-936-M18x1,5	3			3
Sechskantschraube TGL 0-931-C-M10x50-8.8	2			2
Sechskantschraube TGL 0-931-M10x100-8.8	1			1
Sechskantschraube TGL 0-931-M6x50-8.8	2			2
Sechskantschraube TGL 0-933-M10x20-8.8	2			2
Sechskantschraube TGL 0-933-M10x30-8.8	2			2
Sechskantschraube TGL 0-933-M6x12-8.8	2			2
Sechskantschraube TGL 0-933-M6x14-8.8			2	2
Sechskantschraube TGL 0-933-M6x16-8.8	2			2

Normbezeichnung	Fahrgestell	Karosserie	Elektrik	Gesamt
Sechskantschraube TGL 0-933-M6x25-8.8	1			1
Sechskantschraube TGL 0-933-M6x35-8.8	2			2
Sechskantschraube TGL 0-933-M8x20-8.8	11			11
Sechskantschraube TGL 0-933-M8x45-8.8	1			1
Senkscheibe TGL 21705-A-5-St	4			4
Senkschraube TGL 5683-A-M4x16-5.8			4	4
Sicherungsring TGL 0-471-12	2			2
Splint TGL 0-94-2x12-St	2			2
Splint TGL 0-94-3,2x16-St	1			1
Splint TGL 0-94-4x50-St	2			2
Zylinderschraube TGL 0-84-B-M4x12-5.6		14		14
Zylinderschraube TGL 0-84-B-M4x8-5.8		8	4	12
Zylinderschraube TGL 0-84-B-M5x10-4.8	3			3

Angaben in Stück je Fahrzeug

8.6.10 Gegenüberstellung Normen gemäß Ersatzteilkatalog - aktuelle Normen

8.6.10.1 TGL-Normen - aktuelle DIN-/ ISO-Normen

Scheibe	TGL 1774	Scheibe ISO 7092	Federscheibe	TGL 0-137	Federscheibe DIN 137
Kugelgriff	TGL 2950	Kugelgriff DIN 319	Flügelmutter	TGL 0-315	Flügelmutter DIN 315
Rillenkugellager	TGL 2981	Rillenkugellager DIN 625	Gewindestift	TGL 0-417	Gewindestift ISO 7435
Axial-Rillenkugellager	TGL 2986	Axial-Rillenkugellager DIN 711	Schaftschraube	TGL 0-427	Schaftschraube ISO 2342
Linsensenkschraube	TGL 5287	Linsensenkschraube ISO 2010	Sicherungsblech	TGL 0-432	Sicherungsblech DIN 432
Senkschraube	TGL 5683	Senkschraube DIN 963	Sechskantmutter	TGL 0-439	Sechskantmutter ISO 4035 bzw. ISO 4036
Linsenschraube	TGL 5687	Linsensenkschraube ISO 2010	Scheibe	TGL 0-440	Scheibe DIN 440
Innenlippenring	TGL 6357	Wellendichtring DIN 3760	Sicherungsblech	TGL 0-463	Sicherungsblech DIN 463
Rundring	TGL 6365	O-Ring ISO 3601	Sicherungsring	TGL 0-471	Sicherungsring DIN 471
Federring	TGL 7403	Federring DIN 127	Sicherungsring	TGL 0-472	Sicherungsring DIN 472
Halskerbstift	TGL 7408	Halskerbstift DIN 1469	Gewindestift	TGL 0-551	Gewindestift ISO 4766
Scheibe	TGL 8328	Scheibe ISO 7091	Flachrundschraube	TGL 0-603	Flachrundschraube DIN 603
Scheibenfeder	TGL 9499	Scheibenfeder ISO 3912	Halbrundniet	TGL 0-660	Niet DIN 660 bzw. ISO 1051
Passfeder	TGL 9500	Passfeder ISO 773 bzw. ISO 2491	Senkniet	TGL 0-661	Niet DIN 661 bzw. ISO 1051
Nadellager	TGL 11553	Nadellager DIN 617	Stiftschraube	TGL 0-835	Stiftschraube DIN 835
Kugel	TGL 15515	Kugel DIN 5401 bzw. ISO 3290	Verschlussschraube	TGL 0-910	Verschlussschraube DIN 910
Zylinderrolle	TGL 15516	Zylinderrolle DIN 5402	Zylinderschraube	TGL 0-912	Zylinderschraube ISO 4762
Nadel	TGL 15518	Zylinderrolle DIN 5402	Linsenschraube	TGL 0-920	Flachkopfschraube DIN 920
Sprengring	TGL 16363	Drahtsprengring DIN 73123	Sechskantschraube	TGL 0-931	Sechskantschraube ISO 4014
Wellendichtring	TGL 16454	WDR DIN 3760	Sechskantschraube	TGL 0-933	Sechskantschraube ISO 4017
Linsensenkschraube	TGL 16524	Linsensenkschraube ISO 2010	Sechskantmutter	TGL 0-934	Sechskantmutter ISO 4032 bzw. ISO 8673
Bolzen	TGL 18010	Bolzen DIN 1434	Sechskantmutter	TGL 0-936	Sechskantmutter ISO 4035
Feder	TGL 18394	Feder TGL 18394 [1]	Kronenmutter	TGL 0-937	Kronenmutter ISO 7038
Druckfeder	TGL 18395	Druckfeder TGL 18395 [1]	Stiftschraube	TGL 0-939	Stiftschraube DIN 939
Feder	TGL 18397	Feder TGL 18397 [1]	Stiftschraube	TGL 0-940	Stiftschraube DIN 940
Tellerfeder	TGL 18399	Tellerfeder DIN 2093	Sechskantschraube	TGL 0-960	Sechskantschraube ISO 8765
Senkscheibe	TGL 21705		Sechskantmutter	TGL 0-984	Sechskantmutter DIN 984
Flachmutter	TGL 22151		Sechskantmutter	TGL 0-985	Sechskantmutter ISO 511
Sechskantmutter	TGL 27689	Sechskantmutter ISO 511 bzw. ISO 512	Bolzen	TGL 0-1438	Bolzen DIN 1438
Sprengring	TGL 31665	Drahtsprengring DIN 73123	Scheibe	TGL 0-1440	Scheibe ISO 8738
Sprengring	TGL 31666	Drahtsprengring DIN 73123	Kegelkerbstift	TGL 0-1471	Kegelkerbstift ISO 8744
Drahtsprengring	TGL 24-42.3	Drahtsprengring DIN 73123	Zylinderkerbstift	TGL 0-1473	Zylinderkerbstift ISO 8740
Rändelmutter	TGL 39-285/6	Rändelmutter DIN 466	Steckkerbstift	TGL 0-1474	Steckkerbstift ISO 8741
Zylinderstift	TGL 0-7	Zylinderstift ISO 2338	Knebelkerbstift	TGL 0-1475	Knebelkerbstift ISO 8742
Senkschraube	TGL 0-63	Senkschraube DIN 63	Halbrundkerbnagel	TGL 0-1476	Halbrundkerbnagel ISO 8746
Zylinderschraube	TGL 0-84	Zylinderschraube ISO 1207	Senkkerbnagel	TGL 0-1477	Senkkerbnagel ISO 8747
Linsenschraube	TGL 0-85	Flachkopfschraube ISO 1580	Hutmutter	TGL 0-1587	Hutmutter DIN 1587
Splint	TGL 0-94	Splint ISO 1234	Zylinderstift	TGL 0-6325	Zylinderstift ISO 8734
Linsensenkholzschraube	TGL 0-95	Linsensenkholzschraube DIN 95	Sechskantmutter	TGL 0-6330	Sechskantmutter DIN 6330
Scheibe	TGL 0-125	Scheibe ISO 7089 bzw. ISO 7090	Zahnscheibe	TGL 0-6797	Zahnscheibe DIN 6797
Federring	TGL 0-127	Federring DIN 127	Sicherungsscheibe	TGL 0-6799	Sicherungsscheibe DIN 6799

Hohlniet	TGL 0-7331	Hohlniet DIN 7331
Hohlniet	TGL 0-7338	Hohlniet DIN 7338
Dichtring	TGL 0-7603	Dichtring DIN 7603
Verschlussschraube	TGL 0-7604	Verschlussschraube DIN 7604
Linsenblechschraube	TGL 0-7961	Linsenblechschraube DIN 7961
Zylinderblechschraube	TGL 0-7971	Zylinderblechschraube ISO 1481
Senkblechschraube	TGL 0-7972	Senkblechschraube ISO 1482
Sechskantblechschraube	TGL 0-7976	Sechskantblechschraube ISO 1479
Linsenschraube	TGL 0-7985	Flachkopfschraube ISO 7045
Scheibe	TGL 0-9021	Scheibe ISO 7093
Sprengring	TGL 0-9045	Sprengring DIN 9045
Schmiernippel	TGL 0-71412	Schmiernippel DIN 71412
Drahtsprengring	TGL 0-73121	Drahtsprengring DIN 73121
Sprengring	TGL 0-73123	Drahtsprengring DIN 73123
Sechskantmutter	TGL 0-80705	Sechskantmutter DIN 80705

8.6.10.2 Ältere DIN-Normen - aktuelle DIN-/ ISO-Normen

Zylinderstift	DIN 7	Zylinderstift ISO 2338
Senkschraube	DIN 63	Senkschraube DIN 63
Zylinderschraube	DIN 84	Zylinderschraube ISO 1207
Flachkopfschraube	DIN 85	Flachkopfschraube ISO 1580
Halbrundschraube	DIN 86	Flachkopfschraube ISO 1580
Senkschraube	DIN 87	Senkschraube DIN 87
Linsensenkschraube	DIN 91	Linsensenkschraube DIN 964 bzw. ISO 2010
Splint	DIN 94	Splint ISO 1234
Scheibe	DIN 125	Scheibe ISO 7089 bzw. ISO 7090
Scheibe	DIN 126	Scheibe ISO 7091
Federring	DIN 127	Federring DIN 127
Scheibe	DIN 134	Scheibe ISO 7091
Federscheibe	DIN 137	Federscheibe DIN 137
Flügelmutter	DIN 315	Flügelmutter DIN 315
Gewindestift	DIN 417	Gewindestift ISO 7435
Sicherungsblech	DIN 432	Sicherungsblech DIN 432
Scheibe	DIN 433	Scheibe DIN 433
Sechskantmutter	DIN 439	Sechskantmutter ISO 4035 bzw. ISO 4036
Sicherungsblech	DIN 463	Sicherungsblech DIN 463
Sicherungsring	DIN 471	Sicherungsring DIN 471
Sicherungsring	DIN 472	Sicherungsring DIN 472
Gewindestift	DIN 551	Gewindestift ISO 4766
Gewindestift	DIN 553	Gewindestift ISO 7434
Sechskantschraube	DIN 561	Sechskantschraube DIN 561
Vierkantmutter	DIN 562	Vierkantmutter DIN 562
Flachrundschraube	DIN 603	Flachrundschraube DIN 603
Sechskantpassschraube	DIN 609	Sechskantpassschraube DIN 609
Nadellager	DIN 617	Nadellager DIN 617
Rillenkugellager	DIN 625	Rillenkugellager DIN 625
Schrägkugellager	DIN 628	Schrägkugellager DIN 628
Halbrundniet	DIN 660	Niet DIN 660 bzw. ISO 1051
Senkniet	DIN 661	Niet DIN 661 bzw. ISO 1051
Axial-Rillenkugellager	DIN 711	Axial-Rillenkugellager DIN 711
Stiftschraube	DIN 835	Stiftschraube DIN 835
Sechskantschraube	DIN 931	Sechskantschraube ISO 4014
Sechskantschraube	DIN 933	Sechskantschraube ISO 4017
Sechskantmutter	DIN 934	Sechskantmutter ISO 4032 bzw. ISO 8673
Kronenmutter	DIN 935	Kronenmutter ISO 7036
Sechskantmutter	DIN 936	Sechskantmutter ISO 4035
Kronenmutter	DIN 937	Kronenmutter ISO 7038
Stiftschraube	DIN 939	Stiftschraube DIN 939
Stiftschraube	DIN 940	Stiftschraube DIN 940

Sechskantschraube	DIN 960	Sechskantschraube ISO 8765
Bolzen	DIN 1433	Bolzen DIN 1433
Bolzen	DIN 1434	Bolzen DIN 1434
Bolzen	DIN 1438	Bolzen DIN 1438
Scheibe	DIN 1440	Scheibe ISO 8738
Halskerbstift	DIN 1469	Halskerbstift DIN 1469
Kegelkerbstift	DIN 1471	Kegelkerbstift ISO 8744
Passkerbstift	DIN 1472	Passkerbstift ISO 8745
Zylinderkerbstift	DIN 1473	Zylinderkerbstift ISO 8740
Knebelkerbstift	DIN 1475	Knebelkerbstift ISO 8742
Halbrundkerbnagel	DIN 1476	Halbrundkerbnagel ISO 8746
Senkkerbnagel	DIN 1477	Senkkerbnagel ISO 8747
Nutmutter	DIN 1804	Nutmutter DIN 1804
Kugelschmiernippel	DIN 3402	Kegelschmiernippel DIN 71412
Kegelwulstschmierkopf	DIN 3403	Kegelwulstschmierkopf DIN 3403
Kugel	DIN 5401	Kugel DIN 5401 bzw. ISO 3290
Zylinderrolle	DIN 5402	Zylinderrolle DIN 5402
Zylinderrollenlager	DIN 5412	Zylinderrollenlager DIN 5412
Zylinderstift	DIN 6325	Zylinderstift ISO 8734
Wellendichtring	DIN 6503	WDR DIN 3760
Radialdichtring	DIN 6504	WDR DIN 3760
Zahnscheibe	DIN 6797	Zahnscheibe DIN 6797
Fächerscheibe	DIN 6798	Fächerscheibe DIN 6798
Passfeder	DIN 6885	Passfeder ISO 773 bzw. ISO 2491
Scheibenfeder	DIN 6888	Scheibenfeder ISO 3912
Hohlniet	DIN 7338	Hohlniet DIN 7338
Dichtring	DIN 7603	Dichtring DIN 7603
Verschlussschraube	DIN 7604	Verschlussschraube DIN 7604
Sprengring	DIN 9045	Sprengring DIN 9045
Kugel	DIN 15515	Kugel DIN 5401
Rillenkugellager	DIN 16004	Rillenkugellager DIN 625
Gewindestift	DIN 46291	Gewindestift DIN 914
Schmiernippel	DIN 71412	Kegelschmiernippel DIN 71412
Drahtsprengring	DIN 73121	Drahtsprengring DIN 73123
Sprengring	DIN 73123	Drahtsprengring DIN 73123

9. Umbauten an MZ-Motorrädern

Viele Motorradfahrer haben den Wunsch, ihr Fahrzeug durch Umbauten zu individualisieren.

Soll das Fahrzeug nur im Wohnzimmer oder als Schauobjekt dienen, so sind der Phantasie und Kreativität keine Grenzen gesetzt.

Besteht aber der Wunsch, dass das Motorrad auch auf öffentlichen Strassen betrieben werden darf, so sind die Spielregeln des Gesetzgebers zu beachten.

Hier sind im Besonderen zu beachten: Zulassungsrecht, Steuerrecht, Versicherungsrecht und Führerscheinrecht

Grundsätzlich gilt die Annahme, dass jede Veränderung zum Erlöschen der Betriebserlaubnis und somit zum Verlust des Versicherungsschutzes führt!

In vielen Fällen lohnt es sich, sich durch einen Kraftfahrzeug-Sachverständigen einer Kraftfahrzeug-Überwachungsorganisation beraten zu lassen,

denn es ist mehr möglich als man gemeinhin glaubt.

Zulässige Änderungen

- Hubraumänderungen innerhalb einer Typengruppe (siehe auch Kapitel 9.1) [2]
- Veränderungen am Vorderradkotflügel
- Wechsel zwischen originalem MZ-Hoch- und Flachlenker
- Anbau eines Sonderlenkers aus Rohr ø22x2 mm, Mindestbreite 600 mm
- Anbau einer Halbschalen-Verkleidung
- Anbau einer Anhängekupplung [4]
- Anbau von original MZ-Zubehör (siehe auch Kapitel 9.2)
- 6V-Anlage[6] :   • Anbau von Fahrtrichtungsanzeigern
- 12V-Anlage[5][6]:   • Anbau eines Fernscheinwerfers
      • Anbau eines Nebelscheinwerfers
      • Anbau einer Nebelschlussleuchte
      • Anbau eines Paares Zweiklangfanfaren
      • Umrüstung von Bilux auf H4-Licht

Unzulässige Änderungen

- Änderungen der Ansaug- und/ oder Abgasanlage [1]
- Anbau einer Vollverkleidung [3]

(1) Erlöschen der Betriebserlaubnis nach §19.2 StVZO "Geräusch- und Abgasemission", die Erteilung einer Betriebserlaubnis im Einzelfall (EBE) kann möglich sein.

(2) Erlöschen der Betriebserlaubnis und/ oder Zulassungsrechtlich (Kennzeichengröße, Kfz-Steuer) relevant

(3) Der Anbau einer Vollverkleidung ist nicht unmöglich, siehe ETZ 250 VoPo

(4) Anhängekupplungen müssen Bauartgeprüft sein, die max. zulässige Anhängelast ist und die Betriebsvorschriften nach StVO (Kennzeichnung der Ladung, zulässige Höchstgeschwindigkeit) sind zu beachten!

(5) Die zusätzlichen Verbraucher sollten insgesamt nicht 110W überschreiten.

(6) Die Angaben legen die originale Lichtmaschine zu Grunde

9.1 Matrix für zulässige Änderungen

	ES 125	ES 150	ES 125/1	ES150/1	ETS 125	ETS 150	TS 125	TS 150
Einbau Motor MM125/2	X							
Einbau Motor MM150/2		X						
Einbau Motor MM125/3	X							
Einbau Motor MM150/3		X						
Anbau Auspuff ES/1	X	X						
Anbau Ansauganlage ES/1	X	X						
Hubraumänderung 125cm^3/ 150cm^3	X	X	X	X	X	X	X	X
Federbeine ohne Hülsen	X	X	X	X	X	X		
Nur Originallenker zulässig	X	X	X	X				
Anbau Hoch-/ Flach-/ Sonderlenker							X	X
Anbau hoch-/ Flach-Lenker (nur original MZ)					X	X		
Einbau ø32 mm- Gabel TS					X	X		
Umbau auf ø35mm-Gabel							X	X

	ES 175/2 (bis '69)	ES 250/2 (bis '69)	ES 175/2 (ab '69)	ES 250/2 (ab '69)	ETS 250	TS 250	TS 250/1	ETZ 250
Einbau Motor MM 175/2	X	X						
Einbau Motor MM 250/2	X	X						
Einbau Zylinder und Deckel aus MM/2	X	X						
Hubraumänderung 175/ 250	X[2]	X[2]	X	X	(X)[1]			
Schalldämpfer ES/2 (19PS)	X	X	X	X	X			
Schalldämpfer TS250 und TS 250/1	X	X	X	X	X	X		
Federbeine ohne Hülsen [8]	X	X	X	X	X			
Anhängerbetrieb	X	X	X	X		X	X	X
Seitenwagenanbau	X	X	X	X		X[3]	X	X[5]
Anbau Hoch-/ Flach-/ Sonderlenker	X	X	X	X				X
Anbau hoch-/ Flach-Lenker (nur original MZ)					X	X	X	
Einbau ø32 mm- Gabel TS					X			
Umbau auf ø35mm-Gabel						X		
Tankwechsel (12,5 ltr./ 17 ltr.)						X	X	
Instrumente TS 250/1						X		
Drehzahlmesser (i.Verb.m. MM 250/4)						X[4]		
Einbau Motor MM 250/4						X[6]		
Einbau Zylinderdeckel TS 250/1						X		
Einbau Lenkungsdämpfer							X	X
Reifen vorne 3,00-16 auf Felge 1,60x16							X	
Reifen vorne 3,00-16 auf Felge 1,85x16							X	X
Reifen vorne 3,25-16							X	
Reifen vorne 3,50-16 auf Felge 2,15x16							X	X[7]
Reifen hinten 125SR15 auf Pkw-Felge 3,00x15							X[7]	X[7]
Reifen hinten 3,50-16 auf Felge 2,15x16								X

(1) werksseitig nicht vorgesehen

(2) Wechsel der Kurbelwelle notwendig

(3) ab FIN 3590802

(4) Signalhornhalter entfernen, Hupe mit Schelle 22-38.138 am Rahmen befestigen, Einbau des Schalldämpfers TS 2501 i.Verb.m. Ansaugrohr 22-33.100

(5) wenn SW-Rahmen

(6) Signalhornhalter entfernen, Hupe mit Schelle 22-38.138 am Rahmen befestigen

(7) nur Gespanne

(8) nicht bei Gespannfahrzeugen (Verletzungsgefahr)

9.2 Werkszubehör - Zuordnung und Ersatzteilnummer

	RT 125	RT 125/1	RT 125/2	RT 125/3	ES 125	ES 125/1	ETS 125	TS 125
Gepäckträger	01-828.13-0				13-30.041	13-30.041	13-30.041	13-30.041
Beinschutzbleche					13-30.034	13-30.034	13-30.034	13-30.358/02
Seitengepäckträger					13-30.237	13-30.237	13-30.237	13-30.237
Seitenständer					16-30.132	13-30.132	13-30.132	16-30.132
Handschaltung	01-830.49-0	01-830.49-0[(1)]	01-830.225-0	01-830.225-0	13-30.114	13-30.114	13-30.114	auf Anfrage
Kniekissen	01-827.83-0							
Packtasche links								
Packtasche rechts								
Koffer Tour 26S								
Koffer Tour 32S								
Motorschutzbügel links								
Motorschutzbügel rechts								
Handschutz links								
Handschutz rechts								
Lampenverkleidung								

	ETZ 125	ES 150	ES 150/1	ETS 150	TS 150	ETZ 150	ES 175	ES 175/1
Gepäckträger	80-70.010	13-30.041	13-30.041	13-30.041	13-30.041	80-70.010		05-30.048
Beinschutzbleche		13-30.034	13-30.034	13-30.034	13-30.358/02			05-30.099
Seitengepäckträger	32-38.010	13-30.237	13-30.237	13-30.237	13-30.237	32-38.010		
Seitenständer	16-30.132	16-30.132	13-30.132	13-30.132	16-30.132	16-30.132		
Handschaltung		13-30.114	13-30.114	13-30.114	auf Anfrage			
Kniekissen								
Packtasche links							05-830.33-0	
Packtasche rechts							05-830.34-0	
Koffer Tour 26S	80-70.810					80-70.810		
Koffer Tour 32S	80-70.811					80-70.811		
Motorschutzbügel links								
Motorschutzbügel rechts								
Handschutz links	32-23.511					32-23.511		
Handschutz rechts	32-23.510					32-23.510		
Lampenverkleidung	30-38.701					30-38.701		

(1) bis FIN 1031400, dann wie RT 125/2

	ES 175/2	ES 250 2 Port	ES 250 1 Port	ES 250/1	ES 250/2	ETS 250	TS 250	TS 250/1
Gepäckträger	16-30.147 (.042)			05-30.048	16-30.147 (.042)	16-30.147	22-38.001	22-38.001
Beinschutzbleche	16-30.043			05-30.099	16-30.043		22-38.119	22-38.119
Seitengepäckträger	16-30.101				16-30.101	16-30.101	22-38.007	22-38.007
Seitenständer	16.30.132				16.30.132	16-30.147	16-30.132	16-30.132
Handschaltung	16-30.108				16-30.108		22-38.041	auf Anfrage
Kniekissen								
Packtasche links		05-830.33-0	05-830.33-0					
Packtasche rechts		05-830.34-0	05-830.34-0					
Koffer Tour 26S								
Koffer Tour 32S								
Motorschutzbügel links								
Motorschutzbügel rechts								
Handschutz links								
Handschutz rechts								
Lampenverkleidung								

	ETZ 250	ETZ 251	ES 300	ETZ 301	BK 350 15 PS	BK 350 17 PS
Gepäckträger	30-38.016	80-70.010	05-30.048	80-70.010		
Beinschutzbleche			05-30.099			
Seitengepäckträger	30-38.020	32-38.010		32-38.010		
Seitenständer	30-25.077	30-25.640		30-25.640		
Handschaltung						
Kniekissen						
Packtasche links						
Packtasche rechts						
Koffer Tour 26S	80-70.810	80-70.810		80-70.810		
Koffer Tour 32S	80-70.811	80-70.811		80-70.811		
Motorschutzbügel links					02-830.45-1	02-830.45-1
Motorschutzbügel rechts					02-830.46-1	02-830.46-1
Handschutz links		32-23.511		32-23.511		
Handschutz rechts		32-23.510		32-23.510		
Lampenverkleidung		30-38.701		30-38.701		

(1) bis FIN 1031400, dann wie RT 125/2

10. Betriebsstoffe

10.1 Getriebe- bzw. Umlauf-Motoröl

	RT 125	RT 125/1	MZ 125/2	MZ 125/3	ES 125	ES 125/1	ETS 125	TS 125	ETZ 125	ES 150	ES 150/1	ETS 150	TS 150	ETZ 150	ES 175	ES 175/1	ES 175/2	ES 250	ES 250/1	ES 250/2	ETS 250	TS 250	TS 250/1	ETZ 250	ETZ 251	ES 300	ETZ 301	BK 350	MZ 500R	Bemerkung
Getriebeöl SAE 80					X	X	X	X	X	X	X	X	X	X	X		X	X		X	X	X	X	X	X		X			
Motoröl unlegiert SAE 40					X	X	X	X	X	X	X	X	X	X	X		X	X		X	X	X	X	X	X		X			
Motoröl unlegiert SAE 30																								X						
Getriebeöl																												X		Sommer
Motoröl																												X		Winter
Getriebeöl SAE 40																X			X							X				Sommer
Getriebeöl SAE 20																X			X							X				Winter
Hypoidöl EP80									X					X										X	X		X			
Motoröl SAE 15W40																													X	

Getriebeöl SAE 20	Viskosität	76 cSt	bei	50ºC
Getriebeöl SAE 40	Viskosität	92 cSt	bei	50ºC
Getriebeöl SAE 80	Viskosität	53...68 cSt	bei	40ºC
Getriebeöl SAE 80	Viskosität	53...58 cSt	bei	50ºC

Getriebeöl SAE 80 ersetzbar durch:
- Motoröl 10W40
- Motoröl SAE 30
- Getriebeöl SAE 80W

Viskositätsklassen von Getriebeölen

SAE-Klasse Getriebeöl	vergleichbares Motoröl	150Pa*s bei ºCelsius	kinemat. Mindestviskos. bei 100 ºC
			4,1
70W	10W	-55	4,1
75W		-40	7,0
80W	20W	-26	11,0
85W		-12	13,5
90	50		

W ... Wintereignung

10.2 Telegabelöl

	RT 125	RT 125/1	MZ 125/2	MZ 125/3	ETS 125	TS 125	TS 125	ETZ 125	ETS 150	TS 150	TS 150	ETZ 150	ETS 250	TS 250	TS 250/1	ETZ 250	ETZ 251	ETZ 301	BK 350	MZ 500 R	Bemerkung
32mm Telegabel					X	X			X	X			X	X							
35mm Telegabel							X	X			X	X			X	X	X	X		X	
220cm³ Stoßdämpferöl					X	X			X	X			X	X							
230cm³ Stoßdämpferöl							X	X			X	X			X	X	X	X		X	
230cm³ Telegabelöl							X	X			X	X			X	X	X	X		X	
115 cm³ Stoßdämpferöl + 115 cm³ Motorenöl "MZ 22"							X	X			X	X			X	X	X	X		X	
225cm³ Stoßdämpferöl + 5 cm³ MoS$_2$-Ölsuspension							X	X			X	X			X	X	X	X		X	
45 Teile Stoßdämpferöl + 1 Teil Molybdändisulfid							X	X			X	X			X	X	X	X		X	
65% Stoßdämpferöl + 35% Hydrauliköl							X	X			X	X			X	X	X	X		X	
100 cm³ Motoröl																			X		Sommer
50 cm³ Motoröl und 50 cm³ Dieselöl																			X		bis - 10ºC
25 cm³ Motoröl und 75 cm³ Dieselöl																			X		tiefere Temp.

Füllmengen je Holm; siehe auch "Werkstattdaten"

Stoßdämpferöl	Viskosität	8...12 cSt	bei	50ºC
Hydrauliköl	Viskosität	61,2...74,8 cSt	bei	40ºC
Telegabelöl	Viskosität	8...11 cSt	bei	50ºC
Telegabelöl	Viskosität	SAE 10...15		

Telegabelöl	Viskosität	8...11 cSt	bei	50ºC	ersetzbar durch:	• Stoßdämpferöl SAE 15W
						• Stoßdämpferöl SAE 10W30
						• Motoröl SAE 5W

10.3 Stoßdämpferöl

	RT 125	RT 125/1	MZ 125/2	MZ 125/3	ES 125	ES 125/1	ETS 125	TS 125	ETZ 125	ES 150	ES 150/1	ETS 150	TS 150	ETZ 150	ES 175	ES 175/1	ES 175/2	ES 250	ES 250/1	ES 250/2	ETS 250	TS 250	TS 250/1	ETZ 250	ETZ 251	ES 300	ETZ 301	BK 350	MZ 500R	Bemerkung
Stossdämpferöl									X					X										X	X		X		X	SAE 10
Stossdämpferöl						X	X	X			X	X	X			X	X		X	X	X	X	X			X				8...11 cSt bei 50 ºC
Stossdämpferöl									X					X										X	X		X		X	8...12 cSt bei 50 ºC
Stossdämpferöl																		X												10º Engler bei 20ºC; bis FIN 1124474
Stossdämpferöl																		X												4º...5º Engler bei 20ºC; ab FIN 1124475
Stossdämpferöl															X															10º Engler bei 20ºC; bis FIN 3020687
Stossdämpferöl															X															4º...5º Engler bei 20ºC; ab FIN 3020688
Stossdämpferöl					X					X																				10º Engler bei 20ºC

10.4 Motoröl für Verlustschmierung

	RT 125	RT 125/1	MZ 125/2	MZ 125/3	ES 125	ES 125/1	ETS 125	TS 125	ETZ 125	ES 150	ES 150/1	ETS 150	TS 150	ETZ 150	ES 175	ES 175/1	ES 175/2	ES 250	ES 250/1	ES 250/2	ETS 250	TS 250	TS 250/1	ETZ 250	ETZ 251	ES 300	ETZ 301	BK 350	MZ 500R	Bemerkung
Motoröl					X	X	X	X	X	X	X	X	X	X	X	X	X	X	X	X	X	X	X	X	X	X	X			20...25 cSt bei 50ºC

Das Motoröl für die Verlustschmierung ist das Zweitakt-Öl, dass dem Motor entweder durch das getankte Kraftstoffgemisch oder durch die Getrenntschmierung zugeführt wird.

10.5 Schmieröl für Unterbrecherfilz

	RT 125	RT 125/1	MZ 125/2	MZ 125/3	ES 125	ES 125/1	ETS 125	TS 125	ETZ 125	ES 150	ES 150/1	ETS 150	TS 150	ETZ 150	ES 175	ES 175/1	ES 175/2	ES 250	ES 250/1	ES 250/2	ETS 250	TS 250	TS 250/1	ETZ 250	ETZ 251	ES 300	ETZ 301	BK 350	MZ 500R	Bemerkung
Unterbrecheröl					X	X	X	X		X	X	X	X		X	X		X	X		X	X	X			X				535 cSt bei 50ºC
Unterbrecheröl									X					X										X	X		X			700...1300 cSt bei 50ºC
Unterbrecheröl																	X			X										Hypoidöl SAE 90

10.6 Bremsflüssigkeit für hydraulische Bremsanlagen

	RT 125	RT 125/1	MZ 125/2	MZ 125/3	ES 125	ES 125/1	ETS 125	TS 125	ETZ 125	ES 150	ES 150/1	ETS 150	TS 150	ETZ 150	ES 175	ES 175/1	ES 175/2	ES 250	ES 250/1	ES 250/2	ETS 250	TS 250	TS 250/1	ETZ 250	ETZ 251	ES 300	ETZ 301	BK 350	MZ 500R	Bemerkung
Bremsflüssigkeit									X					X										X	X		X			DOT 3
Bremsflüssigkeit																													X	DOT 4
Bremsflüssigkeit									X					X										X	X		X			SAE 70 R3
Bremsflüssigkeit									X					X										X	X		X			SAE J 1703

Die Bremsflüssigkeiten DOT 3 und DOT 4 sind miteinander mischbar. DOT 5 kann nicht als Ersatz gewählt werden, da es auf synthetischer Basis hergestellt wurde.

Bremsflüssigkeit sollte alle 2 Jahre gewechselt werden, da durch die hygroskopische Neigung der Siedepunkt sinkt.

Hydraulische Bremsanlagen sind die Scheibenbremse der ETZ-Modelle und die originale Seitenwagenbremse.

11. Werkzeug

11.1 Bordwerkzeugsatz

Werkzeug je Fahrzeugtyp (Stückzahl). Teil 1 — Doppelmaulschlüssel:

Typ	Doppelmaulschl. 19x24	Doppelmaulschl. 19x22	Doppelmaulschl. 18x21	Doppelmaulschl. 17x22	Doppelmaulschl. 17x19	Doppelmaulschl. 14x17	Doppelmaulschl. 13x17	Doppelmaulschl. 13x16	Doppelmaulschl. 12x14	Doppelmaulschl. 12x13	Doppelmaulschl. 11x14	Doppelmaulschl. 10x11	Doppelmaulschl. 9x12	Doppelmaulschl. 9x11	Doppelmaulschl. 9x10	Doppelmaulschl. 8x10
MZ 500 R		1		1		1								1		
BK 350 (17 PS)	1			1	1											
BK 350 (15 PS)	1			1												
ETZ 301		1			1											
ES 300		1		1					1							
ETZ 251		1			1											
ETZ 250A		1				1								1	1	
ETZ 250		1				1								1	1	
TS 250/1		1				1			1					1	1	
TS 250		1				1			1					1	1	
ETS 250		1			1			1						1	1	
ES 250/2		1			1			1						1	1	
ES 250/1		1			1						1		1			
ES 250 (1 Port)		1			1						1		1			
ES 250 (2 Port)		1			1						1		1			
ES 175/2		1			1		1							1	1	
ES 175/1		1			1							1		1		
ES 175		1			1							1		1		
ETZ 150		1				1								1	1	
TS 150		1				1			1					1	1	
ETS 150		1			1				1					1	1	
ES 150/1		1			1				1					1	1	
ES 150/1		1			1			1			1			1		
ES 150		1			1				1					1	1	
ETZ 125		1					1							1	1	
TS 125		1					1		1					1	1	
ETS 125		1					1		1					1	1	
ES 125/1		1			1				1					1	1	
ES 125/1		1			1			1			1			1		
ES 125		1			1				1					1	1	
RT 125/3		1			1							1		1		
RT 125/2		1	1		1					1		1				
RT 125/1		1	1		1					1		1				
RT 125	1				1				1			1				

Teil 2 — Einfach-/Sonderwerkzeug:

Typ	Doppelmaulschl. 5,5x7	Einfachmaulschlüssel 24	Kerzenschlüssel	Dorn	Reifenmontierhebel	Hakenschl. m. Reifenmontierhebel	Hakenschlüssel	Konterschluessel 11mm	Einstellschl. Leerlaufgemischschr.	Kombizange	Schraubendreher	Umsteckschraubendreher	Doppelsteckschlüssel 10x13	Steckschlüssel 10mm	Steckschlüssel 14mm
MZ 500 R	1		1	1						1	1		1	1	1
BK 350 (17 PS)			1	1						1	2			1	1
BK 350 (15 PS)			1	1	1					1	2				1
ETZ 301			1	1						1	2		1	1	
ES 300			1	1	2			1		1	2				
ETZ 251			1	1						1	1		1	1	
ETZ 250A		1	1	1		1	1			1	1		1	1	1
ETZ 250		1	1	1	2	1				1	1		1	1	
TS 250/1		1	1	1	2					1	2				
TS 250		1	1	1	2					1	2				
ETS 250		1	1	1	2					1	2				
ES 250/2		1	1	1	2					1	2				
ES 250/1		1	1	1	2		1			1	2				
ES 250 (1 Port)		1	1	1	2		1			1	2			1	
ES 250 (2 Port)		1	1	1	2		1			1	2				1
ES 175/2		1	1	1	2					1	2				1
ES 175/1		1	1	1	2		1			1	2			1	
ES 175		1	1	1	2		1			1	2		1		
ETZ 150		1	1	1	1	1				1	1	1			
TS 150		1	1	1	1	1				1	1				
ETS 150		1	1	1	2					1	2			1	
ES 150/1		1	1	1	1	1				1	1				
ES 150/1		1	1	1	1					1	1				
ES 150		1	1	1	1	1				1	2		1		
ETZ 125		1	1	1						1	1		1		
TS 125		1	1	1	2					1	2				
ETS 125		1	1	1	1	1				1	2				
ES 125/1		1	1	1	1	1				1	1				
ES 125/1		1	1	1	1					1	1	1			
ES 125		1	1	1	1					1	2				
RT 125/3		1	1	1	2					1	2		1		
RT 125/2		1	1	1	2					1	1		1		
RT 125/1		1	1	1	2					1	1			1	
RT 125		1	1	1	2					1	1				1

	RT 125	RT 125/1	RT 125/2	RT 125/3	ES 125	ES 125/1	ES 125/1	ETS 125	TS 125	ETZ 125	ES 150	ES 150/1	ES 150/1	ETS 150	TS 150	ETZ 150	ES 175	ES 175/1	ES 175/2	ES 250 (2 Port)	ES 250 (1 Port)	ES 250/1	ES 250/2	ETS 250	TS 250	TS 250/1	ETZ 250	ETZ 250A	ETZ 251	ES 300	ETZ 301	BK 350 (15 PS)	BK 350 (17 PS)	MZ 500 R
Zylinderkopfschlüssel	1	1	1		1		1	1	1		1		1	1	1			1	1			1	1	1	1	1				1				
Fühlerblattlehre 0,05mm																																		1
Fühlerblattlehre 0,3mm							1	1	1	1			1	1	1	1			1				1	1	1	1	1	1	1		1			
Fühlerblattlehre 0,4mm	1	1	1	1	1	1					1	1					1	1		1	1	1								1		1	1	
Fühlerblattlehre 0,6mm		1	1	1	1	1	1	1	1	1	1	1	1	1	1	1	1	1	1	1	1	1	1	1	1	1	1	1	1	1	1			
Inbusschlüssel 6mm										1						1											1	1	1		1			1
Inbusschlüssel 5mm										1						1											1	1	1		1			1
Heber für Scheinwerfereinsatz					1	1	1				1	1	1						1				1											

11.2 Sonderwerkzeuge nach Werksvorgabe

Werkzeugbenennung	Werkzeug-Nr.	ET-Nummer	RT 125	RT 125/2	ES 125	ES 125/1	TS 125	ETZ 125	ES 150	ES 150/1	TS 150	ETZ 150	ES 175	ES 175/1	ES 175/2 (14PS)	ES 250	ES 250/1	ES 250/2 (19PS)	ETS 250	TS 250	TS 250/1	ETZ 250	ETZ 251	ES 300	ETZ 301	BK 350
Abzieher für Antriebskettenrad	01-MV 72-4				X				X																	
Abzieher für Antriebsrad 68Z	05-MV 45-3	89-99.064											X	X	X	X	X	X	X		X	X	X	X	X	
Abzieher für Kurbelwellenkettenrad	12-MV 32-4	89-99.305						X				X														
Abzieher für Kurbelwellenkettenrad	12-MV 25-4					X	X				X	X														
Abziehhülse M24x1,5		22-50.435						X				X									X	X	X		X	
Abziehschraube für Lager 6203		22-50.438																			X	X	X		X	
Ankerabziehschraube	02-MW 39-4	89-99.026			X	X	X	X	X	X	X	X	X	X	X	X	X	X	X	X	X	X	X	X	X	
Ausdrückdorn Gleichrichterdiode	Skizze							X				X													X	
Ausdrücker Kolbenbolzen	05-MV 190-3															X			X	X						
Ausdrücker Kurbelwelle		22-50.013			X	X					X	X							X							
Ausdrückvorrichtung Kolbenbolzen		22-50.010			X	X	X		X	X	X								X	X	X				X	
Ausdrückvorrichtung Kurbelwelle	05-MV 69-2													X	X		X	X	X				X			
Ausdrückvorrichtung Kurbelwelle	11-MV 46-3				X				X																	
Ausdrückvorrichtung Pleuelbuchse	H8-594 V3				X				X				X	X		X	X						X			
Auszieher Lenkkopflager		22-51.006			X	X	X		X	X	X									X	X	X				
Axialluftlehre Kurbelwelle	05-ML 4-3												X			X										
Axialspiel-Messvorrichtung	05-ML 13-4	89-99.117											X	X		X	X	X	X	X	X	X	X	X	X	
Bowdenzugöler	Skizze																								X	
Dämpferschlüssel	05-MW 82-4	89-99.059			X	X	X	X	X	X	X	X	X	X		X	X	X	X	X	X	X	X	X	X	
Demontagewerkzeug Hauptbremszylinder		31-51.043/ 30-51.043							X			X										X			X	
Distanzstück	Skizze																			X	X	X		X	
Distanzstück	Zeichnung																					X			
Distanzstücke für Lenkkopflagermontage	Zeichnung																					X			
Dorn	05-MW 1-4												X			X										
Dorn für Kolbenbolzen	02-MW 33-4	89-99.021			X	X	X	X	X	X	X	X														
Dorn für Lager 6205	05-MW 12-4												X			X										
Dorn für Lager 6303	05-MW 11-4												X			X										
Dorn für Radialdichtring	05-MW 9-4												X			X										
Dorn für Schwingenmontage	Skizze								X			X										X	X	X		
Dorn u. Lineal für Pleuel	05-ML 24-3																X			X	X					
Dorn u. Lineal für Pleuel	H8-626-3				X	X		X						X			X							X		X
Dorn-Durchmesser (mm)	H8-626-3			12	15			15					18	18			18	18						20		15
Druckbolzen für Kupplungsfedern	11-MV 15-4						X	X			X	X														

Werkzeugbenennung	Werkzeug-Nr.	ET-Nummer	BK 350	ETZ 301	ES 300	ETZ 251	ETZ 250	TS 250/1	TS 250	ETS 250	ES 250/2 (19PS)	ES 250/1	ES 250	ES 175/2 (14PS)	ES 175/1	ES 175	ETZ 150	TS 150	ES 150/1	ES 150	ETZ 125	TS 125	ES 125/1	ES 125	RT 125/2	RT 125
Druckbolzen für Kupplungsfeder	11-MW 15-4												X							X				X		
Druckpilze für Schwingenmontage	Skizze			X		X	X										X				X					
Druckspindel mit Druckstück		22-50.437		X		X	X	X									X				X					
Eindrückdorn Gleichrichterdiode	Skizze						X										X				X					
Eindrücker Pleuelbuchse	11-MV 60-3															X		X	X			X	X			
Einfache Haltevorrichtung	05-MV 6-2																									
Einstellhülse Kupplung	Skizze			X		X																				
Einstelllehre Schaltarretierung	11-ML 8-4				X																					
Führungsdorn Kolbenbolzen	05-MW 19-4	89-99.051		X		X	X	X	X	X	X	X	X	X	X			X	X	X		X	X	X		
Führungshülse Schaltwelle	05-MV 49-4									X	X			X												
Gegenhalter Antriebsrad 68Z		22-50.413																			X					
Gegenhalter für Getriebekettenrad		31-50.404		X	X	X	X	X	X	X							X									
Gegenhalter für Getriebekettenrad	05-MW 45-3	89-99.057								X	X	X	X	X	X	X	X	X	X	X	X	X	X	X		
Gegenhalter für Getriebekettenrad	05-MW 14-4																									
Gegenhalter für Mutter - Kupplungswelle	01-MW 22-4	89-99.012			X				X	X			X	X	X			X	X	X		X	X	X		
Gegenhalter für Mutter - Kurbelwelle	12-MW 5-3																	X	X	X		X	X	X		
Gegenhalter für Zahnrad 68Z	05-MW 15-3	31-50.405			X					X	X	X				X	X				X					
Gegenhalter Primärtrieb																										
Gehäusetrennschraube Kurbelwelle	05-MV 70-2																									
Hakenschlüssel	05-MW 28-3																									
Hakenschlüssel Führungsbuchse		4-00.52-04																								X
Hakenschlüssel Schutzhülse		4-00.53-04																								X
Haltevorrichtung Vorderradkotflügel	05-MV 43-0				X																					
Haltevorrichtung Vorderradkotflügel	05-MV 46-2			X																						
Haltevorrichtung Vorderradkotflügel	05-MV 46-4																									
Heizdorn 02/ 03		31-50.406		X	X																X	X				
Heizdorn 04/ 05		31-50.407		X																	X	X				
Heizdorn 04/ 06		31-50.408/ 31-50.407																			X	X				
Holzeinlage für Vorderradkotflügel	05-MV 61-3																X	X	X	X						
Hülse für Kupplungslagerrollen	05-MW 13-4																X	X	X	X						
Klemmstück zu 22-50.014	hinten	89-99.321																								
Klemmstück zu 22-50.014	vorn	89-99.322																								
Kolbenringzange	05-MW 141-4	89-99.124				X	X	X	X		X	X	X	X	X											X
Kolbenspannring 52mm	01-MW 46-4					X	X	X			X	X	X	X	X											
Kolbenspannring 56mm	11-MW 4-4							X								X			X							

Werkzeugbenennung	Werkzeug-Nr.	ET-Nummer	RT 125	RT 125/2	ES 125	ES 125/1	TS 125	ETZ 125	ES 150	ES 150/1	TS 150	ETZ 150	ES 175	ES 175/1	ES 175/2 (14PS)	ES 250	ES 250/1	ES 250/2 (19PS)	ETS 250	TS 250	TS 250/1	ETZ 250	ETZ 251	ES 300	ETZ 301	BK 350
Konische Hülse für Dichtringe	13-MV 26-4				X	X	X		X	X	X															
Kupplungsabzieher M26x1,5	05-MW 20-4												X	X	X	X	X	X	X	X				X		
Kupplungsspannvorrichtung	05-MV 150-2	89-99.071												X	X		X	X	X	X	X	X	X	X	X	X
Lagerabzieher für Lager 6306		22-50.431						X				X									X	X	X		X	
Montagebrücke		22-50.430						X				X									X	X	X		X	
Montagehalter Getriebe		29-50.011																			X	X	X		X	
Montagehülse für Dämpfer	05-MV 93-4				X				X					X	X		X	X	X					X	
Montagehülse für Radialdichtring	19-MW 7-4	22-51.403				X	X			X	X								X						
Montageschlüssel für Führungsrohre		30-51.424						X				X											X		X	
Montageschlüssel für Telegabel	19-MW 22-1	89-99.136				X	X	X		X	X	X								X	X	X	X		X	
Montagevorrichtung Gummilager Schwinge		22-51.445/ 22-50.455						X				X									X	X	X		X	
Montagewerkzeug Dichtring Kupplungsseite		29-50.409																			X	X	X		X	
Montagewerkzeug für HBZ	Skizze							X				X										X	X		X	
Montagewerkzeug LiMa-Dichtring		29-50.406																			X	X	X		X	
Motorenmontageständer		22-50.014																			X	X				
Motorenmontageständer		22-50.027						X				X										X	X		X	
Motorenmontageständer	05-MV 197-0					X	X			X	X										X					
Motorenmontageständer	05-MV 33-0													X			X								
Motorenmontageständer	05-H8-587													X			X								
Niveaustandprüfgerät	Zeichnung				X				X					X			X							X		
Profilsteckschlüssel Hinterradschwinge	05-MW 24-4													X			X								
Profilsteckschlüssel Leerlaufkontakt	05-MW 22-4													X			X								
Profilsteckschlüssel Schaltwalze	02-MW 60-3													X	X		X	X	X					X	
Schlagdorn Dichtring	05-MW 91-4	22-50.415												X	X		X	X	X					X	
Schlagdorn Dichtring 22x47 mm	12-WM 19-4				X				X																
Schlagdorn für Passhülse		29-50.436																					X		X	
Schlagdorn für Passhülse	11-MW 3-4	89-99.072				X	X	X		X	X	X									X	X	X		X	
Schlagdorn Lager 6004	11-MW 44-4						X				X															
Schlagdorn Lager 6203/ 6204	05-MW 106-4													X	X		X	X	X					X	
Schlagdorn Lager 6303 + WeDi		22-50.411				X	X			X	X															
Schlagdorn Lager 6303/ 6203/ 6204	11-MW 7-4	89-99.073				X	X	X	X	X	X	X									X	X	X		X	
Schlagdorn Lager 6304	12-MW 31-4	89-99.304						X				X											X		X	
Schlagdorn Lager 6305	05-MW 92-4	22-50.414												X	X		X	X	X					X	
Schlagdorn Lager 6306		29-50.405																			X	X	X		X	
Spannpatrone		22-50.439																			X	X	X		X	
Spannring für Kolben ES 175/1	02-MW 35-4													X											

Werkzeugbenennung	Werkzeug-Nr.	ET-Nummer	RT 125	RT 125/2	ES 125	ES 125/1	TS 125	ETZ 125	ES 150	ES 150/1	TS 150	ETZ 150	ES 175	ES 175/1	ES 175/2 (14PS)	ES 250	ES 250/1	ES 250/2 (19PS)	ETS 250	TS 250	TS 250/1	ETZ 250	ETZ 251	ES 300	ETZ 301	BK 350
Spannring für Kolben ES 175/2	06-MW 3-4														X											
Spannring für Kolben ES 250 + ES 250/1	05-MW 17-4															X	X									
Spannring für Kolben ES 250/2	05-MW 147-4	89-99.128																X	X	X	X	X				
Spannring für Kolben ES 300	15-MW 1-4																						X		
Spannring für Kolben ES175	05-MW 35-4												X													
Spannvorrichtung für Kupplung	05-MV 47-2												X			X										
Speichenschlüssel	02-MW 71-4	89-99.035						X				X											X		X	
Spezialwerkzeug für Dichtring	05-MW 2-3												X			X										
Spreizdorn für Radlager	H8-820-3	89-99.090			X	X	X	X	X	X	X	X		X	X		X	X	X	X	X	X	X	X	X	X
Stiftschlüssel für Kolben	05-MW 4-4													X			X									
Trennschraube mit Buchse und Ring		22-50.012				X	X					X	X													
Trennschraube rechte Gehäusehälfte	05-MV 71-2				X						X			X			X		X	X	X			X		
Unterlage für Kolben		22-50.412				X	X	X	X	X	X									X	X	X	X	X		
Unterlage für Kolben	01-MW 46-4				X		X																			
Unterlage für Kolben	05-MW 16-4												X			X		X	X	X			X		
Unterlage für Kolben	05-MW 16a-4											X			X										
Vorspannwerkzeug für Hauptständerfeder	05-MW 21-2											X			X										
Zapfenschlüssel	05-MW 3-4											X			X										
Zentrierbolzen für Schwinge	05-MW 26-4	89-99.055			X	X	X	X	X	X	X	X	X	X	X	X	X	X	X	X	X	X	X	X	X	
Zentrierdorn für Ausgleichsscheiben	05-MW 209-4																		X							
Zieheisen für Vorderradkotflügel	05-MW 46-4											X			X										
Zündeinstelllehre		29-50.801						X				X										X	X	X	X	
Zündeinstelllehre	02-ML 10-3											X			X										
Zündeinstelllehre	H8-1408-3						X	X			X	X													
Zündeinstelllehre	H8-2104-3																X		X	X	X				
Zusatzring für Lager 6204		22-50.432						X				X														
Zusatzring für Lager 6304		22-50.434						X				X														

11.3 Sonderwerkzeuge nach "Wie helfe ich mir selbst - MZ-Motorräder"

Werkzeugbenennung		1. Auflage																		2./ 3./ 4. Auflage							
		ES 125/1	ES 150/1	ES 125/1	ES 150/1	ETS 125	ETS 150	ETS 125	ETS 150	TS 125	TS 150	TS 125	TS 150	ES 175/2	ES 250/2 (19PS)	ETS 250	TS 250	TS 250/1	ETZ250	MM 125	MM 150	EM 125	EM 150	MM 250/4	EM 250	EM251	EM 301
Telegabelschlüssel ø32mm	M27 x 2					X	X	X	X	X	X	X	X			X	X										
Telegabelschlüssel ø35mm	M30 x 1,5									X	X	X	X					X	X	X	X	X	X	X	X	X	X
Schlüssel für Gewindering (Telegabel ø32mm)						X	X	X	X	X	X	X	X			X	X										
Druckplatte für Dichtring (Telegabel ø35mm)										X	X	X	X					X	X	X	X	X	X	X	X	X	X
Montagehülse (Telegabel ø32mm)						X	X	X	X	X	X	X	X			X	X										
Dorn für Schwingenlagerung		X	X	X	X	X	X	X	X	X	X	X	X	X	X	X	X	X	X	X	X	X	X	X	X	X	X
Zwischenstück für Schwingenbolzen		X	X	X	X	X	X	X	X	X	X	X	X	X	X	X	X	X	X	X	X	X	X	X	X	X	X
Druckringe für Motorhalterung														X	X	X	X	X	X	X	X	X	X	X	X	X	X
Führungsbolzen Gummilager Schwinge		X	X	X	X	X	X	X	X	X	X	X	X	X	X	X	X	X	X	X	X	X	X	X	X	X	X
Dorn für Dämpferlagerung		X	X	X	X	X	X	X	X	X	X	X	X	X	X	X	X	X	X	X	X	X	X	X	X	X	X
Dorn Radlagerausbau		X	X	X	X	X	X	X	X	X	X	X	X	X	X	X	X	X	X	X	X	X	X	X	X	X	X
Hakenschlüssel Auspuff		X	X	X	X	X	X	X	X	X	X	X	X	X	X	X	X	X	X	X	X	X	X	X	X	X	X
Unterlage für Kolben		X	X	X	X	X	X	X	X	X	X	X	X	X	X	X	X	X	X	X	X	X	X	X	X	X	X
Ankerabziehschraube		X	X	X	X	X	X	X	X	X	X	X	X	X	X	X	X	X	X	X	X	X	X	X	X	X	X
Dorn Kolbenbolzen kleine Motoren		X	X	X	X	X	X	X	X	X	X	X	X							X	X	X	X				
Dorn Kolbenbolzen große Motoren														X	X	X	X	X	X					X	X	X	X
Dorn Stütznippel		X	X	X	X	X	X	X	X	X	X	X	X							X	X						
Gegenhalter Kupplungstrommel		X	X	X	X	X	X	X	X	X	X	X	X							X	X	X	X				
Klemmstück Primärtrieb	MM-Motor	X	X	X	X	X	X	X	X	X	X	X	X							X	X						
Klemmstück Primärtrieb	EM-Motor																					X	X				
Abzieher Kettenrad Kurbelwelle	/2-Motoren	X	X			X	X			X	X																
Abzieher Kettenrad Kurbelwelle	/3-Motoren			X	X			X	X			X	X							X	X	X	X				
Kupplungsabzieher	M24 x 1,5																	X	X	X	X	X	X	X	X	X	X
Kupplungsabzieher	M26 x 1,5													X	X	X	X										
Montagebrücke		X	X	X	X	X	X	X	X	X	X	X	X	X	X	X	X	X	X	X	X	X	X	X	X	X	X
Abzieher Antriebsrad 68Z														X	X	X	X	X	X					X	X	X	X
Kettenradgegenhalter		X	X	X	X	X	X	X	X	X	X	X	X	X	X	X	X	X	X	X	X	X	X	X	X	X	X
Schlagdorn Passhülse		X	X	X	X	X	X	X	X	X	X	X	X	X	X	X	X	X	X	X	X			X	X	X	X
Schlagdorn Lager 6306															X	X	X	X	X					X	X	X	X
Schlagdorn Lager 6004	B	X	X	X	X	X	X	X	X	X	X	X	X	X	X	X	X	X	X	X	X	X	X	X	X	X	X
Schlagdorn Lager 6201	C	X	X	X	X	X	X	X	X	X	X	X	X							X	X	X	X				
Schlagdorn Lager 6202	C	X	X	X	X	X	X	X	X	X	X	X	X							X	X	X	X				

Werkzeugbenennung		1. Auflage																	2./ 3./ 4. Auflage							
		ES 125/1	ES 150/1	ES 125/1	ES 150/1	ETS 125	ETS 150	ETS 125	ETS 150	TS 125	TS 150	TS 125	TS 150	ES 175/2	ES 250/2 (19PS)	ETS 250	TS 250	TS 250/1	ETZ250	MM 125	MM 150	EM 125	EM 150	MM 250/4	EM 250	EM251	EM 301
Schlagdorn Lager 6203	B													X	X	X	X	X	X	X	X	X	X	X	X	X	X
Schlagdorn Lager 6204	B			X	X			X	X			X	X	X	X	X	X	X	X	X	X	X	X	X	X	X	X
Schlagdorn Lager 6302	B													X	X	X	X	X	X	X	X	X	X	X	X	X	X
Schlagdorn Lager 6303	B	X	X			X	X			X	X									X	X	X	X	X	X	X	X
Schlagdorn Lager 6304	A			X	X			X	X			X	X							X	X	X	X		X	X	X
Schlagdorn Lager 6305	A													X	X	X	X			X	X	X	X		X	X	X
Pleuelbuchsenauszieher		X	X			X	X			X	X																
Heizdorn 03/ 04		X	X	X	X	X	X	X	X	X	X	X	X							X	X	X	X				
Heizdorn 05/ 06														X	X	X	X	X	X					X	X	X	X
Montageblech Getriebe																		X	X					X	X	X	X
Hülse Kupplungseinstellung														X	X	X	X	X	X					X	X	X	X
Zentrierhülse Zylinderdeckel														X	X	X											
Zündeinstellvorrichtung senkrecht		X	X	X	X	X	X	X	X	X	X	X	X					X	X	X	X	X	X	X	X	X	X
Zündeinstellvorrichtung α = 42º 40'														X	X	X	X	X	X								
Zündeinstellvorrichtung α = 46º		X	X	X	X	X	X	X	X	X	X	X	X														
Distanzhülse für Kupplungsmontage L= 15mm																		X	X					X	X	X	X
Distanzhülse für Kupplungsmontage L= 30mm														X	X	X	X										
Schmierpresse Seilzug		X	X	X	X	X	X	X	X	X	X	X	X	X	X	X	X	X	X	X	X	X	X	X	X	X	X
Auszieher HBZ																						X	X		X	X	X

11.4 Sonderwerkzeug für Rotax-Motor

Benennung	Rotax-Nr.
Montagestempel für WeDi 850 055	876 660
Montagestempel für WeDi 230 395	277 861
Montagestempel für WeDi 930 715	276 322
Montagestempel für WeDi 831 260	276 330
Montagestempel für WeDi 230 690	276 250
Montagestempel für WeDi 230 870	276 340
Montagestempel für WeDi 930 500	277 090
Montagestempel für WeDi 850 055	276 310
Führungshülse Hauptwelle	277 970
Führungswelle Ölpumpenwelle	276 450
Führungsdorn Kolbenbolzen	276 300
Montagering für Kolben 79,5 mm	276 720
Abzieher, komplett	276 445
Abzieher, komplett, M35x1,5	277 807
Kerzenschlüssel 18 mm	276 280
Lagerauszieher, komplett	276 360
Ausziehbolzen	276 380
Spreizhülse 6303	276 370
Spreizhülse 6304	276 375
Abstützleiste	276 390
Mutter M10	242 090
Ring	977 492
Ringhälfte	977 472
Abzieher, komplett	876 296

Benennung	Rotax-Nr.
Sechskantschraube M16x1,5x145	940 755
Zylinderschraube M8x40	840 861
Abdrückplatte, komplett	276 535
Einziehglocke	276 560
Einziehring	276 550
Handgriff 12x250	276 155
Einziehspindel M18x1,5	276 127
Fixierschraube M8x30	241 965
Ventillehre 0,05 mm	276 295
Ventilfederspanneinsatz	276 470
Nockenwellenauszieher	276 400
Konterschlüssel 11 mm	276 040
Mitnehmerfixierung	277 887
Montagebock	277 917
Abdrückplatte	276 435
Schlüsseleinsatz SW13 mm/ 15 mm	277 070
Abzieher für Ausgleichsrad 14 mm	277 085
Abzieher für Ausgleichsrad 18 mm	277 087
Sechskantschraube M10x60	841 700
Drucknippel	276 855
Ventilfederspanner	276 880
Ventilfederspannerhebel	276 990
Senkniet	243 360

12. Reifen-Luftdruck-Tafel

Modell		RT 125	RT 125/1	MZ 125/2 [2]	MZ 125/2 [3]	MZ 125/3
Luftdruck	vorn solo	1,75 bar	1,25 bar			1,4 bar
	hinten solo	2,0bar	1,5 bar			1,6 bar
	vorn zGG	1,75 bar	1,5 bar			1,4 bar
	hinten zGG	2,2 bar	2,0bar			1,9 bar

Modell		ES 125	ES 125/1	ETS 125	TS 125	ETZ 125
Luftdruck	vorn solo	1,4...1.5 bar	1,5 bar	1,5 bar	1,5...1,7 bar	1,5...1,7 bar
	hinten solo	1,8 bar	1,8 bar	1,8 bar	1,8...1,9 bar	1,9 bar
	vorn zGG	1,4...1.5 bar	1,5 bar	1,5 bar	1,5 bar	1,5...1,9 bar
	hinten zGG	2,0 bar	2,0 bar	2,0 bar	2,0...2,7 bar	2,5...2,8 bar

Modell		ES 150	ES 150/1	ETS 150	TS 150	ETZ 150
Luftdruck	vorn solo	1,4...1.5 bar	1,5 bar	1,5 bar	1,5...1,7 bar	1,5...1,7 bar
	hinten solo	1,8 bar	1,8 bar	1,8 bar	1,8...1,9 bar	1,9 bar
	vorn zGG	1,4...1.5 bar	1,5 bar	1,5 bar	1,5 bar	1,5...1,9 bar
	hinten zGG	2,0 bar	2,0 bar	2,0 bar	2,0...2,7 bar	2,5...2,8 bar

Modell		ES 175	ES 175/1	ES 175/2	ETS 175	ES 250
Luftdruck	vorn solo	1,4 bar	1,4 bar	1,4...1,5 bar	1,5 bar	1,4 bar
	hinten solo	1,6...1,9 bar	1,9 bar	1,9 bar	1,9 bar	1,6...2,1 bar
	SW leer					1,4 bar
	vorn zGG	1,4 bar	1,4 bar	1,4...1,5 bar	1,5 bar	1,4 bar
	hinten zGG	2,0...2,1 bar	2,1 bar	2,1 bar	2,1 bar	2,0...2,6 bar
	SW zGG					1,4 bar

Modell		ES 250/1	ES 250/2	ETS 250	TS 250	TS 250/1
Luftdruck	vorn solo	1,4 bar	1,4...1,5 bar	1,5 bar	1,5...1,6 bar	1,5...1,6 bar
	hinten solo	1,9...2,1 bar	1,9...2,1 bar	1,9 bar	1,9 bar	1,9 bar
	SW leer	1,4 bar	1,4 bar			
	vorn zGG	1,4 bar	1,4...1,5 bar	1,5 bar	1,5...1,6 bar	1,5...1,6 bar
	hinten zGG	2,6 bar	2,6 bar	2,1 bar	2,1...2,5 bar	2,5 bar
	SW zGG	1,4 bar	1,4 bar			

Modell		ETZ 250	ETZ 251	ES 300	ETZ 301	BK 350
Luftdruck	vorn solo	1,5...1,7bar	1,7bar	1,4 bar	1,7 bar	1,8 bar
	hinten solo	1,9 bar	1,9...2,0 bar	1,9...2,1 bar	1,9 bar	2,0 bar
	SW leer	2,0 bar	2,0 bar	1,4 bar	2,0 bar	
	vorn zGG	1,7...1,9 bar	1,7 bar	1,4 bar	1,7 bar	1,8 bar
	hinten zGG	2,5 bar	2,5...2,8 bar [1]	2,6 bar	2,5...2,8 bar [1]	2,2 bar
	SW zGG	2,5 bar	2,5 bar	1,4 bar	2,5 bar	1,8...1,9 bar

Modell		BK 350	MZ 500 R
Luftdruck	vorn solo	1,2 bar	1,7bar
	hinten solo	1,6 bar	1,9 bar
	SW leer		
	vorn zGG	1,4 bar	1,7 bar
	hinten zGG	1,9 bar	2,5 bar
	SW zGG	1,4...1,9 bar	

(1) Reifenluftdruck 2,8 bar gilt für Reifen 110/80-16S

(2) Fahrzeug mit Halbnabenbremsen

(3) Fahrzeug mit Vollnabenbremsen

13. Quellenverzeichnis

Wildschrei, Dirk :   MZ-Schrauberbuch. Vom richtigen Umgang mit den Zschopauer Zweitaktern.
Königswinter: Heel Verlag. 2003.

Neuber, Heinz :   Wie helfe ich mir selbst. MZ-Motorräder.
Berlin: VEB Verlag Technik.[1]1981.

Neuber, Heinz :   Wie helfe ich mir selbst. MZ-Motorräder.
Berlin: VEB Verlag Technik. [2]1985.

Neuber, Heinz :   Wie helfe ich mir selbst. MZ-Motorräder.
Berlin: VEB Verlag Technik.[3]1988.

Neuber, Heinz :   Wie helfe ich mir selbst. MZ-Motorräder.
Berlin: Uwe Welz Verlag, 1996. Reprint der gleichnamigen Ausgabe , Verlag Technik GmbH,
[4]1991.

Uhlmann, Claus :   RT 125. Das kleine Wunder aus Zschopau. Geschichte und Technik der RT-Motorräder.
Aue: Verlag Bergstrasse.[2]2005.

Riedel/ Steiner :   Ich fahre eine MZ. ES 125...ETS 250.
Berlin: Transpress VEB Verlag für Verkehrwesen. 1973. Band 1.

Riedel/ Steiner :   Ich fahre eine MZ. ES 150/1...TS 250.
Berlin: Transpress VEB Verlag für Verkehrwesen. [3]1976. Band 2.

Riedel/ Steiner :   Ich fahre eine MZ. TS 125...ETZ 251.
Berlin: Transpress VEB Verlag für Verkehrwesen. 1990. Band 3.

Riedel/ Steiner :   Ich fahre eine MZ. Band 1 - 3.
Stuttgart: Schrader Verlag, 1996. Reprint der gleichnamigen Ausgaben, Transpress
VEB Verlag Berlin, 1973, 1976, 1990

Schwietzer, Andy :   Typenkompass MZ. Motorräder seit 1950.
Stuttgart: Motorbuch Verlag. [1]2001.

Strese/ Boettcher :   Ratgeber Zweitaktmotoren. Kraftstoff- und Zündanlagen für Trabant, Wartburg, MZ und
Kleinkrafträder. Berlin: Transpress VEB Verlag für Verkehrswesen.[1]1990.

Motorradwerk Zschopau: Reparaturhandbuch für die MZ-Motorräder ETZ 125, ETZ 150 und ETZ 251.
Leipzig: VEB Fachbuchverlag Leipzig. 1989.

Motorradwerk Zschopau: Reparaturhandbuch für die MZ-Motorräder ETZ 125 und ETZ 150.
Leipzig: VEB Fachbuchverlag Leipzig. 1984.

Motorradwerk Zschopau: Reparaturhandbuch für die MZ-Motorräder ETZ 125, ETZ 150 und ETZ 251.
Berlin: Welz Verlag, 1998. Reprint der gleichnamigen Ausgabe, VEB Fachbuchverlag Leipzig.
1989

Motorradwerk Zschopau: Reparaturhandbuch für die MZ-Motorräder ETZ 125, ETZ 150, ETZ 251/ 301 und MZ 500.
Ohne Angaben.

Motorradwerk Zschopau: Reparaturhandbuch für das MZ-Motorrad TS 250.
Berlin: Welz Verlag, 1998. Reprint der gleichnamigen Ausgabe, VEB Fachbuchverlag Leipzig.
[2]1975.

Motorradwerk Zschopau: Reparaturhandbuch für das MZ-Motorrad ETZ 250.
Leipzig: VEB Fachbuchverlag Leipzig. [3]1986.

Motorradwerk Zschopau: Reparaturhinweise MZ 500 R Motor.
Herausgeber: Rotax-Bombardier. 1988.

Motorradwerk Zschopau: Hinweise zur Identifizierung und zum Umbau von MZ-Motorrädern. MZ-Umbaurichtlinie.
Herausgeber: VEB Motorradwerk Zschopau. [2]1982.

Motorradwerk Zschopau: Betriebsanleitung für die Motorräder ETZ 125 und ETZ 150.
Leipzig: VEB Fachbuch Verlag. [2]1985.

Motorradwerk Zschopau: Betriebsanleitung für das Motorrad ETZ 251.
Leipzig: VEB Fachbuch Verlag. [1]1988.

Motorradwerk Zschopau: Betriebsanleitung für das Motorrad ETZ 250.
Leipzig: VEB Fachbuch Verlag. [2]1982.

Motorradwerk Zschopau: Betriebsanleitung für das Motorrad ETZ 250.
Leipzig: VEB Fachbuch Verlag. [4]1984.

Motorradwerk Zschopau: Betriebsanleitung für die Motorräder TS 125, TS 150 und TS 250.
                              Leipzig: VEB Fachbuch Verlag. [1]1972.

Motorradwerk Zschopau: Betriebsanleitung. MZ-Superelastik-Seitenwagen für das Motorrad MZ ETZ 250.
                              Herausgeber: VEB Motorradwerk Zschopau. 1981.

Motorradwerk Zschopau: Betriebsanleitung. MZ-Superelastik-Seitenwagen für das Motorrad MZ ETZ 250/ 251.
                              Herausgeber: VEB Motorradwerk Zschopau. 1989.

Motorradwerk Zschopau: Ersatzteile. Superelastik-Seitenwagen. TS 250/1 und ETZ 250.
                              Herausgeber: VEB Motorradwerk Zschopau. 1984.

Motorradwerk Zschopau: Ersatzteilkatalog ETZ 251/ 301. ETZ 125/ 150.
                              Herausgeber: MZ-Vertrieb Berlin. 1991.

Motorradwerk Zschopau: Ersatzteilkatalog ETZ 251/ 301.
                              Herausgeber: MZ-B Vertriebs GmbH, Berlin. 1991.

Motorradwerk Zschopau: Ersatzteilkatalog ETZ 125/150.
                              Herausgeber: VEB Motorradwerk Zschopau. 1985.

Motorradwerk Zschopau: Ersatzteile. TS 250/ TS 250/1.
                              Herausgeber: VEB Motorradwerk Zschopau. 1979.

Motorradwerk Zschopau: Ersatzteile. MZ ETZ 250.
                              Herausgeber: VEB Motorradwerk Zschopau. [3]1986.

Motorradwerk Zschopau: Ersatzteil-Liste. Kraftrad Typ MZ 125/3. Rollermotor RM 150 ("Berlin").
                              Herausgeber: VEB Motorradwerk Zschopau. 1964.

Motorradwerk Zschopau: Ersatzteile. MZ ETZ 250/A NVA.
                              Herausgeber: VEB Motorradwerk Zschopau. [2]1987.

Heise, M.:   Zweitakt-Fahrzeugmotoren.
                              Bremen: Gummikuh Verlag. 1991. Reprint der gleichnamigen Ausgabe. Leipzig. 1954.

Stoffregen, Jürgen: Motorradtechnik.
                              Braunschweig/ Wiesbaden: Vieweg Verlag. [4]2001.

Ing. Witt, Peter: Motorräder. Technik, Trends, Modelle.
                              Berlin: Verlag Technik GmbH. [2]1991

Zapf, Renè: Made in Zschopau. Motorräder mit Herz.
                              Chemnitz: Chemnitzer Verlag. [1]2012.

Coombs, M./ Cox, P.:   MZ ETZ Owners Workshop Manuals. 1981 to 1995.
                              Somerset/ GB: Haynes Publishing. 1995.

Gummikuh & Past Perfect: Typenkunde MZ ES 250. Bericht BK 350.
                              Heft 15. Bremen: Baues Verlag. 1990.

Gummikuh & Past Perfect: Bericht MZ ES 250.
                              Heft 18. Bremen: Baues Verlag. 1990.

Gummikuh & Past Perfect: Typenkunde IFA BK 350.
                              Heft 28. Bremen: Baues Verlag. 1991.

Gummikuh & Past Perfect: Kurbelwellenlager IFA BK 350.
                              Heft 37. Bremen: Baues Verlag. 1992.

Gummikuh & Past Perfect: Glühlampenkunde
                              Heft 30. Bremen: Baues Verlag. 1991.

Gummikuh & Past Perfect: Beru Zündkontakt und Kondensator
                              Heft 41. Bremen: Baues Verlag. 1992.

Gummikuh & Past Perfect: Vergasereinstellung MZ BK 350
                              Heft 52. Bremen: Baues Verlag. 1993.

Gummikuh & Past Perfect: Bericht ES 300
                              Heft 60. Bremen: Baues Verlag. 1994.

Gummikuh & Past Perfect: Bericht MZ RT 125/3
                              Heft 69. Bremen: Baues Verlag. 1995.

Gummikuh & Past Perfect: Typenkunde MZ ES 175/1.
                              Heft 73. Bremen: Baues Verlag. 1995.

Gummikuh & Past Perfect: Bericht BK 350.
                              Heft 78. Bremen: Baues Verlag. 1995.

Motorradwerk Zschopau: MZ-Information. Seilzüge
                          Herausgeber: VEB Motorradwerk Zschopau.

MZ-B   Kundendienstinformation. Bing-Vergaser 84/30/110-114
                          Herausgeber: MZ-B. 1995.

Europa-Lehrmittel: Tabellenbuch Metall
                          Haan-Gruiten: Verlag Europa-Lehrmittel. [41]1999.

Europa-Lehrmittel: Tabellenbuch Metall
                          Haan-Gruiten: Verlag Europa-Lehrmittel. [44]2008.

Friedrich: Tabellenbuch Metall- und Maschinentechnik
                          Köln: Verlag H. Stam GmbH. [1165]1999

Friedrich: Tabellenbuch Metall- und Maschinentechnik
                          Troisdorf: Bildungsverlag EINS GmbH. [168]2008

Alfa Laval: Service Manual Separation Unit 300
                          Tumba/ Sweden: Alfa Laval Marine& Power AB. 1999

www.motogadget.com   Abrollumfänge 16"...21"
                          http://motogadget.com/media/downloads/allgemein/s_tyre_circumference_01.pdf   27.03.2013

www.Wbcnet.de   Abrollumfänge 8"...16"
                          http://Wbcnet.de/tips/abroll08_16.html   27.03.2013

Motorradwerk Zschopau: Bedienungsanleitung für das IFA-Motorrad RT125/1
                          http://www.mz-rt.de/rt125-1/bedienungsanleitung_fuer_das_ifa-motorrad_rt125-1.html   10.04.2013

Motorradwerk Zschopau: Bedienungsanleitung für das MZ-Motorrad RT125/3
                          http://www.mz-rt.de/rt125-3/bedienungsanleitung_fuer_das_mz-motorrad_rt125-3.html   10.04.2013

Motorradwerk Zschopau: Bedienungsanleitung für das IFA-Motorrad RT 125
                          http://www.mz-rt.de/rt125/bedienungsanleitung_fuer_das_ifa-motorrad_rt125.html   10.04.2013

Motorradwerk Zschopau: Bedienungsanleitung für das Motorrad IFA BK 350.
                          http://www.miraculis.de/aw/mz/mz.html   12.08.2013

Motorradwerk Zschopau: Bedienungsanleitung für das MZ-Motorrad BK 350.
                          http://www.miraculis.de/aw/mz/mz.html   12.08.2013

Motorradwerk Zschopau: Bedienungsanleitung für das MZ-Motorrad ES 250.
                          http://www.miraculis.de/aw/mz/mz.html   12.08.2013

Motorradwerk Zschopau: Bedienungsanleitung für das MZ-Motorrad ETS 250 Trophy Sport.
                          http://www.miraculis.de/aw/mz/mz.html   12.08.2013

Motorradwerk Zschopau: Bedienungsanleitung für das MZ-Motorrad ETS175 und ETS 250.
                          http://www.miraculis.de/aw/mz/mz.html   12.08.2013

Motorradwerk Zschopau: Bedienungsanleitung für das MZ-Motorrad ETZ 250.
                          http://www.miraculis.de/aw/mz/text/etz250b/etz250b.html   15.02.2013

Motorradwerk Zschopau: Bedienungsanleitung für ES 125 und ES 150.
                          http://www.informate.de/miraculis/aw/text/es150b/es150b.html   05.11.2012

Motorradwerk Zschopau: Bedienungsanleitung für MZ-Motorräder ES 175 und ES 250.
                          http://www.miraculis.de/aw/mz/mz.html   12.08.2013

Motorradwerk Zschopau: Bedienungsanleitung für MZ-Motorräder ES 175/2 und ES 250/2.
                          http://www.miraculis.de/aw/mz/mz.html   12.08.2013

Motorradwerk Zschopau: Bedienungsanleitung für RFT 125.
                          http://www.informate.de/miraculis/aw/text/rft125b/rft125b.html   02.05.2012

Motorradwerk Zschopau: Bedienungsanleitung für RT 125.
                          http://www.informate.de/miraculis/aw/text/rt1250b/rt1250b.html   05.11.2012

Motorradwerk Zschopau: Bedienungsanleitung für RT 125/1.
                          http://www.informate.de/miraculis/aw/text/rtb/rtbed.html   05.11.2012

Motorradwerk Zschopau: Bedienungsanleitung für RT 125/3.
                          http://www.informate.de/miraculis/aw/text/rtb2/rtb2.html   05.11.2012

Motorradwerk Zschopau: Bedienungsanleitung für das MZ-Motorrad ETS 250 Trophy-Sport
                          http://www.mz-b.de/miraculis/aw/mz/text/ets25b/ets25b.html   03.11.2008

Motorradwerk Zschopau:	Bedienungsanleitung für das MZ-Motorrad ETZ 250 http://www.mz-b.de/miraculis/aw/mz/text/etz250b/etz250b.html	03.11.2008
Motorradwerk Zschopau:	Bedienungsanleitung für das MZ-Motorrad ETZ 250 A http://www.miraculis.de/aw/mz/text/etz25ab/etz25ab.html	15.02.2013
Motorradwerk Zschopau:	Bedienungsanleitung für das MZ-Motorrad ETZ 250 A http://www.mz-b.de/miraculis/aw/mz/text/etz25ab/etz25ab.html	03.11.2008
Motorradwerk Zschopau:	Bedienungsanleitung für die MZ-Motorräder ETS 175 Trophy-Sport und ETS 250 Trophy-Sport http://www.mz-b.de/miraculis/aw/mz/text/ets1725b/ets1725b.html	03.11.2008
Motorradwerk Zschopau:	Bedienungsanleitung für MZ-Motorrad 125/3 http://www.mz-b.de/miraculis/aw/mz/text/rtb2/rtb2.html	03.11.2008
Motorradwerk Zschopau:	Bedienungsanleitung für MZ-Motorrad ES 250 http://www.mz-b.de/miraculis/aw/mz/text/es25b/es25b.html	02.11.2008
Motorradwerk Zschopau:	Bedienungsanleitung für MZ-Motorrad ETZ 125 und ETZ 150 http://www.mz-b.de/miraculis/aw/mz/text/etz15b/etz15b.html	03.11.2008
Motorradwerk Zschopau:	Bedienungsanleitung für MZ-Motorräder ES 175 und ES 250 http://www.miraculis.de/aw/mz/text/es1725b/es1725b.html	15.02.2013
Motorradwerk Zschopau:	Bedienungsanleitung für MZ-Motorräder ES 175 und ES 250 http://www.mz-b.de/miraculis/aw/mz/text/es1725b/es1725b.html	02.11.2008
Motorradwerk Zschopau:	Bedienungsanleitung für MZ-Motorräder ES 175/1 und ES 250/1 http://www.mz-b.de/miraculis/aw/mz/text/es251b/es251b.html	02.11.2008
Motorradwerk Zschopau:	Bedienungsanleitung für MZ-Motorräder ES 175/2 und ES 250/2 http://www.mz-b.de/miraculis/aw/mz/text/es252b67/es252b1.html	02.11.2008
Motorradwerk Zschopau:	Bedienungsanleitung für MZ-Motorräder ES 175/2 und ES 250/2 http://www.mz-b.de/miraculis/aw/mz/text/es252b69/es252b2.html	02.11.2008
Motorradwerk Zschopau:	Bedienungsanleitung für MZ-Motorräder ES 175/2 und ES 250/2 http://www.mz-b.de/miraculis/aw/mz/text/es252b73/es252b3.html	02.11.2008
Motorradwerk Zschopau:	Bedienungsanleitung für MZ-Motorräder ETZ 125, ETZ 150, ETZ 251 und ETZ 301 http://www.miraculis.de/aw/mz/text/etz251b/etz251b.html	15.02.2013
Motorradwerk Zschopau:	Bedienungsanleitung für MZ-Motorräder ETZ 125, ETZ 150, ETZ 251 und ETZ 301 http://www.mz-b.de/miraculis/aw/mz/text/etz251b/etz251b.html	03.11.2008
Motorradwerk Zschopau:	Bedienungsanleitung für RFT 125 http://www.mz-b.de/miraculis/aw/mz/text/rft125b/rft125b.html	03.11.2008
Motorradwerk Zschopau:	Bedienungsanleitung für RT 125 http://www.mz-b.de/miraculis/aw/mz/text/rt1250b/rt1250b.html	03.11.2008
Motorradwerk Zschopau:	Betriebs- und Anbauanleitung für Superelastik (MZ/Simson) http://www.miraculis.de/aw/mz/text/swb0/swb0.html	15.02.2013
Motorradwerk Zschopau:	Betriebs- und Anbauanleitung für Superelastik (MZ/Simson) http://www.mz-b.de/miraculis/aw/mz/text/swb0/swb0.html	03.11.2008
Motorradwerk Zschopau:	Betriebsanleitung des MZ-Superelastik-Seitenwagen http://www.mz-b.de/miraculis/aw/mz/text/swb/swb.html	03.11.2008
Motorradwerk Zschopau:	Betriebsanleitung für das Motorrad MZ 500 R. http://www.miraculis.de/aw/mz/mz.html	12.08.2013
Motorradwerk Zschopau:	Betriebsanleitung für MZ-Motorräder ES 150/1 und ES 125/1. http://www.informate.de/miraculis/aw/text/es151b/es151b.html	05.11.2012
Motorradwerk Zschopau:	Betriebsanleitung für MZ-Motorräder ES 175/1 und ES 250/1. http://www.miraculis.de/aw/mz/mz.html	12.08.2013
Motorradwerk Zschopau:	Betriebsanleitung für MZ-Motorräder ETZ 125 und ETZ 150. http://www.informate.de/miraculis/aw/text/etz15b/etz15.html.	02.05.2012
Motorradwerk Zschopau:	Betriebsanleitung für MZ-Motorräder TS 125 - TS 150 - TS 250/1. http://www.miraculis.de/aw/mz/mz.html	12.08.2013
Motorradwerk Zschopau:	Betriebsanleitung für das MZ-Motorrad BK 350 http://www.mz-b.de/miraculis/aw/mz/text/bk15b/bk15b.html	02.11.2008
Motorradwerk Zschopau:	Betriebsanleitung für das MZ-Motorrad BK 350 http://www.mz-b.de/miraculis/aw/mz/text/bk17b/bk17b.html	02.11.2008

Motorradwerk Zschopau:	Betriebsanleitung für MZ-Motorräder ES 125 und ES 150 http://www.mz-b.de/miraculis/aw/mz/text/es150b/es150b.html	02.11.2008
Motorradwerk Zschopau:	Betriebsanleitung für MZ-Motorräder ES 125/1 - ES 150/1 http://www.mz-b.de/miraculis/aw/mz/text/es151b/es151b.html	02.11.2008
Motorradwerk Zschopau:	Betriebsanleitung für MZ-Motorräder TS 125 - TS 150 - TS 250 http://www.mz-b.de/miraculis/aw/mz/text/ts1525b/ts1525b.html	03.11.2008
Motorradwerk Zschopau:	Betriebsanleitung für MZ-Motorräder TS 125 - TS 150 - TS 250/1 http://www.mz-b.de/miraculis/aw/mz/text/ts15251b/ts15251b.html	03.11.2008
Motorradwerk Zschopau:	Betriebsanleitung für MZ-Motorräder TS 125 - TS 150 - TS 250/1 http://www.mz-b.de/miraculis/aw/mz/text/ts15251b2/ts15251b2.html	03.11.2008
Motorradwerk Zschopau:	Betriebsanleitung für RT 125/1 http://www.mz-b.de/miraculis/aw/mz/text/rtb/rtbed.html	03.11.2008
MuZ Vertriebs GmbH:	Ersatzteile Liste für Rotax-Motor Type 504 E MZ Herausgeber: Bombardier-Rotax GmbH. Gunskirchen/ Österreich: 1991. http://www.muz.de	02.02.2014
MuZ Vertriebs GmbH:	Ersatzteilliste für MuZ-Motorräder. Saxon 500 R Herausgeber: Motorrad- und Zweiradwerk GmbH. Zschopau: 1994. http://www.muz.de	02.02.2014
www.emmzett.de	Datenblatt für TS 250-250/1 und ETZ 250-251 http://www.emmzett.de/Literatur/DKW-MZ/IFA-MZ/Technische_Daten/ TS_250__TS_250_1__ETZ_250__ETZ/ts_250__ts_250_1__etz_250__etz.html	24.04.2013
www.emmzett.de	Datenblatt für BK 350 http://www.emmzett.de/Literatur/DKW-MZ/IFA-MZ/Technische_Daten/BK_350/bk_350.html	24.04.2013
www.emmzett.de	Datenblatt für ES 125-150, ES 125/1-150/1 und ETS 125-150 http://www.emmzett.de/Literatur/DKW-MZ/IFA-MZ/Technische_Daten/ ES_125__ETS_125_1__ES_150__ETS/es_125__ets_125_1__es_150__ets.html	24.04.2013
www.emmzett.de	Datenblatt für ES 175/2-250/2 und ETS 250 http://www.emmzett.de/Literatur/DKW-MZ/IFA-MZ/Technische_Daten/ ES_175_2__ES_250_2__ETS_250/es_175_2__es_250_2__ets_250.html	24.04.2013
www.emmzett.de	Datenblatt für ES 175-250, ES 175/1-250/1 und ES 300 http://www.emmzett.de/Literatur/DKW-MZ/IFA-MZ/Technische_Daten /ES_175__ES_250__ES_300/es_175__es_250__es_300.html	24.04.2013
www.mz-rt.de	Datenblatt für MZ 125/2 http://www.mz-rt.de/rt125-2/mz-rt-125-2-technisches-datenblatt-ddr-fahrzeugbrief-kfz-brief.jpg	10.04.2013
www.mz-rt.de	Datenblatt für MZ 125/3 http://www.mz-rt.de/rt125-3/datenblatt.html	10.04.2013
www.mz-es.de	Datenblatt für MZ ES 125 und ES 150 http://www.mz-es.de/mz-es-125-150/datenblatt_es125_und_es150.html	10.04.2013
www.mz-es.de	Datenblatt für MZ ES 125/1 und ES 150/1 http://www.mz-es.de/mz-es-125-150-1/datenblatt_es125-1_und_es150-1.html	10.04.2013
www.mz-es.de	Datenblatt für MZ ES 175 und ES 250 http://www.mz-es.de/mz-es-175-250/datenblatt_es175_und_es250.html	10.04.2013
www.mz-es.de	Datenblatt für MZ ES 175/1 und ES 250/1 http://www.mz-es.de/mz-es-175-250-1/datenblatt_es175-1_und_es250-1.html	10.04.2013
www.mz-es.de	Datenblatt für MZ ES 175/2 und ES 250/2 http://www.mz-es.de/mz-es-175-250-2/datenblatt_es175-2_und_es250-2.html	10.04.2013
www.mz-rt.de	Datenblatt für RT 125 http://www.mz-rt.de/rt125/datenblatt.html	10.04.2013
www.emmzett.de	Datenblatt für RT 125, RT 125/1, MZ 125/2 und MZ 125/3 http://www.emmzett.de/Literatur/DKW-MZ/IFA-MZ/Technische_Daten/ IFA_RT_125__125_1__MZ_125_2__1/ifa_rt_125__125_1__mz_125_2__1.html	24.04.2013
www.mz-rt.de	Datenblatt für RT 125/1 http://www.mz-rt.de/rt125-1/datenblatt.html	10.04.2013
www.eastbikesunited.de	Datenblatt für TS 125 und TS 150 http://www.ostmotorrad.de/	10.04.2013

www.emmzett.de	Datenblatt für TS 125-150 und ETZ 125-150 http://www.emmzett.de/Literatur/DKW-MZ/IFA-MZ/ Technische_Daten/TS_125_150__ETZ_125_150/ts_125_150__etz_125_150.html	24.04.2013
www.eastbikesunited.de	Datenblatt für TS 250 http://www.ostmotorrad.de/	10.04.2013
www.eastbikesunited.de	Datenblatt für TS 250/1 http://www.ostmotorrad.de/	10.04.2013
www.bing-power.de	Düsennadeln Typ 84 http://www.bingpower.de/download/datenblaetter/type84_duesennadel.pdf	14.04.2013
www.bing-power.de	Einstelldaten für Vergaser 53/24/201 http://www.bingpower.de/service/einstellblatter/	14.04.2013
www.bing-power.de	Einstelldaten für Vergaser 53/24/202 http://www.bingpower.de/service/einstellblatter/	14.04.2013
www.bing-power.de	Einstelldaten für Vergaser 64/33/302 http://www.bingpower.de/service/einstellblatter/	14.04.2013
www.bing-power.de	Einstelldaten für Vergaser 84/30/110A http://www.bingpower.de/service/einstellblatter/	14.04.2013
www.bing-power.de	Einstelldaten für Vergaser 84/30/110K http://www.bingpower.de/service/einstellblatter/	14.04.2013
www.bing-power.de	Einstelldaten für Vergaser 84/30/114 http://www.bingpower.de/service/einstellblatter/	14.04.2013
Oldtimerdaten	Einstelldaten MZ http://oldtimerdaten.homepage.t-online.de/oldtimerdaten/veteran/DDR/MZ.html	10.04.2013
www.bing-power.de	Einstellteile Typ 84 http://www.bingpower.de/download/datenblaetter/type84_duesennadel.pdf	14.04.2013
Motorradwerk Zschopau:	Ergänzung zur Betriebsanleitung MZ ETZ 250 f. d. Motorrad MZ ETZ 250 F http://www.ostmotorrad.de/mz/sonder/etz_vopo.pdf	14.04.2013
Motorradwerk Zschopau:	Ergänzung zum Reparaturhandbuch ETZ 250 http://www.miraculis.de/aw/mz/text/etz250r2/etz250r2.html	07.03.2013
Motorradwerk Zschopau:	Ergänzung zum Reparaturhandbuch ETZ 250 http://www.miraculis.de/aw/mz/text/etz250r2/etz250r2.html	11.04.2013
Motorradwerk Zschopau:	Ergänzung zur Betriebsanleitung MZ ETZ 250 für das Motorrad MZ ETZ 250 F I http://www.mz-b.de/miraculis/aw/mz/text/etz250fb/etz250fb.htm	03.11.2008
Motorradwerk Zschopau:	Ersatzteile Liste für ROTAX Motor Type 504 E MZ http://www.miraculis.de/aw/mz/text/motr500e/motr500e.html	10.04.2013
Motorradwerk Zschopau:	Ersatzteile Superelastik-Seitenwagen TS 250/1 und ETZ 250 http://www.mz-b.de/miraculis/aw/mz/text/sw3e/sw3e.html	03.11.2008
Motorradwerk Zschopau:	Ersatzteileliste MZ TS 250 http://www.mz-b.de/miraculis/aw/mz/text/ts250e/ts250e.html	03.11.2008
Motorradwerk Zschopau:	Ersatzteileliste MZ TS 250/1 http://www.mz-b.de/miraculis/aw/mz/text/ts251e/ts251e.html	03.11.2008
Motorradwerk Zschopau:	Ersatzteilkatalog MZ TS 125/150 http://www.mz-b.de/miraculis/aw/mz/text/ts15e/ts15e.html	03.11.2008
Motorradwerk Zschopau:	Ersatzteilliste ETZ 250 F http://www.mz-b.de/miraculis/aw/mz/text/etz250fe/etz250fe.html	03.11.2008
Motorradwerk Zschopau:	Ersatzteilliste für das Motorrad BK 350. http://www.miraculis.de/aw/mz/mz.html	01.09.2012
Motorradwerk Zschopau:	Ersatzteilliste für das Motorrad ES 125 - ES 150. http://www.miraculis.de/aw/mz/mz.html	01.09.2012
Motorradwerk Zschopau:	Ersatzteilliste für das Motorrad ES 125/1 - ES 150/1 - ETS 125 - ETS 150. http://www.miraculis.de/aw/mz/mz.html	01.09.2012
Motorradwerk Zschopau:	Ersatzteilliste für das Motorrad ES 125/1 - ES 150/1. http://www.miraculis.de/aw/mz/mz.html	01.09.2012

Motorradwerk Zschopau: Ersatzteilliste für das Motorrad ES 175/2 - ES 250/2.
                             http://www.miraculis.de/aw/mz/mz.html   01.09.2012

Motorradwerk Zschopau: Ersatzteilliste für das Motorrad ES 175/2 - ES 250/2.
                             http://www.miraculis.de/aw/mz/mz.html   01.09.2012

Motorradwerk Zschopau: Ersatzteilliste für das Motorrad ES 250.
                             http://www.miraculis.de/aw/mz/mz.html   01.09.2012

Motorradwerk Zschopau: Ersatzteilliste für das Motorrad RT 125.
                             http://www.miraculis.de/aw/mz/mz.html   01.09.2012

Motorradwerk Zschopau: Ersatzteilliste für das Motorrad RT 125/1 - MZ 125/2.
                             http://www.miraculis.de/aw/mz/mz.html   01.09.2012

Motorradwerk Zschopau: Ersatzteilliste für das Motorrad TS 125 - TS 150.
                             http://www.miraculis.de/aw/mz/mz.html   01.09.2012

Motorradwerk Zschopau: Ersatzteilliste für das MZ-Motorrad ETS 250 Trophy Sport.
                             http://www.miraculis.de/aw/mz/mz.html   01.09.2012

Motorradwerk Zschopau: Ersatzteilliste für das MZ-Motorrad ETZ 125 - ETZ 150.
                             http://www.miraculis.de/aw/mz/mz.html   01.09.2012

Motorradwerk Zschopau: Ersatzteilliste für das IFA-Motorrad RT125
                             http://www.mz-rt.de/rt125/ersatzteilliste_fuer_das_ifa-motorrad_rt125.html   10.04.2013

Motorradwerk Zschopau: Ersatzteilliste für das Kraftrad ES 250
                             http://www.mz-b.de/miraculis/aw/mz/text/es25dpe/es25dpe.html   03.11.2008

Motorradwerk Zschopau: Ersatzteilliste für das Motorrad ETS 250 Trophy-Sport
                             http://www.mz-b.de/miraculis/aw/mz/text/ets25e/ets25e.html   03.11.2008

Motorradwerk Zschopau: Ersatzteilliste für die Motorräder IFA RT125/1 und MZ RT125/2
                             http://www.mz-rt.de/rt125-2/ersatzteilliste_fuer_die_motorraeder_rt125-1-2.html   10.04.2013

Motorradwerk Zschopau: Ersatzteilliste für ES 125, ES 150
                             http://www.mz-b.de/miraculis/aw/mz/text/es15e/es15e.html   02.11.2008

Motorradwerk Zschopau: Ersatzteilliste für ES 125/1, ES 150/1, ETS 125/1, ETS 150/1
                             http://www.mz-b.de/miraculis/aw/mz/text/es1215e/es1215e.html   02.11.2008

Motorradwerk Zschopau: Ersatzteilliste für ES 125/1, ES 150/1, ETS 125/1, ETS 150/1
                             http://www.mz-b.de/miraculis/aw/mz/text/es1215e/es1215e.html   03.11.2008

Motorradwerk Zschopau: Ersatzteilliste für ES 250/1
                             http://www.support.mz-b.info/mz/angebot/deutsch   18.04.2013

Motorradwerk Zschopau: Ersatzteilliste für ETZ 250
                             http://www.support.mz-b.info/mz/angebot/deutsch   18.04.2013

Motorradwerk Zschopau: Ersatzteilliste für ETZ 251
                             http://www.support.mz-b.info/mz/angebot/deutsch   18.04.2013

Motorradwerk Zschopau: Ersatzteilliste Kraftrad BK 350
                             http://www.mz-b.de/miraculis/aw/mz/text/bk35e/bk35e.html   02.11.2008

Motorradwerk Zschopau: Ersatzteilliste Kraftrad RT 125/1-2
                             http://www.mz-b.de/miraculis/aw/mz/text/rte/rtersat.html   03.11.2008

Motorradwerk Zschopau: Ersatzteilliste MZ ETZ 125/150
                             http://www.mz-b.de/miraculis/aw/mz/text/etz150e/etz150e.html   03.11.2008

Motorradwerk Zschopau: ETS 250 Bedienungsanleitung
                             http://www.ets250.com/?page_id=145   17.02.2013

www.reifenverband.de   Felgentabelle Motorrad
                             http://www.reifen-verband.de/downloads/felgen-tabelle%20motorrad.pdf   27.03.2013

Motorradwerk Zschopau: Hinweise zur Identifizierung und zum Umbau von MZ-Motorrädern. MZ-Umbaurichtlinie.
                             http://www.miraculis.de/aw/mz/mz.html   01.09.2012

Wikipedia: Informationen zur Motorrad-Baureihe MZ BK 350
                             http://de.wikipedia.org/wiki/MZ_BK_350   28.03.2013

Wikipedia: Informationen zur Motorrad-Baureihe MZ ES
                             http://de.wikipedia.org/wiki/MZ_ES   28.03.2013

Wikipedia: Informationen zur Motorrad-Baureihe MZ ETZ
                             http://de.wikipedia.org/wiki/MZ_ETZ   28.03.2013

Wikipedia:	Informationen zur Motorrad-Baureihe MZ RT 125	
	http://de.wikipedia.org/wiki/RT_125	28.03.2013
Wikipedia:	Informationen zur Motorrad-Baureihe MZ TS	
	http://de.wikipedia.org/wiki/MZ_TS	28.03.2013
emzett-web.de	Modellübersicht	
	http://emzett-web.de/modelluebersicht.htm	02.04.2013
www.mz-club-schweiz.ch	MZ-Typenkunde	
	http://www.mz-club-schweiz.ch/geschichte.html	28.03.2013
Reifenwerke Heidenau	Reifenhandbuch Heidenau	
	http://kart-pneu.cz/img/5794/s_2_15.pdf	27.03.2013
Motorradwerk Zschopau:	REPAIR MANUAL for the MZ motor-cycles ETZ 125 and ETZ 150	
	http://www.mz-b.de/miraculis/aw/mz/text/etz15re/etz15re.html	03.11.2008
Motorradwerk Zschopau:	Reparaturanleitung des MZ-Motorrades ES 175/1 , ES 250/1 und ES 300	
	http://www.infomate.de/miraculis/aw/mz/text/es30r/es30r.html	05.11.2012
Motorradwerk Zschopau:	Reparaturanleitung des MZ-Motorrades ES 175/1 , ES 250/1 und ES 300	
	http://www.mz-b.de/miraculis/aw/mz/text/es30r/es30r.html	11.05.2012
Motorradwerk Zschopau:	Reparaturanleitung des MZ-Motorrades ES 175/2 & 250/2	
	http://www.infomate.de/miraculis/aw/mz/text/es252r/es252rep.html	05.11.2012
Motorradwerk Zschopau:	Reparaturanleitung des MZ-Motorrades ES 175/2 & 250/2	
	http://www.mz-b.de/miraculis/aw/mz/text/es252r/es252rep.html	03.11.2008
Motorradwerk Zschopau:	Reparaturanleitung des MZ-Motorrades ES 175/2 & 250/2	
	http://www.mz-b.de/miraculis/aw/mz/text/es252r/es252rep.html	03.11.2008
Motorradwerk Zschopau:	Reparaturanleitung des MZ-Motorrades ES 175/2 & 250/2 + ETS 250	
	http://www.infomate.de/miraculis/aw/mz/text/es252r/rep7.html	05.11.2012
Motorradwerk Zschopau:	Reparaturanleitung für die MZ-Motorräder ES 175/1, ES 250/1 und ES 300	
	http://www.mz-es.de/mz-es-175-250-1/reparaturanleitung.htm	07.03.2013
Motorradwerk Zschopau:	Reparaturanleitung für MZ-Motorräder Saxon 500 Fahrgestell	
	http://www.miraculis.de/aw/mz/text/mz50r1/mz50r1.html	15.02.2013
Motorradwerk Zschopau:	Reparaturhandbuch für BK 350 Motor	
	http://www.infomate.de/miraculis/aw/mz/text/bkmotr/bkmotr.html	05.11.2012
Motorradwerk Zschopau:	Reparaturhandbuch für BK 350 Motor	
	http://www.mz-b.de/miraculis/aw/mz/text/bkmotr/bkmotr.html	02.11.2008
Motorradwerk Zschopau:	Reparaturhandbuch für das Motorrad MZ 500 R (Motor)	
	http://www.miraculis.de/aw/mz/text/mz50r/mz50r.html	15.02.2013
Motorradwerk Zschopau:	Reparaturhandbuch für das Motorrad MZ 500 R (Motor)	
	http://www.mz-b.de/miraculis/aw/mz/text/mz50r/mz50r.html	03.11.2008
Motorradwerk Zschopau:	Reparaturhandbuch für das MZ-Motorrad ETZ 250	
	http://www.miraculis.de/aw/mz/text/etz250r1/etz250r1.html	07.03.2013
Motorradwerk Zschopau:	Reparaturhandbuch für das MZ-Motorrad ETZ 250	
	http://www.miraculis.de/aw/mz/text/etz250r1/etz250r1.html	11.04.2013
Motorradwerk Zschopau:	Reparaturhandbuch für das MZ-Motorrad TS 250	
	http://www.mz-b.de/miraculis/aw/mz/text/ts250r/ts250r.html	03.11.2008
Motorradwerk Zschopau:	Reparaturhandbuch für das MZ-Motorrad TS 250/1	
	http://www.mz-b.de/miraculis/aw/mz/text/ts251r/ts251r.html	03.11.2008
Motorradwerk Zschopau:	Reparaturhandbuch für die MZ-Motorräder ES 125/150	
	http://www.miraculis.de/aw/mz/mz.html	01.09.2012
Motorradwerk Zschopau:	Reparaturhandbuch für die MZ-Motorräder ES 175 und ES 250	
	http://www.mz-es.de/mz-es-175-250/reparaturanleitung.html	22.03.2013
Motorradwerk Zschopau:	Reparaturhandbuch für die MZ-Motorräder TS 125/150 + ES 125/150-1	
	http://www.miraculis.de/aw/mz/text/ts1215r/ts1215r.html	17.04.2013
Motorradwerk Zschopau:	Reparaturhandbuch für MZ-Motorräder ES 250/175	
	http://www.infomate.de/miraculis/aw/mz/text/es250r/es250rep.html	05.11.2012

Motorradwerk Zschopau:	Reparaturhandbuch für MZ-Motorräder ES 250/175 http://www.mz-b.de/miraculis/aw/mz/text/es250r/es250rep.html	03.11.2008
Motorradwerk Zschopau:	Spare parts MZ TS 125/150 http://www.mz-b.de/miraculis/aw/mz/text/ts15ee/ts15ee.html	03.11.2008
powerdynamo.de	Tachoübersetzungen www.powerdynamo.mz-b.info/ifo/dtacho.htm	18.04.2013
www.sava.de	Technische Informationen http://www.sava.de/sava_motorrad.htm	27.03.2013
www.bing-power.de	Teilenummern http://www.bingpower.de/download/datenblaetter/partnumbers.pdf	14.04.2013
Frank Erdenger	Vergaserdaten http://frankerdmenger/vergaser.pdf	02.04.2013
www.gs-classics.de	Zündkerzen - Vergleichstabelle http://www.gs-classic.de/index1.htm	02.04.2013
powerdynamo.de	Zündkerzen - Vergleichstabelle www.powerdynamo.biz/deu/addons/plugtable.htm	18.04.2013
Miraculis:	Zuordnung von Druckfedern zu MZ-Typen http://www.miraculis.de/aw/mz/text/federn/federn.html	07.03.2013
Motorradwerk Zschopau:	Betriebsanleitung für MZ-Motorräder ES 150/1 und ES 125/1. http://www.ostmotorrad.de/	01.09.2012
Motorradwerk Zschopau:	Betriebsanleitung ES 250 http://www.ostmotorrad.de/	01.09.2012
Motorradwerk Zschopau:	Bedienungsanleitung für MZ-Motorräder ES 175/2 und ES 250/2. http://www.ostmotorrad.de/	01.09.2012
Motorradwerk Zschopau:	Bedienungsanleitung für das MZ-Motorrad ETS 250 Trophy Sport. http://www.ostmotorrad.de/	01.09.2012
Motorradwerk Zschopau:	Bedienungsanleitung für das MZ-Motorrad ETZ 250. http://www.ostmotorrad.de/	01.09.2012
Motorradwerk Zschopau:	Betriebsanleitung für MZ-Motorräder TS 125 - TS 150 - TS 250. http://www.ostmotorrad.de/	01.09.2012
Motorradwerk Zschopau:	Bedienungsanleitung für das Motorrad IFA BK 350. http://www.ostmotorrad.de/	01.09.2012
Motorradwerk Zschopau:	Ersatzteilliste für das Motorrad ES 125 - ES 150. http://www.ostmotorrad.de/	01.09.2012
Motorradwerk Zschopau:	Ersatzteilliste für das Motorrad ES 125/1 - ES 150/1 - ETS 125 - ETS 150. http://www.ostmotorrad.de/	01.09.2012
Motorradwerk Zschopau:	Ersatzteilliste für das MZ-Motorrad ETZ 125 - ETZ 150. http://www.ostmotorrad.de/	01.09.2012
Motorradwerk Zschopau:	Ersatzteilliste für das MZ-Motorrad ETS 250 Trophy Sport. http://www.ostmotorrad.de/	01.09.2012
Motorradwerk Zschopau:	Ersatzteilliste für das Motorrad TS 250. http://www.ostmotorrad.de/	01.09.2012
Motorradwerk Zschopau:	Ersatzteilliste für das Motorrad TS 250/1. http://www.ostmotorrad.de/	01.09.2012
Motorradwerk Zschopau:	Ersatzteilliste für das Motorrad BK 350. http://www.ostmotorrad.de/	01.09.2012
www.ostmotorrad.de:	Datenblatt RT-Vergasereinstellung http://www.ostmotorrad.de/	01.09.2012
www.ostmotorrad.de:	Datenblatt Technische Daten MZ-Motorräder ES125....ES150/1 http://www.ostmotorrad.de/	01.09.2012
www.ostmotorrad.de:	Datenblatt Technische Daten MZ-Motorrad RT 125/2 http://www.ostmotorrad.de/	01.09.2012

www.ostmotorrad.de: Datenblatt Alternativbereifung MZ ETZ 250
http://www.ostmotorrad.de/   01.09.2012

www.ostmotorrad.de: Datenblatt Technische Daten MZ-Motorrad BK 350 (15PS/ 17PS)
http://www.ostmotorrad.de/   01.09.2012